AF403963

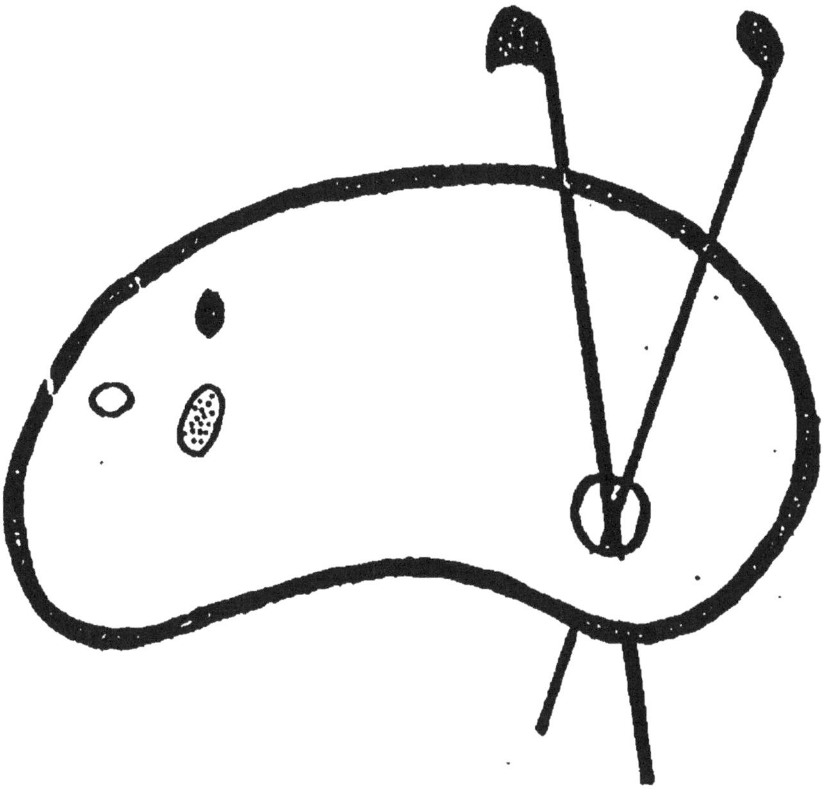

DEBUT D'UNE SERIE DE DOCUMENTS
EN COULEUR

MANUEL DE CHIMIE

A L'USAGE

DES CANDIDATS AU BACCALAURÉAT ÈS SCIENCES
AU BACCALAURÉAT ÈS LETTRES
A L'ÉCOLE DE SAINT-CYR, ETC.

PAR

EM. PÂQUET

PROFESSEUR DE PHYSIQUE ET DE CHIMIE AU LYCÉE DE BAR-LE-DUC

———>‖<———

PARIS

NOUVELLE LIBRAIRIE CLASSIQUE
SCIENTIFIQUE ET LITTÉRAIRE
14, RUE DE LA SORBONNE, 14

1888

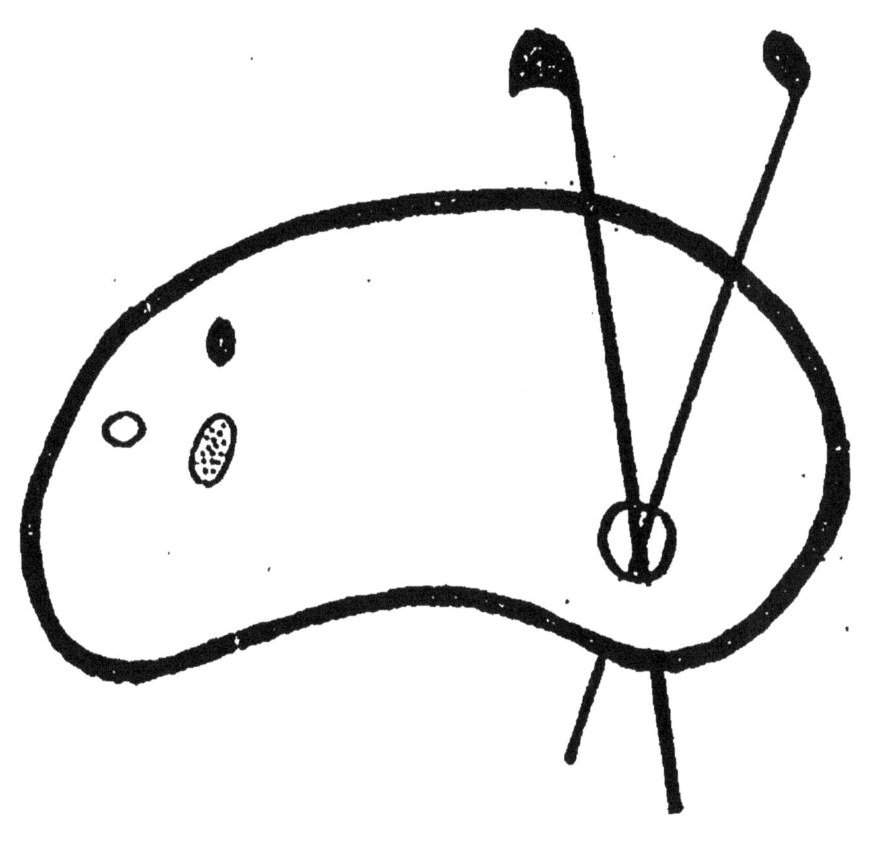

FIN D'UNE SERIE DE DOCUMENTS
EN COULEUR

MANUEL DE CHIMIE

MANUEL

DE CHIMIE

A L'USAGE

DES CANDIDATS AU BACCALAURÉAT ÈS SCIENCES
AU BACCALAURÉAT ÈS LETTRES
L'ÉCOLE DE SAINT-CYR, ETC.

PAR

EM. PÂQUET

PROFESSEUR DE PHYSIQUE AU LYCÉE DE BAR-LE-DUC

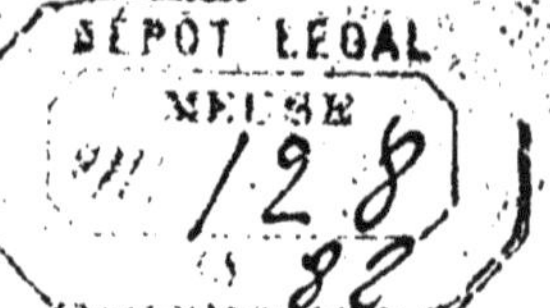

PARIS

NOUVELLE LIBRAIRIE CLASSIQUE
SCIENTIFIQUE ET LITTÉRAIRE
14, RUE DE LA SORBONNE, 14

1888

MANUEL DE CHIMIE

CHAPITRE PREMIER

GÉNÉRALITÉS

I. Combinaisons et décompositions.

SOMMAIRE

Combinaison et décomposition. — Corps simples et corps composés. — Combinaison, mélange. — Décomposition. — Chimie. — Synthèse, analyse.
Agents capables de déterminer les combinaisons et les décompositions. — Les conditions et les agents qui rendent les combinaisons possibles sont : le contact, la chaleur, la lumière, l'électricité, la présence des corps poreux, la pression, l'état naissant, l'entraînement chimique.
Les décompositions, qui sont quelquefois spontanées, ne s'effectuent en général que sous l'influence des agents suivants : chaleur, lumière, électricité, corps poreux.
Circonstances qui accompagnent les combinaisons et les décompositions. — 1° Dégagement ou absorption de chaleur. Combinaisons exothermiques, combinaisons endothermiques. Décompositions exothermiques, décompositions endothermiques. — La théorie atomique permet d'expliquer l'absorption de chaleur qui se produit pendant la formation des composés endothermiques.
2° Dégagement d'électricité. Les corps qui se combinent s'électrisent ; corps attaquants, corps attaqués. — Les décompositions s'effectuent aussi avec dégagement d'électricité.
Combinaisons directes, combinaisons indirectes.
Lois numériques des combinaisons. — Loi des poids. — Loi des proportions définies. — Loi des proportions multiples. — Lois des volumes. — Loi du travail maximum ; affinité ; thermochie.
Dissociation. — Dissociation des composés pouvant se résoudre en un corps solide et un gaz. Dissociation des composés pouvant se résoudre en deux corps gazeux. — La dissociation est un phénomène analogue à la vaporisation.
Équivalents. — Équivalents en poids. — Équivalents en volume des corps gazeux ou volatils.

1. Combinaisons et décompositions. — Les corps sont *simples* ou *composés* ; les *corps composés* sont ceux desquels on a pu extraire plusieurs substances différentes ; les autres, dont on n'a pu jusqu'ici retirer qu'une seule matière, sont appelés *corps simples*. — Le nombre des corps simples est de 67 ; le fer, le cuivre, le soufre, le phosphore, etc., sont des corps simples. Le nombre des corps composés est indéterminé : les chimistes découvrent ou préparent chaque jour des composés nouveaux, et beaucoup d'entre eux sont à peine connus.

2. On dit que deux corps se *combinent* ou forment une *combinaison* lorsque leur union produit un corps homogène, doué de propriétés différentes de celles des composants ; s'il n'en est pas ainsi, il y a simplement *mélange*. — Le soufre et le cuivre, mêlés en proportion convenable dans un vase qu'on chauffe, se *combinent* en produisant un corps nommé *sulfure de cuivre* dont les propriétés (couleur, point de fusion, solubilité, actions qu'exercent sur lui les différents corps, etc.) sont différentes de celles du soufre et du cuivre ; ce sulfure de cuivre est d'ailleurs homogène, c'est-à-dire qu'il est impossible de trouver dans la masse du composé une particule, si ténue qu'elle soit, qui n'ait pas les mêmes propriétés que le reste du corps. Au contraire la poudre de chasse résulte d'un simple *mélange* de soufre, de charbon et de salpêtre : la poudre n'est pas homogène, car on peut y distinguer au microscope les grains de soufre jaunes, les grains de charbon noirs, et les grains de salpêtre blancs ; chacun des composants a conservé ses propriétés propres : par exemple, le salpêtre de la poudre est soluble dans l'eau, le soufre est insoluble dans l'eau mais soluble dans le sulfure de carbone, le charbon est insoluble dans ces deux liquides ; on peut même mettre à profit ces différences de propriétés pour séparer aisément les composants : si on place de la poudre de chasse sur un filtre et qu'on y verse de l'eau, le salpêtre se dissout et est entraîné ; il reste sur le filtre le soufre et le charbon, qu'on peut séparer à l'aide du sulfure de carbone qui entraîne le soufre et laisse le charbon. — La *combinaison* se distingue d'ailleurs encore du *mélange* par les circonstances qui accompagnent et les lois qui régissent la combinaison.

Exemples : l'eau est une combinaison d'hydrogène et d'oxygène ; le sel marin ou chlorure de sodium est une combinaison de chlore et de sodium. L'air, au contraire, est un simple mélange d'oxygène et d'azote.

3. La *décomposition* est le phénomène inverse de la combinaison : il y a *décomposition* lorsqu'un corps unique donne naissance à plusieurs corps doués de propriétés différentes ; par la décomposition d'un corps, on obtient des corps identiques à ceux qui peuvent l'engendrer par combinaison ; aussi peut-on considérer la décomposition comme étant la séparation des éléments d'une combinaison. — L'eau, qui résulte de la combinaison de l'hydrogène et de l'oxygène, se *décompose* par l'action de la chaleur, d'un courant électrique, de certains corps tels que le potassium, le sodium, etc., qui séparent les deux composants en détruisant le composé.

4. Les *combinaisons* et les *décompositions* sont des *phénomènes chimiques*, ou des *réactions chimiques*.

5. La *Chimie* a pour objet l'étude des propriétés particulières des corps, et des modifications *permanentes* qu'ils

éprouvent soit en se combinant avec d'autres corps, soit en se décomposant. L'étude chimique du soufre, par exemple, consiste dans la recherche de ses dissolvants, de son point de fusion et d'ébullition, de sa densité, des formes qu'il prend en cristallisant, des corps qu'il engendre en brûlant, etc.

6. Les opérations de la Chimie consistent en *synthèses* ou en *analyses*. — La *synthèse* a pour objet la formation d'un corps au moyen de ses éléments ; c'est une opération où l'on effectue une combinaison ou même un simple mélange : faire la synthèse de l'eau c'est former ce corps en combinant l'hydrogène et l'oxygène ; Lavoisier a fait le premier la synthèse de l'air en mélangeant de l'oxygène et de l'azote. — L'*analyse* est l'opération inverse, et consiste dans la séparation des éléments d'un corps composé ou d'un simple mélange.

Ces expressions, *synthèse* et *analyse*, s'emploient souvent, la seconde surtout, pour désigner spécialement les opérations qu'on effectue en vue de déterminer la composition des corps : pour trouver la composition de l'eau, on en fait, soit la *synthèse* en combinant 2 volumes d'hydrogène et 1 vol. d'oxygène, soit l'*analyse*, opération par laquelle l'eau se décompose en 2 vol. d'hydrogène et 1 vol. d'oxygène ; de la *synthèse* et de l'*analyse* de l'eau il résulte donc que ce corps est formé de 2 vol. d'hydrogène et de 1 vol. d'oxygène. — L'analyse est dite *qualitative* lorsqu'elle a seulement pour objet la recherche de la nature des éléments du composé étudié, et *quantitative* lorsqu'elle fait connaître la proportion relative de ces éléments.

7. **Agents capables de déterminer les combinaisons et les décompositions.** — Les conditions et les agents qui rendent les *combinaisons* possibles sont les suivants :

Le *contact*, qui est toujours nécessaire, est quelquefois suffisant : certaines combinaisons, comme celle du chlore et du potassium, s'effectuent d'elles-mêmes à la température ordinaire, dès que les éléments sont en présence.

La *chaleur* : l'oxygène et l'hydrogène, qui sont sans action l'un sur l'autre à la température ordinaire, se combinent lorsqu'on porte le mélange à la température de 450° ; la combinaison du soufre et du cuivre s'effectue aussi sous l'influence de la chaleur.

La *lumière* : le chlore et l'hydrogène, qui ne s'attaquent pas dans l'obscurité, se combinent avec explosion sous l'influence de la lumière solaire.

L'*électricité* : les étincelles électriques, passant dans les mélanges de certains gaz, mélange d'oxygène et hydrogène, mélange de chlore et d'hydrogène, etc., en déterminent la combinaison.

La *présence des corps poreux* ou *pulvérulents :* un morceau de *mousse de platine* (platine poreux), ou un tampon d'amiante imprégnée de *noir de platine* (platine pulvérulent) introduits dans une éprouvette renfermant un mélange d'oxygène et d'hydrogène, y deviennent incandescents et provoquent une explosion due à la combinaison des deux gaz.

La *pression* agit comme circonstance déterminante dans un grand nombre de combinaisons, comme on le verra en étudiant les phénomènes de *dissociation* (15).

Enfin, certaines combinaisons sont déterminées par l'*état naissant* (120) ou par l'*entraînement d'une autre combinaison* (44). Nous expliquerons ces influences plus loin.

8. Certains corps se *décomposent* spontanément dans les conditions ordinaires : c'est le cas de l'acide azotique anhydre, de plusieurs composés oxygénés du chlore, etc. — Le plus souvent les décompositions ne s'effectuent que sous l'influence des agents suivants :

La *chaleur :* les composés oxygénés de l'azote se résolvent complètement en leurs éléments quand on les chauffe fortement. Mais le plus souvent la décomposition produite par la chaleur est incomplète (15) : c'est le cas de l'eau qui se décompose partiellement en oxygène et hydrogène à partir de 1000°.

La *lumière* décompose le chlorure d'argent, etc.

L'*électricité :* les étincelles électriques décomposent le gaz ammoniac en ses éléments hydrogène et azote. — Un grand nombre de corps sont décomposés par les courants électriques ; c'est le cas de l'eau dont l'oxygène se porte sur l'électrode positive et l'hydrogène sur l'électrode négative. Dans les décompositions de ce genre, le corps qui se porte sur l'électrode positive est dit *électronégatif* (ce corps est considéré comme chargé d'électricité négative puisqu'il est attiré par l'électrode positive) ; l'autre, qui se porte sur l'électrode négative, est appelé corps *électropositif* ; dans l'eau, l'hydrogène est électropositif par rapport à l'oxygène qui est électronégatif. Mais un corps qui est électronégatif dans une combinaison peut être électropositif dans une autre : ainsi le soufre, qui est électropositif vis-à-vis de l'oxygène (dans l'acide sulfureux), est électronégatif vis-à-vis de l'hydrogène (dans l'acide sulfhydrique). Les corps simples peuvent être rangés en une série telle que chacun soit électropositif relativement à ceux qui précèdent, et électronégatif par rapport à ceux qui suivent ; voici cette série : Oxygène, Fluor, Chlore, Brome,

Iode, Soufre, Azote, Phosphore, Arsenic, Bore, Carbone, Silicium, Hydrogène, Métaux.

Les *corps poreux* : l'eau oxygénée (c'est un composé d'hydrogène et d'oxygène contenant deux fois plus d'oxygène que l'eau ordinaire) est décomposée par les corps poreux tels que la mousse de platine ; le rôle des corps poreux, dans ce cas, est connu : ils agissent par l'air condensé dans leurs pores qu'ils amènent avec eux dans le liquide où on les plonge (car ils sont sans action lorsqu'on les a préalablement dépouillés de cet air) : l'eau oxygénée n'est stable qu'en présence d'une certaine quantité des produits de sa décomposition, oxygène et eau ordinaire ; or l'oxygène dissous dans l'eau oxygénée s'en dégage par diffusion et se mêle à l'air logé dans les pores de la mousse de platine ; cette diffusion de l'oxygène détermine la décomposition d'une nouvelle quantité d'eau oxygénée. Un courant d'air traversant l'eau oxygénée produit d'ailleurs le même effet que l'introduction de la mousse de platine.

9. Circonstances qui accompagnent les combinaisons et les décompositions. — *Chaleur*. — La plupart des combinaisons s'effectuent avec dégagement de chaleur ; citons comme exemple la combinaison du soufre et du cuivre qu'on provoque en chauffant modérément avec une lampe à alcool un mélange de soufre en fleur et de cuivre en limaille placés dans un ballon de verre ; la combinaison s'effectue tout à coup, et la quantité de chaleur dégagée est telle que la masse est portée à l'incandescence (c'est-à-dire à une température d'environ 800°) et la conserve pendant quelque temps, malgré l'éloignement de la lampe à alcool. — La combinaison d'un poids p d'un corps A avec un poids p' d'un corps A' dégage une *quantité de chaleur* toujours la même, indépendante du moyen employé pour déterminer la combinaison, indépendante aussi de la rapidité de la combinaison ; il n'en est pas de même de l'*élévation de température* qui résulte de la chaleur dégagée : cette élévation de température est d'autant moindre, toutes choses égales d'ailleurs, que la combinaison est plus lente, la chaleur se disséminant dans les corps voisins à mesure qu'elle se dégage. — On donne le nom de *combinaisons exothermiques* à celles qui s'accomplissent ainsi avec dégagement de chaleur.

Le dégagement de chaleur qui se produit au moment où deux corps se combinent explique pourquoi certaines combinaisons que la chaleur provoque se continuent d'elles-mêmes une fois commencées ; telle est la combinaison du soufre et de l'oxygène, qui exige une température élevée et qui cependant s'accomplit intégralement si on chauffe seulement un des points de la masse : les portions directement chauffées se combinent et dégagent assez de chaleur pour porter à la température nécessaire les portions voisines qui se combinent à leur tour, et ainsi de suite. C'est pour la même raison qu'il suffit de *mettre le feu* à une masse de charbon pour que la masse entière brûle, c'est-à-dire se combine avec l'oxygène de l'air voisin.

On admet que la chaleur dégagée pendant la combinaison résulte du choc des atomes (11) des corps en présence. Cette manière de voir rend compte de ce fait que la quantité de chaleur dégagée par la combinaison de deux corps est proportionnelle au poids du composé formé.

Toutes les combinaisons ne sont pas exothermiques. Il en est, comme celles du chlore et de l'oxygène, de l'azote et de l'oxygène, etc., qui s'effectuent avec absorption de chaleur et qu'on nomme *combinaisons endothermiques* ; nous dirons plus loin (11) comment on peut les interpréter.

10. La décomposition des corps obtenus par combinaison exothermique s'effectue avec absorption d'une quantité de chaleur égale à celle dégagée par leur formation. Ce sont les *décompositions endothermiques*. — Les corps formés par combinaison endothermique se décomposent en dégageant une quantité de chaleur égale à celle qu'ils absorbent en se formant ; ces décompositions accompagnées d'un dégagement de chaleur sont appelées *décompositions exothermiques*. Lorsqu'une pareille décomposition dégage beaucoup de chaleur et s'effectue en peu de temps, les gaz mis en liberté sont portés à une température élevée et acquièrent une force élastique assez considérable pour produire des explosions ; c'est le cas des composés oxygénés du chlore ; de là le nom de *corps explosifs* donné aux corps qui se comportent ainsi en se décomposant, et, par extension, à tous ceux dont la décomposition dégage de la chaleur.

11. Ce fait que certaines combinaisons s'effectuent avec absorption de chaleur s'interprète aisément dans l'*hypothèse atomique*, que nous allons d'abord résumer. — La compressibilité, la dilatabilité, la divisibilité des corps ne peuvent se comprendre si on admet que la matière qui les compose est continue ; on est ainsi conduit à considérer les corps comme constitués par des particules infiniment petites nommées *atomes* qu'on suppose indivisibles et qui laissent entre elles des intervalles vides ou *pores*. On admet de plus que chaque corps simple ne renferme que des atomes de même espèce et de même poids ; que les corps composés sont formés d'atomes d'espèces différentes ; et que, dans les corps simples aussi bien que dans les corps composés, les atomes se juxtaposent pour former des groupes nommés *molécules* : les molécules des corps simples sont formées d'atomes de même espèce,

celles des corps composés sont formées d'atomes d'espèces différentes. Enfin on désigne par *cohésion* la force qui relie entre elles les molécules d'un corps simple ou composé, et *affinité* celle qui unit les atomes de même espèce ou d'espèces différentes d'une même molécule (ce mot *affinité* est plus souvent employé avec une autre signification ; voir n° 14).

Cela posé, on peut expliquer ainsi l'absorption de chaleur qui se produit pendant la formation des *composés explosifs*. Supposons qu'on réalise la combinaison du chlore et de l'oxygène ; il y a là, en réalité, deux phénomènes inverses : le premier consiste dans la décomposition des molécules d'oxygène et des molécules de chlore en leurs atomes constituants, et se produit avec absorption de chaleur ; après quoi les atomes libres d'oxygène et de chlore se combinent entre eux, en dégageant de la chaleur, pour former des molécules du composé (acide hypochloreux). S'il y a, en définitive, absorption de chaleur, cela tient à ce qu'il y a plus de chaleur absorbée par la décomposition des molécules d'oxygène et des molécules de chlore que de chaleur dégagée par la combinaison des atomes d'oxygène et de chlore ; le phénomène observé n'est que l'effet résultant de deux phénomènes opposés. La formation des composés exothermiques s'effectue de la même façon ; mais, avec ces corps, la chaleur absorbée par la décomposition des molécules est moindre que celle dégagée par la combinaison des atomes de natures différentes devenus libres. De sorte que la combinaison, pendant laquelle les atomes des composants viennent se choquer, suivant une hypothèse généralement acceptée, peut être considérée comme dégageant toujours de la chaleur.

12. *Électricité.* — Quand deux corps se combinent, ils s'*électrisent* ; l'un des deux corps se charge d'électricité *positive*, l'autre se charge d'électricité *négative* ; on donne conventionnellement au premier le nom de *corps attaquant* et au second celui de *corps attaqué*. Ainsi, dans la combinaison du charbon et de l'oxygène (combustion du charbon), l'oxygène s'électrise positivement et le charbon négativement. On le montre par les expériences suivantes : 1° Sur le plateau supérieur de l'électroscope condensateur de Volta, dont le plateau inférieur est mis en communication avec le sol (fig. 1), on place un charbon allumé à sa partie supérieure, et on active la combustion par un jet d'air ou d'oxygène ; on constate que le plateau supérieur se charge d'électricité négative, d'où on conclut que le charbon s'électrise négativement pendant sa

Fig. 1

combinaison avec l'oxygène ; 2° pour montrer que l'oxygène s'électrise positivement, on installe le charbon sur un support conducteur en communication avec le sol, au-dessous du plateau inférieur, le plateau supérieur communiquant lui-même avec le sol : pendant la combustion, l'oxygène se transforme en acide carbonique et se charge d'électricité positive qu'il cède au plateau inférieur où sa présence est facile à constater. — L'oxygène s'électrise positivement dans ses combinaisons avec tous les corps ; il joue toujours le rôle de corps *attaquant.*

Dans les décompositions, il y a aussi dégagement d'électricité ; mais l'électricité se distribue d'une manière inverse. Ainsi l'oxygène résultant de la décomposition d'un corps oxygéné est électrisé négativement. — Nous avons déjà dit (8) que dans le cas particulier des décompositions par les courants les corps séparés sont considérés comme chargés d'électricités contraires et que l'oxygène est électronégatif dans toutes ces décompositions.

13. **Combinaisons directes, combinaisons indirectes.** — On entend par *combinaisons directes* celles qui s'effectuent sans l'intervention d'aucun autre corps que ceux qui doivent entrer en combinaison, quel que soit d'ailleurs l'agent physique (chaleur, électricité, lumière) employé pour les provoquer. La combinaison de l'oxygène et de l'hydrogène par l'étincelle électrique, celle du chlore et de l'hydrogène par l'action de la lumière, etc., sont des *combinaisons directes.* — La plupart des *combinaisons directes* sont *exothermiques* ; cependant l'azote et l'oxygène s'unissent directement sous l'influence des étincelles électriques pour former un composé *endothermique,* l'acide hypoazotique.

Les *combinaisons indirectes* sont celles qui exigent, pour s'effectuer, l'intervention d'un autre corps que ceux qui s'unissent ; ou bien encore celles qui résultent de l'union de corps dont l'un au moins est engagé dans une combinaison antérieure. — Ainsi le *cyanogène* est une *combinaison indirecte* de carbone et d'azote, qui se produit quand les deux corps sont en présence de la potasse à température élevée. L'oxygène ne se combine pas directement avec l'argent : l'oxyde d'argent (combinaison d'oxygène et d'argent) s'obtient par exemple en soumettant l'argent à l'action de l'acide azotique (combinaison d'oxygène et d'azote) qui lui cède une partie de son oxygène : c'est là encore une *combinaison indirecte.*

14. **Lois numériques des combinaisons.** — Les combinaisons sont régies par les lois suivantes :

Loi des poids, de Lavoisier. — Le poids d'un composé est égal à la somme des poids des composants. En combinant 8 gr. d'oxygène avec 1 gr. d'hydrogène, on obtient 9 gr. de vapeur d'eau. C'est ce fait que Lavoisier exprimait par la formule : « Rien ne se perd, rien ne se crée. »

Loi des proportions définies, de Proust. — Le rapport des poids de deux corps qui s'unissent pour former un même composé est invariable. Ainsi, lorsqu'on combine l'oxygène avec l'hydrogène pour former de l'eau, le rapport des poids est toujours de 8 à 1 ; si on fait passer une étincelle électrique dans un mélange de 8 gr. d'oxygène et de 2 gr. d'hydrogène, par exemple, la combinaison s'effectue entre les 8 gr. d'oxygène et 1 gr. d'hydrogène, et il reste 1 gr. d'hydrogène libre.

Loi des proportions multiples, de Dalton. — Quand deux corps peuvent former plusieurs composés différents, les poids de l'un qui s'unissent à un même poids de l'autre sont en rapport simple. L'oxygène et l'azote forment 6 composés différents ; si on prend de chacun de ces composés un poids tel qu'il renferme le même poids d'azote, 14 gr. par exemple, on trouve que les poids d'oxygène combinés avec ces 14 gr. d'azote sont : 8 gr., 16 gr., 24 gr., 32 gr., 40 gr., 48 gr.; ces nombres sont proportionnels à 1, 2, 3, 4, 5 et 6; ils sont donc en rapport simple.

Lois des volumes, de Gay-Lussac. — 1° Les volumes de deux gaz qui se combinent sont en rapport simple ; 2° lorsque les volumes des gaz composants sont égaux, il n'y a pas, en général, de contraction ; 3° il y a contraction si ces volumes sont inégaux.
Ainsi l'acide chlorhydrique s'obtient en combinant un volume de chlore et 1 vol. d'hydrogène ; le volume du composé formé, pris à la même température et sous la même pression, est égal à la somme des volumes des composants, c'est-à-dire qu'il n'y a pas de contraction. — Ainsi encore, pour former de l'eau, il faut 2 vol. d'hydrogène pour 1 vol. d'oxygène : le rapport des volumes est donc simple ; si on suppose que la vapeur d'eau produite ne se condense pas, ou bien que l'eau obtenue soit complètement vaporisée, le volume de cette vapeur, prise à la même température et sous la même pression que les gaz composants sera égal à 2 volumes : il y a contraction de 1/3 du vol. total des composants. La contraction est égale à 1/2 du vol. total quand le rapport des volumes des composants est de 3 à 1, comme dans le gaz ammoniac, dont 2 vol. sont formés de 3 vol. d'hydrogène et de 1 vol. d'azote.
La 2° loi est quelquefois en défaut. Ainsi, 2 vol. de cyanogène sont formés de 2 vol. de vapeur de carbone et de 2 vol. d'azote. Autre exception : 4 vol. d'acétylène sont formés de 4 vol. de vapeur de carbone et de 4 vol. d'hydrogène.

Loi du travail maximum, de M. Berthelot. Affinité. Thermochimie. — Avant d'énoncer la loi du *travail maximum*, nous exposerons d'abord les quelques considérations préliminaires suivantes :

Quand deux corps A et B peuvent se combiner séparément avec un troisième M, il arrive généralement que l'un des deux premiers, A, par exemple, peut chasser l'autre B de ses combinaisons avec M et l'y remplacer. On dit que A *a plus d'affinité que B pour le corps* M, ou que M *a plus d'affinité pour* A *que pour* B. — C'est ainsi qu'on peut dire que le potassium a plus d'affinité pour l'oxygène que l'hydrogène ; car le potassium, introduit dans l'eau, en chasse l'hydrogène et se transforme en oxyde de potassium.

Les recherches de M. Berthelot l'ont amené à constater qu'un corps A ne peut en déplacer un autre B de sa combinaison avec un troisième M que si la combinaison de A et de M dégage plus de chaleur que n'en produit la combinaison de B avec le même poids de M ; en d'autres termes, que si la combinaison de A et de M dégage plus de chaleur que n'en absorbe la décomposition de la combinaison de B et de M. De sorte que si on entend par *réaction* de A sur la combinaison de B et M l'ensemble de la décomposition du composé formé de B et M, et de la combinaison de A et M, on est conduit à cette loi : *Une réaction n'est possible, sans l'intervention d'une énergie étrangère, que si elle donne lieu à un dégagement de chaleur* (la quantité de chaleur dégagée finalement dans la réaction étant égale à la différence entre la chaleur dégagée par la combinaison et la chaleur absorbée par la décomposition).

Et on peut dire que deux corps ont plus ou moins *d'affinité* l'un pour l'autre suivant qu'ils dégagent plus ou moins de chaleur en se combinant.

Toutes les réactions de la Chimie (aussi bien les réactions complexes où plus de deux corps interviennent que les réactions simples que nous avons considérées, où deux corps seulement, l'un simple, l'autre composé, sont en présence) sont régies par la loi précédente que M. Berthelot formule d'ailleurs en ces termes, d'une manière plus générale, sous le nom de *loi du travail maximum* : *tout changement chimique accompli sans l'intervention d'une énergie étrangère tend vers la production du corps ou du système de corps qui dégage le plus de chaleur.* — Il y a donc le plus grand intérêt au point de vue de la chimie à mesurer les quantités de chaleur que les corps dégagent en se combinant entre eux, puisque ces *données thermochimiques* permettent de prévoir la possibilité des réactions, grâce à la loi du travail maximum.

En général deux corps se combinent d'autant plus facilement qu'ils ont plus d'affinité l'un pour l'autre, c'est-à-dire qu'ils dégagent plus de chaleur en se combinant. Ainsi le potassium a plus d'affinité pour.l'oxygène que l'hydrogène ; et le potassium et l'oxygène s'unissent à la température ordinaire, tandis que la combinaison de l'hydrogène et de l'oxygène ne s'effectue que si on la provoque par l'échauffement du mélange, ou par l'étincelle électrique. — Mais il n'y a là rien d'absolu : l'hydrogène a plus d'affinité pour l'oxygène que pour le chlore, puisque la combinaison des deux premiers dégage plus de chaleur que celle de l'hydrogène et du chlore, et que l'oxygène déplace le chlore de ses combinaisons ; cependant la *lumière*, qui détermine la combinaison à froid du chlore et de l'hydrogène, est sans action sur le mélange d'hydrogène et d'oxygène.

La loi du travail maximum est toujours applicable ; mais certaines réactions ne peuvent s'expliquer que si on tient compte, en outre, des phénomènes de *dissociation*, que nous allons étudier.

15. **Dissociation.** — Les phénomènes de *dissociation* ont été découverts par M. Deville, et étudiés par lui, puis par MM. Debray, Troost, etc. — Ils se manifestent seulement dans les *composés directs* pouvant se former sous l'influence de la chaleur et dont un des éléments au moins, lorsqu'il est libre, est gazeux à la température de l'expérience, comme l'eau (composé direct dont les éléments, oxygène et hydrogène, sont gazeux à la température ordinaire), le carbonate de chaux (composé direct formé d'acide carbonique, corps gazeux dans les conditions ordinaires, et de chaux, corps solide).

Lorsqu'on chauffe le carbonate de chaux en vase clos à une température suffisamment élevée T, il se décompose en ses deux éléments tant que la force élastique de l'acide carbonique devenu libre est inférieure à une certaine valeur F ; la décomposition cesse lorsque cette force élastique a acquis la valeur F ; elle recommence lorsqu'on diminue la force élastique de l'acide carbonique en enlevant une partie du gaz, pour s'arrêter encore lorsque la force élastique aura repris la valeur F. C'est à cette *décomposition limitée* qu'on donne le nom de *dissociation*. — Au contraire l'acide carbonique se combine avec la chaux à la température T lorsque la force élastique du gaz mis en présence de la chaux est supérieure à la même valeur F ; et la combinaison cesse lorsque cette force élastique est devenue égale à F. — Il résulte de là que le carbonate de chaux peut se détruire ou se former à la même température T, suivant que la force élastique de l'acide carbonique libre est inférieure ou supérieure à F, qu'on nomme *tension de dissociation pour la température* T. — La tension de dissociation augmente en général avec la température ; pour certains corps cependant, lorsque la température s'élève, la tension de dissociation passe par un maximum, c'est-à-dire qu'elle croît d'abord pour décroître ensuite.

Le phénomène est le même avec les composés directs qui peuvent, comme l'eau, se résoudre en deux éléments gazeux ; mais alors la *tension de dissociation* est mesurée par la force élastique du mélange des deux gaz mis en liberté. Ainsi, à une température suffisamment élevée T_1, l'eau se décompose en hydrogène et oxygène et la décomposition s'arrête, en vase clos, lorsque la force élastique du mélange d'oxygène et d'hydrogène atteint une certaine valeur F_1. Au contraire l'hydrogène et l'oxygène se combinent à la température T_1 lorsque la force élastique du mélange de ces deux gaz (mélangés dans le rapport de 2 vol. d'hydrogène et de 1 vol. d'oxygène) est supérieure à F_1.

Nous verrons, en étudiant les différents composés, comment leur dissociation a pu être manifestée.

La dissociation est un phénomène analogue à la vaporisation, ainsi que le montre le tableau comparatif ci-joint, qui résume d'ailleurs ce qui vient d'être dit :

En vase clos, à la température T, un corps se *décompose* tant que la force élastique du gaz (ou du mélange des gaz) mis en liberté est inférieure à la *tension de dissociation* F *pour la température* T. Si on diminue la force élastique en enlevant du gaz, la décomposition recommence pour cesser lorsque la force élastique est redevenue égale à F. — Si on augmente la force élastique en introduisant du gaz, ou en réduisant le volume, il se produit une *combinaison* qui s'arrête quand la force élastique est devenue égale à F. — La *tension de dissociation* augmente en général avec la température.

En vase clos, à la température T', un liquide se *vaporise* tant que la force élastique de sa vapeur est inférieure à la *force élastique maximum* F' *correspondant à la température* T'. Si on diminue la force élastique en enlevant de la vapeur, la vaporisation recommence pour cesser lorsque la force élastique est redevenue égale à F'. — Si on augmente la force élastique en introduisant de la vapeur, ou en réduisant le volume, il se produit une *condensation* qui s'arrête quand la force élastique est devenue égale à F'. — La *force élastique maximum* d'une vapeur augmente avec la température.

Les *composés indirects* ne se *dissocient* pas : quand on les chauffe, ils éprouvent une décomposition *complète* que ne peut limiter la recombinaison des éléments libres, puisque ceux-ci, par définition, ne peuvent se combiner directement.

16. Equivalents. — Les *équivalents* sont les poids respectifs des corps qui peuvent se combiner avec un même poids d'un autre corps pour former des composés analogues (1), ou encore, qui peuvent se déplacer et se remplacer dans les combinaisons de même nature, l'équivalent de l'hydrogène ayant été conventionnellement fait égal à l'unité.

L'hydrogène, le potassium, le sodium, le fer, le zinc, en se combinant avec l'oxygène forment chacun un ou plusieurs composés (le zinc ne forme qu'un seul oxyde ; l'hydrogène, le potassium, le sodium, le fer, en forment chacun plusieurs); si on cherche la composition de l'oxyde de zinc et de ceux des oxydes d'hydrogène, de potassium, de sodium, de fer, qui ressemblent le plus à l'oxyde de zinc, on trouve que pour un même poids d'oxygène (8 gr.), ils renferment respectivement 1 gr. d'hydrogène, 39 gr. de potassium, 23 gr. de sodium, 28 gr. de fer, 33 gr. de zinc. Ces poids 1 gr. d'hydrogène, 39 gr. de potassium, 23 gr. de sodium, 28 gr. de fer, 33 gr. de zinc, *s'équivalent* donc vis-à-vis de l'oxygène ; l'expérience prouve d'ailleurs qu'ils s'équivalent aussi vis-à-vis d'un autre corps simple, du chlore par exemple, c'est-à-dire qu'ils s'unissent à un même poids de chlore (35 gr. 5) pour former des composés semblables. — D'autre part, on peut déplacer et remplacer dans ses composés 1 gr. d'hydrogène par 39 gr. de potassium, 23 gr. de sodium, 28 gr. de fer, 33 gr. de zinc : si on introduit du potassium dans de l'eau, il la décompose, chasse l'hydrogène qui se dégage, et le remplace en se combinant avec l'oxygène pour former de l'oxyde de potassium ; pour déplacer 1 gr. d'hydrogène il faut 39 gr. de potassium ; il faudrait 23 gr. de sodium. Le fer et le zinc déplacent et remplacent aussi l'hydrogène de l'eau (en présence d'un acide) : pour mettre en liberté un gramme d'hydrogène, il faut 28 gr. de fer, ou 33 gr. de zinc. — Ces poids 1 gr. d'hydrogène, 39 gr. de potassium, 23 gr. de sodium, 28 gr. de fer, 33 gr. de zinc sont les *équivalents* de ces corps.

Le chlore peut déplacer et remplacer l'hydrogène dans beaucoup de composés (161) en formant des *produits de substitution* dont les propriétés rappellent celles du composé primitif ; il faut d'ailleurs 35 gr. 5 de chlore pour remplacer 1 gr. d'hydrogène. L'équivalent du chlore est donc 35,5. — Mais 8 gr. d'oxygène, 16 gr. de soufre, etc., équivalent à 35 gr. 5 de chlore, car ces poids respectifs d'oxygène, de soufre, de chlore, peuvent se combiner avec un même poids d'un autre corps, d'hydrogène (1 gr.) par exemple, pour former des composés analogues. — Ces poids 8 gr. d'oxygène, 16 gr. de soufre, sont les *équivalents* de ces corps.

---

(1) On entend par *composés analogues* ceux qui, placés dans les mêmes conditions, se comportent de même et donnent lieu à des réactions semblables. Ainsi l'eau (formée d'hydrogène et d'oxygène) et l'acide sulfhydrique (formé d'hydrogène et de soufre) sont des *corps analogues* parce que si on les soumet à l'action du potassium, par exemple, il exerce la même action sur l'un et sur l'autre : il chasse l'hydrogène et s'empare du second corps, oxygène ou soufre, pour former avec eux des composés (oxyde de potassium, sulfure de potassium) doués de propriétés semblables.

Il faut remarquer que le poids de chlore qui se combine avec un équivalent d'hydrogène (1 gr.) ou de potassium (39 gr.), ou de sodium (23 gr.), etc., est précisément égal à 35 gr. 5, c'est-à-dire à l'équivalent du chlore obtenu, par définition, en se basant sur les phénomènes de substitution. De là résulte une méthode plus générale de détermination des équivalents.

17. *Équivalents en volumes.* — *L'équivalent en volume* d'un gaz est le volume qu'occupe l'équivalent en poids de ce gaz, le volume de l'équivalent en poids (8 gr.) de l'oxygène étant pris pour unité. — L'équivalent en volume de l'hydrogène est 2 ; en effet, l'eau résulte de la combinaison de 1 gr. ou un équivalent d'hydrogène et de 8 gr. ou un équivalent d'oxygène; ou encore de 2 vol. d'hydrogène pour un vol. d'oxygène ; le volume de l'équivalent d'hydrogène (1 gr.) est donc double du volume de l'équivalent d'oxygène (8 gr.) ; par suite l'*équivalent en volume* de l'hydrogène égale 2 vol. — Par des considérations analogues on trouve que l'équivalent en volume de l'azote, du chlore, etc., est de 2 vol. ; que celui du soufre, du phosphore, est de 1 vol.

On trouvera à la fin de l'ouvrage le tableau des équivalents en volume des principaux corps gazeux ou volatils.

II. Nomenclature et notations chimiques.

SOMMAIRE

Nomenclature. — Corps simples : métaux, métalloïdes.
Composés binaires non oxygénés.
Composés binaires oxygénés. 1° Acides. 2° Oxydes ; ils sont basiques ou neutres.
Sels ; sels neutres, sels acides, sels basiques.
Alliages, amalgames.
Notations chimiques. — Symbole d'un corps simple. Formule d'un corps composé.
Équations chimiques ; équations thermo-chimiques.

18. **Nomenclature chimique.** — Elle a pour objet la dénomination systématique des corps ; elle a été proposée en 1787 par les chimistes français Lavoisier, Guyton de Morveau, Berthollet et Fourcroy. — Voici les bases de cette *nomenclature.*

19. *Métalloïdes, métaux.* — Les corps simples se répartissent en deux groupes : 15 *métalloïdes* et plus de 50 *métaux* (parmi les corps qu'on a découverts dans ces derniers temps et qu'on a rangés dans la catégorie des métaux, un certain nombre sont encore très peu connus et ne figurent que provisoirement sur la liste des corps simples).

Les *métaux* sont des corps qui possèdent un éclat particulier, *éclat métallique* ; ils sont bons conducteurs de la chaleur et de l'électricité ; en se combinant avec l'oxygène ils forment au moins une *base* : cette dernière propriété est la seule qui soit absolument caractéristique. — Les principaux métaux sont : le potassium, le sodium, le baryum, le strontium, le calcium, le magnésium, l'aluminium, le manganèse, le fer, le nikel, le cobalt, le chrome, le zinc, l'étain, l'antimoine, le plomb, le bismuth, le cadmium, le cuivre, le mercure, l'or, l'argent, le platine, le palladium.

Les *métalloïdes* sont les corps simples qui ne présentent pas les caractères des *métaux*. — Ce sont : l'oxygène, le soufre, le sélénium, le tellure, le fluor, le chlore, le brome, l'iode, l'azote, le phosphore, l'arsenic, le carbone, le bore, le silicium et l'hydrogène.

Les noms donnés aux corps simples n'obéissent à aucune règle. Un certain nombre sont déduits de quelques propriétés importantes des corps : ainsi l'*azote* (z privatif, ζωή vie) a été ainsi nommé à cause de ses propriétés asphyxiantes. D'autres fois les noms des corps simples dérivent de ceux des composés d'où on les a d'abord tirés : c'est le cas du *potassium*, du *sodium*, etc., qu'on a d'abord extraits de la potasse, de la soude. Le plus souvent, les noms des corps simples sont arbitraires.

20. *Composés binaires non oxygénés.* — On nomme ainsi les composés formés de deux corps simples autres que l'oxygène, comme le composé de soufre et de cuivre (sulfure de cuivre).

Pour désigner un corps binaire non oxygéné on énonce d'abord le nom du corps électronégatif (8) qu'on termine par *ure*, et on fait suivre du nom du deuxième corps ; la combinaison de chlore et de cuivre se nomme *chlorure de cuivre*.
Quand deux corps simples se combinent en plusieurs proportions, on distingue les divers composés de ces deux corps en joignant au nom formé d'après la règle précédente un des préfixes *proto, bi, tri, tétra, penta, sesqui, sous,* suivant qu'il y a 1, 2, 3, 4, 5 équivalents, un équivalent et demi, ou moins d'un équivalent du corps électronégatif pour un équivalent de l'autre. — Ainsi les composés formés de 1, 2, 3, 4 ou 5 équiv. de soufre pour un équiv. de potassium se nomment,

protosulfure, *bisulfure*, *trisulfure*, *tétrasulfure* et *pentasul-
fure de potassium*; le composé formé d'un équiv. et demi de
chlore pour un équiv. d'aluminium se nomme *sesquichlorure
d'aluminium*; le *sous-chlorure de cuivre* renferme un demi
équiv. de chlore pour un de cuivre.

L'hydrogène forme avec le chlore, le brome, l'iode, le fluor,
le soufre, etc., des composés qui ont la saveur aigre des
acides et la même propriété qu'eux de rougir la couleur bleue
de tournesol (21); aussi, au lieu de les nommer d'après la
règle précédente, on leur donne le nom général d'*hydracides*,
et on les désigne individuellement par le mot *acide* suivi du
nom du corps avec lequel l'hydrogène est combiné, qu'on termine par *hydrique*. Ainsi, au lieu de *chlorure d'hydrogène*
on dit plus souvent *acide chlorhydrique*.

21. *Composés binaires oxygénés : acides, oxydes.* — Les
composés binaires dont l'oxygène est un des éléments se
nomment *acides* ou *oxydes*.

1° Les *acides* sont des corps à saveur aigre, pouvant rougir
la liqueur bleue-violacée de tournesol (ou le papier coloré
par cette liqueur), et formant des sels en s'unissant aux
oxydes basiques. Exemples : l'acide phosphorique, qui constitue les flocons blancs qu'engendre le phosphore en se combinant avec l'oxygène (combustion du phosphore dans l'oxygène ou dans l'air); l'acide sulfureux qui se produit de même
quand le soufre brûle ; le premier est solide, le second est
gazeux. — Certains acides sont insolubles dans l'eau et n'ont
pas de saveur ni d'action sur la liqueur de tournesol ; leur
caractère d'acides se manifeste seulement par la propriété
qu'ils ont de se combiner avec les bases ; exemple, l'acide silicique ou silice.

Lorsqu'un corps ne forme avec l'oxygène qu'un seul acide,
on le désigne en faisant suivre le mot *acide* du nom du premier corps terminé par *ique* ; exemples : *acide carbonique*,
acide silicique.

Lorsqu'un corps forme avec l'oxygène deux acides, on les
distingue en terminant par *ique* le plus oxygéné. et par *eux*
le moins oxygéné; ainsi les deux acides que forme l'arsenic
se nomment *acide arsénique* et *acide arsénieux*.

Si le même corps forme avec l'oxygène plus de deux acides,
on se sert en outre, pour les désigner, des préfixes *per* et
hypo ; le premier indique un acide plus oxygéné, le deuxième
un acide moins oxygéné ; ainsi l'*acide perchlorique* est plus
oxygéné, et l'*acide hypochlorique* est moins oxygéné que
l'*acide chlorique*; les cinq acides du chlore se nomment :
acides *perchlorique, chlorique, hypochlorique, chloreux* et
hypochloreux.

2° Les *oxydes* sont les composés binaires oxygénés qui ne sont pas *acides*.— Les oxydes sont de deux sortes, *oxydes basiques* et *oxydes neutres*. — Les *oxydes basiques* ou *bases* sont ceux qui ramènent au bleu la liqueur de tournesol rougie par un acide, et qui peuvent se combiner avec les acides pour former des sels ; exemple, l'oxyde de potassium ou potasse, combinaison de potassium et d'oxygène. Un grand nombre de bases sont insolubles dans l'eau et sans action sur le tournesol ; leur caractère de *bases* se manifeste seulement par leur propriété de se combiner avec les acides ; exemple, l'oxyde d'argent. — Les *oxydes neutres* sont les oxydes qui ne sont pas *basiques* ; on peut encore dire que ce sont des composés binaires oxygénés qui ne sont ni *acides* ni *bases* ; ils n'ont pas d'action sur le tournesol : exemple, l'oxyde de carbone.

Pour désigner un oxyde (basique ou neutre) on fait suivre le mot *oxyde* du nom du corps simple combiné avec l'oxygène : *oxyde de zinc*.

Lorsqu'un même corps forme avec l'oxygène plusieurs oxydes, on les distingue les uns des autres en joignant au nom formé d'après la règle précédente un des préfixes *proto*, *bi*, *tri*, *sesqui*, *sous*, suivant qu'il y a 1, 2, 3 équivalents, un équivalent et demi, ou moins d'un équiv. d'oxygène pour un équiv. de l'autre corps : *bioxyde de baryum*.

Les protoxydes d'hydrogène, de potassium, de sodium, de baryum, de strontium, de calcium, de magnésium et le sesquioxyde d'aluminium se nomment plus souvent *eau, potasse, soude, baryte, strontiane, chaux, magnésie* et *alumine*.

22. *Sels*. — Les *sels* résultent de la combinaison d'un *acide* avec une *base* ; ce sont des composés ternaires : ils sont souvent sans action sur le tournesol, l'acide neutralisant la base.

Pour désigner un sel on emploie le nom de l'acide dont on remplace la terminaison *ique* par *ate*, ou la terminaison *eux* par *ite*, et on fait suivre du nom de la base. Exemples : Azotate d'oxyde de plomb (composé d'acide azotique et d'oxyde de plomb), azotite de potasse (composé d'acide azoteux et de potasse), sulfate de sesquioxyde de fer (composé d'acide sulfurique et de sesquioxyde de fer). — Pour abréger, on supprime souvent le mot *oxyde* quand il ne peut y avoir d'équivoque : sulfate de cuivre.

Lorsqu'un acide et une base se combinent en plusieurs proportions pour former des sels différents, on appelle *sel neutre* celui dans lequel on considère l'acide et la base comme neutralisés l'un par l'autre (305) ; *sel acide* celui qui renferme plus d'acide que le sel neutre pour le même poids de base ; *sel basique* celui qui renferme plus de base que le sel neutre pour le même poids d'acide. — Pour distinguer les divers sels acides formés d'une même base et d'un même acide, on place avant le nom du sel neutre un des mots *sesqui*, *bi*, suivant qu'il y a *une fois et demie* ou *deux fois* plus d'acide que dans le sel neutre : bicarbonate de chaux. — Pour distinguer les divers sels basiques formés d'une même base et d'un même acide, on place avant le nom de la base un des mots *sesquibasique, bibasique, tribasique,* suivant qu'il y a *une fois et demie, deux fois, trois fois* plus de base que dans le sel neutre : azotate bibasique de mercure.

23. *Alliages.* Les combinaisons des métaux entre eux se nomment *alliages* : alliage d'argent et de cuivre.

Les *amalgames* sont des *alliages* où il entre du mercure : on dit *amalgame d'etain* (tain des glaces) au lieu d'alliage de mercure et d'étain.

24. Notations chimiques. — Chaque *corps simple* a un *symbole* formé d'une ou de deux lettres, par lequel on représente un équivalent de ce corps; ainsi O est le symbole de l'oxygène et représente un équiv. ou 8 gr. de ce corps ; Az représente un équivalent d'azote ; Ph un équiv. de phosphore. — Le symbole d'un corps est le plus souvent la première lettre de son nom, écrite en majuscule : H, S, C, sont les symboles de l'hydrogène, du soufre, du carbone; quand plusieurs corps commencent par la même lettre, le symbole est formé de la première lettre écrite en majuscule et suivie ou non d'une autre écrite en minuscule : les symboles du carbone, du calcium, du cobalt, du cadmium sont C, Ca, Co, Cd. Enfin quelques-uns sont formés de même au moyen des lettres du nom latin ; K potassium (kalium), Na sodium (natrium), Sb antimoine (stibium), Au or (aurum) Hg mercure (hydrargyrum).

On représente un *corps composé* au moyen d'une *formule* où figurent les symboles de tous les corps simples constituants. — La formule d'un *corps binaire* (oxygéné ou non) est composée des symboles des deux éléments, le corps électropositif étant placé le premier (on sait que c'est le contraire dans la nomenclature parlée) ; lorsqu'un composé renferme plusieurs équivalents d'un composant on l'indique au moyen d'un chiffre placé en exposant à droite et en haut du symbole de l'élément considéré. Exemples : la formule de l'eau est HO, celle du bioxyde d'azote est AzO^2. Pour éviter les nombres fractionnaires on écrit la formule du sesquichlorure d'aluminium Al^2Cl^3 au lieu de $AlCl^{3/2}$; celle du sous-oxyde de cuivre s'écrit Cu^2O au lieu de $CuO^{1/2}$. — La formule d'un *sel* s'obtient en écrivant celle de l'acide à la suite de celle de la base, et les séparant par une virgule : celle du sulfate neutre de protoxyde de fer est FeO,SO^3; celle du phosphate tribasique de chaux est $3CaO,PhO^5$.

Pour représenter une *réaction chimique,* c'est-à-dire l'ensemble des combinaisons et décompositions qu'éprouvent les corps sur lesquels on expérimente, on emploie une *équation chimique* : le premier membre renferme les symboles et formules des corps soumis à l'expérience, séparés par le signe +; dans le second membre, qu'on sépare du premier par le signe =, on place les symboles et formules des corps nouveaux formés aux dépens des premiers, et on les sépare aussi par le signe +; tous les corps simples qui figurent dans le 1er membre doivent se retrouver en même quantité dans le 2e membre. — Pour représenter la réaction du potassium sur l'eau, pendant laquelle un équivalent de potassium déplace et remplace un équivalent d'hydrogène en se transformant en oxyde de potassium, on emploie l'équation

$$K + HO = KO + H.$$

Souvent même on fait suivre le 2e membre du nombre de calories dégagées ou absorbées par la réaction ; ainsi, quand on fait agir un équivalent de zinc sur un équivalent d'acide chlorhydrique H Cl, le zinc se substitue à l'hydrogène de l'acide, et on obtient un équivalent d'hydrogène libre et un équiv. de chlorure de zinc Zn Cl ; cette réaction dégage 16 calories 7, et elle se représente par l'équation :

$$Zn + HCl = ZnCl + H + 16 \text{ cal. } 7.$$

Autre exemple : la combinaison d'un équivalent d'azote et de 4 équiv. d'O, avec production d'acide hypoazotique AzO⁴ absorbe 2 cal. 6 et se représente par l'équation :

$$Az + O^4 = AzO^4 - 2 \text{ cal. } 6.$$

SYMBOLES ET ÉQUIVALENTS DES PRINCIPAUX CORPS SIMPLES

Aluminium	Al =	13 75	Erbium	Er =	170
Antimoine (*Stibium*)	Sb	120	Etain (*Stannum*)	Sn	59
Argent	Ag	108	Fer	Fe	28
Arsenic	As	75	Fluor	Fl	19
Azote	Az	14	Gallium	Ga	35
Baryum	Ba	68.6	Glucinium	Gl	7
Bismuth	Bi	210	Hydrogène	H	1
Bore	Bo	11	Indium	In	56.7
Brome	Br	80	Iode	I	127
Cadmium	Cd	56	Iridium	Ir	98.5
Calcium	Ca	20	Lanthane	La	46
Carbone	C	6	Lithium	Li	7
Cérium	Ce	46	Magnésium	Mg	12
Césium	Cs	133	Manganèse	Mn	27.6
Chlore	Cl	35.5	Mercure (*Hydrargyrum*)	Hg	100
Chrome	Cr	26.2	Molybdène	Mo	48
Cobalt	Co	29.5	Nickel	Ni	29.5
Cuivre	Cu	31.5	Or (*Aurum*)	Au	98.3
Didyme	Di	48	Osmium	Os	100

Oxygène	O	= 8		Soufre	S	= 16
Palladium	Pd	53		Strontium	Sr	43.75
Phosphore	Ph	·31		Tantale	Ta	94
Platine	Pt	99		Tellure	Te	64
Plomb	Pb	103.5		Thallium	Tl	204
Potassium (*Ka-lium*)	K	39		Thorium	Th	59.5
				Titane	Ti	25
Rhodium	Rh	52		Tungstène(*Wol-fram*)	W	92
Rubidium	Rb	85				
Ruthénium	Ru	52		Uranium	U	60
Sélénium	Se	39.75		Vanadium	V	51.2
Silicium	Si	14		Yttrium	Y	32
Sodium (*Na-trium*)	Na	23		Zinc	Zn	33
				Zirconium	Zr	44.8

III. Cristallisation.

SOMMAIRE

Définitions. — Formes cristallines ; cristaux. — Solides de clivage. — Corps amorphes. Centre, axes d'un cristal.

Systèmes cristallins. — La classification des cristaux est basée sur la disposition et le nombre de leurs axes. — Loi de symétrie.

Définition des six systèmes cristallins.

Divers modes de cristallisation. — Cristallisation par voie sèche : 1° par fusion ; 2° par sublimation, et par sublimation indirecte. — Cristallisation par voie humide : 1° par dissolution et refroidissement ; 2° par dissolution et évaporation.

Isomorphisme. — Corps isomorphes. Les corps isomorphes ont des propriétés analogues (loi de Mitscherlich) ; application à la détermination des équivalents.

Polymorphisme, allotropie, isomérie.

25. Définitions. — La plupart des corps, lorsqu'ils passent lentement de l'état liquide ou de l'état gazeux à l'état solide, prennent des formes *convexes limitées par des faces planes* et nommées *formes cristallines* ; un même corps, placé dans les mêmes conditions, acquiert toujours la même forme cristalline ; les solides qui présentent des formes cristallines se nomment *cristaux* ou *corps cristallisés*. — Les corps cristallisés possèdent en outre la propriété de pouvoir se *cliver*, c'est-à-dire de se casser facilement suivant des plans parallèles à deux ou trois directions (plans de *clivage* ou de facile rupture) ; les solides qu'on obtient en divisant un corps suivant les directions de clivage se nomment *solides de clivage*, et ont toujours la même forme pour un même corps ; la forme du solide de clivage, qui peut être identique à celle du cristal primitif, peut aussi être différente.

Lorsqu'un corps n'a ni forme cristalline ni plans de clivage, on dit qu'il est *amorphe*. La plupart des corps peuvent exister, soit avec des formes cristallines, soit à l'état amorphe ; quelques-uns ne se présentent jamais qu'à l'état amorphe, comme les gommes.

L'observation montre que tous les cristaux ont un *centre* et des *axes*. — On appelle *centre* d'un cristal un point *o* qui divise en deux parties égales toute droite $ab, a'b'$... passant par ce point et se terminant aux faces du cristal (fig. 2). — On appelle *axe* d'un cristal une droite ab passant par le centre, et autour de laquelle les faces sont disposées symétriquement.

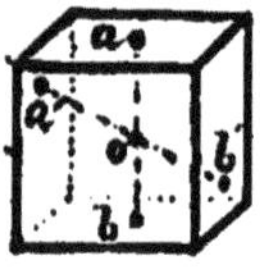
Fig. 2

26. **Systèmes cristallins.** — Les formes cristallines que peuvent prendre les corps sont très nombreuses ; pour les étudier, on a dû les classer, c'est-à-dire les répartir en groupes ou *systèmes*. — La classification adoptée est basée sur la disposi-

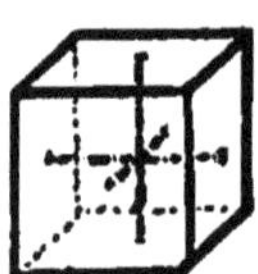
Fig. 3

Fig. 4

Fig. 5

tion et le nombre des *axes* qu'on peut imaginer dans les cristaux. On fait figurer dans le même groupe ou système tous les cristaux qui se ressemblent, non par leur forme extérieure, mais par leurs axes ; c'est ainsi que les trois cristaux que représentent les figures 3, 4 et 5 appartiennent au même système, malgré la différence des formes (le 1er est un cube ; le 2e peut être considéré comme un cube dont les huit sommets ont été tronqués suivant des plans également inclinés sur les trois arêtes ; le 3e est un octaèdre régulier qu'on peut considérer comme ayant été obtenu avec un cube dont les sommets auraient été tronqués comme dans le cas précédent par des plans également inclinés sur les trois arêtes de chaque sommet, mais assez rapprochés du centre pour faire disparaître les six faces du cube), parce qu'ils présentent les mêmes axes : trois axes égaux, perpendiculaires l'un sur l'autre.

On peut d'ailleurs considérer toutes les formes cristallines appartenant au même système comme dérivant d'une forme plus simple ou *forme-type*, qui aurait été modifiée par des *troncatures* obéissant à la loi suivante d'Haüy, dite *loi de symétrie* : *Quand un cristal présente sur un de ses éléments (sommet ou arête) une certaine modification, tous les autres éléments semblables sont modifiés de la même façon.* Ainsi les six sommets du cube étant des éléments semblables, un cristal cubique ne pourra avoir un sommet tronqué sans que les cinq autres le soient aussi (fig. 4). Autre exemple : les quatre arêtes verticales du prisme droit à base parallélogramme (fig. 6), qui sont géométriquement égales, ne sont pas cris-

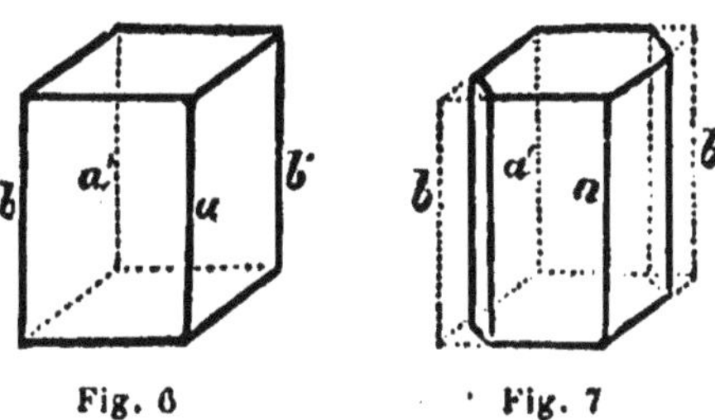

Fig. 6   Fig. 7

tallographiquement semblables car les arêtes a, a', sont les arêtes de dièdres obtus, tandis que les autres b, b', sont les arêtes de dièdres aigus ; les deux dernières b, b', pourront donc être seules modifiées (comme dans la figure 7, où les arêtes b, b' sont remplacées par des facettes).

On a reconnu que toutes les formes cristallines peuvent être réparties en six systèmes ou groupes :

1° Le *système cubique*, qui comprend les cristaux ayant la forme du cube, et tous ceux dans lesquels on peut imaginer les mêmes axes que dans le cube, c'est-à-dire 3 axes égaux et rectangulaires (fig. 3) ;

2° Le système du *prisme droit à base carré*, caractérisé par

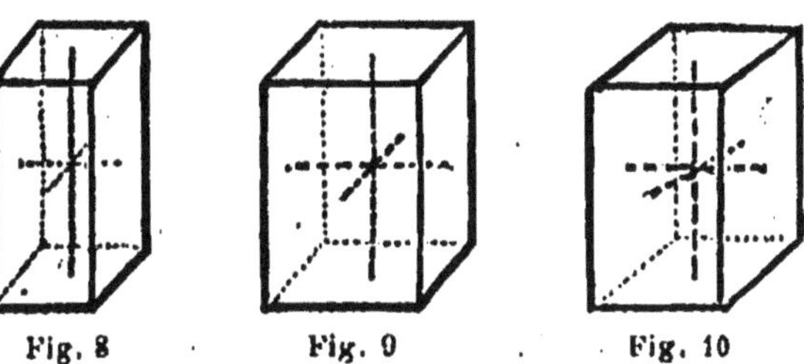

Fig. 8   Fig. 9   Fig. 10

3 axes rectangulaires, deux égaux entre eux et le 3ᵉ différent fig. 8) ;

3° Le système du *prisme droit à base rectangle*, caractérisé par 3 axes rectangulaires et inégaux (fig. 9) ;

4° Le système du *prisme droit à base parallélogramme*, caractérisé par 3 axes inégaux, dont 2 sont obliques, le 3ᵉ étant perpendiculaire sur le plan des deux autres (fig. 10) ;

5° Le système du *prisme oblique à base parallélogramme*, caractérisé par 3 axes inégaux et obliques (fig. 11) ;

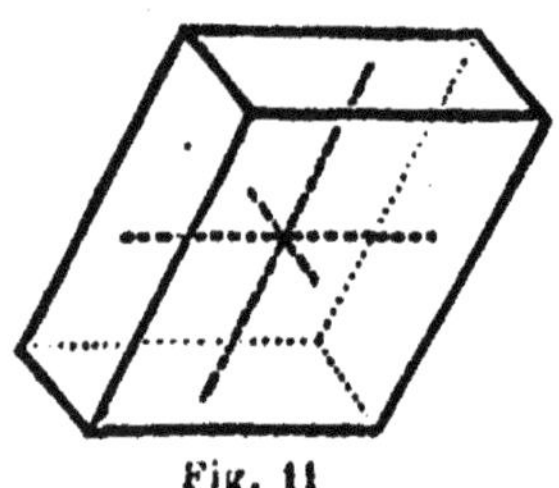

Fig. 11

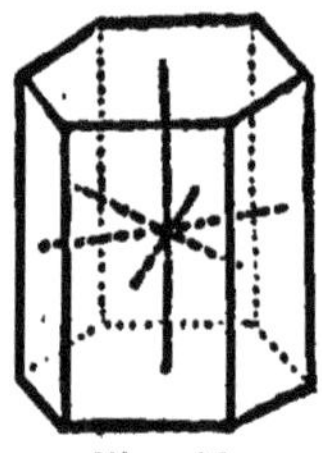

Fig. 12

6° Le système du *prisme droit hexagonal*, caractérisé par 4 axes, 3 dans le même plan, égaux entre eux et faisant des angles de 60°, le 4° étant perpendiculaire sur le plan des trois autres (fig. 12).

27. Divers modes de cristallisation. — Pour faire cristalliser les corps, on opère par *voie sèche* (1ᵉʳ et 2ᵉ procédés), ou par *voie humide* (3° et 4° procédés).

1° *Par fusion.* — C'est ainsi qu'on fait cristalliser le soufre, le bismuth, l'antimoine, etc. On fond le corps, le soufre par exemple, dans un creuset et on laisse refroidir ; les portions de la masse en contact avec les parois du creuset et avec l'atmosphère se solidifient les premières, et prennent la forme d'aiguilles prismatiques : pour pouvoir les examiner, on crève la croûte superficielle en deux points avant que la solidification soit complète, et on fait écouler la partie restée liquide par un des trous, l'autre servant à la rentrée de l'air ; si on enlève ensuite la croûte trouée, on voit les parois hérissées de cristaux en aiguilles.

2° *Par sublimation.* — Ce procédé s'applique à l'arsenic, à l'iode, etc., qu'il suffit de chauffer doucement dans un ballon : ces corps se *subliment*, c'est-à-dire passent de l'état solide à l'état gazeux, et leurs vapeurs, rencontrant les parois supérieures froides du ballon, reprennent l'état solide et s'y déposent sous la forme de cristaux.

La méthode suivante, dite par *sublimation indirecte*, permet d'opérer sur des corps non volatils. Soit à faire cristalliser l'alumine (Al^2O^3) ; on chauffe du fluorure d'aluminium (Al^2Fl^3) dans un creuset de charbon au-dessus duquel se trouve une capsule de platine contenant de l'acide borique (BoO^3) ; à haute température le fluorure d'aluminium se volatilise, réagit sur l'acide borique et donne du fluorure de bore et de *l'alumine* qui se dépose en cristaux, comme l'aurait fait un corps volatil. Ces cristaux sont identiques aux cristaux naturels de *corindon* (alumine cristallisée incolore). On peut obtenir artificiellement par la même méthode les pierres précieuses que forme l'alumine associée à de petites quantités d'oxydes étrangers qui la colorent de diverses nuances : *rubis oriental* (rouge), *saphir oriental* (bleu), etc ; il suffit, pour obtenir ces deux dernières, par exemple, d'ajouter plus ou moins de fluorure de chrome au fluorure d'aluminium employé.

3° *Par dissolution et refroidissement.* — Pour faire cristalliser le salpêtre (azotate de potasse), on prépare une dissolution saturée de ce sel dans de l'eau chaude, et on la laisse refroidir lentement : le salpêtre étant moins soluble à froid qu'à chaud, la dissolution abandonne, en se refroidissant, du salpêtre qui cristallise en aiguilles.

4° *Par dissolution et évaporation.* — Cette méthode, qui permet d'obtenir de très gros cristaux (parce que la solidification du corps soumis à l'expérience peut être rendue très lente), consiste à saturer de ce corps de l'eau à la température ordinaire et à faire évaporer lentement : à mesure que le dissolvant disparaît par évaporation, le corps dissous se solidifie en cristallisant. Cette méthode s'applique à l'alun, etc.

28. **Isomorphisme.** — On dit que plusieurs corps sont *isomorphes* lorsqu'ils satisfont aux deux conditions suivantes : — 1° qu'ils prennent en cristallisant des formes appartenant au même système et qui soient, sinon identiques, du moins très voisines (c'est-à-dire que si les angles de l'un ne sont pas égaux aux angles correspondants de l'autre, ils n'en diffèrent que d'une très petite quantité) ; — 2° qu'on obtienne, si on les fait cristalliser ensemble, des cristaux homogènes où ces corps soient contenus en proportion quelconque ; lorsqu'on fait cristalliser ensemble deux corps non isomorphes, par la 4° méthode, par exemple, en mêlant dans le même vase les dissolutions des deux corps qu'on abandonne ensuite à l'évaporation, chaque corps cristallise séparément, et un cristal quelconque ne renferme qu'une seule des deux substances ; avec un mélange de deux corps *isomorphes*, au contraire, tous les cristaux qui se forment sont identiques, et chacun de ces cristaux renferme les deux substances dans une proportion qui ne dépend que de la composition du mélange (chaque angle du cristal est alors intermédiaire entre les angles correspondants des deux corps isomorphes, si les formes que prennent ceux-ci en cristallisant séparément ne sont pas identiques) ; si d'ailleurs on introduit un cristal d'un corps dans une dissolution saturée d'un corps isomorphe, les particules

solides qu'abandonne cette dissolution par l'évaporation se déposent sur le 1er cristal qui *continue à s'accroître* comme si on l'avait laissé dans la dissolution qui l'a engendré : rien de pareil ne se produit avec les corps non isomorphes.

Comme exemples de corps isomorphes citons : l'arsenic, l'antimoine, le bismuth ; les sesquioxydes de fer (Fe^2O^3), d'aluminium (Al^2O^3), de chrome (Cr^2O^3), les acides arsénieux AsO^3) et antimonieux (SbO^3) ; les sulfates de chaux (CaO,SO^3), de baryte (BaO,SO^3), de strontiane (SrO,SO^3), de plomb (PbO,SO^3) ; les sulfates de fer (FeO,SO^3), de nikel (NiO,SO^3), de cobalt (CoO,SO^3), de zinc (ZnO,SO^3) ; les aluns, comme l'alun ordinaire ($KO,SO^3;Al^2O^3,3SO^3+24HO$), l'alun de chrome ($KO,SO^3;Cr^2O^3,3SO^3+24HO$).

Mitscherlich reconnut que *les substances isomorphes ont des propriétés analogues et que leur composition est représentée par des formules semblables* (loi de Mitscherlich). L'analogie de composition est manifeste dans les exemples précédents.

La loi de Mitscherlich a été fréquemment utilisée pour la détermination des équivalents. Exemple : *l'aluminium* forme avec l'oxygène un seul oxyde, l'alumine, composé de 8 gr. d'oxygène pour 9 gr. 1/3 environ d'aluminium, qu'on était tenté de considérer comme un protoxyde d'aluminium ; dans cette hypothèse, l'équivalent de l'aluminium serait 9 gr. 1/3 ; mais on a reconnu que l'alumine est isomorphe avec le sesquioxyde de fer Fe^2O^3 ; les corps isomorphes ayant la même composition, il faut considérer l'alumine comme un sesquioxyde et lui donner pour formule Al^2O^3 ; de sorte que l'équivalent de l'aluminium et le poids d'aluminium associé, dans l'alumine, à 1 équivalent et demi (12 gr.) d'oxygène, c'est-à-dire 14 gr. (le poids d'aluminium combiné avec 8 gr. d'oxygène étant 9 gr. 1/3, le poids d'aluminium combiné avec 12 gr. d'oxygène est $\dfrac{9 \text{ gr. } 1/3 \times 12}{8} = 14 \text{ gr.}$).

M. Gernez a signalé une autre propriété des corps isomorphes : une solution sursaturée cristallise lorsqu'on la touche, soit avec un cristal de la substance dissoute, soit avec un cristal d'une substance isomorphe.

20. Polymorphisme, allotropie, isomérie. — Certains corps, lorsqu'on les fait cristalliser dans des conditions différentes, prennent des formes cristallines appartenant à des systèmes *différents*, ou, comme on dit, des *formes incompatibles* ; ces substances sont dites *dimorphes* quand elles peuvent cristalliser dans deux systèmes, et *polymorphes* quand elles peuvent cristalliser dans plus de deux systèmes ; le soufre est dimorphe (74) ; l'oxyde de titane, qui peut cristalliser dans trois systèmes, est polymorphe. — On entend donc par *polymorphisme* la propriété que possèdent certains corps de cristalliser dans plusieurs systèmes.

On attribue quelquefois à ce mot une signification un peu différente : le *polymorphisme* est la propriété que possèdent certains corps de se présenter, non plus sous des formes cristallines différentes, mais plus généralement avec des *propriétés physiques* différentes ; à ce point de vue, l'acide arsénieux est *polymorphe* parce qu'il existe plusieurs variétés de ce corps se distinguant les unes des autres par les propriétés physiques, comme la densité, la solubilité, etc.

Ainsi employé, ce mot a une signification qui le rapproche des mots *allotropie* et *isomérie*. — L'*allotropie* est la propriété qu'ont certains corps simples de se présenter sous divers états et de posséder des propriétés *chimiques* différentes : le phosphore ordinaire et le phosphore rouge sont les deux *variétés allotropiques* d'un même corps ; l'oxygène ordinaire et l'ozone sont également les deux *variétés allotropiques* de l'oxygène. — L'*isomérie*, dans le sens le plus large du mot, consiste en ce que des corps de même composition possèdent des propriétés chimiques différentes ; ainsi l'éther méthyl-butylique $(C^2H^3)O,(C^8H^9)O=C^{10}H^{12}O^2$ est un isomère de l'éther éthyl-propylique $(C^4H^5)O,(C^6H^7)O=C^{10}H^{12}O^2$; la benzine $C^{12}H^6$ est un isomère de l'acétylène C^4H^2.

NOTE

sur quelques appareils employés dans les préparations chimiques

30. On emploie, dans les opérations de la chimie, divers instruments que nous ferons connaître en parlant des expériences où ils figurent. Nous ne décrirons ici que les appareils employés pour la *préparation des corps gazeux*.

Cette préparation s'effectue le plus souvent en enfermant dans un vase les corps solides ou liquides qui, par leur réaction mutuelle, dégagent plus de gaz que n'en peut contenir le vase dans les conditions de l'expérience, de sorte que ce gaz s'échappe par un tube disposé à cet effet, à l'extrémité duquel on le recueille.

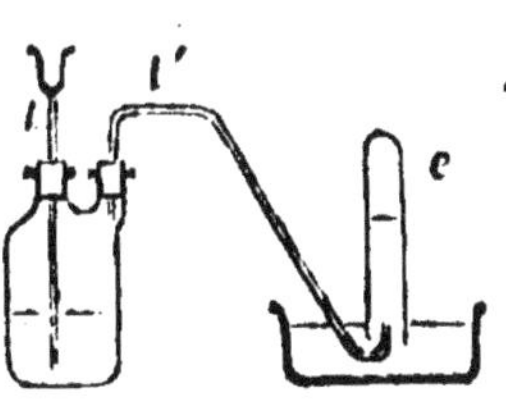

Fig. 13

Si la préparation se fait à la température ordinaire, on emploie un *flacon* à deux tubulures (fig. 13) ; ces deux tubulures sont fermées par des bouchons traversés, le 1er par un tube droit *t* à entonnoir, par lequel on introduit les liquides nécessaires ; le 2e par un tube *abducteur* (tube de dégagement) *t'* dont l'extrémité inférieure, recourbée, vient déboucher sous une *éprouvette c* (vase cylindrique destiné à recueillir les gaz) remplie d'eau et renversée sur une cuve à eau. Le gaz engen-dré par la réaction des corps enfermés dans le flacon s'échappe par le tube *t'* et arrive bulle par bulle au bas de l'éprouvette, en haut de laquelle il s'élève ensuite à cause de sa légèreté ; le niveau du liquide baisse peu à peu dans l'éprouvette ; quand celle-ci est vide d'eau, elle est remplie de gaz, et on la remplace par une autre. — On ne recueille pas le gaz qui se dégage au commence-ment de la préparation, parce qu'il est mélangé à l'air que con-tenait le flacon.

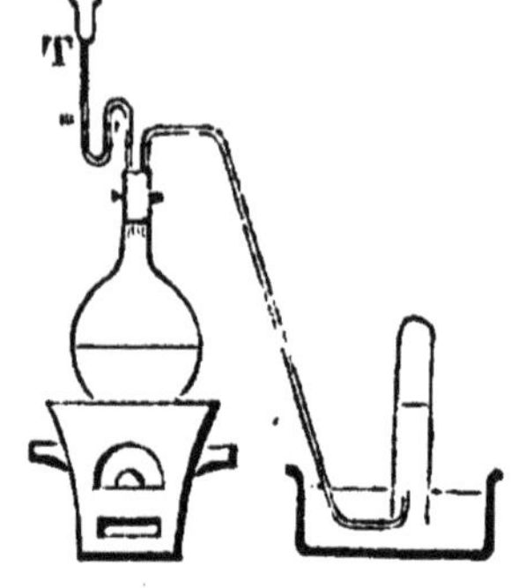

Fig. 14

Si la préparation se fait à température élevée, on emploie soit un *ballon* (fig. 14), soit une *cornue* (fig. 15), vases en verre soufflé qui peuvent supporter l'action de la chaleur sans se briser ; on recueille le gaz comme précédemment.

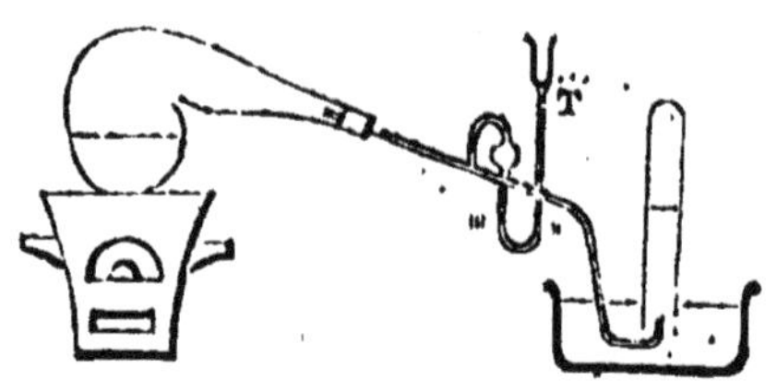

Fig. 15

Aux ballons et cornues on adapte souvent des *tubes de sû-reté* T (fig. 14 et 15) contenant une petite colonne *mn* d'eau ou de tout autre liquide, et destinés surtout à empêcher les explosions qui peuvent se produire dans les circonstances sui-vantes. — 1° Pendant la durée d'une préparation, la force élastique du gaz intérieur peut diminuer assez (par suite d'un refroidissement de l'appareil, ou de la dissolution du gaz par les liquides voisins, etc.) pour permettre à l'eau de la cuve où plonge l'extrémité du tube abducteur, poussée par la pres-sion atmosphérique, d'arriver dans le ballon ou la cornue ; on dit alors qu'il y a *absorption* ; si cette eau rencontre des corps assez chauds pour la vaporiser rapidement, il peut en résulter une explosion. L'absorption est impossible avec un appareil pourvu d'un *tube de sûreté* : lorsque la force élastique du gaz intérieur diminue, l'air extérieur rentre à travers le liquide *mn*. — 2° Si le tube de dégagement *t'* d'un appareil non pourvu d'un tube de sûreté vient à s'obstruer, la force élastique des gaz intérieurs peut devenir assez grande pour faire éclater le vase ; mais si celui-ci est muni d'un tube de sûreté, la colonne liquide *mn* est projetée hors du tube lorsque la force élastique est suffisante, et le gaz s'échappe par cette voie. —

Fig. 16

Le tube à entonnoir *t* adapté au flacon de la fig. 13, fonctionne comme tube de sûreté et s'oppose à l'absorption.

Si on recueille les gaz sur la cuve à eau, on installe les éprouvettes sur une planchette trouée, par une des ouvertures de laquelle on fait arriver le tube de dégagement, comme l'indique la fig. 16. — Si au lieu de cuve à eau on emploie une simple terrine, on place l'éprouvette sur un *têt* en terre percé d'une ouverture latérale par où passe la partie recourbée du tube

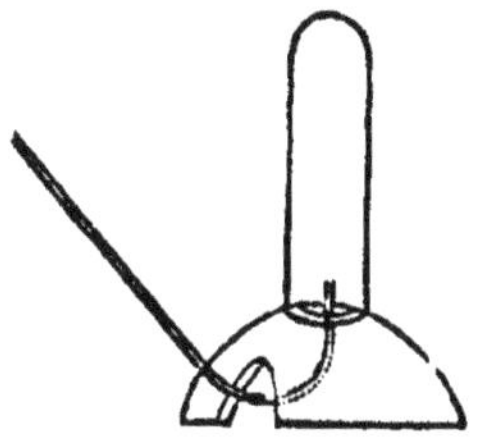

Fig. 17

de dégagement, et d'une ouverture centrale par laquelle le gaz arrive dans l'éprouvette (fig. 17).

CHAPITRE II

L'air et l'eau sont les milieux où se produisent la plupart des phénomènes chimiques ; c'est donc par ces corps et par leurs éléments, oxygène, azote et hydrogène, qu'il convient de commencer l'étude des métalloïdes.

I. Oxygène.

$$O = 8 = 1 \text{ vol.}$$

SOMMAIRE

Historique. Etat naturel.

Préparation. — 1° Décomposition de l'oxyde de mercure par la chaleur :
$$HgO = Hg + O.$$
2° Décomposition du bioxyde de manganèse par la chaleur :
$$3MnO^2 = Mn^3O^4 + 2O.$$
3° Action de l'acide sulfurique sur le bioxyde de manganèse, à chaud :
$$MnO^2 + HO,SO^3 = MnO,SO^3 + HO + O.$$
4° Décomposition du chlorate de potasse par la chaleur :
$$KO,ClO^5 = KCl + 6O.$$

Extraction de l'oxygène de l'air. — 1° Procédé de M. Boussingault (emploi de la baryte).

2° Procédé de MM. Deville et Debray (décomposition de l'acide sulfurique par la chaleur).

3° Procédé de MM. Tessié du Motay et Maréchal (emploi de la soude et du bioxyde de manganèse).

4° Procédé physique de M. Mallet (basé sur l'inégale solubilité de l'oxygène et de l'azote).

Propriétés. — Propriétés physiques.

Il peut se combiner directement avec presque tous les corps simples. Cette combinaison de l'oxygène avec les corps est désignée sous le nom de combustion. Combustions vives, combustions lentes. Corps combustibles, corps comburants. — Expériences de cours : combustion vive du charbon, du soufre, du phosphore, du magnésium, du fer, de l'hydrogène.

Caractères distinctifs de l'oxygène.

Propriétés physiologiques. Son rôle dans la respiration des animaux ; influence de la pression. Respiration des végétaux.

Modification allotropique de l'oxygène : ozone; ses propriétés; son rôle dans la nature.

Applications.

31. Historique. Etat naturel. — L'oxygène a été obtenu artificiellement, la première fois, par le chimiste anglais Priestley, en 1774, et presque en même temps par Scheele, en Suède. — Mais ce fut Lavoisier qui, le premier, en 1776, étudia les propriétés de ce corps, reconnut l'identité du gaz obtenu par Priestley et Scheele et l'oxygène de l'air, et fit connaître le rôle qu'il joue dans un grand nombre de phénomènes naturels (combustion, respiration). Il lui donna le nom d'*oxygène* (ὀξύς, acide, γεννάω, j'engendre) parce qu'il croyait que ce corps entre nécessairement dans la composition de tous les acides.

C'est le plus abondant de tous les corps. — Il existe à l'état de liberté dans l'air, dont il représente le 1/5 environ du volume, et où il est simplement mélangé à l'azote. — A l'état de combinaison, on le trouve : dans l'eau, où il est associé à l'hydrogène ; dans la plupart des matières animales et végétales ; dans un si grand nombre de minéraux qu'on peut le considérer comme constituant la moitié ou le tiers du poids de la croûte terrestre.

32. Préparation. — 1° *Par l'oxyde rouge de mercure.* — On chauffe de l'oxyde rouge de mercure, HgO, à une température voisine du rouge, dans une cornue de verre dont le tube de dégagement s'engage sous une éprouvette placée sur la cuve à

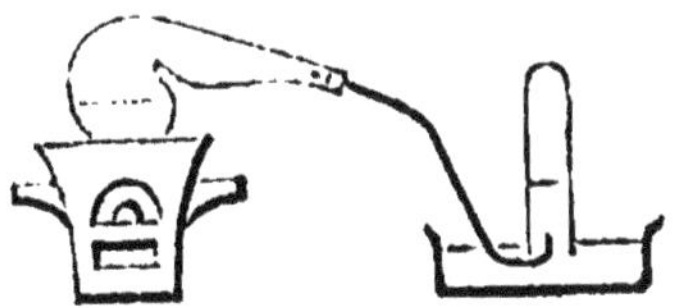

Fig. 18

eau (fig. 18) (1). Sous l'influence de la chaleur, l'oxyde se décompose en oxygène qui se dégage et se rend dans l'éprouvette (30), et en vapeur de mercure qui se condense au contact des parois supérieures froides de la cornue ; la réaction est exprimée par l'équation

$$HgO = Hg + O.$$

C'est le procédé de Priestley, de Scheele et de Lavoisier ; il n'est plus employé, à cause du prix élevé de l'oxyde de mercure, et n'a qu'un intérêt historique.

2° *Par le bioxyde de manganèse.* — Le bioxyde de manganèse naturel, ou *pyrolusite*, porté à une température élevée, perd le tiers de son oxygène et se transforme en un oxyde moins

<hr>

(1) Dans cette figure et dans les suivantes, les tubes de dégagement sont représentés par des traits simples et gros.

oxygéné, Mn³O⁴, qu'on nomme *oxyde salin* (parce qu'on peut le considérer comme un sel résultant de l'union de MnO, qui est une base, avec Mn²O³ fonctionnant comme acide : Mn³O⁴ = MnO, Mn²O³). La réaction est représentée par l'équation

$$3\,MnO^2 = Mn^3O^4 + 2\,O.$$

Le bioxyde de manganèse pulvérisé est introduit dans une cornue en grès (la température élevée que nécessite cette préparation exclut l'emploi de vases de verre, qui seraient fondus) qu'on chauffe au rouge dans un fourneau à réverbère (fig. 19), où elle est entourée de charbon. Le tube de dégage-

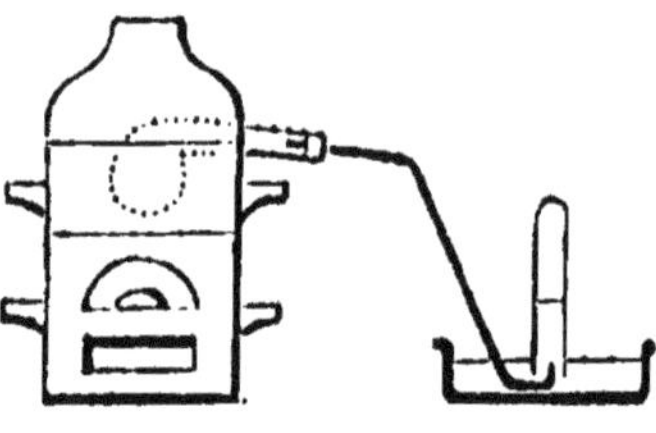

Fig. 19

ment amène l'oxygène mis en liberté dans une éprouvette placée sur la cuve à eau. Comme toujours (30), on perd les premières portions du gaz qui se dégage, parce que l'oxygène y est mêlé à l'air de la cornue.

Ce procédé donne de l'oxygène impur. En effet, le bioxyde de manganèse du commerce (pyrolusite) renferme toujours

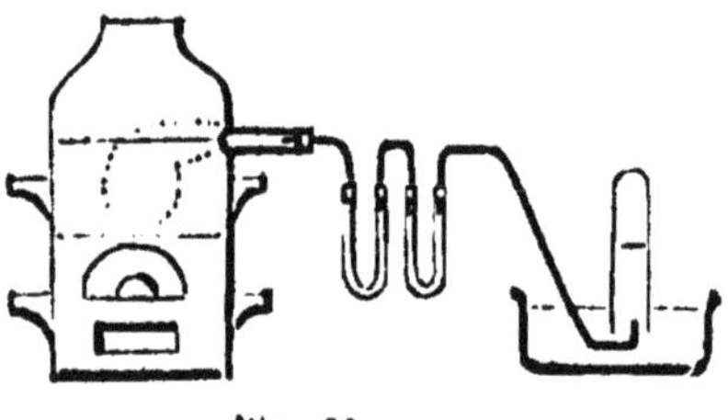

Fig. 20

des carbonates (surtout du carbonate de chaux, CaO,CO²), des azotates, et de l'hydrate de sesquioxyde de manganèse, ou *acerdèse*, Mn²O³, HO. Or, au rouge, les carbonates abandonnent leur acide carbonique, qui se dégage avec l'oxygène ; les azotates perdent de même leur acide azotique, qui se décompose en azote et oxygène ; enfin le sesquioxyde hydraté perd son eau. — L'oxygène obtenu contient donc, comme impuretés, outre la vapeur d'eau, de l'acide carbonique CO_2 et de l'azote. On peut lui enlever l'acide carbonique en le forçant à passer dans des tubes en U contenant des fragments de potasse (corps qui retient CO_2 avec lequel il se combine pour former KO, CO_2) placés à la suite de la cornue (fig. 20). Mais on ne peut éliminer l'azote, car on ne connaît pas de réactif capable d'absorber ce gaz à la température ordinaire.

3° *Par le bioxyde de manganèse et l'acide sulfurique.* — C'est un des procédés de Scheele. Par l'action de l'acide sulfurique et sous l'influence d'une température moins élevée que celle qu'exige le procédé précédent, le bioxyde de manganèse perd la moitié de son oxygène et se transforme en sulfate, d'après l'équation

$$MnO_2 + HO,SO_3 = MnO,SO_3 + HO + O.$$

On introduit le bioxyde de manganèse et l'acide sulfurique dans un ballon de verre qu'on chauffe modérément ; on recueille sur la cuve à eau. — Il faut, dans cette préparation, employer l'acide sulfurique étendu de son volume d'eau, et non l'acide concentré qui est sans action sur le bioxyde de manganèse anhydre et n'attaque que les oxydes hydratés que renferme en quantité variable le bioxyde de manganèse naturel.

Ce procédé, qui n'est guère usité, fournit de l'oxygène souillé par l'acide carbonique résultant de l'action de l'acide sulfurique sur les carbonates que contient le bioxyde de manganèse naturel ($CaO, CO_2 + HO, SO_3 = CaO, SO_3 + HO + CO_2$); on absorbe cet acide carbonique par la potasse, comme dans le procédé précédent.

4° *Par le chlorate de potasse.* — Ce procédé, très employé, donne de l'oxygène *pur*. Il consiste à chauffer du chlorate de potasse KO,ClO_5 dans une cornue de verre (fig. 18). Par l'action de la chaleur, le chlorate de potasse, corps solide, éprouve la fusion ; une portion de ce sel se décompose en chlorure de potassium KCl et en oxygène suivant l'équation

$$KO,ClO_5 = KCl + 6O ;$$

mais une partie seulement de cet oxygène se dégage ; le reste se porte sur le chlorate non décomposé et le transforme en perchlorate KO,ClO_7.

$$KO,ClO_5 + 2O = KO,ClO_7.$$

La formation progressive du perchlorate de potasse, sel moins fusible que le chlorate, se manifeste par l'épaississement graduel et finalement par la solidification du contenu d'abord liquide. Ce perchlorate est d'ailleurs plus stable que le chlorate ; aussi faut-il chauffer plus fortement (température de ramollissement du verre) la masse devenue solide pour déterminer la décomposition du perchlorate, suivant l'équation

$$KO,ClO^7 = KCl + 8O.$$

Dans cette préparation, il faut éviter de chauffer brusquement le chlorate de potasse, qui pourrait se décomposer avec explosion.

Le dégagement d'oxygène est plus régulier et s'effectue à une température moins élevée (température inférieure au point de fusion du chlorate de potasse) si on ajoute au chlorate de potasse employé une certaine quantité d'un oxyde, tel que le bioxyde de manganèse MnO^2, l'oxyde salin de manganèse Mn^3O^4, le sesquioxyde de fer Fe^2O^3 (colcothar), l'oxyde de cuivre CuO, etc. Dans ces conditions, le chlorate de potasse se décompose en chlorure de potassium et oxygène :

$$KO,ClO^5 = KCl + 6O ;$$

tout l'oxygène se dégage, et il ne se forme pas de perchlorate. — L'oxyde métallique ajouté au chlorate de potasse se retrouve intact après l'opération, mêlé au chlorure de potassium (d'où on peut le séparer par l'action de l'eau qui dissout le chlorure et respecte l'oxyde, qui est insoluble ; de sorte que le même oxyde peut servir indéfiniment). — Le rôle de ces oxydes n'est pas bien connu. Ils paraissent éprouver une série alternative de suroxydations et de réductions : ils passeraient momentanément à un degré supérieur d'oxydation par l'action de l'oxygène que leur céderait le chlorate de potasse, puis reviendraient à leur état primitif en perdant l'oxygène absorbé. — Il faut remarquer que l'oxygène préparé à l'aide du mélange de chlorate de potasse et de bioxyde de manganèse est moins pur que celui qu'on obtient avec le chlorate de potasse seul : il contient de l'azote et de l'acide carbonique (v. ci-dessus) ; pour cette raison on préfère au bioxyde de manganèse l'oxyde salin Mn^3O^4 qu'il engendre lorsqu'on le calcine.

33. Extraction de l'oxygène de l'air. — Divers procédés ont été proposés. Voici les principaux.

1° *Procédé de M. Boussingault.* — On fait passer un courant d'air (débarrassé de son acide carbonique) sur de la baryte anhydre BaO, chauffée au *rouge sombre* : la baryte absorbe l'oxygène de l'air et se transforme en bioxyde de baryum BaO^2. Le bioxyde de baryum, chauffé au *rouge vif*, repasse à l'état de baryte en dégageant de l'oxygène, qu'on recueille. — Malheureusement, après un petit nombre d'opérations la baryte est vitrifiée à sa surface et a perdu la propriété d'absorber l'oxygène.

2° *Procédé de MM. Deville et Debray.* — L'acide sulfurique

est décomposable par la chaleur en acide sulfureux et oxygène ; d'autre part, l'acide sulfurique s'obtient en fixant par voie indirecte l'oxygène de l'air sur l'acide sulfureux ; de sorte que l'oxygène provenant de la décomposition de l'acide sulfurique par la chaleur peut être considéré comme extrait de l'air. — MM. Deville et Debray effectuent cette décomposition dans une cornue de grès remplie de fragments de briques et

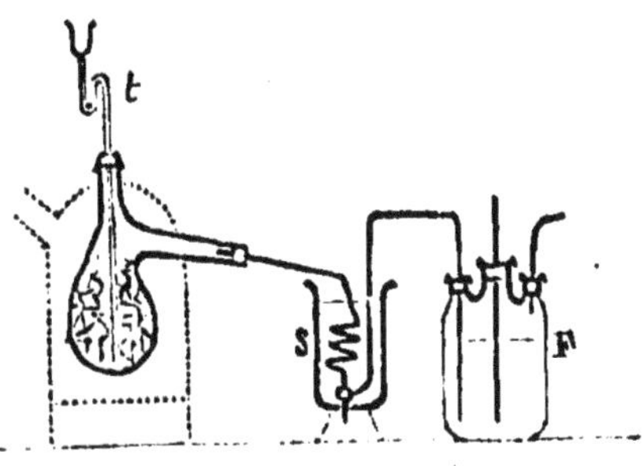

Fig. 21

chauffée au rouge, où l'on fait arriver par un tube de platine *t* (fig. 21) un filet continu d'acide sulfurique, qui se décompose, comme l'exprime l'équation $HO,SO^3 = O + SO^2 + HO$, en vapeur d'eau qui se condense (avec un peu d'acide sulfurique entraîné et non décomposé) dans le serpentin S, en acide sulfureux qui se dissout dans l'eau du flacon F, et en oxygène qui se dégage.

3º *Procédé de MM. Tessié du Motay et Maréchal.* — On chauffe au rouge un mélange de soude caustique NaO, HO et de bioxyde de manganèse MnO^2, sur lequel on fait passer un courant d'air ; il se forme du manganate de soude :

$$NaO,HO + MnO^2 + O = NaO,MnO^3 + HO.$$

Ce manganate de soude, sous l'influence d'un courant de vapeur d'eau, reproduit le mélange primitif et dégage de l'oxygène :

$$NaO,MnO^3 + HO = NaO,HO + MnO^2 + O.$$

4º *Procédé physique de M. Mallet.* — On peut séparer l'oxygène de l'azote contenus dans l'air en se basant sur la différence de solubilité de ces deux gaz. On comprime de l'air au contact de l'eau, qui dissout proportionnellement plus d'oxygène que d'azote, de telle sorte que si, à l'aide du vide, on détermine le dégagement des gaz dissous, on obtient un mélange où l'oxygène entre pour $\dfrac{33}{100}$ et l'azote pour $\dfrac{67}{100}$ du volume total, l'air primitif contenant $\frac{21}{100}$ d'oxygène et $\frac{79}{100}$ d'azote ; c'est là une conséquence des lois de la solubilité des gaz. Une seconde opération semblable donne un mélange gazeux encore plus riche en oxygène. Après huit opérations, on a de l'oxygène presque pur, contenant seulement $\frac{2.7}{100}$ d'azote.

34. Propriétés. — *Propriétés physiques.* — C'est un gaz incolore, sans odeur ni saveur. — Sa densité est 1,1056 [rappelons une fois pour toutes que la densité d'un gaz est le rapport du poids d'un certain volume de ce gaz au poids du même volume d'air pris dans les mêmes conditions de température et de pression ; si donc on représente par *a* le poids du litre d'air dans certaines conditions et *d* la densité d'un gaz, le poids du litre de ce gaz, dans les mêmes conditions, sera égal à $a \times d$; dans les conditions *normales*, c'est-à-dire à la température 0° et sous pression 760^{mm}, ce poids devient un 1^{gr}, 293 $\times d$]. — Son coefficient de solubilité est 0,041 à 0°, c'est-à-dire qu'à cette température un litre d'eau dissout 0 litre 041 d'oxygène. — Il a été liquéfié pour la première fois, et presque en même temps, par M. Cailletet (décembre 1877) et par M. Pictet (janvier 1878). — L'oxygène est magnétique ; l'action magnétique de l'oxygène atmosphérique équivaut à celle d'une couche de fer de 1/10 de millimètre d'épaisseur qui envelopperait la terre.

35. Propriétés chimiques. — L'oxygène possède une très grande activité chimique: il peut se combiner *directement* avec tous les métalloïdes (le fluor, le chlore, le brome et l'iode exceptés), et avec tous les métaux (sauf les métaux *précieux*, or, argent, platine, rhodium, palladium, ruthénium). Cette combinaison de l'oxygène avec les corps a été désignée sous le nom de *combustion* par Lavoisier. Il faut distinguer les *combustions vives*, qui s'effectuent avec un dégagement de chaleur suffisant pour porter ou maintenir les corps à l'incandescence (comme la combustion dans l'air du phosphore préalablement enflammé) ; et les *combustions lentes*, pendant lesquelles la température s'élève peu, ce qui peut provenir, soit de la faible affinité de l'oxygène pour le corps qui s'oxyde et du peu de chaleur dégagée par la combinaison, soit de la longue durée de l'oxydation pendant laquelle la chaleur dégagée se dissipe à mesure par rayonnement, ce dernier cas pouvant se produire avec des corps (comme le phosphore qui s'oxyde lentement à l'air humide et froid) dont la chaleur d'oxydation est considérable. Aussi cette distinction des oxydations *lentes* et des oxydations *vives* est-elle dépourvue d'importance au point de vue scientifique. — Des deux corps qui réagissent l'un sur l'autre dans la combustion vive du charbon, du soufre, etc., c'est le charbon ou le soufre qui devient incandescent, qui brûle, et c'est l'oxygène qui le fait brûler : on dit que l'oxygène est le corps *comburant*, et que le charbon ou le soufre est le *combustible* ; par extension, on a donné ce nom de *combustible* à tous les corps qui dans les combustions vives ou lentes se combinent avec l'oxygène, même quand la manière dont ils se comportent pendant la réaction ne permet pas de distinguer leur rôle de celui de l'oxygène ; comme dans l'inflammation d'un mélange d'hydrogène et d'oxygène, gaz auxquels s'appliquent encore les expressions, purement conventionnelles ici, de corps *combustible* et de corps *comburant*.

Comme exemples de combustions vives, et pour montrer l'activité comburante de l'oxygène, on fait dans les cours les expériences suivantes :

Dans des flacons pleins d'oxygène on introduit divers corps combustibles préalablement portés au rouge ou enflammés ; ils y brûlent avec beaucoup plus d'activité et d'éclat que dans l'air. On place généralement le corps à brûler dans une petite coupelle en terre suspendue à un fil de fer (fig. 23). — La combustion du *charbon* engendre de l'acide carbonique CO^2, gaz incolore dont on manifeste la qualité d'*acide faible* en introduisant dans le flacon, après la combustion, de la liqueur bleue de tournesol qui rougit faiblement (elle passe au rouge *vineux*). — Avec le *soufre*, qui brûle avec une flamme bleuâtre, on obtient du gaz acide sulfureux SO^2 qui rougit fortement la liqueur de tournesol (et lui communique la couleur dite

Fig. 22

rouge *pelure d'oignon* caractéristique des acides forts). — Le *phosphore* brûle avec une flamme éblouissante en produisant des flocons blancs d'acide phosphorique PhO^5, poussière solide qui se dépose lentement au fond du flacon, et qui rougit fortement le tournesol. — Un ruban de *magnésium*, roulé en spirale et enflammé à son extrémité inférieure, brûle rapidement et avec un éclat extraordinaire en se transformant en magnésie MgO, corps solide de nature basique, qui bleuit la liqueur rouge de tournesol. — Une spirale de *fer* (ou d'acier) à laquelle est attaché inférieurement un petit morceau d'amadou qu'on enflamme est introduite dans un flacon plein d'oxygène ; l'amadou brûle vivement et échauffe l'extrémité inférieure de la spirale de fer qui brûle à son tour de proche en proche, en projetant de brillantes étincelles ; le fer se transforme en oxyde magnétique Fe^3O^4 ; les globules d'oxyde fondu qui tombent de temps en temps de la spirale sont portés à une température telle qu'ils s'incrustent dans les parois du flacon malgré le refroidissement qu'ils éprouvent en traversant une couche d'eau de quelques centimètres placée au fond du vase. — L'oxygène forme avec l'*hydrogène* un mélange détonant (60). — Toutes ces combustions, une fois commencées, se continuent d'elles-mêmes de proche en proche, d'après un mécanisme précédemment expliqué.

L'oxygène attaque non seulement les corps simples, mais encore un grand nombre de composés : ceux dont tous les éléments sont combustibles, et beaucoup de ceux dans lesquels une partie seulement des éléments sont combustibles ; ces combustions peuvent d'ailleurs être *vives* ou *lentes*, comme celles des corps simples. — Citons comme exemple de combustions vives de corps composés : celle de l'acide sulfhydrique HS, qui brûle en produisant de la vapeur d'eau HO et de l'acide sulfureux SO^2

$$HS + 3O = HO + SO^2 ;$$

celle de l'alcool $C^4H^6O^2$ qui donne de la vapeur d'eau HO et de l'acide carbonique CO^2

$$C^4H^6O^2 + 12O = 6HO + 4CO^2 ;$$

celle du bois, composé de carbone, d'hydrogène et d'oxygène, qui se résout aussi en vapeur d'eau et acide carbonique ; celle du gaz ammoniac AzH^3, qui engendre de la vapeur d'eau et de l'azote

$$AzH^3 + 3O = 3HO + Az.$$

36. L'oxygène se reconnaît à l'aide d'une allumette ou d'une bougie qu'on vient d'éteindre et qui ont conservé un point rouge : elles se rallument vivement avec une petite explosion quand on les introduit dans ce gaz. — Dans ses mélanges avec d'autres gaz, l'oxygène se reconnaît au moyen du bioxyde d'azote AzO^2 (115) : quelques bulles de ce dernier gaz, introduites dans un mélange contenant de l'oxygène, donnent naissance à des vapeurs rutilantes d'acide hypoazotique AzO^4. — On peut déterminer le volume qu'occupe l'oxygène dans un mélange gazeux en y introduisant divers corps tels que le phosphore, un mélange d'acide pyrogallique et de potasse, etc., qui possèdent la propriété d'absorber l'oxygène : la diminution de volume qui se produit représente le volume de l'oxygène (v. analyse de l'air, 49).

37. *Propriétés physiologiques.* — L'oxygène est nécessaire à la vie des animaux ; c'est le seul gaz capable d'entretenir la respiration (cependant, d'après les expériences de M. Pasteur, le *vibrion* de la fermentation butyrique vit à l'abri de l'air ; et on le tue en faisant passer un courant d'air dans la liqueur où il se trouve). C'est à Lavoisier qu'on doit les premières connaissances exactes sur la respiration des animaux. Cette fonction consiste dans l'action lente de l'oxygène absorbé par les poumons sur les matières carbonées et hydrogénées de l'organisme, d'où résultent finalement de l'acide carbonique et de la vapeur d'eau expulsés pendant l'expiration. C'est là une véritable combustion lente ; comme toutes les combustions, elle dégage de la chaleur (chaleur animale). —

Pour être respirable, une atmosphère doit renfermer de l'oxy-gène *à une pression peu différente* de la pression $\dfrac{760^{mm}}{5}$ qu'il possède dans l'air atmosphérique, qu'il soit d'ailleurs mélangé ou non à des gaz inoffensifs ; la pression totale du mélange est sans influence ; un animal respire sans malaise dans une atmosphère d'oxygène pur raréfié à la pression de $\dfrac{760^{mm}}{5}$; et aussi dans un mélange d'oxygène et d'azote com-primé à 10 atmosphères, par exemple (comme dans la cloche à plongeur), où la pression propre à l'oxygène serait encore de $\dfrac{760^{mm}}{5}$. Lorsque la pression de l'oxygène devient notablement inférieure à celle qu'il possède dans l'air ordinaire, la respi-ration se ralentit et la température s'abaisse. Des troubles se manifestent également quand la pression de l'oxygène sur-passe sensiblement $\dfrac{760^{mm}}{5}$; sous la pression de 3 atmosphères, l'oxygène mélangé ou non à des gaz inertes, et quelle que soit la pression totale du mélange, est un poison violent qui pro-voque des convulsions et la mort.

Les végétaux, comme les animaux, ont besoin d'oxygène. L'oxygène qu'ils absorbent se transforme aussi, aux dépens du carbone et de l'hydrogène de leurs tissus, en acide carbo-nique et vapeur d'eau qu'ils rejettent dans l'atmosphère ; il est vrai que ce phénomène, qui s'accomplit lentement mais d'une manière continue, est masqué souvent par un phéno-mène inverse plus énergique qui a son siège dans les organes verts exposés à la lumière solaire (54).

38. *Composés binaires de l'oxygène.* — Rappelons que les composés binaires oxygénés ont été nommés *acides* ou *oxydes.*

39. *Ozone.* — L'oxygène soumis à l'action des étincelles électriques, celui qui se dégage autour de l'électrode positive du voltamètre, celui qu'engendrent certaines réactions s'ac-complissant à basse température, celui qui se trouve dans le voisinage d'un morceau de phosphore qui s'oxyde lentement à l'air humide, renferment une certaine quantité d'un gaz découvert par M. Schœnbein (1840) qui l'a nommé *Ozone* ; c'est une modification allotropique de l'oxygène.

L'ozone a une odeur de poisson frais ; sa densité est égale à 1 fois et demie celle de l'oxygène, c'est-à-dire que pour for-mer de l'ozone, 3 volumes d'oxygène se condensent en 2 vo-lumes ; c'est un gaz bleu, facile à liquéfier. — Il a des pro-priétés oxydantes beaucoup plus énergiques que celles de l'oxygène ; à froid, il attaque un grand nombre de corps sur lesquels l'oxygène ordinaire n'a d'action qu'à température élevée ou que par voie indirecte. Ainsi il transforme le gaz ammoniac AzH^3 en acides azoteux AzO^3 et azotique AzO^5; humide, il oxyde à froid l'argent que l'oxygène ordinaire n'attaque à aucune température. Il attaque énergiquement les substances organiques, décolore les matières colorantes. — La chaleur détruit l'ozone : à partir de 100° il se transforme en oxygène ordinaire.

L'ozone existe dans l'atmosphère, et résulte de l'action de l'électricité atmosphérique sur l'oxygène de l'air. — L'ozone atmosphérique joue un rôle important dans la nature : grâce à son énergie oxydante, il assainit l'atmosphère en détruisant les matières gazeuses organiques que dégagent les putréfactions, et les corpuscules organiques, germes ou spores, qui flottent dans l'atmosphère ; parmi ces germes, les uns sont des semences de moisissures, les autres déterminent les fermentations et les putréfactions, d'autres enfin sont considérés comme jouant un rôle important dans le développement de certaines maladies. — On a prétendu d'ailleurs que l'ozone atmosphérique disparaît pendant les grandes épidémies, fait qui pourrait s'interpréter de deux manières : on peut dire que c'est parce que l'ozone manque que les miasmes s'accumulent et déterminent les épidémies; mais on peut dire aussi que si l'ozone fait défaut pendant les temps d'épidémie c'est parce qu'alors il y a une telle quantité de miasmes que tout l'ozone atmosphérique est employé à les détruire.

40. Applications. — L'oxygène atmosphérique intervient dans un grand nombre de phénomènes (combustions, fermentations, respiration des animaux et des végétaux) et dans un certain nombre de préparations industrielles (acide sulfureux, acide sulfurique, etc.). — L'oxygène pur s'emploie pour obtenir des températures élevées (dans le chalumeau oxhydrique, n° 63); on l'utilise aussi quelquefois en médecine.

II. Azote.

$$Az = 14 = 2 \text{ vol.}$$

SOMMAIRE

Historique. Etat naturel.

Préparation. — On obtient l'azote en enlevant à l'air son oxygène : 1° par le phosphore ; 2° par le cuivre chauffé ; 3° par le cuivre à froid, en présence de l'ammoniaque.

On peut encore l'obtenir en décomposant l'azotite d'ammoniaque par la chaleur :

$$(AzH^4)O, AzO^3 = 2Az + 4HO.$$

Il s'en produit par l'action du chlore sur l'ammoniaque :

$$4AzH^3 + 3Cl = Az + 3(AzH^4Cl).$$

Propriétés. — Propriétés physiques.

Il a des affinités peu énergiques. — On ne peut le combiner directement qu'avec un petit nombre de corps simples : oxygène et hydrogène sous l'influence des étincelles électriques ; bore, titane, tungstène, magnésium, etc., sous l'influence de la chaleur rouge — Il peut se combiner directement avec plusieurs composés : avec l'eau, par entraînement,

$$2Az + 4HO = (AzH^4)O, AzO^3 ;$$

avec un grand nombre de matières organiques, sous l'influence de l'effluve. Fixation de l'azote de l'air sur les tissus végétaux.

Caractères distinctifs de l'azote.

Principaux composés binaires de l'azote.

Applications.

41. Historique. Etat naturel. — Ce gaz a été découvert dans l'air par Rutherford, en 1772 ; ses principales propriétés ont été étudiées par Lavoisier qui lui donna le nom significatif d'*Azote* (α privatif, ζωή vie) qui rappelle son inaptitude à entretenir la respiration.

On trouve l'azote libre dans l'air, où il est simplement mélangé à l'oxygène. A l'état de combinaison, l'azote existe dans beaucoup de matières animales et dans un certain nombre de matières végétales ; et aussi dans quelques minéraux, azotates de potasse, de soude, de chaux.

42. Préparation. — On extrait facilement l'azote de l'air en absorbant par des corps oxydables l'oxygène avec lequel il est mélangé. On peut aussi le préparer par diverses réactions chimiques.

1° *Par le phosphore.* — On enflamme du phosphore sous une cloche tubulée remplie d'air, renversée sur la cuve à eau (fig. 23) ; le phosphore est placé dans une petite coupelle en terre, soutenue par un liège qui flotte sur l'eau de la cuve. En brûlant, le phosphore absorbe l'oxygène de l'air et se transforme en *flocons* blancs d'acide phosphorique PhO^5 qui remplissent la cloche, mais ne tardent pas à se dissoudre dans l'eau de la cuve. — Quand l'atmosphère de la cloche est redevenue transparente, elle ne renferme plus que de l'azote mêlé à quelques impuretés : un peu d'oxygène qui n'a pas été

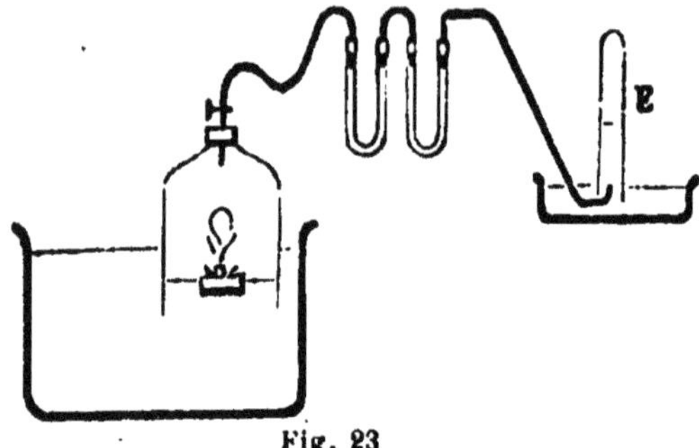

Fig. 23

absorbé, avec un peu d'acide carbonique et de vapeur d'eau provenant de l'air, qui en contient toujours ; l'eau de la cuve a d'ailleurs fourni de la vapeur. On enlève l'oxygène en laissant séjourner sous la cloche des bâtons de phosphore qui l'absorbent lentement à froid : l'absorption est complète lorsque le phosphore cesse d'être lumineux dans l'obscurité. On débarrasse l'azote de son acide carbonique et de sa vapeur d'eau en le forçant à passer dans les tubes en U contenant, le premier des fragments de potasse qui absorbent l'acide carbonique, le second de la pierre ponce imprégnée d'acide sulfurique, qui retient la vapeur d'eau. L'azote pur est recueilli dans des éprouvettes E sur la cuve à eau. A la cloche est adapté un tube à robinet, fermé pendant l'opération ; lorsqu'on ouvre ce robinet et qu'on enfonce la cloche dans l'eau, l'azote en est chassé, passe dans les tubes en U et se rend sous l'éprouvette.

2° *Par le cuivre chauffé.* — On remplace souvent le phos-

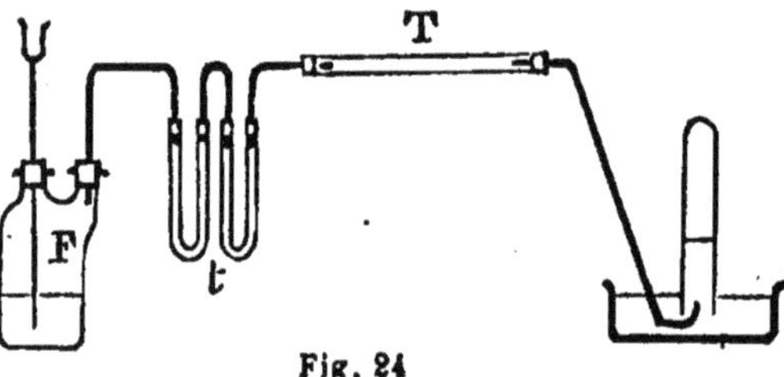

Fig. 24

phore par du cuivre en tournure placé dans le tube de verre T, chauffé au rouge, sur lequel on fait passer l'air qu'un courant d'eau continu chasse du flacon F (fig. 24), et qui se débarrasse de son acide carbonique et de sa vapeur d'eau en passant dans les deux tubes *t* (potasse et ponce sulfurique). Le cuivre absorbe l'oxygène en se transformant en oxyde de cuivre ; l'azote seul arrive sous l'éprouvette.

3° *Par le cuivre à froid en présence de la dissolution d'ammoniaque.* — En présence de la dissolution d'ammoniaque, le cuivre absorbe *à froid* l'oxygène et se transforme en oxyde de cuivre qui se dissout dans l'ammoniaque. — De là le procédé suivant, indiqué par M. Berthelot : on introduit dans un flacon plein d'air de la tournure de cuivre qu'on recouvre d'ammoniaque (fig. 25) ; (l'extrémité libre du tube de dégagement *t* est maintenue fermée par un caoutchouc et une pince) ; l'oxygène est absorbé, et il

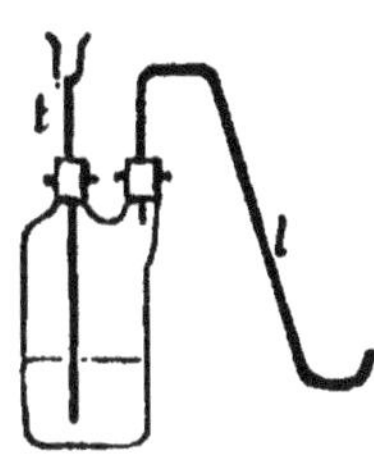

Fig. 25

reste de l'azote qu'on chasse par un courant d'eau arrivant par le tube à entonnoir *t'* ; on peut le purifier et le dessécher comme il a été dit ci-dessus.

4° *Par l'azotite d'ammoniaque.* — On obtient de l'azote en chauffant dans une cornue ou un ballon de verre (fig. 26) de

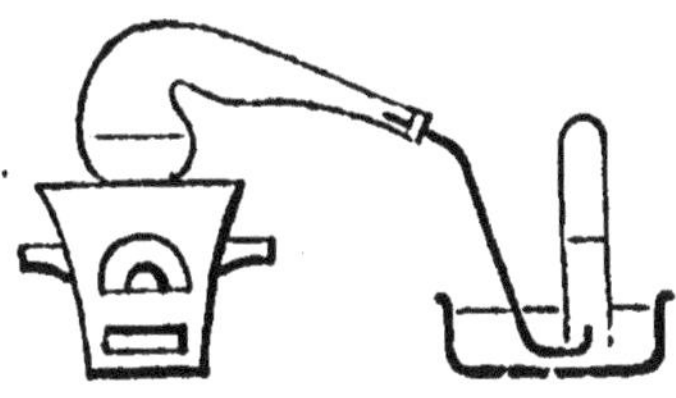

Fig. 26

l'azotite d'ammoniaque $(AzH^4)O,AzO^3$ en dissolution ; ce corps se décompose en azote et en vapeur d'eau :

$$(AzH^4)O,AzO^3 = 2Az + 4HO.$$

On peut remplacer l'azotite d'ammoniaque par un mélange d'azotite de potasse KO,AzO^3 et de sel ammoniac (chlorure d'ammonium) $(AzH^4)Cl$:

$$KO.AzO^3 + (AzH^4)Cl = 2Az + 4HO + KCl.$$

5° *Par le chlore et l'ammoniaque.* — Il se produit de l'azote lorsqu'on fait agir le chlore sur l'ammoniaque (136).

$$4AzH^3 + 3Cl = Az + 3(AzH^4Cl).$$

43. Propriétés. — *Propriétés physiques.* — Gaz incolore, sans odeur ni saveur. — Densité 0,971. — A 0° un litre d'eau en dissout 0^{lit},02. — Il a été liquéfié par M. Cailletet en même temps que les autres gaz dits *permanents* (oxygène, hydrogène, bioxyde d'azote, oxyde de carbone et gaz des marais).

44. *Propriétés chimiques.* — L'azote est impropre à la combustion et à la respiration ; les corps enflammés s'y éteignent ; les animaux meurent asphyxiés dans une atmosphère de ce gaz. Dans l'air, il joue le rôle de modérateur en diminuant l'activité comburante et respiratoire de l'oxygène.

L'azote a des affinités peu énergiques. On ne peut le combiner directement qu'avec un petit nombre de corps simples : avec l'*oxygène* et avec l'*hydrogène* sous l'influence des étincelles électriques; avec le *bore*, le *titane*, le *tungstène*, le *magnésium*, etc., sous l'influence de la chaleur rouge. — Si on fait passer une série d'étincelles électriques dans un ballon plein d'air, on voit apparaître des vapeurs rouges d'acide hypoazotique AzO^4, résultant de la combinaison de l'azote et de l'*oxygène* de l'air ; la présence de l'eau ou d'une base favorise la combinaison. Cette combinaison de l'azote et de l'oxygène de l'air s'effectue pareillement pendant les temps d'orage, sous l'influence des *éclairs*. — Les étincelles électriques provoquent de même la combinaison de l'azote et de l'*hydrogène* avec production de gaz ammoniac AzH^3 ; mais la quantité de gaz ammoniac produit est toujours très faible, la réaction étant limitée par la réaction inverse, c'est-à-dire par la décomposition en azote et hydrogène du gaz ammoniac formé. — Si on fait passer un courant d'azote sur du *bore* en poudre chauffé au rouge sombre dans un tube de verre, les deux corps se combinent avec une vive incandescence. On réalise de même la combinaison de l'azote avec le *titane*, le *tungstène*, le *tantale*, l'*aluminium*, etc.

L'azote peut se combiner directement avec plusieurs composés, tels que *l'eau* et certains *corps organiques*.

Sous l'influence des oxydations lentes, comme celle du phosphore placé dans l'air froid, l'azote et la *vapeur d'eau* atmosphériques s'unissent en produisant de l'azotite d'ammoniaque $(AzH^4)O.AzO^3$, comme l'exprime l'équation

$$2Az + 4HO = (AzH^4)O,AzO^3$$

(réaction inverse de celle qui sert à préparer l'azote au moyen de l'azotite d'ammoniaque). C'est là un exemple de réaction produite par *entraînement chimique* ; la réaction

$$2Az + 4HO = (AzH^4)O,AzO^3$$

est endothermique, mais l'oxydation du phosphore est une réaction exothermique ; et la 1re ne s'accomplit que parce que l'effet thermique résultant des deux réactions est un dégagement de chaleur.

M. Berthelot a montré qu'un grand nombre de *matières orga-*

niques, comme la benzine, la cellulose, la dextrine, etc., absorbent l'azote sous l'influence de l'*effluve*, c'est-à-dire lorsque les deux corps réagissants sont placés entre deux conducteurs chargés d'électricités contraires. On peut employer le dispositif suivant, très usité : l'azote et la matière organique sur laquelle on veut le faire agir sont placés dans l'espace annulaire qui existe entre un tube extérieur *t* et un tube intérieur *t'* (fig. 27) dont l'extrémité supérieure renflée constitue pour le premier un bouchon à l'émeri ; le tube intérieur est rempli d'eau

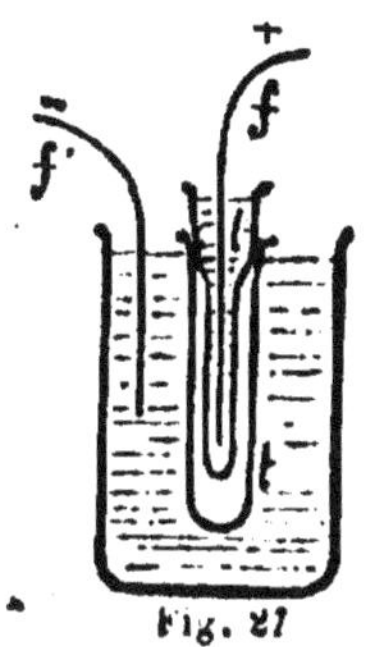

Fig. 27

acidulée par l'acide sulfurique ; le tube extérieur est lui-même entouré d'eau acidulée ; on électrise le liquide intérieur et le liquide extérieur en les mettant en rapport par les fils *f* et *f'* avec les pôles + et — d'une bobine d'induction ; dans ces conditions, l'azote s'unit lentement à la matière organique.— M. Berthelot attache une grande importance à ces expériences et pense que l'azote de l'air se fixe de même sur les tissus végétaux sous l'influence de l'électricité atmosphérique ; la différence de potentiel électrique en deux points peu éloignés de l'atmosphère est en effet comparable à celle qui est nécessaire dans l'expérience précédente. Les idées de M. Berthelot sur la fixation de l'azote atmosphérique sont d'accord avec ce résultat d'une célèbre expérience agricole que le poids de l'azote de certaines récoltes de plantes légumineuses est supérieur au poids de l'azote contenu dans la semence, le sol et les engrais ; et aussi avec les observations de M. Grandeau, qui a reconnu que deux plantes semblables, l'une exposée à l'air libre, l'autre entourée d'un grillage métallique qui laisse passer l'air et la pluie mais la soustrait à l'influence de l'électricité atmosphérique, se comportent très différemment : la végétation de la première est beaucoup plus active que celle de la seconde ; dans le même temps il s'y fixe deux fois plus d'azote.

45. L'azote se reconnaît à ce qu'il éteint les corps en combustion, et que, mélangé avec l'oxygène, il engendre des vapeurs rouges d'acide hypoazotique sous l'influence des étincelles électriques.

46. *Principaux composés binaires de l'azote.* — Il forme avec l'oxygène quatre composés acides (acide perazotique AzO^6, acide azotique AzO^5, acide hypoazotique AzO^4, acide azoteux AzO^3), et deux oxydes neutres (protoxyde d'azote AzO, bioxyde d'azote AzO^2). — En combinaison avec l'hydrogène, il constitue le gaz ammoniac AzH^3. — Avec le carbone, il forme le cyanogène C^2Az, qui se comporte comme un corps simple.

47. Application. — L'azote est à peu près sans usage. Quelquefois, cependant, on l'emploie pour former des atmosphères artificielles inertes, qu'on substitue à l'air des vases où l'on veut conserver certaines substances qui s'altèrent en présence de l'oxygène.

III. Air.

SOMMAIRE

Composition. — L'air est un mélange d'oxygène et d'azote. On détermine sa composition par les méthodes suivantes :

Méthodes par absorption : analyse par le mercure (expérience de Lavoisier), par le phosphore à froid et à chaud, par l'acide pyrogallique en présence de la potasse.

Méthode eudiométrique ; eudiomètres à mercure, eudiomètre à eau.

Méthode par les pesées, employée par MM. Dumas et Boussingault.

Comparaison des méthodes volumétriques et de la méthode par les pesées.

Autres matières contenues dans l'air. — Vapeur d'eau et acide carbonique ; expérience de M. Boussingault. La proportion de l'acide carbonique et de l'oxygène, dans l'air, est sensiblement constante. — Ammoniaque. — Acides azotique et azoteux. — Carbure d'hydrogène. — Ozone. — Poussières diverses.

Rôle des principaux éléments de l'air.

L'air est un mélange : il ne satisfait pas aux lois qui régissent les combinaisons.

48. Composition de l'air ; son analyse. — L'air est un *mélange* d'oxygène et d'azote ; 100 litres d'air renferment environ 21 l. d'oxygène et 79 l. d'azote ; sur 100 grammes d'air il y a à peu près 23 gr. d'oxygène et 77 gr. d'azote. On y trouve en outre de très petites quantités de diverses substances que nous ferons connaître plus loin.

Lavoisier le premier, en 1775, montra clairement que l'air est composé de deux éléments différents, oxygène et azote (gaz qui venaient d'être découverts), et détermina le rapport approximatif de leurs volumes par une expérience que nous décrirons. Cette découverte mémorable exerça une influence considérable sur les progrès de la Chimie, dont Lavoisier peut être considéré comme le fondateur.

Les méthodes d'analyse de l'air sont de trois sortes : méthodes par absorption, analyse eudiométrique, analyse par les pesées.

49. *Méthodes par absorption.* — Elles consistent à absorber l'oxygène contenu dans un volume connu d'air au moyen de certains corps oxydables, comme le mercure, le phos-

phore, etc., à évaluer le volume de l'azote restant, et à déterminer le volume de l'oxygène par différence.

1° **Analyse par le mercure ; méthode de Lavoisier.** — Lavoisier
chauffa pendant douze jours un ballon contenant du mercure,
et au-dessus, de l'air communiquant librement par le col
deux fois recourbé du ballon (fig. 28) avec celui d'une cloche
renversée sur la cuve à mercure ; le volume de l'air contenu
dans le ballon et la cloche avait été mesuré au commencement
de l'expérience. Lavoisier constata que le mercure du ballon

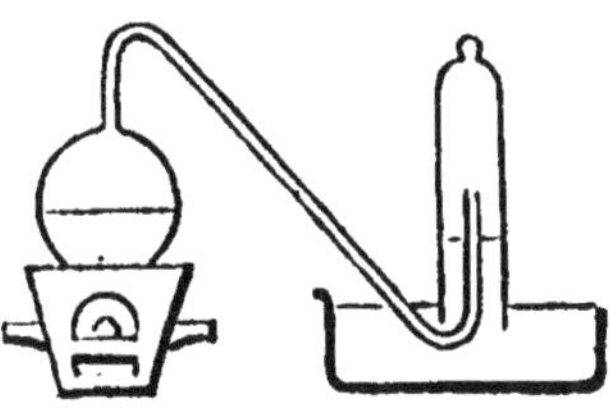

Fig. 28

se recouvrait de poussières cristallines rouges et que le volume
de l'air emprisonné dans l'appareil diminuait. Lorsque le
volume du gaz parut stationnaire et que l'épaisseur de la couche de poussière rouge cessa d'augmenter, Lavoisier termina
l'expérience et reconnut que le gaz restant, dont le volume
après refroidissement représentait les 5/6 environ du volume
primitif, avait perdu la propriété d'entretenir la combustion
et la respiration : c'était de l'azote. La poussière rouge,
recueillie et chauffée dans une petite cornue, se décomposa
en mercure et en un gaz auquel Lavoisier reconnut les propriétés de l'oxygène : cette poussière rouge n'était autre chose
que l'oxyde de mercure (appelé *précipité per se* par les alchimistes) qui avait servi à Priestley pour découvrir l'oxygène.
Cette expérience constitue une analyse de l'air. — Lavoisier
en fit ensuite la synthèse en réunissant les deux gaz oxygène
et azote qu'il venait de séparer : le mélange de ces gaz avait
toutes les propriétés de l'air atmosphérique. — D'après ces
expériences de Lavoisier, l'air renferme environ les 5/6 de son
volume d'azote et 1/6 d'oxygène. Ces nombres ne sont qu'ap-
prochés ; la méthode présente en effet une cause d'erreur
résultant de ce que l'oxydation du mercure cesse avant
l'absorption complète de tout l'oxygène de l'air, cette oxydation étant limitée par la réaction inverse, c'est-à-dire par la
décomposition de l'oxyde formé : à la température de l'expérience, l'oxyde de mercure possède en effet une tension de
dissociation déjà appréciable, de sorte que l'absorption cesse
dès que la force élastique de l'oxygène restant dans l'atmos-

phère de l'appareil est devenue égale à cette tension de dissociation. — Aussi l'expérience de Lavoisier n'a-t-elle plus qu'un intérêt historique. — Les procédés suivants sont plus exacts et plus rapides.

2° Analyse par le phosphore. — Dans une éprouvette graduée, placée sur la cuve à mercure ou à eau, et contenant un volume connu d'air, on introduit un bâton de phosphore attaché à un fil de fer (fig. 29). Le phosphore absorbe l'oxygène (en se transformant en acide phosphoreux); après quelque temps le volume cesse de diminuer et le phosphore n'est plus lumineux dans l'obscurité : l'absorption de l'oxygène est complète. On retire le phosphore et on mesure le volume de l'azote restant, en prenant les précautions qu'exige l'évaluation du volume des gaz (c'est-à-dire qu'on ne fait la lecture du volume de l'azote qu'après que le gaz a repris la température initiale et qu'on l'a ramené à la pression initiale). Cette méthode d'analyse

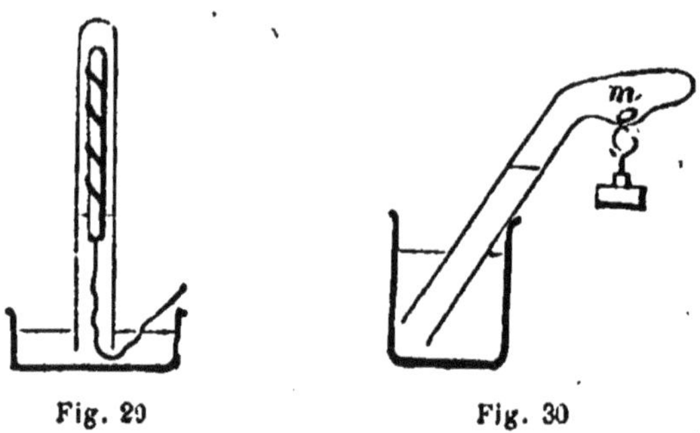

Fig. 29   Fig. 30

comporte une cause particulière d'erreur : le volume de l'azote restant est un peu trop faible à cause de la formation d'une petite quantité d'azotite d'ammoniaque $(AzH^4)O,AzO^3$. — L'absorption de l'oxygène est beaucoup plus rapide lorsqu'on opère à chaud : dans une cloche courbe (fig. 30) on introduit un volume connu d'air (on mesure cet air à l'aide d'une éprouvette graduée d'où on l'amène dans la cloche courbe par transvasement), et un morceau de phosphore qu'on fait arriver dans le renflement m. On chauffe avec une lampe à alcool ; le phosphore s'enflamme, absorbe l'oxygène et s'éteint bientôt. Après refroidissement, on transvase l'azote restant dans une éprouvette jaugée, et l'on mesure son volume. — On trouve ainsi que 100 vol. d'air renferment 79 vol. d'azote et 21 vol d'oxygène.

3° Analyse par l'acide pyrogallique et la potasse. — Cette méthode, indiquée par Liebig, est basée sur la propriété que possède l'acide pyrogallique d'absorber l'oxygène en présence de la potasse. Dans un tube gradué contenant un volume connu d'air, sur la cuve à mercure, on introduit successivement, au moyen d'une pipette courbe, de la potasse et de l'acide pyrogallique en dissolution ; on agite ; l'oxygène est absorbé par la liqueur alcaline, qui brunit. On mesure le volume de l'azote restant. — L'emploi du pyrogallate de potasse présente une légère cause d'erreur : en même temps qu'il absorbe l'oxygène, il dégage de l'oxyde de carbone, mais en quantité si faible qu'on peut ne pas en tenir compte.

50. Méthode eudiométrique. — Dans un tube de verre (eudiomètre) on introduit, sur la cuve à mercure ou sur la cuve à eau, 100 volumes d'air et 100 volumes d'hydrogène ; on fait passer une étincelle électrique dans le mélange. Tout l'oxygène de l'air disparaît en se combinant avec une partie de l'hydrogène introduit pour former de la vapeur d'eau qui se condense ; et il reste l'azote de l'air et l'excès d'hydrogène. — L'expérience prouve qu'après l'étincelle il reste 137 volumes ; il a donc disparu $200 - 137 = 63$ vol. ; or, pour former de l'eau, 1 vol. d'oxygène s'unit à 2 vol. d'hydrogène ; quand il disparaît 3 vol. il y a donc 1 vol. d'oxygène ; dans les 63 vol. disparus il y a par suite $\dfrac{63}{3} = 21$ vol. d'oxygène, qui proviennent de l'air. Ainsi 100 vol. d'air renferment 21 vol. d'oxygène, et par suite 79 vol. d'azote.

On emploie soit l'*eudiomètre à mercure*, soit l'*eudiomètre à eau*.

L'*eudiomètre à mercure*, ancien modèle, consiste en une éprouvette de verre à parois épaisses (fig. 31) ; *a* et *b* sont

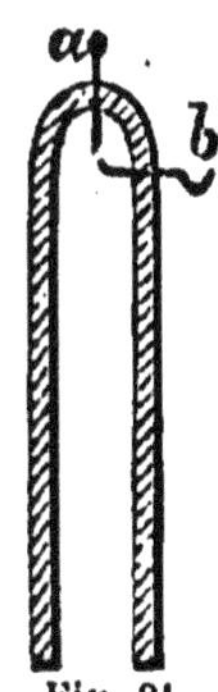

deux tiges de fer qui traversent les parois du tube et dont les extrémités intérieures sont très rapprochées. L'eudiomètre étant préalablement rempli de mercure et placé sur une cuve à mercure, on y introduit 100 vol. d'air et 100 vol. d'hydrogène. On fait ensuite éclater une étincelle entre les extrémités internes des fils *a* et *b*, et par suite dans le mélange, l'ouverture de l'eudiomètre étant fermée avec le doigt ou avec un bouchon pour empêcher la sortie du gaz pendant la détonation ; pour cela, on emploie une bouteille de Leyde dont on fait communiquer l'armature externe avec la tige *b* par une chaîne et dont on approche l'armature interne du bouton de la tige *a*.

Fig. 31

On débouche l'eudiomètre, le mercure y pénètre. Il ne reste plus qu'à mesurer le volume du gaz restant, qu'on transvase dans une éprouvette graduée. — L'*eudiomètre à mercure* de Bunsen est plus employé : c'est un tube de verre de 60 centim.

de longueur qui porte une division en millimètres ; le volume d'une division est connu, de sorte que les volumes s'évaluent dans l'eudiomètre même, dont l'emploi ne nécessite pas de transvasement dans des tubes gradués (la pression du mélange gazeux intérieur se déduit de la hauteur du mercure dans l'eudiomètre, comptée à partir du niveau extérieur, et évaluée a l'aide de la graduation millimétrique du tube tenu verticalement). Les tiges de fer *a* et *b* de l'ancien modèle sont remplacées par deux fils de platine appliqués, contre les parois internes de l'extrémité fermée (fig. 32) ; ou mieux, par deux fils de platine très voisins (fig. 33) dont les extrémités intérieures affleurent seulement dans l'eudiomètre : grâce à cette dernière disposition, indiquée par M. Riban, on peut nettoyer le tube sans déranger les fils.

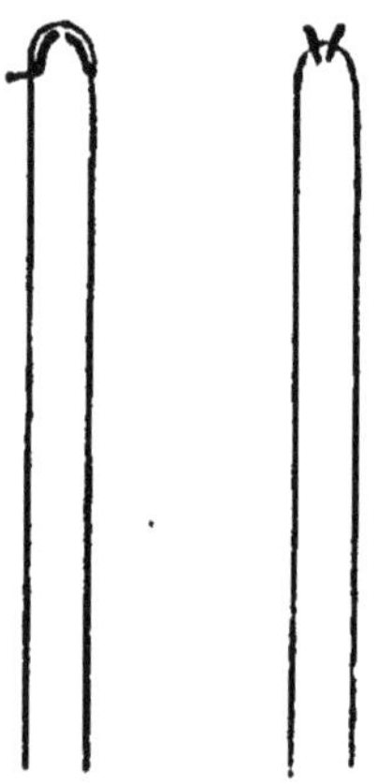

Fig. 32   Fig. 33

L'*eudiomètre à eau*, qu'on doit à Volta, se compose d'un gros tube de verre épais dont les extrémités sont mastiquées dans deux garnitures métalliques à robinet A et B (fig. 34), qui se continuent chacune par une partie évasée A' et B' ; la première sert de pied à l'appareil ; au fond de la petite cuvette que constitue la partie évasée de la garniture supérieure peut se visser un tube divisé en 200 centim. cubes. Les deux garnitures sont reliées par une bande conductrice de cuivre, *m*. Dans l'intérieur du petit tube de verre *t* qui traverse la garniture supérieure se trouve (noyée dans un mastic isolant) une tige métallique qui se termine en boule à ses deux extrémités ; la boule intérieure arrive à une petite distance de la paroi opposée de la garniture. La manipulation se fait ainsi : les deux robinets *r*, *r'* étant ouverts, on plonge complètement l'appareil dans l'eau, qui y pénètre et le remplit ; on ferme *r'* et on place l'eudiomètre sur la planchette de la cuve, son pied restant immergé ; on introduit l'air et l'hydrogène à l'aide d'une éprouvette *jauge* d'une capacité de 100 centimètres cubes dont l'extrémité ouverte est pourvue d'une monture métallique portant une coulisse

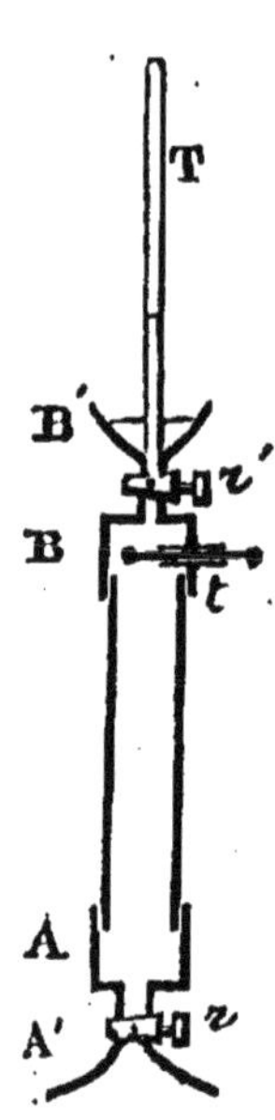

Fig. 34

qui permet de fermer ou d'ouvrir la jauge à volonté ; on
ferme le robinet *r* et on fait éclater une étincelle dans le mélange (on approche un corps électrisé du bouton extérieur de
la tige isolée, une étincelle jaillit et se répète entre le bouton intérieur de la partie voisine de la garniture B, qui communique avec le sol par la bande métallique *m* et le pied de
l'appareil); on ouvre le robinet *r*, et l'eau monte dans l'eudiomètre pour remplacer les gaz disparus. Le volume des gaz qui
restent se mesure ainsi : on visse sur la cuvette B', remplie d'eau,
le tube gradué T également plein d'eau, on ouvre le robinet *r'* et
on ferme *r*; les gaz montent dans le tube T, qu'on dévisse ensuite,
qu'on ferme avec le doigt, et qu'on porte sur la cuve à eau pour
faire la lecture du volume sous la pression atmosphérique. —
Le robinet inférieur doit être fermé au moment où l'étincelle
éclate, sans quoi une partie des gaz pourrait sortir de l'appareil ; mais alors la raréfaction qui se produit dans l'eudiomètre après l'étincelle provoque le dégagement de l'air dissous
dans l'eau que renferme l'instrument, ce qui augmente le
volume du résidu gazeux et fausse les résultats. Gay-Lussac
a proposé de remplacer le robinet *r* par une soupape qui
empêche le gaz de s'échapper mais laisse entrer l'eau de la
cuve dès que la raréfaction commence (aussi l'eudiomètre à
eau est-il quelquefois désigné sous le nom d'eudiomètre de
Gay-Lussac) ; ce qui d'ailleurs ne fait qu'atténuer la cause
d'erreur sans la supprimer. On n'obtiendrait pas de meilleurs
résultats en employant de l'eau privée d'air par l'ébullition
parce qu'elle pourrait dissoudre une partie des gaz contenus
dans l'eudiomètre, ce qui occasionnerait une erreur inverse
de la précédente. — Pour ces raisons, on doit préférer à l'eudiomètre à eau les eudiomètres à mercure, dont l'emploi ne
comporte pas ces causes d'erreur.

51. *Méthode par les pesées.* — La méthode suivante, d'une
grande précision, a été appliquée par MM. Dumas et Boussingault. Elle consiste à faire passer l'air à analyser dans un
tube contenant du cuivre chauffé au rouge ; ce métal retient
l'oxygène et laisse passer l'azote, qui est recueilli et pesé dans
un ballon ; l'augmentation de poids du tube contenant le cuivre donne le poids de l'oxygène.

L'appareil employé consiste en un grand ballon B (fig. 35)
pourvu d'une garniture à robinet R, en communication avec
un tube de verre vert muni de deux robinets *r*, *r'*, et contenant de la tournure de cuivre ; à la suite se trouvent deux
groupes de tubes en U destinés à purifier l'air avant son arrivée sur le cuivre : les tubes *t* renferment des fragments de
potasse et retiennent l'acide carbonique de l'air ; les tubes *t'*
contiennent de la ponce sulfurique qui absorbe la vapeur
d'eau ; entre ces deux groupes de tubes se trouve un tube de
Liebig T contenant de l'acide sulfurique qui contribue à des-

sécher l'air : ce tube sert en outre à régler l'opération comme
on le verra.

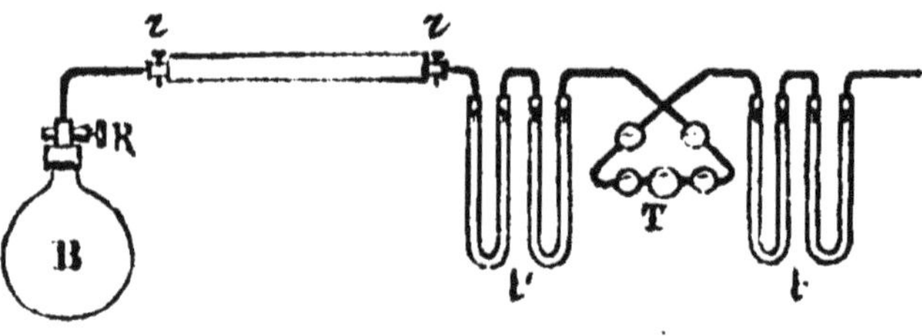

Fig. 35

L'expérience se fait ainsi : on pèse séparément le ballon et
le tube à cuivre, vides d'air ; on chauffe le cuivre au rouge
sombre, et on ouvre les robinets ; l'air pénètre dans l'appareil,
abandonne son acide carbonique et sa vapeur d'eau dans les
tubes t, t' et T, et son oxygène dans le tube à cuivre, et l'azote
arrive dans le ballon, sauf une petite quantité qui reste dans le
tube à cuivre au moment où l'aspiration cesse. Le courant d'air
doit être assez lent pour que l'oxygène puisse être absorbé par
le cuivre : le tube de Liebig, où l'on voit passer les bulles d'air,
permet d'apprécier la rapidité du courant qu'on règle en ou-
vrant plus ou moins les robinets R, r et r'. — Lorsque le courant a cessé, on ferme les robinets et on pèse une deuxième
fois le tube à cuivre : l'accroissement de poids qu'il a éprouvé
représente le poids de l'oxygène qui a été absorbé, augmenté
du poids de l'azote que ce tube renferme ; on le pèse une
3ᵉ fois après y avoir fait le vide : la différence entre les résultats des deux dernières pesées égale le poids de l'azote contenu
dans le tube à cuivre ; la différence entre les résultats de la
3ᵉ et de la 1ʳᵉ égale le poids de l'oxygène. Enfin on pèse le
ballon afin de déterminer le poids de l'azote qu'il renferme, à
quoi on ajoute le poids de l'azote trouvé dans le tube à cuivre.

52. *Remarque*. — La méthode par les pesées conduit à des
résultats beaucoup plus exacts que les méthodes volumétriques
précédemment décrites ; et cela pour plusieurs raisons.

1° Le volume de l'air soumis à l'expérience et celui des résidus est toujours assez faible, et les erreurs inévitables com-
mises dans l'appréciation de ces volumes acquièrent par cela
même une *valeur relative* considérable. Ainsi, dans l'analyse
de l'air par le phosphore, par exemple, si on opère sur 50 centimètres cubes d'air et qu'on commette dans la mesure des
volumes une erreur de 1/2 centimètre cube, il en résulte une
erreur relative de 1/100 sur le vol. de l'air, et une erreur

relative plus grande sur le volume de l'azote ; en appliquant la méthode par les pesées, Dumas et Boussingault opéraient sur un vol. d'air de 15 à 20 litres, contenant un poids d'azote de 15 grammes environ, lequel, évalué à 1 milligramme près, ce qui s'obtient aisément avec une bonne balance, se trouvait entaché d'une erreur relative de 1/15000 seulement, c'est-à-dire d'une erreur 150 fois plus faible que la précédente. — Lorsqu'on opère sur la cuve à eau, l'évaluation des volumes comporte une cause particulière d'erreur résultant, soit de la dissolution des gaz dans l'eau, soit au contraire du dégagement des gaz antérieurement dissous par l'eau.

2° Les volumes des gaz doivent être mesurés à la même température et sous la même pression, — ou au moins mesurés à une température et sous une pression connues afin qu'on puisse déterminer par le calcul les volumes qu'on aurait obtenus si l'on avait effectué les mesures sur les gaz pris dans les mêmes conditions de température et de pression. Or, on ne connaît qu'approximativement la température des gaz contenus dans les tubes employés, cette température ne pouvant devenir égale à la température extérieure qu'après un temps assez long, pendant lequel cette dernière peut d'ailleurs varier.

3° D'autre part, s'il est facile, lorsqu'on opère sur la cuve à mercure, de donner aux gaz soumis à l'expérience une force élastique égale à la pression atmosphérique, ou, plus généralement, de déterminer leur force élastique avec exactitude, il en est tout autrement si les manipulations se font sur la cuve à eau : dans ce cas, en effet, les gaz sont mêlés à de la vapeur d'eau, de sorte que la force élastique qu'on a à évaluer est égale à la force élastique totale des gaz de l'éprouvette, diminuée de la force élastique de la vapeur d'eau, laquelle est mal connue puisqu'elle dépend de la température intérieure qui, nous l'avons dit, ne peut être évaluée avec précision.

53. *Résultats.* — L'analyse de l'air par les pesées a donné les résultats suivants : Sur 100 gr. d'air il y a 23 gr. d'oxygène et 77 gr. d'azote; ce qui donne pour la composition en volume, en se basant sur les densités de ces gaz, $\dfrac{20,8}{100}$ d'oxygène et $\dfrac{79,2}{100}$ d'azote.

Ces résultats sont ceux qu'ont donnés de nombreuses expériences très concordantes faites sur l'air recueilli en différents lieux, à diverses altitudes. — Cependant M. Lewy a reconnu que l'air pris à la surface de l'eau, dans la mer du Nord, contient un peu moins d'oxygène ; ce qui tiendrait à la solubilité de ce gaz, supérieure à celle de l'azote, et à l'absorption continue de l'oxygène dissous par les animaux qui vivent dans la mer.

54. Autres matières contenues dans l'air atmosphérique. — L'air atmosphérique renferme toujours, indépendamment de l'oxygène et de l'azote, de petites quantités de vapeur d'eau, d'acide carbonique, d'ammoniaque, d'acides azotique et azoteux, d'un carbure d'hydrogène, ainsi que des poussières microscopiques parmi lesquelles on trouve des germes de ferments et de moisissures.

1° *Vapeur d'eau et acide carbonique.* — La présence de la vapeur d'eau dans l'air se manifeste par le dépôt de rosée qui apparaît sur les parois extérieures d'un vase contenant un mélange réfrigérant ; ou encore par l'augmentation de poids qu'éprouve un vase ouvert contenant une substance avide d'eau, comme l'acide sulfurique. — L'existence de l'acide carbonique de l'air est mise en évidence par la croûte solide et blanche de carbonate de chaux CaO,CO^2 qui se forme à la surface d'une dissolution de chaux dans l'eau, placée dans un vase ouvert.

M. Boussingault a employé, pour déterminer la quantité d'acide carbonique et de vapeur d'eau contenus dans une masse déterminée d'air, une méthode de dosage simple et précise, consistant à faire passer l'air à analyser dans une sé-

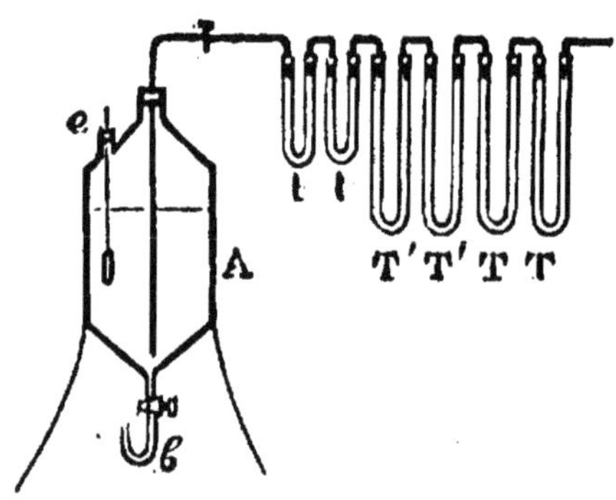

Fig. 30

rie de tubes en U (fig. 30) ; les premiers T renferment de la ponce sulfurique, qui retient la vapeur d'eau ; les suivants T' contiennent des fragments de potasse, qui absorbent l'acide carbonique. L'air est mis en mouvement au moyen de l'aspiration résultant de l'écoulement, qui se fait par la tubulure recourbée *b*, de l'eau qui remplit *l'aspirateur* A : c'est un grand vase de capacité connue, qu'un tube descendant jusqu'au fond et adapté à la tubulure supérieure met en communication avec la série des tubes en U ; dans ces conditions, l'écoulement se fait avec une vitesse constante, l'aspirateur fonctionnant comme un flacon de Mariotte. A la tubulure *c* est adapté un thermomètre. — Quand l'eau de l'aspirateur s'est écoulée, il est rempli par de l'air dont le poids P se détermine aisément, puisqu'on connaît son volume, sa température et sa pression ; les poids *p* et *p'* de la vapeur d'eau et de l'acide carbonique que renfermait ce poids P d'air sont donnés par l'augmentation de poids des tubes T et T' pesés séparément avant et après l'expérience. — Les tubes *t*, qui contiennent de la ponce sulfurique, sont destinés à absorber la vapeur d'eau qui s'échappe de l'aspirateur et à l'empêcher de pénétrer dans les tubes T'. — Des poids P, *p* et *p'* on déduit facilement le poids de vapeur d'eau et d'acide carbonique contenus dans un poids donné d'air.

La proportion de vapeur d'eau, dans l'air, varie entre des limites assez éloignées d'un jour à l'autre ; elle varie aussi avec le lieu, l'altitude, le voisinage des masses d'eau. — Quant à l'acide carbonique, son poids varie entre 4/10000 et 6/10000 du poids de l'air qui le renferme (en volume, de 3/10000 à 6/10000). La proportion d'acide carbonique est plus faible le jour que la nuit à cause de la décomposition qu'éprouve cet acide pendant la journée, sous l'influence de la lumière solaire, dans les parties vertes des végétaux par lesquelles il est absorbé. Elle est plus forte dans les lieux habités qu'en pleine campagne. Elle est moindre au-dessus des grandes nappes d'eau, mers ou lacs, que sur les continents ; et elle diminue après la pluie : cela, à cause de la solubilité de l'acide carbonique dans l'eau.

Il résulte de ce qui précède que la proportion de l'acide carbonique et de l'oxygène contenus dans l'air varie très peu; elle n'a pas changé d'une manière appréciable depuis les premières analyses précises faites au commencement de ce siècle par Gay-Lussac. — Si la composition de l'air reste sensiblement invariable, malgré la respiration des animaux et des végétaux, (37), la combustion des matières employées pour le chauffage et l'éclairage, diverses fermentations, etc., phénomènes qui produisent de l'acide carbonique aux dépens de l'oxygène de l'air, cela tient, d'une part, à la masse énorme de l'atmosphère qui rend les variations de composition peu appréciables ; et d'autre part, à la *fonction chlorophyllienne* des végétaux : cette fonction, qui s'accomplit dans les organes verts seulement (c'est-à-dire dans les tissus renfermant de la *chlorophylle*) et sous l'influence de la lumière solaire, consiste en

une absorption de l'acide carbonique atmosphérique, lequel
est ensuite décomposé en oxygène qui est rejeté dans l'air,
et en carbone qui se fixe dans les tissus (c'est de l'atmosphère que vient ainsi tout le carbone accumulé dans les végétaux). — Les végétaux sont donc le siège de deux phénomènes
opposés : 1° respiration proprement dite ; elle s'accomplit en
tout temps et dans toutes les parties du végétal, et elle est
analogue à la respiration des animaux (absorption d'oxygène
et dégagement d'acide carbonique) ; 2° fonction chlorophyllienne (absorption d'acide carbonique et dégagement d'oxygène); elle s'accomplit seulement dans les organes verts exposés à la lumière solaire, mais avec une telle énergie que ses
effets dominent, de sorte qu'en définitive les végétaux prennent à l'atmosphère plus d'acide carbonique et moins d'oxygène qu'ils ne lui en rendent.

2° *Ammoniaque.* — L'ammoniaque AzH^3 existe en petite
quantité dans l'atmosphère, et provient surtout de la putréfaction des matières organiques (fumiers, urine, immon-
dices, etc.); il s'en produit d'ailleurs pendant les orages, lorsqu'on distille la houille, etc. L'air renfermant de l'acide
carbonique, et aussi des acides azotique et azoteux, l'ammoniaque atmosphérique doit exister à l'état de carbonate, d'a-
zotate et d'azotite d'ammoniaque. Il se forme d'ailleurs de
l'azotite d'ammoniaque aux dépens de l'azote et de la vapeur
d'eau de l'air $[2Az + 4HO = (AzH^4)O,AzO^3]$ sous l'influence
des oxydations lentes, comme celles du phosphore, de l'é-
ther (44).

3° *Acides azotique et azoteux.* — L'air renferme de l'acide
azotique AzO^5 et de l'acide azoteux AzO^3 qui proviennent principalement de l'union, provoquée par les éclairs pendant les
temps d'orage, de l'azote et de l'oxygène atmosphériques ; la
combinaison de ces corps engendre de l'acide hypoazotique
(44); mais celui-ci, en se dédoublant, produit de l'acide azotique et de l'acide azoteux $[2AzO^4 = AzO^5 + AzO^3]$ qu'on
trouve dans l'air, soit à l'état libre, soit à l'état d'azotate et
d'azotite d'ammoniaque.

4° *Carbure d'hydrogène.* — M. Boussingault a prouvé que
l'air renferme un carbure d'hydrogène en faisant passer sur
de l'oxyde de cuivre chauffé un courant d'air préalablement
débarrassé de son acide carbonique et de sa vapeur d'eau :
l'air sortant contenait de l'acide carbonique et de la vapeur
d'eau, qu'on absorbait par la potasse et la ponce sulfurique,
et qui provenaient de l'action de l'oxygène cédé par l'oxyde
de cuivre sur le carbone et l'hydrogène du carbure d'hydrogène. — Un pareil gaz se dégage de la vase des marais (227)
et s'échappe abondamment par les crevasses du sol dans certains pays, Toscane, Asie-Mineure, Inde, etc.

5° *Ozone.* — Ce corps existe dans l'air, au moins temporairement, et résulte surtout de l'action de l'électricité atmosphérique sur l'oxygène de l'air (39).

6° *Poussières diverses.* — Un filet de lumière qu'on fait pénétrer dans une chambre obscure éclaire et rend visibles les poussières qui se trouvent sur son trajet et qui, à cause de leur légèreté, flottent dans l'atmosphère, entraînées par les mouvements de l'air.

Pour recueillir ces poussières, on peut employer plusieurs

Fig. 37

procédés. — 1° On fait passer un courant d'air dans un tube contenant un tampon de coton-poudre qui retient les particules solides en suspension dans l'air ; on dissout ensuite le coton-poudre dans l'alcool éthéré : les poussières se déposent ou surnagent, et on les examine au microscope (procédé Pasteur). — 2° L'*aéroscope* employé à l'observatoire de Montsouris se compose d'un entonnoir renversé E (fig. 37) dont l'orifice supérieur débouche à quelques millimètres d'une plaque horizontale de verre *m* enduite sur sa face inférieure d'une matière gluante à laquelle viennent adhérer les poussières de l'air qu'on fait passer dans l'appareil au moyen d'un aspirateur mis en communication avec la cloche C.

L'examen des poussières recueillies par ces procédés ou par d'autres y fait reconnaître des particules minérales, des débris très-ténus des objets environnants, des fragments de laine, de duvet, des écailles de papillon, des grains de pollen ; mais surtout des germes organiques (spores de cryptogames et œufs d'infusoires). C'est à quelques-uns de ces germes que sont dues les moisissures, les fermentations, les putréfactions ; d'autres engendrent les *microbes* (infusoires les plus simples : bactéries, vibrions, etc.) qui sont les agents de diverses maladies : la variole, le charbon, la morve, le choléra des poules, et peut-être de la plupart des maladies épidémiques. — La ouate qu'emploient les chirurgiens pour recouvrir les plaies joue le rôle du fulmi-coton dans l'expérience de M. Pasteur, et ne laisse arriver à la surface de ces plaies que de l'air dépouillé de ses germes, et incapable de provoquer la putréfaction. L'expérience de M. Pasteur justifie également l'habitude qu'ont certains malades de se couvrir la bouche d'une étoffe à travers laquelle l'air se filtre et se purifie avant d'arriver dans les poumons.

55. Rôle des principaux éléments de l'air. — L'*oxygène* est nécessaire à la respiration des animaux et des végétaux ; c'est l'agent indispensable des combustions. — L'*azote* tempère la trop grande activité respiratoire de l'oxygène ; les expériences de M. Berthelot (44) paraissent démontrer qu'il contribue à la nutrition des végétaux par les tissus desquels il est directement absorbé. — Nous avons dit que c'est de l'*acide carbonique* atmosphérique que les végétaux extraient tout le carbone de leurs tissus. En se dissolvant dans les eaux courantes, ce gaz les rend aptes à dissoudre le carbonate de chaux, le phosphate de chaux, la silice, matières qui sont ainsi rendues absorbables par les végétaux, au développement desquels elles sont nécessaires. — La *vapeur d'eau* atmosphérique, en se condensant, engendre la pluie. A cause de la grande chaleur latente de vaporisation de l'eau (66), la vapeur aqueuse répandue dans l'atmosphère joue le rôle de régulateur de température : la chaleur que cette vapeur dégage en se condensant limite le refroidissement qui a déterminé cette condensation, de même que la chaleur que l'eau absorbe pour se vaporiser limite l'élévation de température qui a provoqué cette vaporisation. — L'*ozone* assainit l'atmosphère (39).

66. L'air est un mélange. — L'air n'est pas une combinaison, mais un simple mélange. En effet, ce corps ne satisfait pas aux lois qui régissent les combinaisons : ni à la *loi des proportions définies*, puisque le rapport des poids des éléments n'est pas invariable dans l'air atmosphérique (la composition de l'air dissous dans l'eau montre d'ailleurs que l'oxygène et l'azote se dissolvent en raison de leur solubilité propre suivant les lois de la dissolution des gaz d'un *mélange*); ni à la *loi des volumes*, puisque le rapport des volumes des composants n'est pas simple, et qu'il n'y a pas contraction quoique ces volumes soient inégaux.

D'ailleurs, si on mêle des quantités d'oxygène et d'azote qui soient dans le même rapport que dans l'air atmosphérique, on obtient un gaz qui a toutes les propriétés de l'air, et cependant il ne se produit aucune des circonstances qui accompagnent les combinaisons (dégagement de chaleur et d'électricité).

IV. Hydrogène.

H = 1 = 2 vol.

SOMMAIRE

Historique. Etat naturel.
Préparation. — On l'obtient en traitant l'eau par divers corps oxydables qui lui enlèvent son oxygène et mettent l'hydrogène en liberté :
1° Par les métaux alcalins et alcalino-terreux, à froid ;
2° Par le fer ou le zinc, au rouge ;
3° Par le fer ou le zinc en présence des acides, à froid. Appareil ordinaire ; appareil continu. Purification.
Production de l'hydrogène par l'électrolyse de l'eau.
Propriétés. — Propriétés physiques. C'est le plus léger de tous les gaz. Il est très diffusible : diffusion simple à travers les cloisons poreuses ; diffusion par dissolution à travers le caoutchouc et à travers les métaux chauffés à très haute température — Il est conducteur de la chaleur.
Action de l'oxygène ; gaz tonnant. Lampe philosophique. Harmonica chimique.
Propriétés réductrices.
Action du chlore sur l'hydrogène.
Combinaison de l'hydrogène avec les métaux ; palladium hydrogéné.
Fonctions chimiques de l'hydrogène : il se rapproche des métaux par l'ensemble de ses propriétés.
Principaux composés de l'hydrogène.
Applications. — Gonflement des ballons. — Chalumeau à gaz oxhydrique. — Lumière Drummond. — Briquet à hydrogène.

57. Historique. Etat naturel. — Cavendish a fait connaître ses principales propriétés (1777) ; mais ce corps avait déjà été signalé par les alchimistes du xvi° siècle. Il fut nommé d'abord *air inflammable* par Cavendish ; à la suite des travaux de Lavoisier sur la composition de l'eau, on lui donna le nom d'*hydrogène* (ὕδωρ, eau, γεννάω, j'engendre), qui conviendrait d'ailleurs aussi bien à l'oxygène.

L'hydrogène ne se rencontre que très rarement à l'état libre dans la nature (on a trouvé de l'hydrogène libre dans les fumarolles de Toscane). Il entre dans la composition de l'eau et de toutes les matières animales et végétales.

58. Préparation. — C'est presque toujours de l'eau, HO, qu'on extrait l'hydrogène. Pour cela on enlève à l'eau son oxygène au moyen d'un corps oxydable, qui met ainsi l'hydrogène en liberté.

1° *Par les métaux alcalins et alcalino-terreux.* — Les métaux alcalins, comme le potassium, le sodium, et les métaux alcalino-terreux, comme le baryum, le calcium, dégageant beaucoup plus de chaleur que l'hydrogène en s'unissant à un même poids d'oxygène, décomposent l'eau à froid. — L'opération se fait ainsi : sous une éprouvette remplie de mercure et renversée sur la cuve à mercure, on fait arriver un peu d'eau puis un petit fragment de potassium qui se rendent en haut de l'éprouvette ; là, le potassium décompose l'eau, met en liberté l'hydrogène qui refoule une partie du mercure de l'éprouvette, et s'unit à l'oxygène qui le transforme en potasse KO ; celle-ci se dissout dans l'excès d'eau. — En pratique, ce procédé n'est jamais employé, à cause du prix élevé des métaux alcalins et alcalino-terreux, et de la violence de la réaction.

2° *Par le fer ou le zinc chauffés au rouge.* — La chaleur d'oxydation du fer ou du zinc étant peu supérieure à la chaleur d'oxydation de l'hydrogène, ces métaux ne décomposent que difficilement l'eau liquide ; mais, au rouge, ils décomposent la vapeur d'eau (la décomposition d'un équivalent de vapeur d'eau exige seulement 20500 cal., tandis que celle de la même quantité d'eau liquide exige 34500 cal.). — De là le procédé suivant :

Sur un faisceau de fils de fer placés à l'intérieur d'un tube de porcelaine, et chauffés au rouge au moyen d'un fourneau long à réverbère (fig. 38), on fait passer un courant de vapeur

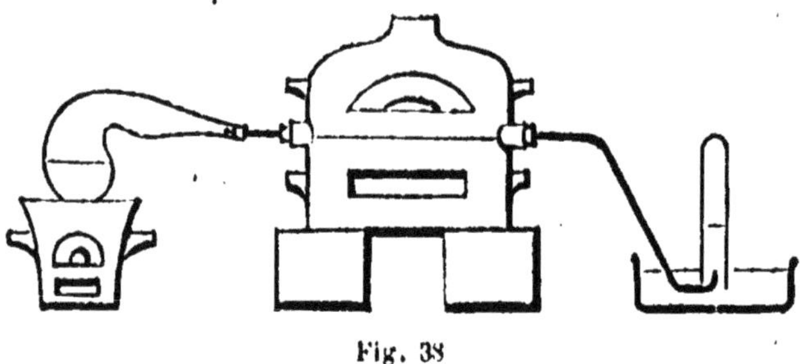

Fig. 38

d'eau provenant d'une cornue contenant de l'eau en ébullition. Le fer décompose l'eau, s'empare de son oxygène et se transforme en oxyde magnétique Fe^3O^4 ; l'hydrogène mis en liberté est amené par un tube de dégagement dans des éprouvettes placées sur la cuve à eau.

La réaction est représentée par l'équation suivante :

$$3Fe + 4HO = Fe^3O^4 + 4H.$$

Le zinc convient moins que le fer pour cette préparation : le zinc fond facilement et coule sur les bouchons qui ferment le tube de porcelaine.

3° *Par le zinc ou le fer en présence de l'acide sulfurique.* — L'eau liquide est décomposée à froid par les mêmes métaux, zinc et fer, en présence de l'acide sulfurique, d'après les équations

$$HO,SO^3 + Zn = ZnO,SO^3 + H,$$
$$HO,SO^3 + Fe = FeO,SO^3 + H ;$$

elles expriment que l'eau est décomposée en hydrogène, qui se dégage et en oxygène qui s'unit au métal en formant soit de l'oxyde de zinc ZnO, soit de l'oxyde de fer FeO, qui se combine ensuite avec l'acide sulfurique à SO^3 en donnant du sulfate de zinc ou du sulfate de fer ; en d'autres termes, elles expriment que le zinc ou le fer se substituent à l'hydrogène de l'eau, et le mettent en liberté.

Ici, la quantité de chaleur dégagée pendant la réaction (elle comprend la chaleur dégagée par la formation de l'oxyde de zinc ou de fer, augmentée de celle dégagée par la combinaison de l'acide sulfurique avec l'oxyde formé) surpasse beaucoup la quantité de chaleur absorbée par la décomposition de l'eau acidulée. C'est pourquoi la décomposition de l'eau par le zinc ou le fer peut se faire à froid dans ces conditions, tandis qu'elle ne s'effectue qu'à température élevée par les mêmes métaux en l'absence d'un acide (procédé précédent): *le travail préliminaire nécessaire pour déterminer une réaction doit être en général d'autant plus grand que cette réaction dégage moins de chaleur.*

C'est là le procédé le plus employé. L'appareil (fig. 39) se compose d'un flacon à deux tubulures, à moitié rempli d'eau,

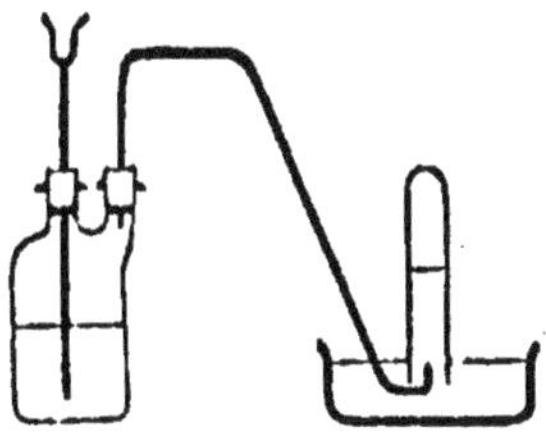

Fig. 39

où l'on introduit des rognures de zinc. Une des tubulures est fermée par un bouchon que traverse un tube à entonnoir par lequel on verse peu à peu l'acide sulfurique ; à l'autre tubulure est adapté le tube de dégagement. On recueille sur la cuve à eau.

L'appareil précédent (fig. 30), une fois monté, dégage de l'hydrogène jusqu'à épuisement, même si l'on n'en a plus besoin. L'*appareil continu*, de Deville, n'a pas cet inconvénient ; l'acide n'attaque le zinc que lorsqu'on veut obtenir de l'hydrogène, et le dégagement cesse à volonté. Il consiste en deux flacons de grandes dimensions (fig. 40), pourvus inférieurement de tubulures latérales qu'on réunit par un tube de caoutchouc. L'un de ces flacons, A, qui est ouvert, contient

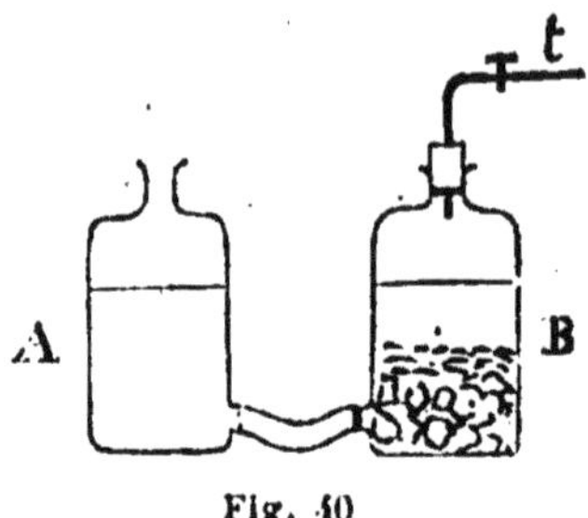

Fig. 40

de l'acide sulfurique étendu, ou mieux de l'acide chlorhydrique HCl ; l'autre, B, renferme des rognures de zinc disposées sur un lit de verre concassé ou de coke ; sa tubulure supérieure est fermée avec un bouchon traversé par un tube à robinet *t* auquel on adapte le tube de dégagement. — Pour obtenir de l'hydrogène, il suffit d'ouvrir le robinet : le liquide de A arrive dans le flacon B dont il chasse l'air, réagit sur le zinc et engendre de l'hydrogène qui s'échappe par le tube *t* et qu'on recueille à la manière ordinaire. On arrête la production du gaz en fermant le robinet : l'hydrogène qui continue à se dégager refoule le liquide dans A ; la réaction s'arrête quand l'acide est descendu au-dessous de la couche de zinc. — La réaction, analogue à la précédente, est représentée par l'équation

$$HCl + Zn = ZnCl + H.$$

Dans cet appareil on emploie l'acide chlorhydrique de préférence à l'acide sulfurique parce que le chlorure de zinc $ZnCl$ est plus soluble que le sulfate de zinc ZnO,SO^3 : on risque moins de voir se former des cristaux pouvant obstruer le tube de caoutchouc.

Purification. — L'hydrogène obtenu par l'action du zinc sur les acides étendus n'est pas pur. Voici pourquoi. Le zinc ordinaire, qu'on emploie dans cette préparation, renferme comme impuretés, en outre d'une certaine quantité de plomb, du soufre, de l'arsenic, du phosphore, du silicium, à l'état de sulfure, arséniure, phosphure, siliciure ; en réagissant sur ces composés, l'acide étendu engendre des sulfure, arséniure, phosphure et siliciure d'hydrogène, qui se mêlent à l'hydrogène produit. La plus grande partie de l'arséniure d'hydrogène que renferme l'hydrogène obtenu a une autre origine : il provient de l'acide arsénieux que renferme l'acide sulfurique employé ; par l'action de l'hydrogène naissant (120) cet acide arsénieux se transforme en arséniure d'hydrogène.— Si au lieu de zinc on emploie du fer, l'hydrogène qui se forme peut contenir en outre du carbure d'hydrogène, à cause de la présence du charbon dans le fer ordinaire.

On débarrasse l'hydrogène de toutes ces impuretés en le faisant passer sur du cuivre en tournure chauffé au rouge dans un tube de verre : le cuivre retient le soufre, le phosphore, l'arsenic, le silicium, et met en liberté l'hydrogène des composés hydrogénés correspondants. Un 2ᵉ tube, placé à la suite, et contenant des fragments de potasse, dessèche l'hydrogène et retient le carbure d'hydrogène. L'hydrogène sort pur.

On peut le purifier à froid en le faisant passer dans une série de tubes en U contenant des fragments de pierre ponce imbibés de diverses substances : d'azotate de plomb, qui retient l'acide sulfhydrique ; de sulfate d'argent, qui retient le phosphure et l'arséniure d'hydrogène ; de potasse, qui retient le siliciure et le carbure d'hydrogène. Enfin le gaz se dessèche en passant dans d'autres tubes en U contenant de la ponce sulfurique.

Le zinc pur est trop difficile à obtenir et trop coûteux pour qu'on puisse l'employer, avec l'acide sulfurique pur, dans la préparation directe de l'hydrogène pur. Une autre raison empêche l'emploi du zinc pur : mis en présence d'un acide étendu, il n'est attaqué que.pendant quelques instants seulement ; l'action s'arrête bientôt, le métal se recouvrant de bulles d'hydrogène qui empêchent le contact de l'acide. Pareille chose n'a pas lieu avec le zinc ordinaire ; chacune des particules de plomb que ce zinc renferme constitue avec.le zinc et l'acide voisins un couple électrique sur l'élément non attaquable (plomb) duquel l'hydrogène se porte ; rien dans ce cas ne vient entraver l'action du liquide sur le zinc.

4º *Production de l'hydrogène par l'électrolyse de l'eau.* — La décomposition de l'eau par les courants électriques, dans un voltamètre, amène de l'hydrogène dans l'éprouvette placée sur l'électrode négative (65).

Remarque. — Dans toutes les réactions précédentes, l'hydrogène joue le rôle d'un métal, puisqu'il est déplacé et remplacé par un métal (K,Fe,Zn) dans les composés HO, — HCl, — HO,SO^3.

50. Propriétés. — *Propriétés physiques.* — Gaz incolore, sans odeur ni saveur quand il est pur. — Très peu soluble dans l'eau : 1 litre d'eau à 0° n'en dissout que 19ᶜ·ᶜ. — Il n'a

été liquéfié qu'en décembre 1877 par M. Cailletet, et presque
en même temps (janvier 1878) par M. Pictet.

C'est le plus léger de tous les gaz ; sa densité est 0,06926 ;
il pèse environ 14 fois 1/⦁ moins que l'air. Sa grande légèreté
se manifeste dans les expériences suivantes :
1° L'hydrogène s'échappe immédiatement d'une
éprouvette qu'on tient l'ouverture en haut. —
2° On applique l'ouverture d'une éprouvette A
(fig. 41) pleine d'air, contre celle d'une 2° éprouvette B pleine d'hydrogène, qu'on tient l'ouverture en bas ; après quoi on renverse le système
des deux éprouvettes de manière à amener A
en haut et B en bas : l'hydrogène de B passe aussitôt dans l'éprouvette supérieure. — 3° Les
bulles de savon gonflées à l'hydrogène s'élèvent
rapidement dans l'air ; on les obtient au moyen

Fig 41

d'une vessie remplie d'hydrogène, à laquelle est adapté un
tube qu'on plonge dans de l'eau de savon en même temps
qu'on comprime la vessie.

L'hydrogène est *très diffusible*. — Quand deux gaz sont séparés l'un de l'autre par une cloison constituée par un corps
poreux, ils traversent la cloison en sens contraire, avec des
vitesses de diffusion qui sont en raison inverse des racines
carrées des densités des deux gaz. L'hydrogène étant le plus
léger des gaz est celui qui doit avoir la plus grande vitesse de
diffusion. — On met cette propriété en évidence par les expériences suivantes : 1° On fait passer un courant d'hydrogène,
arrivant par le tube *a* (fig. 42), dans un vase V en terre po-

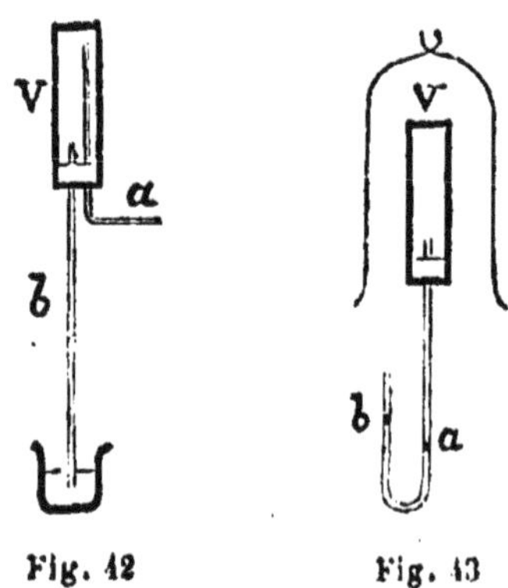

Fig. 42   Fig. 43

reuse fermé par un bouchon que traverse un long tube plongeant dans un liquide coloré ; l'hydrogène chasse l'air du vase

poreux ; si on interrompt ensuite le courant d'hydrogène, on voit le liquide s'élever dans le tube b, ce qui prouve que l'hydrogène sort plus vite de V que l'air extérieur n'y pénètre. — 2° A un vase poreux V plein d'air (fig. 43) on adapte un tube recourbé contenant une colonne ab d'un liquide coloré ; on recouvre le vase d'une cloche pleine d'hydrogène : aussitôt le niveau s'abaisse en a et s'élève en b.

L'hydrogène traverse de même le *caoutchouc* avec une vitesse plus grande que l'air (ce qui explique le dégonflement rapide des petits ballons de caoutchouc gonflés à l'hydrogène); mais ce n'est pas là un simple phénomène de diffusion, car l'acide carbonique, quoique plus lourd que l'hydrogène, s'échappe avec une plus grande vitesse, contrairement à ce qui a lieu dans la diffusion à travers les parois poreuses. Graham admet qu'il s'effectue une véritable dissolution du gaz dans le caoutchouc, suivie d'une diffusion du gaz dissous de l'autre côté de la membrane.

L'hydrogène traverse même le platine et le fer portés à une haute température, comme l'ont montré MM. Deville et Troost ; et ce phénomène est de même nature que le passage du gaz à travers le caoutchouc (diffusion par dissolution). — Un tube de platine, a (fig. 44) est placé à l'intérieur d'un tube b en por-.

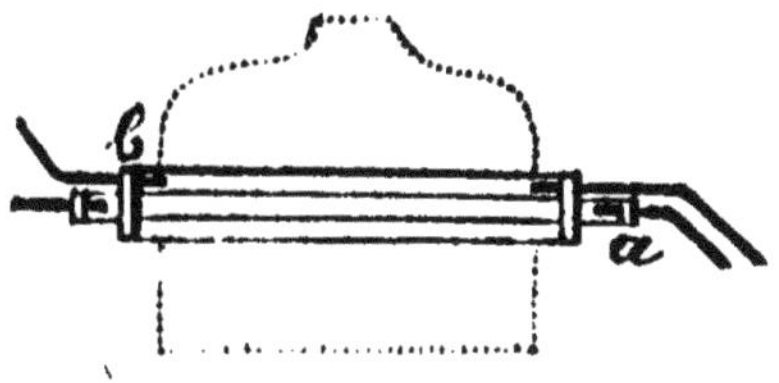

Fig. 44

celaine vernie, fortement chauffé. On fait passer un courant d'hydrogène dans le tube a et un courant d'acide carbonique dans le tube b. On recueille séparément les gaz qui sortent des deux tubes : on reconnaît que le gaz sortant de b contient beaucoup d'hydrogène : ce gaz a donc traversé les parois du tube de platine.

L'hydrogène conduit la chaleur mieux qu'aucun autre gaz :

Fig. 45

un fil de platine, traversé par un courant électrique, rougit quand il est entouré d'air (fig. 45); il cesse de rougir si on remplace l'air du tube par de l'hydrogène amené par le tube a

(expérience de Graham). Mais le refroidissement qu'éprouve le fil de platine dans la 2ᵉ phase de l'expérience n'est dû qu'en partie à la conductibilité de l'hydrogène (grâce à laquelle la chaleur du fil se propage rapidement dans l'atmosphère voisine) ; il doit être attribué aussi à la grande mobilité des molécules d'hydrogène.

60. *Propriétés chimiques.* — L'hydrogène éteint les corps allumés, et est impropre à la respiration.

Action de l'oxygène. — L'hydrogène ne se combine pas à froid avec l'oxygène. — Les deux gaz se combinent par l'un des moyens suivants : 1° échauffement du mélange à 500° environ ; — 2° approche d'un corps enflammé, qui détermine la combinaison de la portion du mélange avec laquelle il se trouve en contact ; la chaleur dégagée par cette combinaison échauffe assez les portions voisines pour qu'elles puissent se combiner à leur tour, et ainsi de suite, de proche en proche ; — 3° étincelle électrique ; — 4° mousse de platine (dans ces deux derniers cas, le mécanisme est le même que dans le 2ᵉ). — La combinaison se fait dans le rapport de 1 vol. d'oxygène pour 2 vol. d'hydrogène ; elle engendre de la vapeur d'eau ($H+O=HO$) et dégage 29,500 cal. pour chaque équivalent HO de *vapeur d'eau* produite, ou 34,500 cal. pour chaque équivalent d'*eau liquide* ; ce nombre surpasse le précédent de la quantité de chaleur que dégagerait un équivalent, ou 9 grammes, de vapeur d'eau en se liquéfiant.

Cette combustion de l'hydrogène mêlé à l'oxygène se fait avec explosion ; de là le nom de *gas tonnant* donné au mélange de 2 vol. d'hydrogène et de 1 vol. d'oxygène. L'explosion est souvent assez violente pour briser le vase qui contient le mélange, qu'il est prudent, par suite, d'entourer d'un linge destiné à protéger l'opérateur en cas de rupture. — La détonation qui se produit au moment de la combinaison s'explique ainsi : la vapeur d'eau formée est portée à une très haute température par la chaleur que dégage la réaction ; elle éprouve une dilatation considérable et sort violemment du vase en produisant un premier bruit, bientôt suivi d'un second dû à la brusque rentrée de l'air dans le flacon, où se condense presque aussitôt la vapeur restante ; les deux bruits se succèdent d'ailleurs si rapidement qu'on n'en entend qu'un.

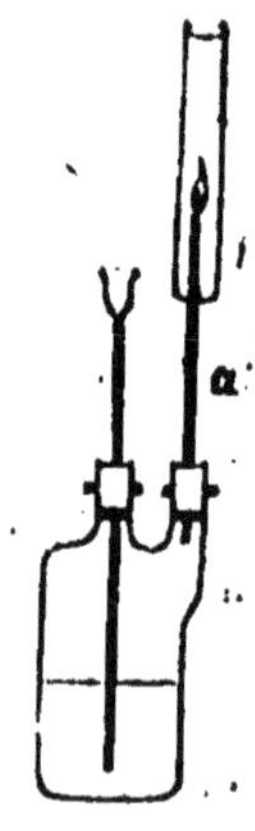

Fig. 40

L'hydrogène est donc *combustible.* Sa combustion, violente dans le cas où il est mélangé à la quantité d'oxygène nécessaire pour le brûler complètement (gaz tonnant), se fait tranquillement quand on emploie les dispositions suivantes : 1° on approche une bougie allumée de l'ouverture d'une éprouvette pleine d'hydrogène, tenue ouverture en bas : le gaz, au contact de l'oxygène de l'air, s'enflamme et brûle couche par couche ; d'ailleurs la bougie s'éteint si on la fait pénétrer dans l'intérieur de l'éprouvette, ce qui montre que l'hydrogène n'est pas comburant ; elle se rallume en traversant la couche enflammée, lorsqu'on la sort de l'éprouvette. — 2° Si on approche un corps enflammé de l'orifice étroit du tube droit et effilé *a* (fig. 46), remplaçant le tube abducteur de l'appareil ordinaire à hydrogène, le gaz brûle à l'air avec une flamme pâle ; c'est la *lampe philosophique*.

Lorsqu'on entoure la flamme de l'hydrogène (dans l'appareil précédent) d'un tube ouvert aux deux bouts, on obtient un son très intense dont la hauteur dépend des dimensions du tube et de la position de la flamme dans ce tube : c'est l'expérience de l'*harmonica chimique*. Ce son est produit par les vibrations de l'air du tuyau, provoquées par le phénomène suivant qui a été observé par M. Schrœtter : la flamme *m* (fig. 47) échauffant l'air du tube extérieur, produit dans celui-ci un tirage qui active la sortie de l'hydrogène du flacon, à l'intérieur duquel il se manifeste une raréfaction : aussi, l'air extérieur ne tarde pas à rentrer dans le tube *a*, et la flamme *m*, d'extérieure qu'elle était, devient intérieure. L'équilibre de pression se rétablit dans le flacon, le dégagement recommence, la flamme redevient extérieure ; et ainsi de suite ; les deux flammes *m* et *n* se succèdent ainsi à des intervalles très courts (si rapidement qu'elles paraissent simultanées). Il en résulte des oscillations de la colonne d'air du tube, et par suite un son.

Fig. 47

Propriétés réductrices de l'hydrogène. — La grande affinité de l'hydrogène pour l'oxygène fait de l'hydrogène un *agent réducteur*, c'est-à-dire un corps capable, dans des conditions convenables, d'enlever l'oxygène aux composés oxygénés. Ainsi l'oxyde de cuivre (noir), chauffé dans un tube *a* (fig. 48) où l'on fait passer un courant d'hydrogène, se transforme en cuivre pulvérulent (rouge), en même temps qu'un jet de vapeur s'échappe par l'extrémité effilée du tube. La réaction est exprimée par l'équation

$$CuO + H = HO + Cu.$$

La réduction de l'oxyde de cuivre se fait avec un dégagement de chaleur capable de porter la masse à l'incandescence,

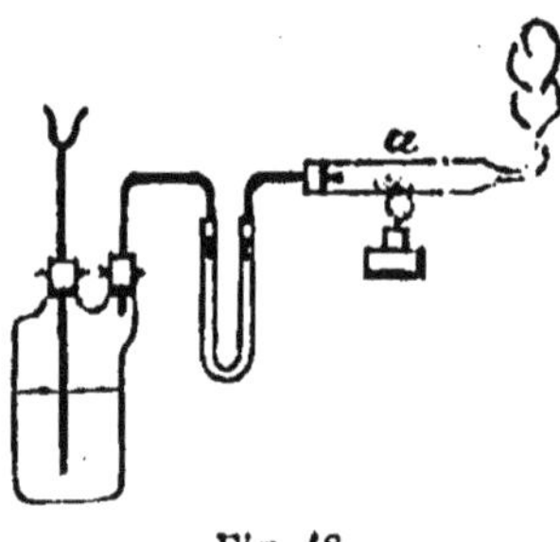

Fig. 48

parce que la combustion de l'hydrogène dégage beaucoup
plus de chaleur que n'en exige la décomposition de l'oxyde de
cuivre.

Action du chlore. — L'hydrogène libre ne se combine directement, à froid, qu'avec un seul corps, le chlore ; mais cette
combinaison exige l'action de la lumière ; il se forme de l'a-
cide chlorhydrique (161).

Combinaison de l'hydrogène avec les métaux. — L'hydrogène
forme avec les métaux de véritables combinaisons ; les mieux
étudiées sont celles qu'il contracte avec le palladium, le potassium, le sodium (Pd^2H, — K^2H, — Na^2H). — Si l'on décompose
l'eau acidulée au moyen d'un courant électrique, en adaptant
à l'électrode négative une lame mince de palladium vernie
sur une face, l'hydrogène qui arrive sur la face non vernie se
combine avec le métal, et la lame se courbe en spirale à cause
de la dilatation qu'éprouve le palladium en se transformant
en palladium hydrogéné, Pd^2H, sur la face nue. Pour se transformer en Pd^2H, le palladium absorbe 600 fois son volume
d'hydrogène, après quoi, si l'hydrogène continue à arriver, le
composé Pd^2H absorbe à son tour l'hydrogène, mais sans contracter de combinaison avec lui, de la même façon que le
charbon absorbe le gaz ammoniac (202).

61. *Fonctions chimiques de l'hydrogène.* — Il se rapproche
des métaux par l'ensemble de ses propriétés. — Les faits suivants montrent que l'hydrogène joue le rôle d'un métal. 1° Il
contracte avec les métaux des combinaisons qui sont de véritables alliages (Pd^2H, — K^2H, — Na^2H). 2° Les réactions qui se
produisent dans la préparation de l'hydrogène nous ont montré

qu'il est déplacé et remplacé par un métal dans ses combinaisons. 3° Dans la réaction précédemment citée, où il joue le rôle de réducteur vis-à-vis de l'oxyde de cuivre, il fonctionne comme un métal, puisqu'il déplace et remplace un métal, le cuivre, dans sa combinaison. 4° L'hydrogène forme avec l'oxygène un oxyde, l'eau HO, qui fonctionne comme base avec les acides forts, tels que l'acide sulfurique : la combinaison HO,SO^3 est analogue à KO,SO^3, à CuO,SO^3, etc. — La conductibilité exceptionnelle de l'hydrogène pour la chaleur et l'électricité le rapproche encore des métaux.

On peut donc admettre que, de même qu'il y a un métal liquide à la température ordinaire, le mercure, il existe aussi un métal gazeux, l'hydrogène.

62. *Principales combinaisons de l'hydrogène.* — Combinaisons avec l'oxygène : l'eau ou protoxyde d'hydrogène HO, et l'eau oxygénée ou bioxyde d'hydrogène HO^2.

Combinaisons avec le chlore, le brome, l'iode, le fluor, le soufre, etc. : ces combinaisons sont des hydracides, HCl, — HBr, — HI, — HFl, — HS etc.

Combinaisons avec l'azote, le phosphore, l'arsenic, etc. : gaz ammoniac, AzH^3 ; phosphures d'hydrogène PhH^3, — PhH^2, — Ph^2H ; arséniures d'hydrogène AsH^3, — As^2H.

Avec le carbone, il forme des carbures d'hydrogène en nombre considérable.

Avec les métaux il contracte des combinaisons qu'on considère comme des alliages : Pd^2H, — K^2H, — Na^2H.

63. Applications. — 1° *Gonflement des ballons.* — A cause de sa grande légèreté, l'hydrogène s'emploie pour gonfler les ballons qui doivent s'élever à de grandes hauteurs ; mais le plus souvent on lui préfère le gaz de l'éclairage qui coûte moins cher et qui traverse moins vite les enveloppes.

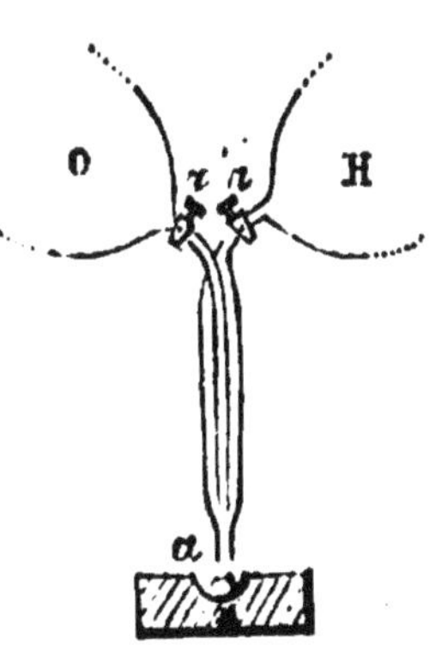

Fig. 49

2° *Chalumeau à gaz oxhydrique.* — La grande quantité de chaleur dégagée par la combinaison de l'oxygène et de l'hydrogène est souvent utilisée pour produire les températures élevées nécessaires à la fusion du platine et d'autres corps difficilement fusibles. On se sert pour cela d'appareils appelés *chalumeaux à gaz oxygène et hydrogène,* ou à *gaz oxhydrique.*

— Celui de MM. Deville et Debray consiste en deux tubes concentriques amenant les deux gaz de deux réservoirs ou gazomètres renfermant l'un H de l'hydrogène, l'autre O de l'oxygène (fig. 49) ; le tube qui amène l'oxygène est placé à l'intérieur de celui qui conduit l'hydrogène. Pour faire fonctionner l'appareil, on ouvre le robinet *r* et on enflamme le jet d'hydrogène à l'orifice *a* ; on ouvre ensuite graduellement le robinet *r'* ; la flamme, qui souffle quand il y a un excès d'hydrogène et qui siffle quand l'oxygène domine, brûle sans bruit quand les deux gaz s'y trouvent dans la proportion de 2 vol. d'hydrogène pour 1 vol. d'oxygène, qui correspond à la température la plus élevée. — Le corps à fondre est placé dans un creuset réfractaire en chaux vive, à 2 ou 3 mm. au-dessous de l'orifice *a*. Dans ces conditions, le platine fond facilement ; l'or et l'argent se volatilisent.

3° *Lumière Drummond.* — Un morceau de chaux (ou de craie, de magnésie, de zircone), introduit dans la flamme à peine visible du chalumeau à gaz oxhydrique, y devient incandescent et projette une lumière éblouissante : c'est la *lumière Drummond*, du nom du chimiste qui l'a employée le premier.

4° *Briquet à hydrogène.* — Un vase A contenant de l'eau acidulée par l'acide sulfurique est fermé par un couvercle auquel est fixée une cloche de verre B (fig. 50) où est suspendu un morceau de zinc. Lorsqu'on ouvre le robinet *r*, l'eau acidulée pénètre dans la cloche et attaque le zinc en dégageant de l'hydrogène qui s'échappe par le tube T et arrive, mêlé à l'air entraîné, sur de la mousse de platine M. Celle-ci devient incandescente et détermine l'inflammation du jet gazeux, auquel s'allume une petite lampe qui vient se placer entre T et M lorsqu'on ouvre le robinet. La lampe une fois allumée, on

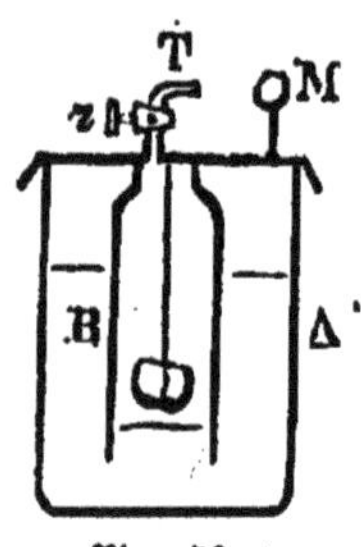

Fig. 50

ferme le robinet : l'hydrogène qui continue à se produire pendant quelque temps dans la cloche en chasse l'eau acidulée qui cesse bientôt de toucher le zinc, et la réaction s'arrête. — L'appareil ne fonctionne bien que si on révivifie de temps en temps la mousse de platine en la chauffant au rouge.

L'invention du briquet à hydrogène est due à Gay-Lussac.

# V. Eau ou protoxyde d'Hydrogène
HO = 9 = 2 vol.

SOMMAIRE

Historique.

Composition. — C'est une combinaison d'hydrogène (1gr. ou 2 volumes) et d'oxygène (8 gr. ou 1 vol.). On détermine cette composition par la synthèse et par l'analyse.

Synthèse de l'eau : 1° expérience de Cavendish ; 2° expérience de Lavoisier et Meunier ; 3° expérience eudiométrique ; 4° expérience de Dumas (par les pesées).

Analyse de l'eau : 1° expérience de Lavoisier et Meunier (décomposition de l'eau par le fer au rouge) ; 2° analyse par le voltamètre.

Propriétés. — Propriétés physiques de l'eau liquide, de l'eau solide, de l'eau gazeuse.

Dissociation de l'eau : méthode par diffusion ; méthode par refroidissement. Dissociation de l'eau en présence du charbon ou du chlore.

Action des métaux.

L'eau est un oxyde indifférent.

Eau dans la nature. — Matières gazeuses dissoutes dans l'eau. — Matières solides. Eaux potables ou légères. Eaux lourdes ou crues.

Eau chimiquement pure. — On l'obtient par distillation. Appareils distillatoires des laboratoires.

64. Historique. — L'eau est l'un des quatre éléments des anciens. — Cavendish, le premier, reconnut que ce corps se produit par la combustion de l'hydrogène ; sa composition qualitative a été définitivement établie par Lavoisier et Meunier en 1783 (par synthèse et par analyse). — Ce n'est que plus tard que la composition quantitative de l'eau a été déterminée avec précision (Dumas, 1843).

65. Composition. — L'eau est un composé d'hydrogène et d'oxygène, unis dans le rapport de 1 gr. d'hydrogène pour 8 gr. d'oxygène, ou de 2 volumes d'hydrogène pour 1 vol. d'oxygène. — On peut le prouver par un grand nombre d'expériences, les unes synthétiques, les autres analytiques.

Synthèse de l'eau. — 1° On dessèche l'hydrogène fourni par

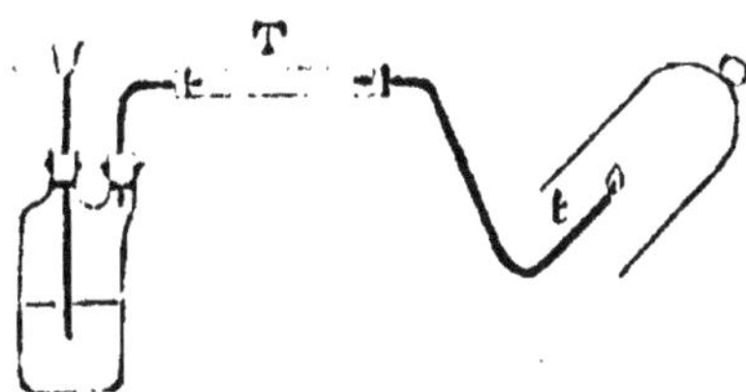

Fig. 51

un appareil ordinaire en faisant passer ce gaz à travers un

tube T rempli de fragments de chlorure de calcium ; il se dégage à l'extrémité effilée d'un tube plus petit t, où on l'enflamme (fig. 51) : on constate que les parois d'une cloche de verre placée au-dessus de la flamme se recouvrent de gouttelettes ruisselantes d'eau, qu'on recueille dans un vase inférieur. C'est l'expérience purement qualitative de Cavendish.

2° Lavoisier et Meunier réalisèrent la synthèse de l'eau (1783) en faisant éclater une série d'étincelles électriques dans un grand ballon rempli d'oxygène où un premier tube amenait l'hydrogène bulle à bulle, tandis qu'un second tube, amenant l'oxygène, maintenait ce gaz en grand excès dans le ballon. Cette expérience n'a plus qu'un intérêt historique.

3° Dans l'eudiomètre à eau, ou mieux dans l'eudiomètre à mercure (50 on introduit 2 vol. d'hydrogène et autant d'oxygène, et on fait passer une étincelle électrique dans le mélange ; la combinaison s'effectue, il se forme de la vapeur d'eau qui se condense, et il reste 1 vol. d'oxygène complètement absorbable par l'acide pyrogallique et la potasse. Ainsi : 2 vol. d'hydrogène s'unissent à 1 vol. d'oxygène pour former un volume inconnu x de vapeur d'eau, volume qu'on peut déterminer à l'aide des densités, 0,0693 de l'hydrogène, 1,1056 de l'oxygène, et 0,622 de la vapeur d'eau, en écrivant que le poids de x litres de vapeur d'eau égale le poids de 2 litres d'hydrogène, augmenté du poids de 1 litre d'oxygène, ce qui donne l'équation suivante, où a représente le poids du litre d'air dans les conditions de l'expérience :

$$x \times a \times 0.622 = (2 \times a \times 0.0693) + (a \times 1.1056) \, ;$$

on en déduit $x = 2$. Donc, 2 vol. d'hydrogène s'unissent à 1 vol. d'oxygène pour former 2 vol. de vapeur d'eau.

4° M. Dumas (1843) a déterminé avec une grande précision la composition de l'eau à l'aide d'une méthode (méthode par les pesées) qui consiste à réduire par l'hydrogène un poids connu d'oxyde de cuivre [$CuO+H = HO+Cu$], à recueillir l'eau produite et à évaluer son poids ; à évaluer aussi le poids de l'oxygène cédé par l'oxyde de cuivre (c'est-à-dire la perte de poids éprouvée par cet oxyde) : la différence entre le poids de l'eau et celui de l'oxygène donne le poids de l'hydrogène.

L'appareil employé est représenté (fig. 52). L'hydrogène qui se produit dans le flacon A se purifie dans les tubes t contenant (58) de l'azotate de plomb, du sulfate d'argent, de la potasse ; il se dessèche dans les tubes t' contenant de la ponce sulfurique et de l'acide phosphorique anhydre, qui sont refroidis par de la glace ; t' est un tube témoin contenant de l'acide phosphorique anhydre : son poids doit demeurer invariable pendant l'opération. B, ballon contenant de l'oxyde de cuivre, chauffé par une lampe à alcool ; C, ballon où se condense la majeure partie de l'eau produite ; t'' tubes desséchants destinés à absorber la vapeur d'eau qui ne se condense pas dans C ; le dernier est un tube témoin dont le poids ne doit pas varier. — L'expérience comprend la série des opérations suivantes : on pèse le ballon B après y avoir fait le vide ; on pèse

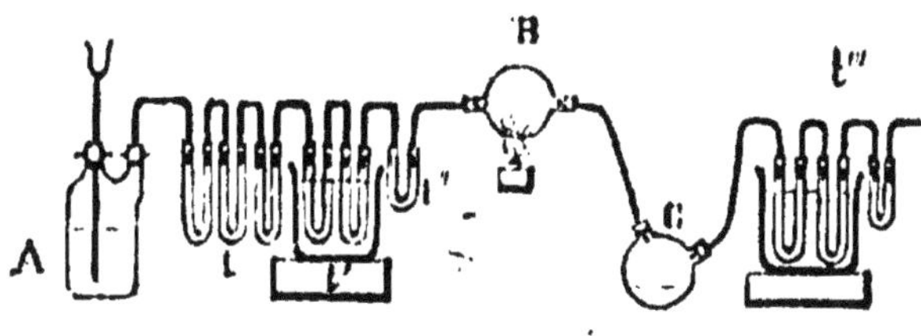

Fig. 52

aussi le ballon C avec les tubes t''', pleins d'air. On fait passer le courant d'hydrogène et on chauffe l'oxyde de cuivre. Lorsque l'opération a assez duré, on laisse refroidir le ballon B, et on le pèse de nouveau après y avoir fait le vide : la diminution de poids représente le poids de l'oxygène cédé. On fait passer un courant d'air pour chasser l'hydrogène que contient le ballon C et les tubes t''', et on pèse de nouveau l'ensemble de C et de t''' : l'augmentation de poids représente le poids de l'eau formée. Par différence, on a le poids de l'hydrogène.

Analyse de l'eau. — 1° Lavoisier et Meunier effectuaient l'analyse de l'eau en faisant passer la vapeur de ce liquide dans un tube de porcelaine contenant de la tournure de fer et porté au rouge (58). Le fer décompose la vapeur d'eau, retient l'oxygène qui le transforme en oxyde magnétique Fe^3O^4, et met en liberté l'hydrogène qu'on recueille dans des éprouvettes. Le poids de l'oxygène s'obtient en évaluant l'accroissement de poids du tube de porcelaine ; le poids de l'hydrogène se déduit du volume du gaz recueilli.

2° L'analyse de l'eau par les courants électriques (électrolyse) a été opérée la première fois par Carlisle et Nicholson, en 1800. Cette opération s'effectue dans un appareil appelé *voltamètre* (fig. 53) : c'est un verre à pied dont le fond est traversé par deux fils de platine a et b ; on y met de l'eau rendue conductrice de l'électricité par quelques gouttes d'acide sulfurique ; on place une petite éprouvette remplie du même liquide sur chacun des fils ; puis on met ceux-ci en communication avec les deux pôles d'une pile. L'eau est décomposée en hydrogène qui se dégage autour du fil négatif, dans l'éprouvette A,

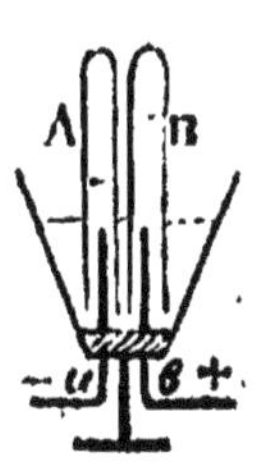

Fig. 53

et en oxygène qui arrive dans l'éprouvette B. — On constate que le volume de l'hydrogène est le double du vol. de l'oxygène.

Cette méthode d'analyse manque de précision ; elle a tous les défauts des méthodes par les volumes (52) et, en plus, les suivants: le volume de l'oxygène obtenu n'est pas égal à la moitié de celui de l'hydrogène, 1° parce que les deux gaz sont inégalement solubles dans l'eau ; 2° parce qu'une petite quantité d'oxygène se fixe sur l'eau, qu'il transforme en eau oxygénée HO^2 ; 3° parce que les deux gaz se condensent sur les deux fils de platine (polarisation des électrodes) ; 4° parce qu'il se forme, aux dépens de l'oxygène, un peu d'ozone, qui est de l'oxygène condensé.

Remarque I. — Pour les raisons déjà indiquées (52), la seule méthode permettant de déterminer la composition de l'eau avec précision est la méthode synthétique de Dumas *par les pesées.*

Remarque II. — De la composition de l'eau et de la définition des *équivalents en volume* il résulte que l'équivalent en volume de l'hydrogène égale 2, puisque le volume de 1 gramme (équivalent en poids) d'hydrogène égale deux fois le volume, pris comme unité, de 8 grammes (équivalent en poids) d'oxygène. — Il en résulte aussi que la formule de l'eau, HO, correspond à 2 volumes.

66. Propriétés. — L'eau existe dans la nature sous les trois états. Rappelons les propriétés physiques de l'eau solide, liquide ou gazeuse.

Eau liquide. — En petite quantité, l'eau est incolore ; les grandes masses d'eau pure ont une belle couleur bleue ; la couleur verte de l'eau des rivières, de la mer, etc., est due à des matières étrangères. — Contrairement à la plupart des corps dont la densité augmente d'autant plus qu'on les refroidit davantage, l'eau présente un *maximum de densité* à 4° ; le poids du litre d'eau à 4° a été pris comme unité : c'est le kilogramme. — L'eau se solidifie, sous la pression ordinaire, à une température qui a été prise pour le 0 de l'échelle thermométrique. En se solidifiant, son volume augmente, et par suite sa densité diminue : cela explique les phénomènes qui accompagnent la congélation de l'eau : rupture des vases, destruction des jeunes végétaux, pulvérisation superficielle des pierres perméables, etc. — Sa température d'ébullition sous la pression 760 mm. a été choisie pour point 100 de l'échelle thermométrique. — Sa chaleur spécifique a été prise comme unité ; elle est supérieure à celles de tous les autres corps (l'hydrogène excepté) : aussi la température des grandes masses d'eau varie-t-elle lentement, et peut-on considérer l'eau répandue à la surface du globe comme jouant le rôle de régulateur de la chaleur.

Eau solide. — La densité de la glace est de 0,918 ; la glace flotte sur l'eau, ce qui, concurremment avec la propriété que possède l'eau d'avoir un maximum de densité à 4°, fait obstacle à la congélation totale des cours d'eau en hiver. — Son point de fusion, 0° sous la pression ordinaire, s'abaisse quand la pression augmente ; ce qui est en rapport avec ce fait déjà cité que le volume de l'eau diminue quand ce corps passe de l'état solide à l'état liquide. — De tous les corps, c'est la glace qui possède la plus grande chaleur latente de fusion (80 calories) : de là la lenteur de la fusion de la glace et de la neige. — L'eau peut cristalliser en se solidifiant ; les cristaux de glace appartiennent au système du prisme hexagonal. Les flocons de neige se montrent souvent formés de cristaux étoilés rentrant visiblement dans ce système.

Eau gazeuse. — La densité de la vapeur d'eau est 0,622. — La tension maximum de la vapeur d'eau, déjà appréciable bien au-dessous de 0° (elle est de $0^{mm}844$ à $-20°$; de $4^{mm}6$ à $0°$: la glace émet donc des vapeurs), augmente rapidement avec la température (elle est de 760^{mm} à $100°$). — La chaleur latente de vaporisation de l'eau (537 calories) est supérieure à celle de tous les autres corps ; en reprenant l'état liquide, la vapeur d'eau dégage beaucoup de chaleur : l'atmosphère se réchauffe quand la vapeur d'eau atmosphérique se résout en pluie.

67. *Propriétés chimiques de l'eau.* — La chaleur décompose partiellement l'eau à une température inférieure à celle que produit la combustion de l'hydrogène. M. Deville a constaté cette dissociation de l'eau par deux méthodes : par *diffusion* et par *refroidissement.* — 1° L'appareil employé dans la méthode par diffusion consiste en un système de deux tubes

Fig. 54

concentriques (fig. 54), l'intérieur T en porcelaine poreuse, l'extérieur T' en porcelaine vernie, fermé par deux bouchons que traverse le premier ; on chauffe au rouge vif en même temps qu'on fait passer un courant de vapeur d'eau dans T et un courant d'acide carbonique dans l'espace annulaire compris entre les deux tubes. L'eau se dissocie : les deux gaz hydrogène et oxygène traversent les parois poreuses du tube T, l'hydrogène plus vite que l'oxygène, et arrivent dans l'espace annulaire, d'où il se dégage un mélange d'acide carbonique, d'oxygène et d'un excès d'hydrogène, qu'on recueille dans une éprouvette contenant une dissolution de potasse, qui absorbe l'acide carbonique (l'oxygène et l'hydrogène qui ont traversé la paroi poreuse ne se recombinent pas dans les parties moins chaudes, parce qu'ils sont disséminés dans un gaz inerte). L'acide carbonique traverse la paroi poreuse en sens contraire et arrive dans le tube intérieur, d'où il s'échappe un mélange d'acide carbonique, d'hydrogène et d'oxygène en excès, qu'on reçoit dans la même éprouvette, où l'on trouve finalement du *gaz tonnant* : la dissociation de l'eau dans le tube T se trouve ainsi mise en évidence. — Dans la méthode par refroidissement, on fait passer un courant rapide d'acide carbonique *humide* à travers un tube de porcelaine rempli de fragments de la même substance et chauffé au rouge vif. Le mélange gazeux sortant est encore recueilli dans une éprouvette contenant de la potasse, qui absorbe l'acide carbonique ; après l'expérience on trouve dans cette éprouvette un mélange d'hydrogène et d'oxygène ; ces gaz proviennent de la décomposition éprouvée par l'eau dans les régions les plus chaudes ; leur dissémination dans une grande quantité de gaz inerte, et surtout la rapidité du courant et par suite du refroidissement, ont empêché leur recombinaison de s'effectuer complètement dans les régions moins chaudes.

La dissociation de l'eau en présence du *charbon* ou du *chlore* donne lieu à des particularités indiquées plus loin (161 et 186).

L'eau est décomposable par un grand nombre de métaux dans diverses conditions (273).

L'eau doit être considérée comme un *oxyde indifférent* (201) jouant le rôle de base vis-à-vis des acides forts, comme dans l'acide sulfurique normal $HO.SO^3$; et le rôle d'acide vis-à-vis des bases puissantes, comme dans l'hydrate de potasse KO,HO.

68. Eau dans la nature. — L'eau des sources, des rivières, etc., n'est pas pure. Cette eau résulte en effet de l'infiltration dans le sol de celle qui provient de la condensation de la vapeur d'eau atmosphérique ; après s'être chargée des gaz qui constituent l'atmosphère et des poussières qui s'y trouvent en suspension, elle dissout ensuite diverses substances en pénétrant dans la terre. — Les eaux ordinaires contiennent donc comme impuretés des matières gazeuses et des matières solides.

Pour déterminer le volume et la nature des *gaz* dissous
dans une eau, on remplit exactement de cette eau un ballon
ainsi que le tube abducteur qu'on y adapte (fig. 55) et qui vient
déboucher dans une éprouvette pleine de mercure. On porte
l'eau à l'ébullition, les gaz dissous s'en dégagent et arrivent
dans l'éprouvette avec un peu d'eau que l'ébullition a fait
sortir du ballon. — Le mélange gazeux obtenu renferme tou-

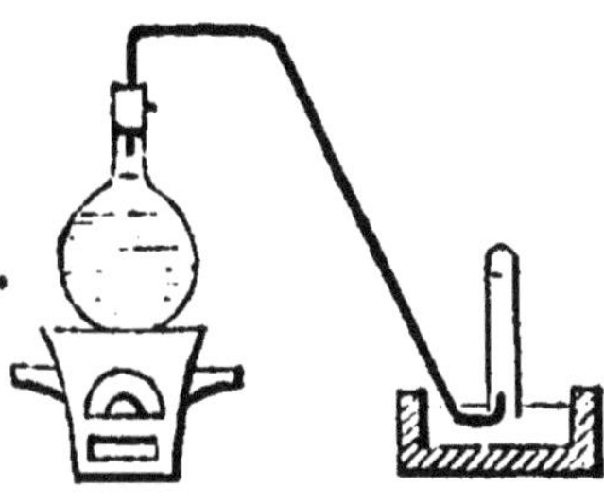

Fig. 55

jours de l'oxygène, de l'azote, de l'acide carbonique. Une dissolution de potasse, introduite dans l'éprouvette, absorbe
l'acide carbonique et fait connaître son volume. Le mélange
restant, formé d'oxygène et d'azote, est analysé par une des
méthodes indiquées pour l'air atmosphérique : on trouve qu'il

renferme environ $\dfrac{33}{100}$ de son volume d'oxygène, et $\dfrac{67}{100}$

d'azote, ce qui est une conséquence de la composition de l'air
atmosphérique et des lois de la solubilité des gaz.

L'existence des *matières solides* dissoutes dans une eau se
manifeste aisément en faisant vaporiser une certaine quantité de ce liquide dans une capsule de porcelaine qu'on
chauffe, au fond de laquelle il reste, finalement, un résidu
solide et terreux, constitué par les matières solides dissoutes.
— Les substances solides qu'on trouve le plus souvent dans
les eaux ordinaires sont : 1° le bicarbonate de chaux et le bicarbonate de magnésie résultant de l'action exercée soit sur
le calcaire (carbonate de chaux), très abondant dans l'écorce
terrestre, soit sur le carbonate de magnésie, par l'eau ordinaire
qui renferme toujours de l'acide carbonique : les carbonates de
chaux et de magnésie, qui ne sont pas solubles dans l'eau
pure, sont en effet dissous par l'eau chargée d'acide carbonique qui les transforme en bicarbonates *solubles* ; 2° le sulfate de chaux et quelques autres ; 3° les chlorures de potassium et de sodium ; 4° la silice, matière insoluble dans l'eau
pure, mais soluble dans l'eau chargée d'acide carbonique ;
5° des matières organiques.

On peut manifester dans une eau la présence des plus importantes de ces substances par les réactions suivantes. —
L'eau qui renferme des *bicarbonates de chaux ou de magnésie*
se trouble à l'ébullition : à cette température, les bicarbonates
se décomposent en acide carbonique qui se dégage et en carbonate neutre et insoluble qui apparaît au sein du liquide
sous la forme d'une poussière ou *précipité*. — Les *sulfates* se
reconnaissent au moyen d'une dissolution de *baryte* qui, versée dans l'eau à essayer, y produit un précipité blanc de sulfate de baryte, qui se forme aux dépens de l'acide du sulfate
et de la baryte ajoutée. — Le réactif des *chlorures* est l'*azotate
d'argent*, qui, en présence de ces composés, donne naissance
à un précipité blanc et *caillebotté* de chlorure d'argent (il
devient violet à la lumière solaire) résultant de l'union du
chlore du chlorure et de l'argent de l'azotate. — Les *sels de
chaux*, quel qu'en soit l'acide, se reconnaissent par l'*oxalate
d'ammoniaque* qui produit dans leur dissolution un précipité
blanc d'oxalate de chaux. — *Matières organiques :* 1° le résidu
de l'évaporation d'une eau qui contient des substances organiques devient charbonneux quand on le chauffe fortement ;
2° à l'ébullition, une eau colorée légèrement en jaune par
l'addition de quelques gouttes d'une dissolution de *chlorure
d'or* devient violette ou brune si elle renferme des matières
organiques : celles-ci décomposent le chlorure d'or et mettent
en liberté l'or qui apparaît sous la forme d'une poussière
violette ou brune ; 3° la dissolution de *permanganate de potasse*, qui est violette, se décolore quand on la verse goutte
à goutte dans une eau qui renferme des matières organiques
(et qu'on a préalablement acidulée par l'acide sulfurique et
chauffée à 70°).

69. *Eaux potables, eaux lourdes.* — Les *eaux potables* ou
légères sont celles qui conviennent pour les usages domesti-
ques, c'est-à-dire pour l'alimentation, le savonnage. L'observation a prouvé que, pour être potable, une eau doit satisfaire
aux conditions suivantes : contenir une quantité suffisante,
mais pas supérieure à 1/2 gramme par litre, de matières minérales constituées principalement par des sels de chaux,
carbonate surtout ; être aérée ; ne pas renfermer de matières
organiques. — L'eau *pure* est impropre à l'alimentation ; elle
a une saveur fade et ne peut fournir à l'organisme les sels
nécessaires à la nutrition (par exemple les sels de chaux nécessaires au développement du système osseux), qu'il emprunte
principalement à l'eau employée dans l'alimentation, lorsque
celle-ci en contient. [Les expériences de Boussingault ont
prouvé qu'en 93 jours un porc a absorbé 52 grammes de chaux
dans ses os et 12 grammes dans ses autres tissus, et que
cette chaux provenait exclusivement de l'eau]. — L'eau privée d'air est, paraît-il, d'une digestion difficile ; mais ce fait a
été contesté, et on prétend que les Chinois font bouillir l'eau

qu'ils emploient comme boisson. — Il suffit d'une quantité assez faible de matières organiques pour rendre une eau insalubre ; en se décomposant, ces substances communiquent à l'eau une odeur fétide. — Le plus souvent une eau pourra être considérée comme potable si, ne contenant que peu ou point de matières organiques, elle donne une légère coloration *opaline* lorsqu'on y verse quelques gouttes d'une *dissolution alcoolique de savon* ; ou encore si elle prend une coloration *rose* et non *violette* par l'addition d'une *solution alcoolique de bois de campêche.*

Les eaux qui laissent plus de 1/2 gr. de résidu par litre sont indigestes, même quand elles ne renferment pas d'autres substances que celles dont la présence est nécessaire dans une eau potable ; ces eaux sont dites *lourdes* ou *crues.* Une eau qui est lourde par excès de sulfate de chaux est dite *séléniteuse*, et est particulièrement insalubre. — Les eaux lourdes, qui ne peuvent être employées comme boisson, ne peuvent pas non plus servir à la cuisson des légumes qu'elles rendent coriaces par suite de la formation d'une matière dure et insoluble aux dépens de la *légumine* (principe azoté) et des sels de chaux de l'eau. Elles sont d'ailleurs impropres au savonnage : le savon est un mélange de plusieurs sels dont les acides organiques (oléique, stéarique, margarique) forment, avec la chaux des sels de l'eau, des sels de chaux *insolubles* qui se déposent en *grumeaux.* Elles ne peuvent même pas servir à l'alimentation des chaudières à vapeur, où elles produisent des *incrustations* pierreuses. — Les eaux lourdes se reconnaissent à l'aide des dissolutions alcooliques de savon et de campêche : la première y produit des grumeaux, et la seconde les colore en violet.

Les eaux lourdes par excès de carbonate ou de sulfate de chaux peuvent être rendues propres au savonnage, les premières à l'aide d'une addition d'*eau de chaux* qui transforme le bicarbonate de chaux en carbonate neutre insoluble, qui se dépose ; les secondes au moyen du *carbonate de soude* qui, par double échange avec le sulfate de chaux de l'eau, donne du carbonate de chaux qui se dépose, et du sulfate de soude qui reste en dissolution et ne nuit pas. — On clarifie une eau qui contient des matières solides en *suspension* en la faisant passer à travers un filtre formé de couches alternatives de sable et d'éponges. — Les eaux qui renferment des matières gazeuses putrides sont désinfectées par filtration sur du charbon en poudre (202).

70. Eau chimiquement pure. — Elle s'obtient par distillation. On emploie pour cela, soit un alambic ordinaire, soit un des deux appareils suivants, souvent usités.

Le plus simple (fig. 56) consiste en une cornue réunie par une allonge A à un ballon plongeant dans l'eau froide, ou sur lequel on fait arriver un courant continu d'eau froide. On met l'eau à distiller dans la cornue qu'on chauffe ; l'eau pure pro-

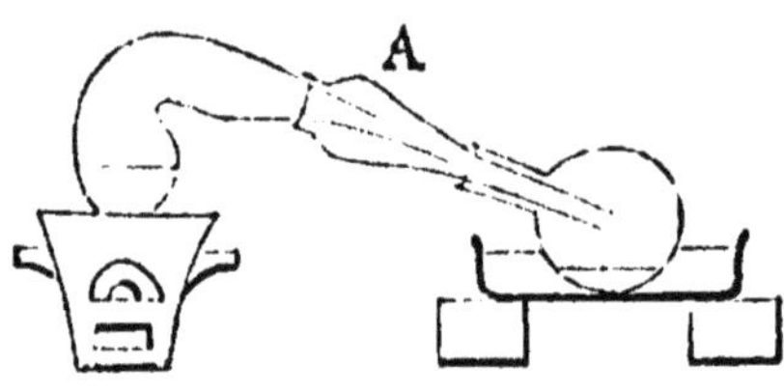

Fig. 56

venant de la condensation de la vapeur s'accumule dans le ballon.

On peut remplacer l'*allonge* A par un *réfrigérant de Liebig* R (fig. 57) : tube de verre long placé dans un manchon où cir-

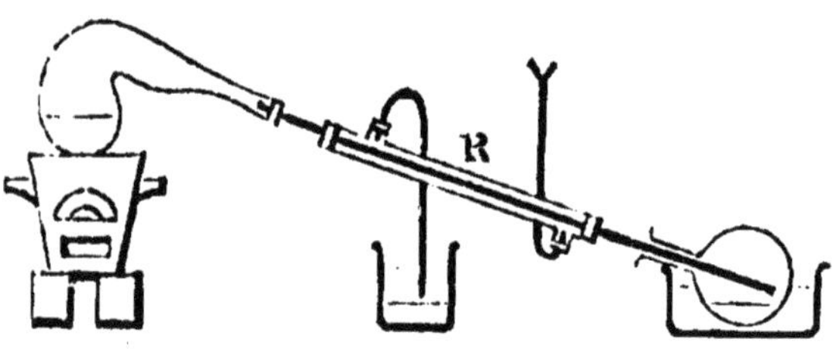

Fig. 57

cule un courant d'eau froide arrivant par le bas et s'échappant par le haut.

Il faut rejeter les premières portions du liquide obtenu par distillation, où se condensent les substances volatiles étrangères ; on doit d'ailleurs arrêter l'opération avant la complète vaporisation de l'eau du ballon pour éviter l'entraînement des matières fixes qui viendraient se mêler à l'eau distillée.— Les eaux soumises à la distillation renferment souvent du chlorure de magnésium MgCl qui, en présence de l'eau et par l'action de la chaleur, se décompose pendant la distillation en produisant de la magnésie MgO, matière fixe, et de l'acide chlorhydrique HCl, corps volatil, qui va souiller l'eau distillée du ballon :

$$MgCl + HO = HCl + MgO.$$

Pour remédier à cet inconvénient, on ajoute préalablement

de la chaux CaO à l'eau à distiller ; la chaux réagit sur le chlorure de magnésium :

$$MgCl + CaO = CaCl + MgO ;$$

il se forme de la magnésie et du chlorure de calcium, indécomposables dans ces conditions.

CHAPITRE III

I. Soufre

$$S = 16 = 1 \text{ vol.}$$

SOMMAIRE

Etat naturel. — Le soufre existe à l'état natif dans le voisinage des volcans et des solfatares, et dans les terrains tertiaires. On le trouve à l'état de combinaisons dans divers composés naturels, sulfures, sulfates, matières organiques.

Extraction du soufre. — Extraction du soufre natif par fusion ou par distillation ; raffinage du soufre. — Extraction du soufre des pyrites. — Extraction du soufre des mélanges employés dans l'épuration du gaz d'éclairage. — Autres sources.

Propriétés. — Propriétés physiques du soufre solide, du soufre liquide, de la vapeur de soufre.

Diverses variétés de soufre : 1° soufre octaédrique ; 2° soufre prismatique ; la forme qu'acquiert le soufre en cristallisant dépend uniquement de la température au moment de la solidification ; 3° soufre mou ; 4° soufre insoluble.

Propriétés chimiques : Le soufre se combine directement avec un grand nombre de métalloïdes et de métaux ; analogie du soufre et de l'oxygène.

Principaux composés du soufre.

Caractères distinctifs.

Applications. — On l'emploie dans diverses préparations, pour arrêter le développement de l'oïdium, etc.

71. Etat naturel. — Le soufre a été connu de tout temps. Il existe à *l'état natif* dans le voisinage des volcans et des solfatares (les solfatares tiennent le milieu entre les volcans actifs et les volcans éteints ; elles rejettent des matières gazeuses, parmi lesquelles de l'acide sulfureux SO^2, de l'acide sulfhydrique HS, de la vapeur d'eau), et dans les terrains tertiaires.

1° Le soufre natif qu'on trouve aux abords des volcans actifs résulte de la condensation, au sein des roches poreuses, de la vapeur de soufre qui s'échappe de l'intérieur de la terre.

2° Les dépôts de soufre des environs des solfatares se forment aux dépens des gaz acide sulfureux SO^2 et acide sulfhydrique HS, qui s'en dégagent. D'une part l'acide sulfhydrique, par l'action de l'oxygène de l'air en présence de la vapeur d'eau qui se dégage de la solfatare, donne naissance (100) à du soufre et de l'eau :

$$HS + O = HO + S ;$$

d'autre part, les acides sulfureux et sulfhydrique réagissent l'un sur l'autre en produisant encore du soufre et de l'eau .

$$SO^2 + 2HS = 2HO + 2S \ (1).$$

La solfatare qui fournit la plus grande quantité de soufre est celle de Pouzzoles, près de Naples.

3° Le soufre natif que renferment les terrains tertiaires (Sicile, Espagne, etc.) paraît résulter de la réduction des sulfates de chaux, de baryte, etc., que renferment ces terrains, par les matières organiques. C'est de là qu'on extrait la plus grande partie du soufre consommé dans l'industrie.

On trouve encore le soufre à l'état de combinaison dans un grand nombre de composés naturels :

1° Dans les *sulfures naturels*, dont les plus importants sont : le sulfure de plomb ou galène (PbS), le sulfure de zinc ou blende (ZnS), le sulfure de fer ou pyrite (FeS^2), le sulfure de cuivre ou chalcosine (Cu^2S), le sulfure double de cuivre et de fer ou pyrite cuivreuse ($FeCuS^2$), le sulfure de mercure ou cinabre (HgS), le sulfure rouge d'arsenic ou réalgar (AsS^2) et le sulfure jaune d'arsenic ou orpiment (AsS^3), le sulfure d'antimoine ou stibine (SbS^3). On n'extrait guère le soufre que d'un seul de ces sulfures, le sulfure de fer (pyrite) ; les autres sulfures constituent des minerais d'où on extrait les métaux.

2° Dans les *sulfates naturels*, comme le sulfate de chaux ou gypse (CaO,SO^3), qui forme à lui seul des couches importantes du sol ; le sulfate de baryte (BaO,SO^3) ; le sulfate de strontiane (SrO,SO^3) ; le sulfate de soude (NaO,SO^3), etc.

3° Dans diverses substances organiques, telles que les matières albuminoïdes, certaines huiles (huile de navette, de colza), la laine, la corne, etc.

72. Extraction du soufre. — La plus grande partie du soufre livré au commerce provient des minerais qui renferment du *soufre natif;* mais on en extrait encore d'autres sources que nous ferons connaître.

(1) En réalité, la réaction est plus complexe et engendre non seulement du soufre et de l'eau, mais encore de l'acide pentathionique S^5O^5, comme l'indique l'équation : $5HS + 5SO^2 = 5S + 5HO + S^5O^5$.

Soufre natif. — La séparation du soufre natif des matières terreuses avec lesquelles il est mélangé s'effectue soit par *fusion*, soit par *distillation*.

Le procédé *par fusion*, qui s'emploie dans les pays où le combustible manque, comme en Sicile, consiste à soumettre le minerai (mélange de terre et de soufre) à l'action de la chaleur produite par la combustion d'une partie du soufre qu'on sacrifie comme combustible ; l'autre partie du soufre que renferme le minerai fond et se sépare de la terre. — Pour cela on forme sur une aire inclinée un tas de minerai semblable aux charbonnières des forêts et nommé *calcarone*, et on y ménage une cheminée centrale constituée par les plus gros blocs de minerai. On met le feu à la masse en introduisant des matières enflammées dans la cheminée, et on recouvre le tout de minerai pulvérulent, pour modérer la combustion ; le soufre fond et coule vers la partie inférieure où on le recueille. La durée de l'opération dépend du volume des *calcaroni* ; elle varie d'un à trois mois.

Le procédé *par distillation*, employé à Pouzzoles, donne un rendement supérieur au précédent : on chauffe le minerai dans des vases de terre V (fig. 58) placés sur deux rangs dans

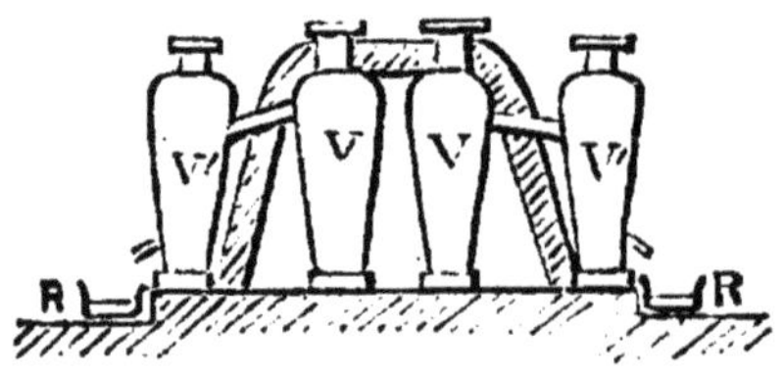

Fig. 58

un fourneau en forme de voûte (fourneau de galère) ; chaque vase V communique avec un pot semblable V' placé à l'extérieur, où la vapeur de soufre qui se dégage de V vient se condenser ; le soufre liquide des vases V' s'écoule dans les récipients R.

Les opérations précédentes ne donnent que du *soufre brut*, contenant encore une assez forte proportion de matières étrangères, qu'on sépare du soufre par distillation ; cette opération constitue le *raffinage* du soufre, et se fait en France dans l'appareil suivant (fig. 59). Le soufre brut est placé dans la chaudière A chauffée par la chaleur perdue du foyer ; ce soufre fond, arrive dans la cornue B chauffée directement par le foyer, et entre en ébullition ; la vapeur de soufre se rend par un gros tuyau, qui peut être fermé par un registre R, dans une grande chambre en maçonnerie où elle se condense en une fine poussière appelée *fleur de soufre*,

tant que la température des parois est inférieure à 114°
(température de solidification du soufre) ; à partir du moment
où les parois, échauffées par l'arrivée de la vapeur et la mise en

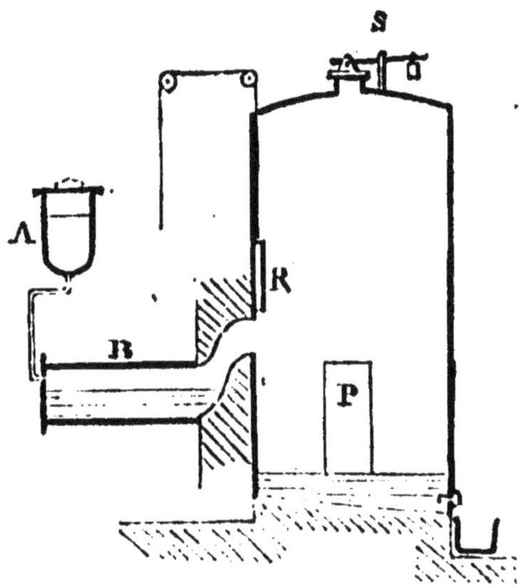

Fig. 59

liberté de la chaleur latente de vaporisation et de solidification, ont atteint la température de 114°, la vapeur de soufre
se condense en soufre liquide qu'on fait écouler de temps en
temps et qu'on reçoit dans des moules légèrement coniques
où il se solidifie : c'est le *soufre en canons*. — La soupape S
placée à la partie supérieure de la chambre s'ouvre lorsque
la pression intérieure est trop forte. — Lorsqu'on veut obtenir
de la *fleur de soufre* seulement, on interrompt l'opération un
peu avant que les parois de la chambre aient atteint 114° : on
ferme alors le registre R et on ouvre la porte P pour refroidir
la chambre.

Extraction du soufre des pyrites. — En l'absence du soufre
de Sicile, pendant le blocus continental, on a extrait le soufre des pyrites (FeS^2) par un procédé actuellement employé
en Saxe et en Bohême : on chauffe les pyrites dans des vases
clos de forme cylindrique (en poterie), placés horizontalement
dans un fourneau de galère ; par l'action de la chaleur, le
bisulfure de fer FeS^2 perd une partie de son soufre qui se
dégage à l'état de vapeur et vient se condenser dans des vases
remplis d'eau ; il reste comme résidu, dans les cornues, du
sulfure salin Fe^3S^4. La réaction est représentée par l'équation

suivante, qui rappelle la préparation de l'oxygène par le
bioxyde de manganèse :

$$3FeS^2 = Fe^3S^4 + S^2$$

Le résidu de sulfure salin, mis en tas, humecté d'eau et
abandonné à l'air, se transforme en sulfate de fer (89).

*Extraction du soufre des mélanges employés dans l'épuration
du gaz d'éclairage.* — Pendant l'épuration chimique du gaz
d'éclairage, il se forme un dépôt de soufre (242) qui s'accumule dans les mélanges épurateurs et qu'on extrait de ceux-ci
par distillation lorsqu'ils sont devenus inertes. Cette extraction
du soufre des mélanges épuisés se fait surtout en Angleterre.

Autres sources. — Le soufre s'obtient comme produit accessoire dans les usines où l'on fabrique le cuivre par le grillage
de la pyrite cuivreuse. — On l'extrait aussi des *charrées*, résidus de la fabrication de la soude artificielle.

73. Propriétés. — Nous considérerons successivement le
soufre sous les trois états.

1° *Soufre solide.* — Couleur jaune citron ; la densité du
soufre normal (soufre natif, ou octaédrique) est 2,03.
Le soufre est mauvais conducteur de la chaleur : quand on
le tient dans la main, il fait entendre des craquements (cri du
soufre) résultant de ce que les particules superficielles,
échauffées, se dilatent et par suite se détachent des particules
intérieures, auxquelles la chaleur n'arrive pas ; ces arrachements sont d'ailleurs favorisés par la structure cristalline du
soufre, dont les particules constituantes n'adhèrent aux voisines que par un petit nombre de points.
Il est mauvais conducteur de l'électricité, et, par suite,
s'électrise facilement par le frottement.
Le *soufre normal* fond à 113°.

2° *Soufre liquide.* — La couleur du soufre fondu dépend
de sa température : dans le voisinage de son point de fusion,
c'est un liquide transparent, de couleur jaune clair ; il devient
rouge brun vers 150°, à partir de quoi sa couleur est d'autant
plus voisine du noir que sa température est plus rapprochée
de son point d'ébullition.
Le soufre fondu, qui est mobile à la température de fusion,
devient de plus en plus visqueux à mesure qu'on l'échauffe
jusqu'à 220° : il est alors épais comme du goudron ; après
quoi, si la température s'élève encore, il devient de plus en
plus coulant.
Par le refroidissement, il reprend la même couleur et la

même consistance en repassant par les mêmes températures.

Le *coefficient de dilatation* du soufre liquide diminue lorsque la température s'élève depuis le point de fusion jusqu'à 170°, pour croître ensuite.

Le soufre bout à 440°, et se solidifie entre 113° et 117°.

3° *Vapeur de soufre.* — La densité de la vapeur de soufre, déterminée à la température de 500°, est 6,6; elle est 2,2 à 860° et au-dessus. Ainsi la vapeur de soufre, qui à 500° pèse 6,6 fois plus que l'air (considéré à la même température et sous la même pression), pèse seulement 2,2 fois plus que l'air lorsque la température (de la vapeur de soufre et de l'air) est supérieure à 860°. D'où il résulte que si l'on considère des volumes égaux de vapeur de soufre et d'air à 500°, et qu'on porte les deux corps à 860°, les nouveaux volumes, au lieu d'être encore sensiblement égaux entre eux (comme cela a généralement lieu avec deux gaz quelconques, d'après la loi de Gay-Lussac) sont, l'un, celui de la vapeur de soufre, triple de l'autre ; la vapeur de soufre éprouve entre 500° et 860° une dilatation anormale.

Il y a là quelque chose d'analogue à ce qui se passe avec l'*ozone* (39) dont la densité par rapport à l'air diminue quand la température s'élève pour devenir égale aux 2/3 de sa valeur normale lorsqu'on atteint la température à laquelle l'ozone se transforme en oxygène ordinaire. De sorte que la vapeur de soufre à 500° est à la vapeur de soufre à 860° et au-dessus (vapeur normale), ce que l'ozone est à l'oxygène ordinaire.

74. *Diverses variétés de soufre.* — Il existe plusieurs variétés de soufre, se distinguant les unes des autres par diverses propriétés, et constituant ce qu'on nomme les *modifications allotropiques* du soufre. — Les principales variétés sont : 1° le *soufre octaédrique*, appartenant au système de prisme droit à base rectangle ; 2° le *soufre prismatique*, système de prisme droit à base parallélogramme ; 3° le *soufre mou ;* 4° le *soufre insoluble.*

1° On obtient la première variété de soufre, *soufre octaédrique* ou *soufre normal*, en faisant évaporer une dissolution de soufre dans le sulfure de carbone ; il se forme des cristaux jaunes et octaédriques, du système du prisme droit à base rectangle ; les cristaux de *soufre natif* sont identiques à ceux qu'on obtient ainsi. Le *soufre octaédrique* est de toutes les variétés celle qui est la plus stable ; les autres variétés se transforment aisément en *soufre octaédrique:* aussi le considère-t-on comme le *soufre normal*. — Le *soufre octaédrique* a pour densité 2,03. Il est soluble dans le sulfure de carbone, et aussi dans la benzine, le pétrole, l'essence de térébenthine. Il fond à 113°.

2° Le *soufre prismatique*, qui constitue la 2e variété, s'obtient
en faisant cristalliser le *soufre* par fusion (27) : on trouve les
parois du creuset hérissées de longues aiguilles d'un jaune
brunâtre, appartenant au système du prisme droit à base parallélogramme. — Il a les mêmes dissolvants que le *soufre
octaédrique*. Mais sa densité est 1,97 et son point de fusion
117° environ ; d'ailleurs il dégage en brûlant plus de chaleur
que le *soufre octaédrique*.

Il faut remarquer que les formes *octaédrique* ou *prismatique*
qu'acquiert le soufre en cristallisant ne dépendent pas du
procédé (voie sèche ou voie humide) employé pour les obtenir, mais seulement de la température au moment de la
solidification : les *cristaux octaédriques* prennent naissance à
la température ordinaire, et les *cristaux prismatiques* dans le
voisinage du point de fusion. C'est ainsi qu'une dissolution
saturée à chaud de soufre dans le sulfure de carbone, qu'on
laisse refroidir lentement, engendre les deux sortes de cristaux : les premiers, qui se forment vers 100°, sont des *cristaux
prismatiques* ; ceux qui se déposent à la température ordinaire sont des *cristaux octaédriques*. Le résultat est le même
si l'on emploie un autre dissolvant, la benzine, par exemple.
(Cependant, la présence d'un cristal introduit dans la dissolution qu'on fait cristalliser peut contrebalancer l'influence
de la température : M. Gernez a pu refroidir, sans qu'elles déposent du soufre, des dissolutions saturées à 80° de soufre
dans le sulfure de carbone ou la benzine ; l'introduction d'un
cristal de *soufre octaédrique* dans ces dissolutions sursaturées
provoque la formation de *cristaux octaédriques* ; mais un *cristal
prismatique* détermine de même l'apparition de *cristaux prismatiques*).

D'ailleurs, la forme prismatique et la forme octaédrique
n'ont de stabilité qu'aux températures où elles se produisent :
le soufre prismatique dans les environs du point de fusion,
le soufre octaédrique à la température ordinaire. En effet, les
aiguilles prismatiques, abandonnées à elles-mêmes à la température ordinaire, perdent leur transparence et se transforment en chapelets d'octaèdres ; si on les examine au microscope, on reconnaît que leur surface, primitivement lisse, se
hérisse de pointements octaédriques ; on active cette transformation en mouillant les cristaux prismatiques avec du sulfure de carbone, ou en les rayant : elle est alors accompagnée
d'un dégagement de chaleur appréciable, résultant de ce que
la chaleur spécifique du soufre prismatique est plus grande
que celle du soufre octaédrique. Au contraire, si l'on maintient les cristaux octaédriques à une température voisine du
point de fusion, ils se transforment en soufre prismatique et
perdent aussi leur transparence : chaque cristal octaédrique
se change en une agglomération de petits cristaux prismatiques dont l'ensemble conserve la forme octaédrique primitive.

3° Le *soufre mou* s'obtient en versant en minces filets, dans de l'eau froide, du soufre fondu chauffé à 230° (température supérieure à celle du maximum de viscosité),: au lieu de se transformer rapidement en soufre solide jaune, le soufre ainsi traité reste pendant assez longtemps transparent, mou et élastique. Abandonné à la température ordinaire, le soufre mou se transforme peu à peu en *soufre solide octaédrique*, avec dégagement de chaleur. Si on porte le soufre mou à une température voisine de 100°, au lieu de l'abandonner à la température ordinaire, il se transforme brusquement en *soufre solide prismatique* en dégageant assez de chaleur pour déterminer la fusion d'une partie de la masse ; le *soufre prismatique* ainsi obtenu se transforme ensuite en *soufre octaédrique* à la température ordinaire.

4° Le *soufre insoluble* dans le sulfure de carbone est la variété qui se produit lorsqu'on refroidit brusquement du soufre préalablement porté à une température élevée. Les diverses variétés de soufre renferment d'autant plus de *soufre insoluble* qu'elles ont été plus fortement chauffées et plus brusquement refroidies : le soufre mou peut en renfermer 80 pour 100 ; le soufre en fleur, de 10 à 24 pour 100 ; le soufre prismatique 5 pour 100 au plus ; le soufre octaédrique est complètement soluble dans le sulfure de carbone. — Il se produit encore du *soufre insoluble* lorsqu'on décompose un hyposulfite par l'acide chlorhydrique ;

$$NaO,S^2O^2+HCl=NaCl+HO+SO^2+S.$$

Les *soufres insolubles* sont instables et se transforment facilement en *soufre octaédrique*.

75. *Propriétés chimiques.* — Le soufre se combine directement avec presque tous les *métalloïdes*. — Dans l'*oxygène* ou dans l'air, le soufre s'enflamme vers 250° en produisant de l'acide sulfureux SO^2, avec un peu d'acide sulfurique anhydre SO^3. Mais l'oxygène agit sur le soufre à une température moins élevée : à partir de 200°, le soufre est lumineux dans l'obscurité, comme le phosphore, par suite d'une oxydation lente. — L'*hydrogène* et la vapeur de soufre se combinent directement, à température élevée, en produisant de l'acide sulfhydrique HS. — Le *phosphore*, l'*arsenic*, le *chlore*, le *brome*, l'*iode*, le *carbone*, etc., forment aussi avec le soufre des combinaisons directes.

Le soufre s'unit de même directement avec presque tous les *métaux* (sauf l'or, le platine, l'aluminium, etc.) ; la combinaison s'effectue souvent avec un grand dégagement de chaleur : la tournure de cuivre devient incandescente dans la vapeur de soufre par suite de la chaleur dégagée par la formation du sulfure de cuivre.

Le soufre est électro-positif vis-à-vis de l'oxygène, du chlore, du brome, de l'iode, et électro-négatif par rapport au phosphore, au carbone, à l'hydrogène et aux métaux.

Le soufre joue le rôle de réducteur vis-à-vis d'un certain nombre de composés oxygénés: ainsi il change l'acide sulfurique en acide sulfureux (81) ; il enlève de même de l'oxygène à l'acide azotique en se transformant en acide sulfurique.

76. Au point de vue chimique, le soufre présente de remarquables analogies avec l'oxygène ; nous rappellerons ou citerons les faits suivants :

Il y a l'ozone du soufre, comme il y a l'ozone de l'oxygène (73);

Le soufre forme avec l'hydrogène deux composés HS et HS^2, analogues aux deux composés HO et HO^2;

La préparation du soufre par le bisulfure de fer FeS^2 (pyrite) et celle de l'oxygène par le bioxyde de manganèse, s'expriment par des équations semblables :

$$3MnO^2 = Mn^3O^4 + O^2,$$
$$3FeS^2 = Fe^3S^4 + S^2 ;$$

Le soufre et l'oxygène forment avec le carbone deux composés importants CS^2 et CO^2, représentés par des formules semblables, et qu'on peut obtenir par des procédés identiques en faisant passer sur du charbon porté au rouge, soit de la vapeur de soufre, soit de l'oxygène ;

La tournure de cuivre brûle dans la vapeur de soufre comme le fer dans l'oxygène.

Les sulfures d'un métal ont dans bien des cas la même composition que les oxydes du même métal; ainsi les sulfures de fer FeS, — Fe^2S^3, — Fe^3S^4, correspondent aux oxydes FeO, — Fe^2O^3, — Fe^3O^4;

La combinaison du soufre et des métaux est favorisée par l'humidité, au point de pouvoir souvent s'effectuer à froid ; il en est de même de la combinaison des métaux et de l'oxygène.

77. *Principaux composés du soufre.* — Le soufre forme avec l'*oxygène* différents composés, tous acides, qu'on peut ranger en deux séries, et dont voici les noms et les formules :

Acide hyposulfureux S^2O^2,HO,	Acide dithionique (hyposulfurique)..... S^2O^5,HO,
— hydrosulfureux $S^2O^2,2HO$,	
— sulfureux.... SO^3 ou S^2O^4,	Acide trithionique .. S^3O^5,HO,
— sulfurique... SO^3 ou S^2O^6,	— tétrathionique.. S^4O^5,HO,
— persulfurique...... S^2O^7,	— pentathionique . S^5O^5,HO,

les acides SO^2, SO^3 et S^2O^7 peuvent exister à l'état anhydre et à l'état hydraté ; les autres n'existent qu'hydratés.

Avec l'*hydrogène* le soufre forme l'acide sulfhydrique HS, et le bisulfure d'hydrogène HS^2.

Avec le *carbone* il forme deux composés, le protosulfure de carbone, CS, et le bisulfure de carbone CS^2, corps important.

Les sulfures métalliques sont très nombreux.

78. *Caractères distinctifs.* — Le soufre libre se reconnaît à sa couleur et à l'odeur piquante d'acide sulfureux qu'il dégage en brûlant. On peut également caractériser le soufre en le traitant par l'acide azotique qui l'oxyde et le transforme en acide sulfurique, facile à reconnaître.

Le soufre à l'état de sulfure se reconnaît aux caractères indiqués au n° 329.

79. Applications. — On consomme des quantités considérables de soufre brut dans la préparation de l'acide sulfurique, de l'acide sulfureux, du sulfure de carbone.

Le soufre raffiné s'emploie dans la fabrication des allumettes chimiques, du caoutchouc vulcanisé et du caoutchouc durci, et entre dans la composition de la poudre de chasse et de la poudre de guerre.

Il sert à sceller le fer dans la pierre et à prendre des empreintes ou moules pour la galvanoplastie.

La fleur de soufre est le seul corps connu capable d'arrêter le développement de l'*Oïdium*, champignon microscopique parasitaire qui apparaît sur les feuilles et les grappes de la vigne et fait dessécher les grains ; la volatilité du soufre, appréciable à partir de 16°, est suffisante pour déterminer la formation d'une atmosphère de vapeur qui entoure toutes les parties d'une grappe sur laquelle on a projeté de la fleur de soufre.

II. Acide sulfureux

$$SO^2 = 32 = 2 \text{ vol.}$$

SOMMAIRE

Historique. Etat naturel.

Préparation — 1° Oxydation du soufre ; grillage des pyrites :

$$2FeS^2 + 11O = Fe^2O^3 + 4SO^2.$$

2° Réduction de l'acide sulfurique ;
par le mercure ou le cuivre,

$$2(HO,SO^3) + Hg = HgO,SO^3 + 2HO + SO^2 ;$$

par le soufre,

$$2(HO,SO^3) + S = 2HO + 3SO^2 ;$$

par le charbon,

$$2(HO,SO^3) + C = 2HO + CO^2 + 2SO^2.$$

Propriétés. — Propriétés physiques. Liquéfaction ; emploi de l'acide sulfureux liquide.
Dissociation de l'acide sulfureux.
Action de l'oxygène sur l'acide sulfureux : 1° en présence de la mousse de platine, à chaud ; 2° en présence de l'eau à la température ordinaire. — Action de l'acide azotique et du permanganate de potasse.
Action de l'hydrogène : 1° au rouge ; 2° à froid, dans l'appareil même où se produit l'hydrogène.
Action de l'acide sulfureux sur les matières organiques.
Caractères distinctifs.
Composition.
Applications. — Très-employé comme décolorant et désinfectant, etc.

80. Historique. Etat naturel. — L'acide sulfureux, qui se produit pendant la combustion du soufre, est connu, comme ce dernier corps, depuis les temps les plus reculés.

Les volcans et les solfatares en dégagent d'une manière continue (71).

81. Préparation. — On le prépare par les procédés suivants.

1° *Par l'oxydation du soufre.* — L'acide sulfureux employé dans l'industrie se prépare presque toujours par la combustion du *soufre* à l'air ; on n'obtient d'ailleurs ainsi que de l'acide sulfureux impur, mêlé à l'azote de l'air, à l'oxygène non absorbé, et à toutes les impuretés de l'atmosphère où s'effectue la combustion.

Le grillage des *pyrites* à l'air donne également de l'acide sulfureux mêlé aux mêmes gaz : azote, oxygène, etc. Réaction :

$$2FeS^2 + 110 = Fe^2O^3 + 4SO^2.$$

2° *Par la réduction partielle de l'acide sulfurique.* — On obtient de l'acide sulfureux en faisant agir sur l'*acide sulfurique* un *métal* (comme le mercure ou le cuivre), ou un *métalloïde* (comme le soufre ou le charbon), qui lui enlèvent une partie de son oxygène.

Avec le *mercure* ou le *cuivre*, la réaction est exprimée par les équations :

$$Hg + 2(SO^3,HO) = HgO.SO^3 + 2HO + SO^3 ;$$
$$Cu + 2(SO^3,HO) = CuO,SO^3 + 2HO + SO^2.$$

On introduit l'acide sulfurique et le métal dans un ballon (fig. 60) qu'on chauffe ; on recueille le gaz sur la cuve à mercure. Si on veut obtenir l'acide sulfureux sec, on le fait passer dans un tube contenant de la ponce sulfurique. — On préfère le mercure au cuivre ; avec ce dernier métal, le dégagement est moins régulier : il se produit d'abord un boursouflement

tel qu'une partie de la mousse peut pénétrer dans le tube abducteur. On évite cet accident en éloignant le foyer dès que le

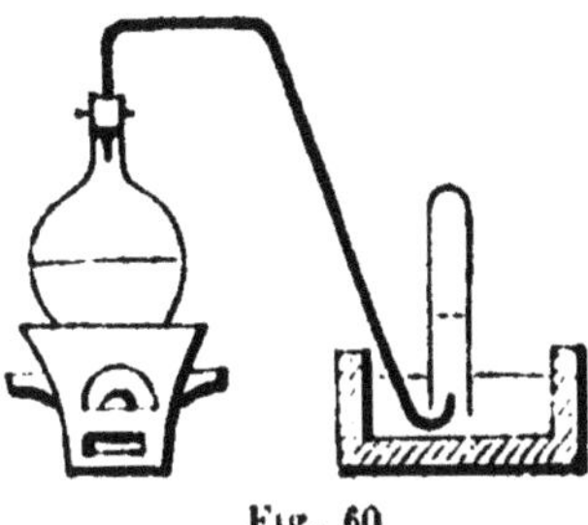

Fig. 60

boursouflement commence ; aussitôt qu'il a cessé, on peut
chauffer de nouveau sans danger de le voir reparaître.

Pour préparer la dissolution d'acide sulfureux, on fait passer le gaz dans une série de flacons à trois tubulures (fig. 61)

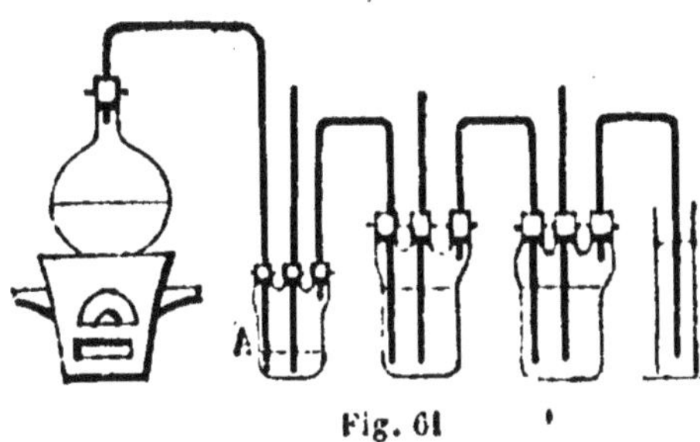

Fig. 61

contenant de l'eau (appareil de *Woolf*). Le premier A n'en renferme qu'une petite quantité destinée à retenir l'acide sulfurique entraîné ; l'acide sulfureux se dissout dans les autres
flacons.

La réduction de l'acide sulfurique par le *soufre* s'effectue
à 400° dans des vases de terre ou de fonte, suivant l'équation :

$$2(HO,SO^3) + S = 3SO^2 + 2HO.$$

C'est un procédé industriel.

La réduction de l'acide sulfurique par le *charbon* exige une
température moins élevée et s'effectue dans un ballon de verre
(fig. 61). La réaction est représentée par l'équation

$$2(HO,SO^3) + C = 2SO^2 + CO^2 + 2HO.$$

En même temps que de l'acide sulfureux et de la vapeur d'eau, il se dégage donc de l'acide carbonique ; aussi ce procédé ne peut-il être employé lorsqu'on veut obtenir de l'acide gazeux, qui se trouverait mêlé à l'acide carbonique (on ne connaît aucun corps capable d'absorber CO_2 sans absorber en même temps SO_2). On ne s'en sert que pour préparer la dissolution d'acide sulfureux : l'acide carbonique étant peu soluble dans cette dissolution n'est absorbé qu'en petite quantité par le liquide des flacons de Woolf Si l'on avait besoin d'une dissolution d'acide sulfureux pure, on emploierait les procédés précédents.

82. Propriétés. — *Propriétés physiques.* — Gaz incolore, d'odeur vive et suffocante. — Densité 2,23. — Il est très soluble dans l'eau : à 0°, son coefficient de solubilité dans ce liquide est 80.

Il se liquéfie à — 8° sous la pression ordinaire. Cette liqué-

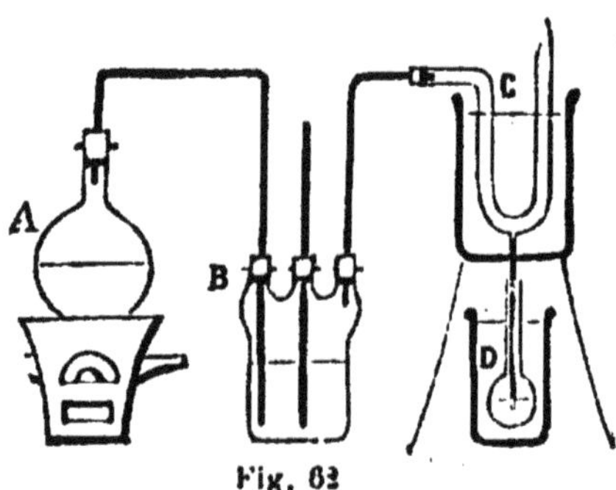

Fig. 62

faction s'effectue dans l'appareil suivant (fig. 62), au moyen du refroidissement produit par un mélange réfrigérant de glace et de sel marin : A, appareil producteur d'acide sulfureux ; B, flacon contenant de l'acide sulfurique destiné à dessécher l'acide sulfureux, qui se condense dans le tube C entouré du mélange réfrigérant ; l'acide liquéfié s'accumule dans le petit ballon D, placé dans le même mélange.

La grande volatilité de l'acide sulfureux liquide le fait employer pour produire des refroidissements énergiques ; l'abaissement de température est surtout considérable lorsqu'on active l'évaporation par l'action du vide, ou encore en faisant passer un courant rapide d'air sec à travers l'acide sulfureux liquide, comme dans l'appareil de MM. Drion et Leir (fig. 63),

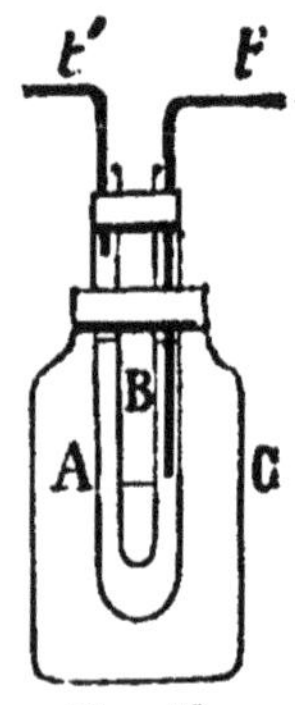

Fig. 63

à l'aide duquel on réalise facilement, dans les cours, la solidification du mercure : l'acide sulfureux liquide est placé dans le tube A, le corps à refroidir dans le tube B en verre mince ; *t* tube par lequel on fait arriver un courant d'air ; l'acide sulfureux vaporisé s'échappe par le tube *t'*. Le tout est soutenu par le bouchon d'un gros flacon C contenant du chlorure de calcium destiné à dessécher l'air et à empêcher le dépôt de givre qui se formerait sur le tube A.

83. *Propriétés chimiques.* — L'acide sulfureux a été considéré pendant longtemps comme indécomposable par la chaleur. En réalité, il peut être dissocié, par l'action de la chaleur ou des étincelles électriques, en soufre et oxygène ; ce dernier, réagissant sur une partie de l'acide sulfureux non décomposé, le transforme en acide sulfurique anhydre.

Pour mettre en évidence la dissociation de l'acide sulfureux par la chaleur, on emploie le tube *chaud-froid* de M. Deville (fig. 64) : l'axe d'un tube de porcelaine vernie porté au

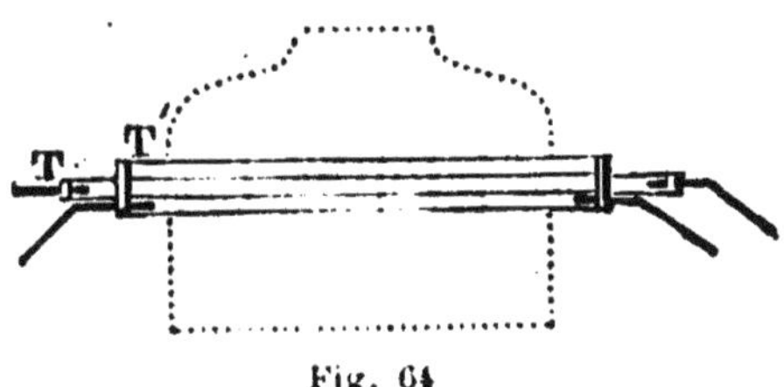

Fig. 64

rouge blanc est occupé par un tube de laiton argenté où circule un courant d'eau froide. On fait passer de l'acide sulfureux dans la partie annulaire : il se dissocie en soufre qui forme avec l'argent du tube une couche superficielle de sulfure d'argent (noir), et en oxygène qui engendre de l'acide sulfurique anhydre SO^3 en se combinant avec une partie de l'acide sulfureux non dissocié ; cet acide sulfurique, qui se dépose aussi sur le tube froid, se caractérise par son réactif ordinaire, l'eau de baryte. [Le tube froid est nécessaire ; l'acide sulfureux qui traverse un tube de porcelaine fortement chauffé et ne contenant pas de tube froid en sort intact : l'acide sulfurique étant décomposable par la chaleur, ne peut se former pendant l'expérience ; quant au soufre et à l'oxygène provenant de la dissociation, ils se recombinent lorsqu'ils arrivent dans les parties moins chaudes].

Les corps allumés s'éteignent dans l'acide sulfureux, et se rallument difficilement.

L'*oxygène* attaque l'acide sulfureux dans les conditions suivantes :

1° Les deux gaz se combinent en produisant de l'acide sulfurique anhydre lorsqu'on les fait passer dans un tube contenant de la *mousse de platine* légèrement chauffée.

2° En présence de l'eau, ils se combinent à la température ordinaire ; aussi les dissolutions d'acide sulfureux dans l'eau qui contient de l'air dissous s'altèrent-elles rapidement par suite de la transformation de l'acide sulfureux en acide sulfurique. Ces dissolutions doivent être faites dans de l'eau préalablement privée d'air par l'ébullition, et conservées dans des flacons remplis et bien bouchés.

L'oxygène sec n'a pas d'action sur l'acide sulfureux à la température ordinaire.

L'acide sulfureux, dans des conditions convenables, est donc un corps oxydable. Il peut même enlever l'oxygène à l'acide azotique AzO^5, au permanganate de potasse KO,Mn^2O^7, etc., vis-à-vis desquels il joue par suite le rôle de réducteur.

L'oxydation de l'acide sulfureux par l'*acide azotique* se réalise de la manière suivante : dans une éprouvette remplie d'acide sulfureux on verse goutte à goutte de l'acide azotique concentré : l'éprouvette s'emplit de vapeurs rouges d'acide hypoazotique AzO^4, et on reconnaît, au moyen de l'eau de baryte (95), qu'il s'est formé de l'acide sulfurique ; la réaction se représente par l'équation

$$SO^2 + HO,AzO^5 = HO,SO^3 + AzO^4 ;$$

(si l'acide sulfureux se trouve en excès, il se forme en outre des *cristaux des chambres de plomb* $AzO^5,2SO^2$ ou S^2AzO^9). — On peut encore faire arriver un courant d'acide sulfureux dans un tube à essai contenant de l'acide azotique concentré préalablement chauffé, qui transforme l'acide sulfureux en acide sulfurique.

La dissolution d'acide sulfureux décolore la dissolution violette de permanganate de potasse KO,Mn^2O^7 : l'acide sulfureux se change en acide sulfurique aux dépens de l'oxygène de l'acide permanganique Mn^2O^7 qui se transforme en protoxyde ou sesquioxyde de manganèse ; ceux-ci s'unissent ensuite, ainsi que la potasse, à l'acide sulfurique pour former des sulfates solubles.

Avec l'*hydrogène*, l'acide sulfureux joue au contraire le rôle d'oxydant ; c'est ainsi qu'on obtient de la vapeur d'eau et du soufre suivant l'équation

$$SO^2 + 2H = S + 2HO$$

lorsqu'on fait passer les deux gaz dans un tube de porcelaine porté à la température rouge.

La réaction est plus complète et l'hydrogène s'unit non-seulement à l'oxygène pour former de l'eau, mais encore au pour produire de l'acide sulfhydrique HS, si l'on introduit de l'acide sulfureux en dissolution dans un appareil où se produit de l'hydrogène :

$$SO^2 + 3H = HS + 2HO ;$$

le dégagement d'hydrogène est remplacé par un dégagement d'acide sulfhydrique, facile à caractériser (101).

Un grand nombre de *substances organiques* sont attaquées par l'acide sulfureux ; si elles sont colorées, il les décolore en modifiant leur composition. Il agit sur ces substances, soit en leur enlevant de l'oxygène, soit plutôt en formant avec elles des combinaisons incolores ; c'est ce qui paraît se produire lorsqu'on décolore par l'acide sulfureux les violettes, les roses, le vin, etc., car on régénère leur couleur primitive en les soumettant à l'action d'un acide plus fort (comme l'acide sulfurique), qui chasse l'acide sulfureux.

84. *Caractères distinctifs*. — L'acide sulfureux se reconnaît à son odeur, à son action sur les corps enflammés qu'il éteint, sur le permanganate de potasse qu'il décolore, sur l'acide azotique qui le transforme en acide sulfurique.

85. *Composition*. — Un volume d'acide sulfureux renferme un volume d'oxygène et un demi-volume de vapeur de soufre.

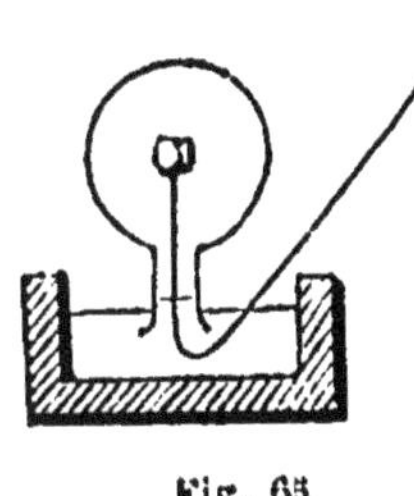

Fig. 65

C'est ce qu'on déduit de l'expérience synthétique suivante : dans un ballon plein d'oxygène, renversé sur la cuve à mercure (fig. 65), on introduit un morceau de soufre qu'on enflamme au moyen des rayons solaires concentrés par une lentille. Il se forme de l'acide sulfureux. Après refroidissement, on constate que le volume du gaz produit est le même que celui de l'oxygène primitif. Un certain volume V d'acide sulfureux contient donc le même volume V d'oxygène, et un volume x de vapeur de soufre qu'on détermine au moyen de l'équation suivante : elle exprime ce fait que le poids d'un volume V d'acide sulfureux est égal au poids d'un vol. V d'oxygène augmenté du poids d'un vol. x de vapeur de soufre ; a, poids du litre d'air dans les conditions de l'expérience :

$$V \times a \times 2,23 = (V \times a \times 1,1056) + (x \times a \times 2,22) ;$$

d'où on tire $x = \dfrac{V}{2}$ environ. (En réalité, le volume de l'acide sulfureux formé est un peu plus faible que le volume de l'oxygène : cela tient à ce que l'acide sulfureux est plus compressible que l'oxygène).

Les équivalents en volume de l'oxygène et de la vapeur de soufre étant égaux à 1 vol., la formule la plus simple de l'acide sulfureux est SO^2. C'est aussi celle qui a été adoptée, parce qu'elle représente le poids de cet acide qui s'unit à un équivalent de base pour former un sulfite neutre. Mais il serait plus rationnel d'adopter la formule S^2O^4 (94).

86. Applications. — On consomme de grandes quantités d'acide sulfureux dans la fabrication de l'acide sulfurique (92).

L'acide sulfureux est employé, comme agent décolorant, dans le blanchiment de la laine, de la soie, des plumes, de la paille, des peaux, etc. ; comme désinfectant, pour assainir les salles d'hôpitaux, etc., en détruisant les germes de maladies.

Il sert encore à prévenir la fermentation du vin et des liquides alcooliques : pour cela, il suffit de faire brûler des mèches soufrées dans les tonneaux où l'on doit conserver ces liquides.

Enfin on l'utilise pour éteindre les feux de cheminée : on brûle du soufre dans le foyer de la cheminée ; il se produit de l'acide sulfureux qui s'élève jusqu'à la suie enflammée et l'éteint, surtout si l'on bouche les issues.

III. Acide sulfurique anhydre

$$SO^3 = 40 = 2 \text{ vol.}$$

SOMMAIRE

Préparation. — 1° Action de l'oxygène sec sur l'acide sulfureux sec en présence de la mousse de platine.
2° Action de la chaleur sur le bisulfate de soude.
3° Distillation de l'acide de Saxe.
Propriétés. — Propriétés physiques.
Il a beaucoup d'affinité pour l'eau.

87. Préparation. — On l'obtient par l'un des procédés suivants.

1° On fait passer de l'acide sulfureux et de l'oxygène secs dans un tube de verre contenant de la mousse de platine, qu'on chauffe légèrement ; il se forme des vapeurs d'acide sulfurique anhydre qui viennent se condenser dans un ballon refroidi.

$$SO^2 + O = SO^3$$

2° On peut l'obtenir avec le bisulfate de soude, $NaO,HO,2SO^3$, qu'on chauffe d'abord au rouge sombre pour éliminer l'équivalent d'eau. Le sel $NaO,2SO^3$ qu'on obtient ainsi est ensuite chauffé plus fortement : il se décompose en sulfate neutre NaO,SO^3 qui reste, et en acide sulfurique anhydre SO^3 qui se dégage et qu'on recueille et condense dans un ballon refroidi :

$$NaO,2SO^3 = NaO,SO^3 + SO^3$$

3° Le procédé le plus employé consiste à distiller l'acide sulfurique de Saxe, $HO,2SO^3$, qu'on peut considérer comme une dissolution d'acide anhydre SO^3, qui bout à 35°, dans l'acide monohydraté HO,SO^3, qui bout à 325°. Une première distillation effectuée a température peu élevée (supérieure à 35° et inférieure à 325°) dans une cornue de verre dont le col s'engage dans un tube refroidi (fig. 66), fournit d'abondantes vapeurs d'acide sulfurique anhydre, mêlées à une petite quantité de vapeur d'acide monohydraté HO,SO^3, engendrée par évaporation ; une seconde distillation, faite dans les mêmes conditions, donne de l'acide sulfurique anhydre presque pur.

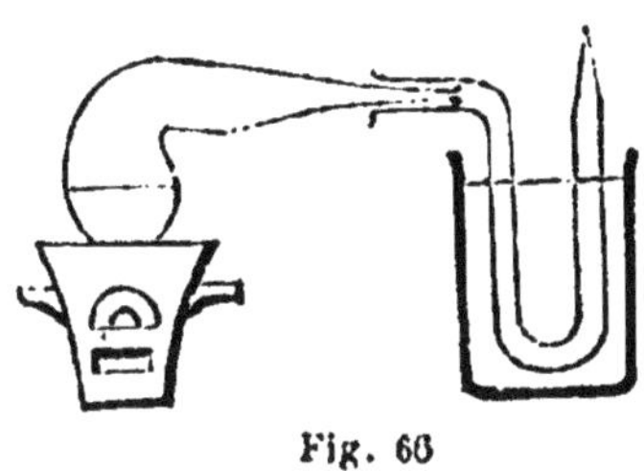

Fig. 66

88. **Propriétés**. — Corps solide, blanc, d'aspect soyeux, semblable à l'amiante. Récemment préparé, il fond à 18° et bout à 35°. Mais il éprouve avec le temps une modification qui élève son point de fusion à 100° ; la fusion régénère d'ailleurs le corps primitif.

Il a pour *l'eau* une très grande affinité ; le sifflement qu'il fait entendre lorsqu'on le projette dans ce liquide est produit par la violente vaporisation d'une certaine quantité des corps en présence, sous l'influence de l'échauffement considérable que provoque leur combinaison. Cette combinaison s'effectue même avec explosion et incandescence si l'on fait agir l'acide et l'eau à équivalents égaux.

Il fume à l'air : les abondantes vapeurs qu'émet ce corps très-volatil à la température ordinaire se combinent avec la vapeur d'eau atmosphérique et produisent ainsi de l'acide sulfurique monohydraté, qui, moins volatil, se condense en un brouillard formé de fines gouttelettes.

On ne peut le conserver que dans des vases scellés à la lampe.

IV. Acide de Saxe

$HO,2SO^3$

SOMMAIRE

Préparation. — On le prépare avec le sulfate de fer qu'on obtient par l'oxydation des pyrites à l'air.

Propriétés. — On le considère comme une dissolution d'acide anhydre dans l'acide monohydraté :

$$HO,2SO^3 = SO^3 + HO,SO^3.$$

On l'emploie pour dissoudre l'indigo.

89. Préparation. — *L'acide de Saxe*, qu'on appelle encore *acide de Nordhausen*, *acide fumant*, s'extrait du sulfate de fer, $FeO,SO^3 + 7HO$.

On dessèche d'abord ce sel en le soumettant à l'action de la chaleur qui chasse la majeure partie de l'eau et le transforme à peu près complètement en sulfate anhydre, FeO,SO^3. La masse obtenue est introduite dans des cornues de terre disposées sur trois rangs superposés, de chaque côté d'un fourneau de galère ; à ces cornues sont adaptés des récipients en terre, situés hors du fourneau (fig. 67). On chauffe à haute température ; le sulfate anhydre FeO,SO^3 se décompose d'abord en acide sulfureux qui se perd, et en sous-sulfate de sesquioxyde de fer, Fe^2O^3,SO^3, qui reste dans les cornues :

$$2(FeO,SO^3) = SO^2 + Fe^2O^3,SO^3.$$

On chauffe alors plus fortement : le sous-sulfate Fe^2O^3,SO^3 se décompose à son tour en sesquioxyde de fer (*colcothar*) qui reste dans les cornues, et en acide sulfurique anhydre qui vient se condenser dans les récipients extérieurs :

$$Fe^2O^3,SO^3 = Fe^2O^3 + SO^3.$$

En réalité, comme le sulfate de protoxyde de fer employé dans cette fabrication n'est que partiellement desséché lorsqu'on l'introduit dans les cornues, le produit obtenu finalement n'est pas de l'acide anhydre SO^3 ; la quantité d'eau que renferme encore le sulfate de fer est telle que le produit obtenu répond à la formule $HO,2SO^3$: c'est de l'*acide fumant*.

Remarque. — Le sulfate de fer employé dans cette prépa-

ration s'obtient à l'aide des pyrites FeS^2. On commence par
en extraire le soufre (72) en les chauffant en vase clos. Le
résidu de sulfure de fer moins sulfuré que laisse cette distillation est abandonné à l'air pendant plusieurs années, et se
transforme en sulfate de protoxyde de fer qu'on enlève par

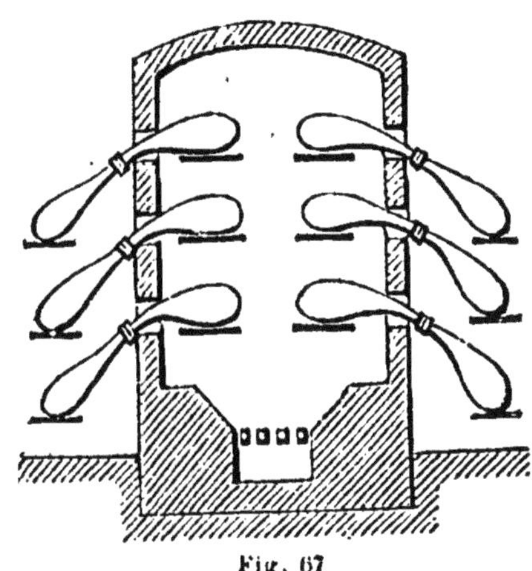

Fig. 67

un lavage à l'eau ; l'évaporation de la dissolution donne des
cristaux $FeO,SO^3 + 7HO$ qu'on traite comme nous l'avons dit.
— Le sulfate de fer qui ne cristallise pas et que renferment
encore les eaux-mères est d'ailleurs utilisé aussi pour la préparation de l'acide de Saxe : pour cela, on évapore ces eaux
à siccité en les chauffant dans un courant d'air qui transforme
la plus grande partie de ce sulfate de protoxyde en sous-
sulfate de sesquioxyde duquel on extrait l'acide de Saxe par
le procédé et dans l'appareil précédemment décrits.

90. Propriétés. — L'acide de Saxe est un liquide huileux
dont les propriétés ne diffèrent guère de celles de l'acide monohydraté.

On peut le considérer comme formé d'une dissolution d'a-
cide anhydre SO^3 dans l'acide normal HO,SO^3 :

$$HO,2SO^3 = SO^3 + HO,SO^3.$$

Il fume à l'air à cause des vapeurs d'acide sulfurique anhydre qu'il dégage à la température ordinaire (88).

On l'emploie surtout en teinture, pour dissoudre l'*indigo* :
on ne peut employer l'acide ordinaire pour cet usage parce
que cet acide renferme toujours des composés nitreux, qui
décolorent l'indigo.

V. Acide sulfurique monohydraté

HO,SO^3

SOMMAIRE

Historique. Etat naturel.
Fabrication. — On l'obtient en oxydant l'acide sulfureux avec l'oxygène de l'air par l'intermédiaire du bioxyde d'azote, en présence de la vapeur d'eau.
Théorie de cette préparation ; expérience de cours.
Fabrication industrielle dans les chambres de plomb : tour de Glover ; tour de Gay-Lussac. — Concentration ; purification.
Propriétés. — Propriétés physiques.
Action de la chaleur.
Action des métalloïdes : carbone, soufre, hydrogène.
Action des métaux : mercure, cuivre ; zinc, fer.
Action des bases et de l'eau.
L'acide sulfurique est bibasique : sa formule rationelle est $2HO,S^2O^6$.
Réactif de l'acide sulfurique.
Applications.

91. Historique. Etat naturel. — Cet acide, qu'on nomme encore *acide sulfurique normal*, *acide sulfurique ordinaire*, etc., est connu depuis plusieurs siècles.

Il existe à l'état libre dans les eaux de certaines rivières qui prennent naissance dans le voisinage des volcans, comme celles du *Rio Vinagre* qui en renferment plus de 1 gramme par litre. Il paraît résulter de l'action de l'air humide sur l'acide sulfureux qui se dégage des volcans.

On le trouve à l'état de combinaison dans divers sulfates naturels : sulfate de chaux (gypse), de baryte, de strontiane, de magnésie, d'alumine.

92. Fabrication de l'acide sulfurique ordinaire. — Cet acide ne se prépare qu'en grand, dans l'industrie. Le procédé employé consiste à oxyder l'acide sulfureux avec l'oxygène de l'air par l'intermédiaire du bioxyde d'azote AzO^2, en présence de la vapeur d'eau.

Théorie. — Supposons qu'on mette en présence les corps suivants : acide sulfureux, air, bioxyde d'azote et vapeur d'eau :

1° Le bioxyde d'azote se transforme en acide hypoazotique AzO^4 aux dépens de l'oxygène de l'air (113) :

$$AzO^2 + 2O = AzO^4.$$

2° En présence de la vapeur d'eau, l'acide hypoazotique se

dédouble en acide azotiqueAzO^5 et en acide azoteux AzO^3 (122) :

$$2AzO^4 + 2HO = HO,AzO^5 + HO,AzO^3.$$

3° L'acide azoteux, oxydant énergique, transforme l'acide sulfureux en *acide sulfurique*, et régénère le bioxyde d'azote :

$$HO,AzO^3 + SO^2 = HO,SO^3 + AzO^2.$$

4° L'acide azotique transforme de même une autre portion d'acide sulfureux en *acide sulfurique*, et se change en acide hypoazotique :

$$HO,AzO^5 + SO^2 = HO,SO^3 + AzO^4 ;$$

le bioxyde d'azote et l'acide hypoazotique qui se forment dans ces deux dernières réactions se comportent comme dans la 1re et la 2e réactions ; et ainsi de suite.

On voit que l'acide sulfurique formé résulte de l'oxydation de l'acide sulfureux par l'oxygène de l'air ; le bioxyde d'azote n'a servi que d'intermédiaire entre l'air auquel il prend l'oxygène et l'acide sulfureux auquel il le cède ; de sorte que, théoriquement, la même quantité de bioxyde d'azote peut servir indéfiniment. Nous allons voir qu'il n'en est pas ains en pratique.

A titre de démonstration, on fait dans les cours l'expérience suivante, pendant laquelle s'accomplissent les réactions que nous venons d'indiquer.

L'appareil employé est représenté par la fig. 68. C'est un

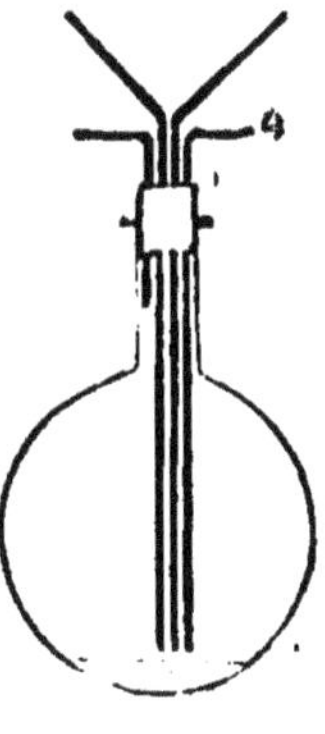

Fig. 68

grand ballon d'une vingtaine de litres, au bouchon duquel sont adaptés quatre tubes ; les trois premiers, qui descendent jusqu'au fond du ballon, y amènent de l'acide sulfureux, de l'air (lancé par un soufflet), et du bioxyde d'azote ; le dernier est un tube de dégagement : c'est par ce tube que l'azote de l'air insufflé s'échappe en entraînant avec lui une petite quantité des gaz contenus dans l'appareil. Avant l'expérience, on a placé dans le ballon un peu d'eau qu'on chauffe légèrement pour produire la vapeur nécessaire. — Les réactions qui se produisent entre les corps en présence engendrent de l'acide sulfurique qu'on peut déceler par son réactif ordinaire (95), *l'eau de baryte.*

L'opération ne marche bien que s'il y a une quantité suffisante de vapeur d'eau dans l'appareil ; dans le cas contraire, il se forme un composé solide $AzO^5,2SO^3$ ou S^2AzO^9 qui apparaît sur les parois du ballon sous la forme de cristaux : ce sont les *cristaux des chambres de plomb;* il faut éviter leur formation dans la fabrication industrielle, parce qu'ils se dissolvent dans l'acide sulfurique produit, qu'ils rendent impur ; ils se forment d'ailleurs aux dépens des composés de l'azote, qui se trouvent ainsi dépensés en pure perte.

Fabrication industrielle. — L'acide sulfureux, le bioxyde d'azote, l'air et la vapeur d'eau sont mis en présence dans de vastes chambres à parois de plomb, communiquant entre elles (une seule de ces chambres a été représentée dans la fig. 69).

L'acide sulfureux est produit par la combustion du soufre ou le grillage des pyrites à l'air, dans des fours A mis en communication avec les chambres de plomb B ;

L'air qui pénètre en excès dans ces fours est entraîné par le tirage, et arrive avec l'acide sulfureux dans les chambres B ;

La vapeur d'eau se forme dans des chaudières *m* qu'on chauffe au moyen de la chaleur dégagée par la combustion du soufre ; cette vapeur est amenée dans les chambres par des tubes d'où elle sort en jets ; en outre de son rôle chimique, elle produit ainsi une action mécanique, une sorte de brassage qui favorise le mélange des gaz en présence ;

Le bioxyde d'azote n'est pas introduit en nature dans les chambres : il se forme aux dépens de l'acide azotique qui tombe d'une manière continue sur une colonne C remplie de coke ou de brique (*tour de Glover*) placée entre les chambres de plomb et les fours où se produit l'acide sulfureux ; cet acide azotique est vaporisé et entraîné par l'acide sulfureux et l'air chauds qui traversent la colonne en sens contraire ; les trois corps arrivent dans les chambres, où jaillit la vapeur d'eau.

Là, l'acide azotique oxyde une certaine quantité d'acide sulfureux et se transforme en acide hypoazotique :

$$HO,AzO^5 + SO^3 = HO,SO^3 + AzO^4$$

en présence de l'eau, cet acide hypoazotique se dédouble en acide azoteux et acide azotique :

$$2AzO^4 + 2HO = HO,AzO^3 + HO,AzO^5 ;$$

l'acide azotique se comporte comme dans la première réaction ; quant à l'acide azoteux, il oxyde une autre portion d'acide sulfureux et se change en bioxyde d'azote :

$$HO,AzO^3 + SO^2 = HO,SO^3 + AzO^2 ;$$

ce dernier, en présence de l'air, se transforme en acide hypoazotique :

$$AzO^2 + 2O = AzO^4.$$

Celui-ci se dédouble comme précédemment, et le même cycle de réactions se reproduit indéfiniment; l'acide sulfurique formé s'accumule dans les chambres.

Ici encore, comme dans l'expérience de démonstration, l'oxydation de l'acide sulfureux s'effectue au moyen de l'oxygène de l'air par l'intermédiaire du bioxyde d'azote qu'engendre l'acide azotique ; le cycle de réactions que représentent les dernières équations équivaut d'ailleurs à celui qu'expriment les équations précédentes.

L'*azote* de l'air s'échappe par la cheminée d'appel D placée à l'extrémité des chambres ; pour retenir la plus grande

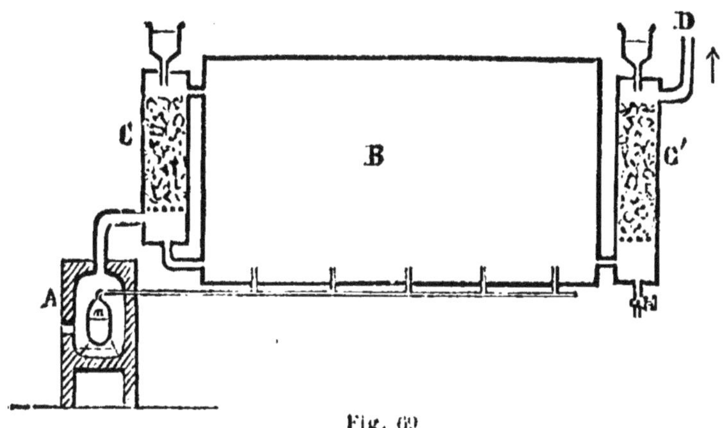

Fig. 60

partie des produits azotés qui s'échapperaient avec l'azote par cette cheminée, on fait passer les gaz qui sortent des chambres dans une deuxième colonne C' (*tour de Gay-Lussac*) remplie de coke sur lequel coule de l'acide sulfurique qui dissout les composés azotés. Cet acide, chargé des produits qu'il a absorbés en C', est versé dans la tour de Glover C, et fournit ainsi à l'acide sulfureux une partie des composés azotés nécessaires à son oxydation.

En pratique, il s'échappe par la cheminée d'appel une petite quantité de produits azotés non absorbés dans la colonne de Gay-Lussac ; une autre portion est réduite trop énergiquement par l'acide sulfureux et se transforme en protoxyde d'azote AzO qui ne peut jouer aucun rôle utile. De là la nécessité d'amener constamment dans les chambres de nouvelles quantités d'acide azotique.

Concentration. — L'acide sulfurique ainsi obtenu est étendu d'eau et marque 50° Baumé, au lieu de 66° que marque l'acide ordinaire, qui répond sensiblement à la formule HO,SO^3.

La concentration s'effectue dans des bassines en plomb où l'on chauffe l'acide jusqu'à ce qu'il marque 60° Baumé ; arrivé à ce point, il commence à attaquer le plomb des vases : aussi achève-t-on l'opération dans des cornues de platine où l'on introduit l'acide à 60°, qu'on chauffe à l'ébullition : il se dégage des eaux faiblement acides, et le liquide qui reste se concentre de plus en plus ; l'opération est terminée lorsque le liquide des cornues marque 66°.

Purification. — L'acide du commerce renferme comme impuretés de l'acide arsénique, s'il a été préparé avec les pyrites, qui sont toujours arsenicales ; et dans tous les cas, du sulfate de plomb formé dans les chambres, et des produits azotés (AzO^3 et AzO^5).

Pour le purifier, on y fait passer (après l'avoir préalablement étendu d'eau) un courant d'acide sulfhydrique qui précipite le plomb et l'arsenic à l'état de sulfures insolubles. Après quoi on ajoute à l'acide un peu de sulfate d'ammoniaque $(AzH^4)O,SO^3$, et on chauffe : les acides azoteux et azotique passent à l'état d'azotite et d'azotate d'ammoniaque :

$$(AzH^4)O.SO^3 + HO,AzO^3 = HO,SO^3 + (AzH^4)O,AzO^3,$$
$$(AzH^4)O,SO^3 + HO,AzO^5 = HO,SO^3 + (AzH^4)O,AzO^5 ;$$

par l'action de la chaleur, l'azotite et l'azotate d'ammoniaque se décomposent en produits gazeux qui se dégagent :

$$(AzH^4)O,AzO^3 = 2Az + 4HO \ (42),$$
$$(AzH^4)O,AzO^5 = 2AzO + 4HO \ (106).$$

Il ne reste plus qu'à décanter et à distiller l'acide dans une cornue de verre qu'on chauffe latéralement, au moyen d'une grille annulaire : on évite ainsi les soubresauts violents qui se produisent, à cause de la viscosité du liquide, quand les bulles partent du fond du vase.

93. Propriétés. — C'est un liquide incolore et inodore ; il a la consistance de l'huile. — Il bout à 325° ; densité 1,84.

Action de la chaleur. — A température élevée, il se décompose en acide sulfureux, oxygène et vapeur d'eau : c'est sur ce fait qu'est basé un procédé de préparation industrielle de l'oxygène (33).

Action des métalloïdes. — Il est réduit plus ou moins complètement par quelques métalloïdes, comme le carbone, le soufre, l'hydrogène, etc.

Avec le *charbon*, il se produit de l'acide sulfureux et de l'acide carbonique (81) :

$$2(HO,SO^3)+C=CO^2+2SO^2+2HO.$$

Avec le *soufre*, on obtient de l'acide sulfureux (81) :

$$2(HO,SO^3)+S=3SO^2+2HO.$$

L'*hydrogène* qu'on fait passer avec de la vapeur d'acide sulfurique dans un tube de porcelaine porté au rouge réduit également cet acide. Si l'acide sulfurique est en excès, l'hydrogène lui enlève seulement un équivalent d'oxygène et le transforme en acide sulfureux :

$$HO,SO^3+H=SO^2+2HO.$$

Si au contraire c'est l'hydrogène qui est en excès, ce corps se combine non seulement avec tout l'oxygène de l'acide pour former de l'eau, mais encore avec le soufre qu'il transforme en acide sulfhydrique HS, comme l'exprime l'équation

$$HO,SO^3+4H=HS+4HO.$$

Cette réaction de l'hydrogène en excès sur l'acide sulfurique ne s'accomplit d'ailleurs que si la température est inférieure à celle à laquelle l'acide sulfhydrique se décompose; à température plus élevée, l'hydrogène, bien qu'en excès, s'unit seulement à l'oxygène de l'acide, qui est réduit à l'état de soufre :

$$HO,SO^3+3H=S+4HO.$$

La réduction de l'acide sulfurique par l'hydrogène commence à une température peu élevée ; aussi ne peut-on employer la *ponce sulfurique* pour dessécher l'hydrogène, à moins qu'on ne prenne la précaution de la maintenir froide.

Action des métaux. — Le *mercure* et le *cuivre* transforment l'acide sulfurique en acide sulfureux (81) :

$$2(HO,SO^3)+Hg=Hg O,SO^3+SO^2+2HO.$$
$$2(HO,SO^3)+Cu=CuO,SO^3+SO^2+2HO.$$

Le *zinc* et le *fer* dégagent de l'hydrogène quand on les fait agir sur l'acide étendu (68). Si l'acide est concentré, on obtient en outre les produits de l'action de l'hydrogène en excès sur l'acide sulfurique, c'est-à-dire du soufre et de l'acide sulfhydrique.

Action des bases et de l'eau. — L'acide sulfurique est un acide *très-énergique*, c'est-à-dire qu'il a beaucoup d'affinité pour les bases, ou qu'il dégage beaucoup de chaleur en se combinant avec elles : le dégagement de chaleur peut même aller jusqu'à l'incandescence (c'est ce qui a lieu quand on verse de l'acide sulfurique concentré sur de la baryte anhydre).

L'énergie chimique de l'acide sulfurique est telle qu'étendu de mille fois son volume d'eau, il rougit encore le tournesol.

L'eau joue le rôle de base vis-à-vis des acides forts (67) : aussi l'acide sulfurique a-t-il beaucoup d'affinité pour l'eau. La chaleur dégagée par la combinaison de l'eau et de l'acide peut produire une élévation de température de plus de 100°.

L'action de l'acide sulfurique sur l'eau solide est accompagnée d'un moindre dégagement de chaleur, la liquéfaction de la glace absorbant une certaine quantité de chaleur; avec une proportion suffisante de glace, il peut même y avoir abaissement de température (4 parties d'acide et 1 partie de glace produisent une élévation de température, tandis qu'il y a abaissement de température avec 1 partie d'acide et 4 parties de glace).

L'affinité de l'acide sulfurique pour l'eau fait de cet acide un agent desséchant très employé : les gaz humides qui passent à travers un tube en U renfermant des fragments de pierre ponce imprégnés d'acide sulfurique en sortent secs.

L'acide sulfurique peut non seulement dessécher les corps qui contiennent de l'eau ; mais encore enlever les éléments de l'eau aux composés qui renferment de l'oxygène et de l'hydrogène : ainsi il carbonise le bois (constitué principalement par la cellulose ($C^{12}H^{10}O^{10}$), transforme l'alcool $C^4H^6O^2$ en éthylène C^4H^4 (231), détruit les tissus organiques, etc.

94. L'acide sulfurique est *bibasique* ; avec une même base, la potasse, par exemple, il forme deux sortes de sulfates : le sulfate neutre KO,SO^3, et le bisulfate $KO,HO,2SO^3$. Il serait plus rationnel d'adopter pour cet acide la formule $2HO,S^2O^6$, au lieu de HO,SO^3, et de considérer les sulfates comme résultant de la substitution de 1 ou 2 équivalents de base à un ou deux équivalents d'eau dans $2HO,S^2O^6$. — L'acide sulfureux est également bibasique ; la formule rationnelle est $2HO,S^2O^4$.

95. *Réactif de l'acide sulfurique.* — L'acide sulfurique se reconnaît au moyen de la dissolution de baryte (BaO) qui, ajoutée à une liqueur contenant de l'acide sulfurique libre ou à l'état de sulfate dissous, engendre un *précipité blanc*, ou *trouble*, dû à la formation de sulfate de baryte *insoluble*.

96. **Applications.** — L'acide sulfurique a de nombreuses applications dans l'industrie ; il est également très-employé dans les laboratoires.

Citons son emploi dans la préparation de l'hydrogène, des acides sulfureux, azotique, carbonique, chlorhydrique, fluorhydrique, etc., et de beaucoup d'acides organiques ; du phosphore ; des sulfates de fer, de cuivre, de soude, etc. ; dans la fabrication des phosphates solubles pour l'agriculture, etc.

VI. Acide sulfhydrique

$$HS = 17 = 2 \text{ vol.}$$

SOMMAIRE

Etat naturel.
Préparation. — 1° Par l'action d'un acide étendu sur le sulfure de fer artificiel :
$$FeS + HCl = HS + FeCl ;$$
$$FeS + HO,SO^3 = HS + FeO,SO^3.$$
2° Par l'action de l'acide chlorhydrique concentré sur le sulfure d'antimoine :
$$SbS^3 + 3HCl = 3HS + SbCl^3.$$

Propriétés. — Propriétés physiques. Liquéfaction par la méthode de Faraday.
Action de la chaleur.
Action de l'oxygène sec, à chaud ; action de l'oxygène humide, à la température ordinaire ; action de l'oxygène humide sous l'influence des corps poreux.
Action du chlore, du brome, de l'iode.
Action des métaux.
Action des composés binaires métalliques et des sels.
Action de l'acide azotique, de l'acide sulfurique, de l'acide sulfureux.
Action physiologique.
Caractères distinctifs.
Composition.
Applications.

07. Etat naturel. — L'acide sulfhydrique (*sulfure d'hydrogène* ou *hydrogène sulfuré*) se dégage du sol de certaines villes et résulte de l'action de l'acide carbonique de l'air sur le sulfure de calcium (08) qu'engendre la réduction du sulfate de chaux du sol par les matières organiques contenues dans les eaux ménagères.

Il existe en dissolution dans les *eaux minérales sulfureuses* (Enghien, Barèges, Aix-les-Bains, etc.) et provient de même des sulfates qui ont été d'abord transformés en sulfures par l'action réductrice des matières organiques, et ensuite décomposés par l'acide carbonique de l'air, en présence de l'eau.

La putréfaction des matières animales qui renferment du soufre (œufs, substance du cerveau, matières fécales, etc.) engendre de l'acide sulfhydrique.

98. Préparation. — On l'obtient par l'action d'un acide sur un sulfure, comme le sulfure de fer FeS, ou le sulfure d'antimoine SbS^3.

1° *Par le sulfure de fer artificiel et un acide étendu.* — La préparation se fait à froid dans l'appareil à hydrogène (fig. 70), où l'on introduit des fragments de sulfure de fer, et, par dessus, de l'acide chlorhydrique ou de l'acide sulfurique étendus ; il se dégage de l'acide sulfhydrique d'après les équations :

$$FeS+HCl=HS+FeCl;$$
$$FeS+HO,SO^3=HS+FeO,SO^3.$$

On préfère l'acide chlorhydrique à l'acide sulfurique : avec ce dernier, il se forme du sulfate de fer, qui, moins soluble

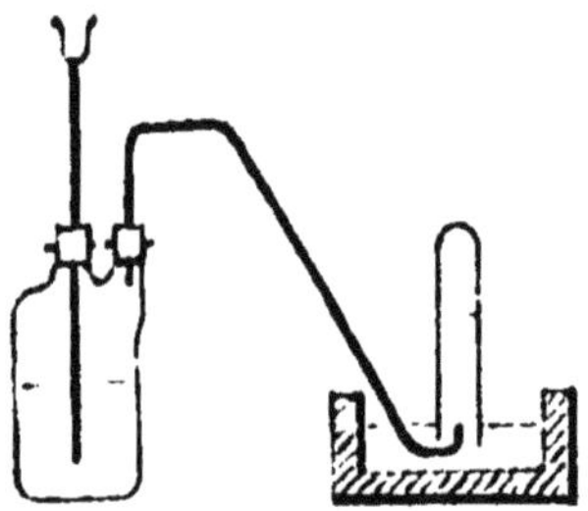

Fig. 70

que le chlorure de fer, cristallise sur le sulfure non encore attaqué qu'il soustrait ainsi à l'action de l'acide. — Le gaz sulfhydrique étant soluble dans l'eau, on le recueille sur la cuve à mercure, ou même sur la cuve à eau salée, liquide qui en dissout beaucoup moins que l'eau pure.

Ce procédé fournit de l'acide sulfhydrique mêlé à un peu d'*hydrogène* résultant de l'action de l'acide sulfurique sur le fer libre que renferme toujours le sulfure de fer employé (on obtient ce sulfure de fer en chauffant au rouge un mélange de limaille de fer et de fleur de soufre ; la transformation du fer en sulfure n'est pas complète).

2° *Par le sulfure d'antimoine et l'acide chlorhydrique concentré.* — On chauffe dans un ballon (fig. 71) du sulfure d'antimoine SbS^3 avec de l'acide chlorydrique ; il se produit du chlorure d'antimoine $SbCl^3$, qui reste, et de l'acide sulfhydrique qui se dégage et qu'on recueille sur la cuve à mercure ou sur la cuve à eau salée :

$$SbS^3+3HCl=3HS+SbCl^3.$$

Dans l'un et l'autre procédé, il est bon de faire passer le gaz dans un flacon contenant de l'eau qui retient l'acide chlorhydrique entraîné. Si l'on veut obtenir l'acide sulfhy-

drique sec, on le fait ensuite passer à travers une éprouvette
à pied contenant du chlorure de calcium (fig. 71).

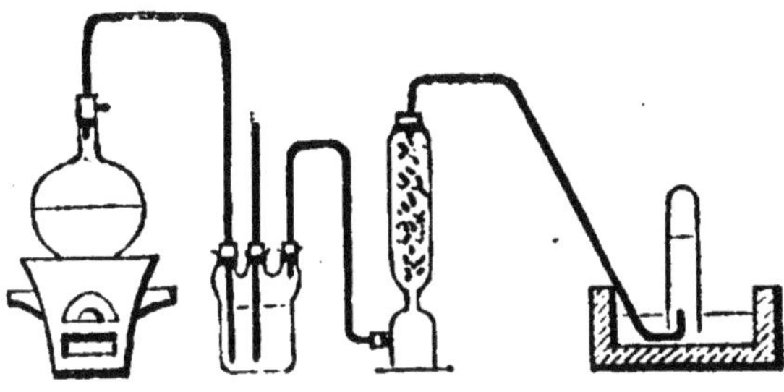

Fig. 71

Dissolution. — Pour obtenir une dissolution d'acide sulfhydrique, on fait passer un courant de ce gaz dans les flacons de
l'appareil de Woolf dont le premier contient seulement un

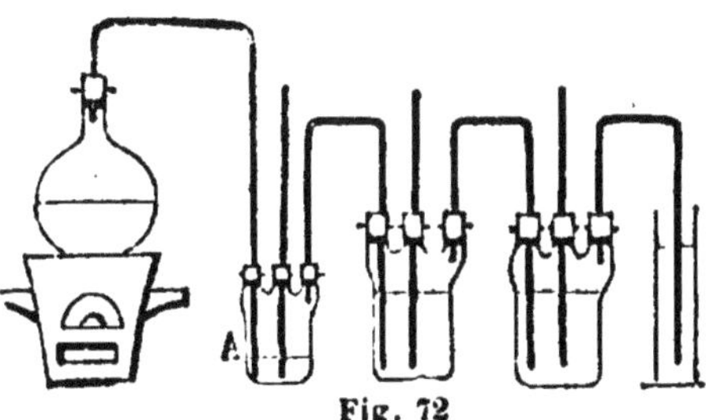

Fig. 72

peu d'eau destinée à retenir l'acide chlorhydrique ou sulfurique
entraîné ; l'acide sulfhydrique se dissout dans l'eau qui remplit les autres flacons (fig. 72).

99. Propriétés. — *Propriétés physiques.* — Gaz incolore,
possédant une odeur et une saveur fétides (celles des œufs
pourris). Densité 1,19. Soluble dans l'eau ; son coefficient de
solubilité à 0° est 4,37.

On le liquéfie par la *méthode de Faraday* : elle consiste à
soumettre le gaz à liquéfier à la pression considérable qu'il
exerce sur lui-même dans un tube
de verre coudé (fig. 73) dont une
des branches renferme des matières
qui dégagent de grandes quantités
de ce gaz, et dont l'autre, qu'on
refroidit, a été fermée à la lampe ;
lorsque la force élastique du gaz
dégagé est devenue égale à la tension maximum du même corps,
considéré comme vapeur de son

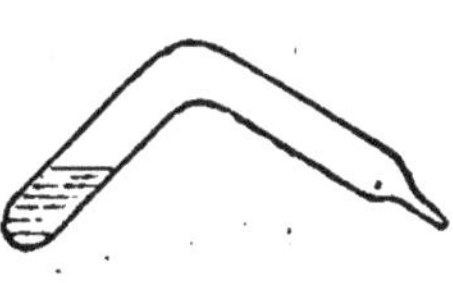

Fig. 73

liquide, à la température de la branche refroidie, la liquéfaction commence.

Ici, la substance employée est le bisulfure d'hydrogène,
HS^2, qui se décompose à la température ordinaire (on active
la décomposition en chauffant légèrement) en soufre qui cristallise, et en acide sulfhydrique qui se liquéfie dans la branche froide (force élastique maximum de l'acide sulfhydrique :
2 atmosphères à — 50° ; 14 atmosph. environ à 10°).

100. *Action de la chaleur.* — L'acide sulfhydrique fortement chauffé se dissocie en hydrogène et en soufre.

Action des métalloïdes. — L'acide sulfhydrique est attaqué
par divers métalloïdes, comme l'oxygène, le chlore, le brome,
l'iode.

En présence de l'*oxygène* ou de l'air secs, et à l'approche d'un
corps enflammé, l'acide sulfhydrique brûle avec une flamme
bleue ; il se produit de la vapeur d'eau et de l'acide sulfureux :

$$HS + 3O = HO + SO^2.$$

La réaction s'accomplit avec explosion quand les deux gaz
sont mélangés dans le rapport de 2 vol. d'acide sulfhydrique
et de 3 vol. d'oxygène, qu'indique l'équation précédente. Si
l'oxygène est en quantité insuffisante, il se dépose du soufre
non brûlé : c'est ce qui se produit quand on enflamme à l'air
l'acide sulfhydrique contenu dans une éprouvette.

L'oxygène et l'acide sulfhydrique secs n'ont pas d'action l'un
sur l'autre à la température ordinaire.

Sous l'influence de l'humidité, l'oxygène froid oxyde partiellement l'acide sulfhydrique avec formation d'eau et dépôt
de soufre :

$$HS + O = HO + S;$$

de là la nécessité de faire les dissolutions d'acide sulfhydrique
dans de l'eau privée d'air par l'ébullition, et de les conserver
dans des flacons remplis et bien bouchés ; autrement, l'acide
sulfhydrique se transforme en eau et abandonne une poussière de soufre qui rend le liquide laiteux.

La réaction de l'oxygène humide sur l'acide sulfhydrique
est beaucoup plus énergique lorsque ces deux gaz sont en
présence d'un corps poreux, surtout si on élève la température jusqu'à 40 ou 50 degrés ; il se forme de l'acide sulfurique
HO,SO^3 :

$$HS + 4O = HO,SO^3 ;$$

c'est ce qui se produit, par exemple, quand on fait passer de
l'acide sulfhydrique et de l'oxygène humides dans un tube de
verre renfermant des morceaux de linge.

Le *chlore*, le *brome* et l'*iode* enlèvent l'hydrogène à l'acide

sulfhydrique ; il se dépose du soufre et il se forme un hydracide :

$$HS + Cl = HCl + S$$

Action des métaux. — Un grand nombre de métaux (potassium, sodium, fer, zinc, cuivre, plomb, étain, argent, mercure, etc.), décomposent l'acide sulfhydrique en soufre qui
s'unit au métal, et en hydrogène qui devient libre.

L'or, le platine, l'aluminium, n'ont pas d'action sur l'acide
sulfhydrique.

Action des composés métalliques. — Les sels, les *oxydes*, les
chlorures métalliques, mis en présence de l'acide sulfhydrique,
donnent souvent lieu à une double décomposition avec formation d'un sulfure et d'un corps résultant de la substitution
de l'hydrogène au métal du composé.

Ainsi, avec les oxydes, comme l'oxyde de plomb, l'oxyde de
zinc, etc., on a la réaction

$$PbO + HS = HO + PbS.$$

Avec les chlorures, comme le chlorure de cuivre,

$$CuCl + HS = HCl + CuS.$$

Avec les sels, comme l'azotate de plomb,

$$PbO,AzO^5 + HS = HO,AzO^5 + PbS.$$

Lorsque la réaction de l'acide sulfhydrique sur une dissolution d'un composé métallique engendre un sulfure insoluble
(sulfures de plomb, de cuivre, de bismuth, de mercure, d'argent, d'étain, etc.), la formation de ce sulfure se manifeste par
un *trouble* ou *précipité* dont l'apparition, la couleur, etc., peuvent servir à caractériser le métal du composé : de là l'emploi
de l'acide sulfhydrique dans l'analyse (les sulfures de plomb
et de cuivre sont noirs ; celui de cadmium est jaune ; celui de
zinc est blanc, etc.).

Action des acides. — L'acide *azotique* concentré, versé dans
un flacon rempli de gaz sulfhydrique, donne des vapeurs rutilantes d'acide hypoazotique et un dépôt de soufre :

$$HS + HO,AzO^5 = 2HO + AzO^4 + S.$$

Il peut même y avoir inflammation.

L'acide *sulfurique* concentré réagit sur l'acide sulfhydrique
à température peu élevée :

$$HS + HO,SO^3 = 2HO + S + SO^2 ;$$

c'est-à-dire qu'il se forme de l'eau, de l'acide sulfureux et du
soufre. Aussi ne peut-on employer l'acide sulfurique pour dessécher l'acide sulfhydrique.

L'acide *sulfureux* et l'acide sulfhydrique, à température élevée, réagissent en donnant du soufre et de l'eau :

$$SO^2 + 2HS = 3S + 2HO.$$

En présence de l'eau, les deux corps réagissent même à la température ordinaire ; il se produit du soufre, de l'eau, et de l'acide pentathionique S^5O^5 :

$$5SO^2 + 5HS = 5S + 5HO,S^5O^5 ;$$

c'est par cette réaction que s'explique la formation des dépôts de soufre des environs des solfatares (71).

Action physiologique. — L'acide sulfhydrique est très vénéneux : d'après Thénard, un oiseau meurt rapidement dans une atmosphère qui renferme 1/1500 de ce gaz. Mais son odeur est tellement accusée qu'on est averti de sa présence, même quand l'atmosphère n'en renferme que des traces.

101. *Caractères distinctifs.* — Ce corps se reconnaît à son odeur, à son action sur le tournesol qu'il rougit faiblement, au précipité noir qu'il produit quand on le fait passer dans une dissolution d'azotate ou d'acétate de plomb, ou à la coloration noire qu'il communique à un papier imprégné de ces dissolutions.

102. *Composition.* — Un volume d'acide sulfhydrique renferme un volume d'hydrogène et un demi-volume de vapeur de soufre.

Pour le prouver, on chauffe un morceau d'étain dans une cloche courbe contenant un certain volume d'acide sulfhydrique (fig. 74). Ce gaz est décomposé par l'étain qui absorbe le soufre en se transformant en sulfure d'étain, et l'hydrogène reste libre. Après refroidissement, on constate que le volume de l'hydrogène est égal au volume primitif. Ainsi, un volume V d'acide sulfhydrique est formé d'un volume égal d'hydrogène, et d'un volume x de vapeur de soufre qu'on détermine au moyen de l'équation suivante : elle exprime que le poids d'un volume V d'acide sulfhydrique est égal au poids d'un volume V d'hydrogène augmenté du poids d'un

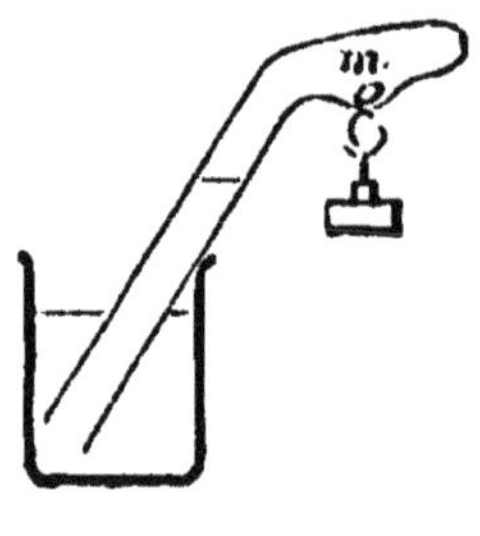

Fig. 74

volume x de vapeur de soufre ; a, poids d'un litre d'air dans les conditions de l'expérience.

$$V \times a \times 1,19 = (V \times a \times 0,0693) + (x \times a \times 2,2)$$

d'où on tire
$$x = \frac{V}{2}.$$

L'équivalent en volume de la vapeur de soufre étant égal à 1 vol., la formule la plus simple de l'acide sulfhydrique est HS. C'est aussi celle qui a été adoptée, parce qu'elle représente le poids de cet acide qu'il faut faire réagir sur un équivalent d'un oxyde basique pour le transformer en sulfure (100).

Cette formule HS correspond à 2 volumes.

103. Application. — L'acide sulfhydrique est surtout employé dans l'analyse des sels.

CHAPITRE IV

COMPOSÉS OXYGÉNÉS ET HYDROGÉNÉS DE L'AZOTE

PHOSPHORE ET SES COMPOSÉS

I. Généralités sur les composés oxygénés de l'azote

SOMMAIRE

Il existe six composés oxygénés de l'azote :

$$
\begin{aligned}
&\text{Le protoxyde d'azote} \dots && AzO, \\
&\text{Le bioxyde d'azote} \dots && AzO^2, \\
&\text{L'acide azoteux,} \dots && AzO^3, \\
&\text{L'acide hypoazotique} \dots && AzO^4, \\
&\text{L'acide azotique} \dots && AzO^5, \\
&\text{L'acide perazotique} \dots && AzO^6.
\end{aligned}
$$

Tous ces corps, considérés à l'état de gaz anhydres, sont des composés endothermiques.

Ils sont décomposables par la chaleur rouge en oxygène et azote.

L'hydrogène les réduit tous au rouge à l'état d'azote avec production d'eau.

Ils fonctionnent généralement comme oxydants.

104. Généralités. — Il existe six composés oxygénés de l'azote ; deux sont des oxydes neutres, les quatre autres sont des acides :

$$
\begin{aligned}
&\text{Le protoxyde d'azote} \dots && AzO, \\
&\text{Le bioxyde d'azote} \dots && AzO^2, \\
&\text{L'acide azoteux} \dots && AzO^3, \\
&\text{L'acide hypoazotique} \dots && AzO^4, \\
&\text{L'acide azotique} \dots && AzO^5, \\
&\text{L'acide perazotique,} \dots && AzO^6.
\end{aligned}
$$

Cette série de corps, dont la composition est représentée par les formules ci-dessus, vérifie la loi des *proportions multiples*. Elle offre, d'autre part, une vérification de la loi de Gay-Lussac : cela résulte du tableau suivant.

$$
\begin{aligned}
&2 \text{ vol. d'azote et } 1 \text{ vol. d'oxygène forment } 2 \text{ vol. de } AzO ; \\
&2 \quad\quad - \quad\quad 2 \quad\quad - \quad\quad 4 \quad\quad AzO^2 ; \\
&2 \quad\quad - \quad\quad 3 \quad\quad - \quad\quad \text{vol. inconnu } AzO^3 ; \\
&2 \quad\quad - \quad\quad 4 \quad\quad - \quad\quad 4 \quad\quad AzO^4 ; \\
&2 \quad\quad - \quad\quad 5 \quad\quad - \quad\quad \text{vol. inconnu } AzO^5 ; \\
&2 \quad\quad - \quad\quad 6 \quad\quad - \quad\quad 4 \quad\quad AzO^6 ;
\end{aligned}
$$

la densité de vapeur des acides azoteux et azotique est inconnue (ces corps se décomposent quand on les chauffe pour les vaporiser), de sorte qu'il est impossible de déterminer leur équivalent en volume par la méthode qui a servi à fixer l'équivalent en volume de l'eau (25).

Tous ces corps, considérés à l'état de gaz anhydres, sont des *composés endothermiques* ; leur décomposition s'effectue avec dégagement de chaleur. Ils sont par suite peu stables.

La *chaleur* les décompose tous. Le moins instable est l'acide hypoazotique AzO^4 : il résiste sans décomposition à la température de 500° ; mais il se décompose complètement au rouge vif en azote et oxygène. Il s'en forme dans la décomposition des autres par la chaleur.

L'hydrogène les réduit tous au rouge à l'état d'azote avec production d'eau.

Dans cette réaction, et dans beaucoup d'autres, les composés oxygénés de l'azote fonctionnent donc comme *oxydants*. La quantité de chaleur dégagée par l'oxydation d'un corps dans ces conditions est plus grande que celle qu'engendre l'oxydation directe du même corps par l'oxygène libre, à cause de la chaleur dégagée par la décomposition préalable du composé oxygéné de l'azote.

II. Protoxyde d'azote

$$AzO = 22 = 2 \text{ vol.}$$

SOMMAIRE

Historique.
Préparation. — On obtient ce corps en décomposant l'azotate d'ammoniaque par la chaleur :

$$(AzH^4)O,AzO^5 = 4HO + 2Az.$$

Propriétés. — Propriétés physiques. Liquéfaction par compression : appareil de Natterer.

Décomposition du protoxyde d'azote par la chaleur et par les étincelles électriques.

Les combustibles bien allumés brûlent mieux dans ce gaz que dans l'air. — Action de l'hydrogène : 1° sous l'influence de la chaleur ou des étincelles électriques ; 2° sous l'influence de la mousse de platine.

Propriétés physiologiques : c'est un anesthésique.

Caractères distinctifs.

Composition.

Applications.

105. **Historique.** — Le protoxyde d'azote a été découvert par Priestley, et étudié principalement par Davy qui l'appela

gaz hilarant, à cause de ses propriétés physiologiques (108).

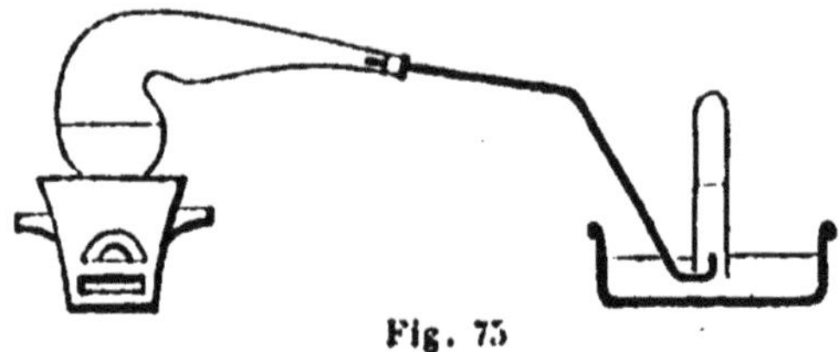

Fig. 75

106. Préparation. — On l'obtient en décomposant l'*azotate d'ammoniaque* $(AzH^4)O,AzO^5$ par une douce chaleur, dans une cornue de verre (fig. 75) ; il se forme de l'eau et du protoxyde d'azote qu'on recueille sur la cuve à eau.

$$(AzH^4)O,AzO^5 = 4HO + 2AzO.$$

107. Propriétés. — *Propriétés physiques.* — Gaz incolore, inodore ; saveur légèrement sucrée. Densité 1,527. Son coefficient de solubilité dans l'eau à 0° est 1,3.

Facilement liquéfiable par compression ; à 0°, sa liquéfaction s'effectue sous une pression de 30 atmosphères. — Faraday, le premier, l'a liquéfié par la méthode précédemment décrite (99), en décomposant par la chaleur l'azotate d'ammoniaque enfermé dans une des branches d'un tube courbé clos, à parois épaisses. — On obtient facilement de grandes quantités de protoxyde d'azote liquide au moyen de l'appareil de Natterer (perfectionné par Bianchi), que représente la fig. 76 : le protoxyde d'azote à liquéfier est puisé dans un sac de caoutchouc par une petite pompe de compression P, qui le refoule dans un réservoir de bronze R refroidi par de la glace, où il se liquéfie. Le tube T qui entoure le corps de pompe est traversé par un courant d'eau froide destiné à empêcher l'échauffement que produirait le mouvement du piston. Pour recueillir le liquide obtenu, on sépare le récipient du corps de pompe et on l'incline de manière à faire sortir le liquide par le robinet à vis *r*.

La grande volatilité du protoxyde d'azote liquide le fait souvent employer pour obtenir de basses températures ; on augmente l'énergie du refroidissement en activant sa vaporisation, soit

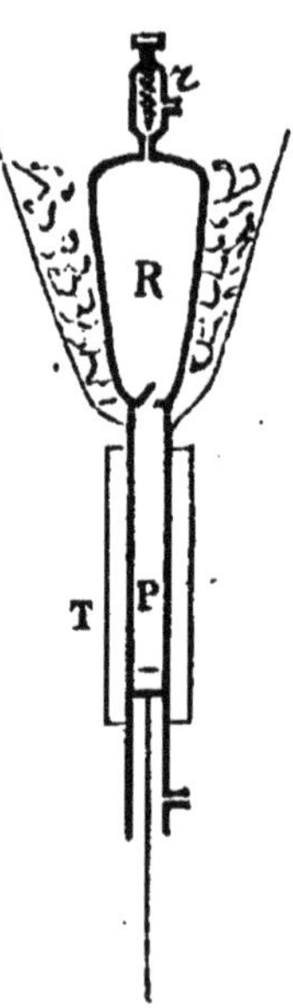

Fig. 76

au moyen d'un courant d'air qu'on fait passer dans sa masse (disposition décrite au n° 82), soit par l'action du vide ; dans ce dernier cas, on peut obtenir un refroidissement capable de solidifier la portion de protoxyde d'azote non encore vaporisée (cette solidification s'effectue à — 100°) ; on peut même aller jusqu'à — 140° : à cette température, la plus basse qu'on ait encore obtenue, l'alcool est visqueux au point de ne pas s'écouler quand on retourne le vase qui le renferme (on obtient d'ailleurs plus facilement ce refroidissement à — 140° avec un mélange de sulfure de carbone et de protoxyde d'azote liquide).

108. *Propriétés chimiques.* — Le protoxyde d'azote se décompose complètement par la *chaleur* rouge en azote et oxygène.

Il est aussi décomposé par les *étincelles électriques* : dans ce cas on obtient non seulement de l'azote et de l'oxygène, mais encore de l'acide hypoazotique AzO^4 dont la production peut s'expliquer par l'action des étincelles sur le mélange d'azote et d'oxygène provenant de la décomposition du protoxyde d'azote (44).

Les *corps combustibles* (phosphore, soufre, carbone) préalablement enflammés brûlent mieux dans le protoxyde d'azote que dans l'air s'ils sont assez chauds, au moment de leur introduction dans AzO, pour pouvoir décomposer ce corps en Az et O : ils déterminent ainsi la formation, avec dégagement de chaleur, d'une atmosphère plus riche en oxygène que l'air ordinaire. — On peut répéter avec ce gaz les expériences de combustion faites avec l'oxygène (fig. 77); mais elles ont moins d'éclat.

Fig. 77

Un mélange à volumes égaux d'*hydrogène* et de protoxyde d'azote s'enflamme avec explosion à l'approche d'un corps allumé, ou par l'action des étincelles électriques ; il se produit de l'eau et de l'azote :

$$AzO + H = Az + HO.$$

Sous l'influence de la mousse de platine légèrement chauffée, la réaction de l'hydrogène sur le protoxyde d'azote est plus complète : l'hydrogène s'unit non seulement à l'oxygène pour former de l'eau, mais encore à l'azote pour former du gaz ammoniac AzH^3 :

$$AzO + 4H = AzH^3 + HO.$$

109. *Propriétés physiologiques.* — Les propriétés *physiologiques* du protoxyde d'azote ont été signalées par Davy. Inspiré en petite quantité dans les poumons, ce gaz provoque une sorte d'ivresse accompagnée d'hallucinations agréables et d'accès de rire spasmodique : de là le nom de *gaz hilarant* qui lui a été donné. Respiré pendant un temps plus long, il fait perdre connaissance et produit l'*anesthésie* ou insensibilité physique : la sensibilité reparaît d'ailleurs après quelques instants. — Si on le respirait trop longtemps, il déterminerait l'asphyxie.

M. Paul Bert a indiqué un moyen de produire, sans danger d'asphyxie, une anesthésie de grande durée (pouvant être utilisée pour des opérations chirurgicales importantes) au moyen d'un mélange de protoxyde d'azote et d'oxygène, dans des conditions particulières de pression.

110. *Caractères distinctifs.* — Le protoxyde d'azote se reconnaît aux caractères suivants :

Une allumette qu'on vient d'éteindre et qui a conservé un point rouge se rallume dans ce gaz comme dans l'oxygène. Pour le distinguer de ce dernier, on fait arriver quelques bulles de bioxyde d'azote dans l'éprouvette qui le renferme : il ne se produit pas de vapeurs rouges comme cela a lieu avec l'oxygène (114).

111 *Analyse.* — Un volume de protoxyde d'azote renferme un vol. d'azote et un demi-volume d'oxygène. C'est ce qui résulte des analyses faites par les méthodes suivantes.

1° Dans un eudiomètre on introduit 100 centimètres cubes de protoxyde d'azote et 100 centimètres cubes d'hydrogène, et on fait passer l'étincelle électrique ; il se forme de l'eau, et on constate qu'il reste 100 cmc. d'azote. On en conclut que les 100 cmc. de protoxyde d'azote soumis à l'expérience renfermaient 100 cmc. d'azote et les 50 cmc. d'oxygène qui se sont combinés avec les 100 cmc. d'hydrogène introduits pour former de l'eau.

2° On chauffe un certain volume V de protoxyde d'azote dans une cloche courbe (fig. 78) avec un morceau de potassium ou mieux de sulfure de baryum BaS : l'oxygène est absorbé, et il reste de l'azote dont le volume est égal au volume V du gaz primitif. Il résulte de là qu'un certain vol. V de protoxyde d'azote est formé d'un vol. égal d'azote et d'un volume x d'oxygène qu'on détermine au moyen de l'équation suivante : elle exprime que le poids d'un vol. V de protoxyde d'azote est égal au poids d'un volume V

Fig. 78

d'azote, plus le poids d'un volume x d'oxygène, a étant le poids du litre d'air dans les conditions de l'expérience.

$$V \times a \times 1,572 = (V \times a \times 0,07) + (x \times a \times 1,1056) \ ;$$

d'où on tire $$x = \frac{V}{2}.$$

On préfère le sulfure de baryum au potassium parce que celui-ci absorbe une petite quantité d'azote, ce qui fausse les résultats.

L'équivalent en volume de l'azote étant 2 vol., la formule la plus simple du protoxyde d'azote est AzO. — L'équivalent en volume du protoxyde d'azote est donc 2 vol.

112. Applications. — On l'emploie comme anesthésique, et pour obtenir de basses températures.

III. Bioxyde d'azote

$$AzO^3 = 30 = 4 \text{ vol.}$$

SOMMAIRE

Préparation. — 1° On obtient le bioxyde d'azote par l'action du cuivre sur l'acide azotique étendu :

$$3Cu + 4(HO,AzO^5) = 3(CuO,AzO^5) + AzO^3 + 4HO.$$

2° On peut encore le préparer par l'action du sulfate de fer sur l'acide azotique :

$$6(FeO,SO^3) + HO,AzO^3 = 3(Fe^2O^3,2SO^3) + AzO^2 + HO.$$

Propriétés. — Propriétés physiques.

Décomposition du bioxyde d'azote par la chaleur et les étincelles électriques.

Il se transforme en vapeurs rouges d'acide hypoazotique au contact de l'oxygène libre ou de l'air, à la température ordinaire. — Action de l'acide azotique.

Les combustibles bien allumés et qui dégagent assez de chaleur pour décomposer le bioxyde d'azote en ses éléments brûlent mieux dans ce gaz que dans l'air. — Action de l'hydrogène : 1o sous l'influence de la chaleur, 2o sous l'influence de la mousse de platine. — Combustion du sulfure de carbone en présence du bioxyde d'azote.

Absorption du bioxyde d'azote par le sulfate de fer.

Composition.

113. Préparation. — 1° On obtient le bioxyde d'azote en traitant à froid l'*acide azotique* étendu par le *cuivre* en tournure, dans un flacon à deux tubulures; on recueille sur la cuve à eau (fig. 79).

$$3Cu+4(HO,AzO^5)=3(CuO,AzO^5)+AzO^3+4HO.$$

Au commencement de l'expérience, des vapeurs rouges

d'acide hypoazotique apparaissent dans le flacon et proviennent de la transformation du bioxyde d'azote AzO^2 en acide hypoazotique AzO^4 par l'oxygène de l'air intérieur ; ces vapeurs se dissolvent ; il en résulte une raréfaction, à la suite

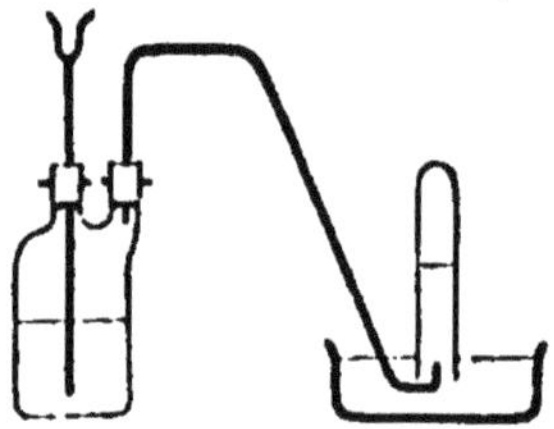

Fig. 79

de laquelle quelques bulles d'air extérieur pénètrent dans le flacon par le tube à entonnoir ; l'oxygène de cet air transforme une nouvelle quantité de bioxyde d'azote en acide hypoazotique, qui se dissout encore, et ainsi de suite. L'azote amené par l'air s'accumule dans le flacon, à mesure que s'effectue l'absorption de l'oxygène. Lorsqu'il ne reste plus d'oxygène et que le flacon est plein d'azote, les vapeurs rouges cessent de se former, et le bioxyde d'azote commence à sortir par le tube de dégagement, entraînant avec lui l'azote ; on perd les premières portions qui s'échappent, après quoi on recueille le gaz dans des éprouvettes. — En même temps que du bioxyde d'azote il se produit du protoxyde d'azote et même de l'azote résultant d'une réduction plus complète de l'acide azotique, réduction favorisée par l'élévation de température qui se produit, surtout avec l'acide azotique concentré, et même avec l'acide étendu, si l'on ne prend pas la précaution de refroidir le flacon en le plaçant dans un vase plein d'eau froide.

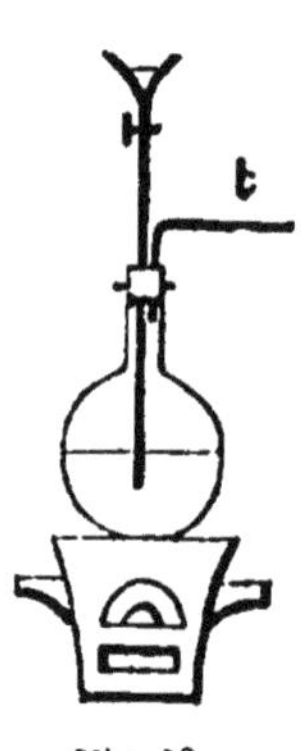

Fig. 80

En traitant l'acide azotique étendu par l'argent ou le mercure, on obtient du bioxyde d'azote plus pur.

2° Pour avoir du bioxyde d'azote pur, on fait arriver un courant continu d'acide azotique, par un tube à entonnoir, dans une dissolution bouillante de sulfate de protoxyde de fer FeO,SO^3 ; ce sel réduit l'acide azotique à l'état de bioxyde d'azote en se transformant en sulfate de sesquioxyde de fer $Fe^2O^3,2SO^3$; le bioxyde d'azote se dégage par le tube abducteur t (fig. 80).

$$6(FeO,SO^3) + HO,AzO^5 = 3(Fe^2O^3,2SO^3) + AzO^2 + HO.$$

114. Propriétés. — *Propriétés physiques.* — Gaz incolore ; odeur et saveur inconnues. Densité 1,03. Son coefficient de solubilité à 0° est 1/30 environ. Il a été liquéfié pour la première fois, ainsi que les autres gaz dits *permanents*, par M. Cailletet, en 1877.

115. *Propriétés chimiques.* — La *chaleur* le décompose. Les produits de sa décomposition dépendent de la température : au *rouge vif*, il se décompose en azote et oxygène ; au *rouge sombre*, il se résout en azote, protoxyde d'azote et acide hypoazotique.

Les *étincelles électriques* le décomposent en azote et acide hypoazotique :

$$2AzO^2 = AzO^4 + Az.$$

La propriété caractéristique du bioxyde d'azote est celle qu'il possède de se transformer en vapeurs rouges d'acide hypoazotique en présence de l'*oxygène* libre à la température ordinaire ; c'est ce qui se produit lorsqu'il arrive au contact de l'air. — On met cette propriété à profit pour distinguer le protoxyde d'azote de l'oxygène, dont le rapprochent ses propriétés comburantes.

Le bioxyde d'azote réduit l'acide azotique suivant l'équation

$$AzO^2 + 2(HO,AzO^5) = 3AzO^4 + 2HO ;$$

il se produit de l'acide hypoazotique qui se dissout dans l'excès d'acide azotique en le colorant en brun s'il est concentré [si l'acide azotique est moyennement étendu, l'acide hypoazotique formé se dédouble (121) en acide azotique et acide azoteux, liquide *bleu ;* si l'acide azotique est très étendu, l'acide hypoazotique se dédouble en acide azotique et bioxyde d'azote (121) ; de là les colorations différentes communiquées par le bioxyde d'azote à l'acide azotique suivant la concentration de ce dernier].

Le bioxyde d'azote agit comme *comburant* en présence des corps (charbon, phosphore) préalablement allumés et dégageant assez de chaleur pour le décomposer en azote et oxygène. Cette décomposition exige une température plus élevée que celle du protoxyde d'azote ; de sorte que le soufre enflammé, par exemple, qui décompose facilement le protoxyde d'azote et brûle ensuite dans l'atmosphère d'azote et d'oxygène qui en résulte, s'éteint quand on l'introduit dans le bioxyde d'azote parce qu'il ne dégage pas assez de chaleur, dans les conditions ordinaires, pour décomposer ce dernier gaz. Une allumette qui a conservé un point rouge ne se rallume pas dans le bioxyde d'azote. Mais le *charbon* et le *phosphore* bien allumés y brûlent avec un grand éclat : ils le décomposent

d'abord en azote et oxygène et déterminent ainsi la formation, avec dégagement de chaleur, d'une atmosphère plus
riche en oxygène que l'air ordinaire et que celle qu'engendre
la décomposition du protoxyde d'azote.

Les réactions de l'*hydrogène* sur le bioxyde d'azote sont
analogues à celles de l'hydrogène sur le protoxyde d'azote.

1° A température élevée (lorsqu'on fait passer les deux gaz
dans un tube de porcelaine chauffé au rouge) il se produit de
l'eau et de l'azote :

$$AzO^2 + 2H = Az + 2HO.$$

2° Sous l'influence de la mousse de platine légèrement
chauffée, il se forme de l'eau et de l'ammoniaque :

$$AzO^2 + 5H = AzH^3 + 2HO.$$

Le bioxyde d'azote joue encore le rôle de *comburant* vis-à-
vis du sulfure de carbone CS^2, qui brûle vivement lorsqu'il est
mélangé avec le bioxyde d'azote ; cette
combustion s'effectue de la manière suivante : on verse quelques gouttes de sulfure de carbone dans un grand flacon à
large ouverture ou dans un long tube préalablement remplis de bioxyde d'azote ; on
agite et on approche un corps allumé : le
mélange de bioxyde d'azote et de vapeur de
sulfure de carbone brûle avec une flamme
bleue très éclairante et assez riche en *rayons
chimiques* pour pouvoir provoquer l'explosion d'un mélange de chlore et d'hydrogène
(161), ou pour pouvoir servir, à défaut de
la lumière solaire, à l'éclairage des objets
qu'on veut photographier. Dans ce dernier
cas, on peut employer le dispositif suivant : on fait bouillir au bain-marie (60°)
le sulfure de carbone que renferme un
ballon B (fig. 81) ; la vapeur s'en échappe
par un tube *t* à l'extrémité duquel on
l'enflamme ; après quoi on recouvre ce

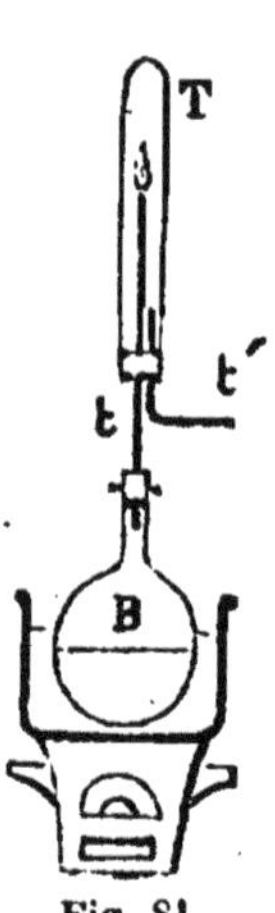

Fig. 81

tube d'un autre plus large T, où l'on fait arriver un courant
de bioxyde d'azote par le tube *t'* : la flamme acquiert un
grand éclat et peut servir à des expériences photographiques.

Le bioxyde d'azote est absorbé par une dissolution concentrée de sulfate de protoxyde de fer FeO,SO^3 et forme avec ce
corps une combinaison brune, peu stable, qui répond à la formule $[4(FeO,SO^3)+AzO^2]$, et d'où on peut dégager le bioxyde
d'azote absorbé, soit par l'action du vide, soit par la chaleur
(la *dissociation* de ce composé présente les mêmes particularités que celle de la combinaison d'ammoniaque et de chlorure d'argent que nous étudierons plus loin ; v. n° 135).

Cette propriété du sulfate de fer est utilisée pour séparer le bioxyde d'azote des autres gaz d'un mélange.

116. *Composition.* — Un volume de bioxyde d'azote est composé d'un demi-volume d'azote et d'un demi-volume d'oxygène.

C'est ce qui résulte de son analyse, qui s'effectue comme celle du protoxyde d'azote, soit par la méthode eudiométrique (peu employée dans ce cas, l'étincelle électrique n'enflammant que difficilement le mélange d'hydrogène et de bioxyde d'azote), soit par l'emploi du sulfure de baryum dans la cloche courbe.

L'équivalent en volume de l'azote étant 2 vol., la formule la plus simple du bioxyde d'azote est AzO^2. L'équivalent en vol. du bioxyde d'azote est donc 4 vol.

IV. Acide azoteux
$$AzO^3 = 38$$

SOMMAIRE

Préparation. — On obtient l'acide azoteux par l'action de l'eau froide sur l'acide hypoazotique, qui, dans ces conditions, se dédouble en acide azoteux et acide azotique :
$$2AzO^4 = AzO^3 + AzO^5.$$
Propriétés. — Propriétés physiques.
Corps très-instable, qui se décompose partiellement pendant sa distillation.
C'est un oxydant énergique.
Composition.

117. Préparation. — On obtient l'acide azoteux en ajoutant un peu d'eau *froide* (température voisine de 0°) à de l'acide hypoazotique AzO^4 placé dans un tube de verre entouré d'un mélange réfrigérant. L'acide hypoazotique se dédouble dans ces conditions en acide azotique et acide azoteux :
$$2AzO^4 = AzO^5 + AzO^3 ;$$
deux couches apparaissent : l'inférieure, de couleur verte, est constituée par l'acide azoteux, liquide bleu, mélangé à une petite quantité d'acide hypoazotique non décomposé ; la couche supérieure, jaunâtre, est formée d'acide azotique coloré par un peu d'acide hypoazotique. En distillant le liquide inférieur à basse température et recueillant les vapeurs dans un récipient refroidi, on obtient de l'acide azoteux moins impur, mais souillé encore par une petite quantité d'acide hypoazotique.

On ne peut d'ailleurs jamais l'obtenir pur ; quel que soit le procédé de préparation employé, l'acide azoteux contient toujours un peu d'acide hypoazotique.

118. Propriétés. — L'acide azoteux anhydre est un liquide bleu indigo, qui bout vers 0°.

Il est très instable. — La distillation à 0° le décompose partiellement en bioxyde d'azote et acide hypoazotique :

$$2AzO^3 = AzO^2 + AzO^4 ;$$

ses vapeurs ne peuvent exister qu'en présence de ces produits de sa décomposition (bioxyde d'azote et acide hypoazotique). Le mélange des trois gaz AzO^3, AzO^2 et AzO^4 engendrés par la vaporisation de l'acide azoteux constitue ce qu'on nomme les *vapeurs nitreuses.*

L'acide azoteux est soluble dans l'eau ; la dissolution, surtout quand elle est un peu étendue, est plus stable que l'acide anhydre.

L'instabilité de l'acide azoteux en fait un oxydant très énergique ; dans la préparation de l'acide sulfurique (92), l'oxydation de l'acide sulfureux est due à l'acide azoteux plutôt qu'à l'acide azotique, qui, même s'il est concentré, agit beaucoup moins énergiquement sur l'acide sulfureux que l'acide azoteux.

119. *Composition.* — On la détermine par l'expérience synthétique suivante : dans un vase clos on introduit 4 volumes de bioxyde d'azote et 1 vol. d'oxygène, en présence d'une dissolution concentrée de potasse; il se forme uniquement de l'azotite de potasse. — Les 4 vol. de bioxyde d'azote renfermant 2 vol. d'azote et 2 vol. d'oxygène, il en résulte que l'acide azoteux produit est formé de 2 vol. d'azote et de 3 vol. d'oxygène.

Comme l'équivalent en volume de l'azote est 2 vol., la formule la plus simple de l'acide azoteux est AzO^3. La densité de vapeur de ce corps n'ayant pu être déterminée (puisqu'il se décompose quand on le vaporise), son équivalent en volume n'est pas connu (25,—104).

V. Acide hypoazotique

$$AzO^4 = 46 = 4 \text{ vol.}$$

SOMMAIRE

Préparation. — On obtient l'acide hypoazotique en chauffant au rouge l'azotate de plomb sec :

$$PbO,AzO^5 = PbO + AzO^4 + O.$$

Propriétés. — Propriétés physiques. — La densité de sa vapeur varie beaucoup avec la température.

Action de la chaleur et des étincelles électriques. C'est le plus stable des composés oxygénés de l'azote.

Action des bases : en présence des bases, il se dédouble en acide azoteux et acide azotique.

Action de l'eau : en présence d'une petite quantité d'eau froide il se comporte comme avec les bases.

C'est un oxydant énergique.

Composition.

---

120. Préparation. — On obtient ce corps en chauffant au rouge, dans une cornue résistante (en grès ou en verre vert), de l'azotate de plomb bien desséché, PbO,AzO⁵, qui se dédouble en oxyde de plomb PbO et en acide azotique anhydre AzO⁵ : celui-ci, ne pouvant exister à cette température, se décompose en oxygène et acide hypoazotique :

$$PbO,AzO^5 = PbO + AzO^4 + O.$$

L'oxyde de plomb reste dans la cornue, les vapeurs d'acide hypoazotique se condensent dans un tube refroidi T (fig. 82), et l'oxygène se dégage. .

121. Propriétés. — *Propriétés physiques.* — A la température ordinaire, l'acide hypoazotique est un liquide jaune rougeâtre ; sa couleur est d'ailleurs d'autant plus claire qu'il est plus froid. Densité 1,45. Il se solidifie à — 9°, et bout à 22°, en produisant des vapeurs *rutilantes* (rouge brun).

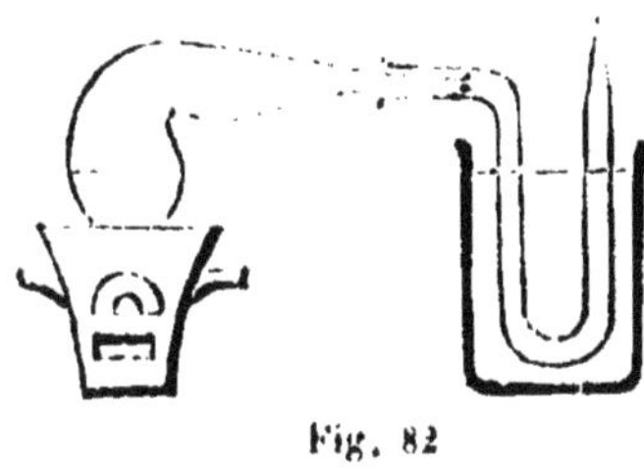

Contrairement à celle de la plupart des autres vapeurs, ou gaz, la densité de la vapeur d'acide hypoazotique varie beaucoup avec la température : elle est égale à 2,65 à la température ordinaire, et diminue jusqu'à 150° ; à partir de cette température

Fig. 82

elle est sensiblement constante et égale à 1,57 (nous avons vu que la vapeur de soufre présente la même particularité).

122. *Propriétés chimiques.* — C'est le plus stable des composés oxygénés de l'azote ; il ne se décompose complétement en oxygène et azote qu'au rouge vif.

Il est également décomposable en oxygène et azote par les étincelles électriques ; mais la décomposition est toujours incomplète, quelle que soit la durée de l'expérience ; cela résulte de ce que, si l'étincelle électrique a la propriété de décomposer l'acide hypoazotique, elle possède aussi celle de provoquer la combinaison de l'oxygène et de l'azote avec production d'acide hypoazotique ; de sorte que, soit qu'on cherche à décomposer AzO^4, soit qu'au contraire on veuille combiner l'oxygène et l'azote par les étincelles électriques, la réaction est toujours incomplète ; on arrive à un état d'équilibre à partir duquel il se forme autant d'acide hypoazotique qu'il s'en détruit dans le même temps.

Le fait le plus saillant de l'histoire chimique de l'acide hypoazotique est son action sur les *bases*. En présence d'une base, comme la potasse, il se dédouble en acide azoteux et acide azotique, et on obtient un mélange d'azotite et d'azotate de potasse :

$$2KO + 2AzO^4 = KO,AzO^3 + KO,AzO^5.$$

Ce fait permet de considérer l'acide hypoazotique comme un mélange d'acide azoteux et d'acide azotique, plutôt que comme un acide véritable ; aussi a-t-on proposé de remplacer le nom d'*acide hypoazotique* par celui d'*hypoazotide*.

Avec l'*eau*, il se comporte comme avec les bases : un peu d'eau froide ajoutée à l'acide hypoazotique contenu dans un tube entouré d'un mélange réfrigérant, dédouble ce corps en acide azoteux qui forme une couche inférieure bleue verdâtre, et en acide azotique légèrement jaunâtre qui surnage (117) :

$$2AzO^4 = AzO^3 + AzO^5.$$

Si l'eau est ajoutée en plus grande quantité, et si elle n'est pas froide, l'acide azoteux qui se forme d'abord se décompose en bioxyde d'azote et acide azotique :

$$3AzO^3 = 2AzO^2 + AzO^5 ;$$

on n'obtient donc finalement, dans ce cas, que du bioxyde d'azote et de l'acide azotique :

$$3AzO^4 = AzO^2 + 2AzO^5.$$

L'acide hypoazotique est un oxydant énergique.

Il est très corrosif, et dangereux à respirer.

123. *Composition.* — On la détermine par l'analyse en faisant passer la vapeur fournie par un poids connu d'acide hypoazotique sur de la tournure de cuivre contenue dans un tube chauffé au rouge. L'acide hypoazotique se décompose en oxygène qui se fixe sur le cuivre et en azote qu'on recueille dans des éprouvettes ; on mesure le volume de ce dernier et on en déduit son poids. Le poids de l'oxygène s'obtient par différence. On trouve ainsi qu'un poids P d'acide hypoazotique renferme un poids p d'azote, plus un poids p' d'oxygène, et que la formule la plus simple de ce corps est AzO^4.

La composition en volume se déduit facilement de la composition en poids à l'aide des densités des trois corps gazeux : azote, oxygène et acide hypoazotique. Si l'on désigne par V, v et v' les volumes correspondant aux poids P, p et p', on a, en représentant par a le poids du litre d'air dans les conditions de l'expérience :

$$V = \frac{P}{a \times 1,57} ; \qquad v = \frac{p}{a \times 0,97} ; \qquad v' = \frac{p'}{a \times 11,056}.$$

On trouve ainsi que $v = \dfrac{V}{2}$, et $v' = V$. Ainsi, un volume d'acide hypoazotique est formé de 1 vol. d'oxygène et de 1/2 vol. d'azote.

La formule AzO^4, déduite de la composition en poids, correspond donc à 4 vol., puisque $Az = 2$ vol. et $O = 1$ vol.

VI. Acide azotique anhydre

$$AzO^5 = 54.$$

SOMMAIRE

124. Préparation. — 1° L'acide azotique anhydre s'obtient par la déshydratation directe de l'*acide azotique ordinaire* ou *monohydraté* HO,AzO^5 au moyen d'un corps très avide d'eau, l'acide phosphorique anhydre PhO^5, qu'on introduit par petites portions dans l'acide azotique monohydraté refroidi à 0° :

$$HO,AzO^5 + PhO^5 = HO,PhO^5 + AzO^5.$$

On distille le mélange à température peu élevée : il se dégage des vapeurs d'acide azotique anhydre qu'on condense dans un récipient refroidi où ce corps cristallise.

2° On peut encore obtenir l'acide azotique anhydre par le procédé de M. Deville, en faisant passer du chlore sur de l'azotate d'argent sec, contenu dans un tube légèrement chauffé ; il se forme du chlorure d'argent et il se dégage de l'oxygène et de l'acide azotique anhydre ; ce dernier se condense et cristallise dans un récipient refroidi.

$$AgO,AzO^5 + Cl = AgCl + O + AzO^5.$$

125. Propriétés. — Corps solide, qui fond à 30° et bout à 47°. C'est un corps très instable, qui se décompose lentement à la température ordinaire en oxygène et acide hypoazotique ; la lumière active sa décomposition. A 80° elle est très rapide.

VII. Acide azotique hydraté

SOMMAIRE

Historique. Etat naturel.

Préparation. — On prépare l'acide azotique hydraté, dans les laboratoires, en traitant l'azotate de potasse par l'acide sulfurique :

$$KO,AzO^3 + 2(HO,SO^3) = KO,HO,2SO^3 + HO,AzO^3.$$

Dans l'industrie, on remplace l'azotate de potasse par l'azotate de soude.

Concentration et purification.

Propriétés. — Propriétés physiques des deux hydrates AzO^5,HO et $AzO^5,4HO$. Action de la lumière et de la chaleur sur ces deux hydrates.

Action de l'acide azotique sur les métalloïdes : sur l'hydrogène au rouge, sur l'hydrogène en présence de la mousse de platine, sur l'hydrogène naissant ; — sur le charbon ; — sur le phosphore.

Action sur les métaux. L'acide étendu attaque presque tous les métaux : cas du cuivre, du fer et du zinc, du potassium et du sodium, de l'étain et de l'antimoine. L'acide concentré n'attaque qu'un petit nombre de métaux ; fer passif.

Action sur les composés inorganiques.

Action sur les composés organiques : il les attaque en les oxydant ; dans certains cas, il engendre des produits de substitution.

Caractères distinctifs.

Composition.

Applications. — Préparation de divers corps ; essai des objets d'or ; gravure sur cuivre et sur acier.

---

126. Historique. Etat naturel. — *L'acide azotique hydraté*, qu'on désigne encore dans le commerce sous le nom d'*eau forte*, d'*acide nitrique*, est connu depuis très longtemps ; l'alchimiste arabe Geber (fin du VIIIe siècle ou commencement du IXe) a décrit un procédé de préparation de ce corps. Cavendish a déterminé sa composition approchée (1784), et Gay-Lussac sa composition exacte (1816).

L'acide azotique se trouve en petite quantité dans l'atmos-

phère (54), soit libre, soit à l'état d'azotate d'ammoniaque, et
provient du dédoublement de l'acide hypoazotique (122) formé
pendant les orages aux dépens de l'azote et de l'oxygène de
l'air.

Il existe à l'état de combinaison dans un certain nombre
d'autres azotates naturels (azotates de potasse, de soude, de
chaux, de magnésie) ; ces composés résultent de l'union de
diverses bases contenues dans le sol avec l'acide azotique qui
se forme par l'oxydation des substances organiques azotées
ou de l'ammoniaque provenant de la putréfaction de ces
matières azotées, etc. (133). Cette oxydation peut d'ailleurs s'effectuer, soit par l'ozone atmosphérique agissant directement,
soit par l'oxygène de l'air qui se fixe sur ces matières sous
l'influence d'un ferment (*ferment nitrique*) découvert par
MM. Schlœsing et Müntz : il consiste en corpuscules un peu
allongés qui se multiplient par bourgeonnement, et sont très
répandus dans la terre arable ainsi que dans toutes les eaux
contenant des matières organiques azotées, à l'élimination
desquelles il contribue (eaux d'égoût, etc.); il n'existe pas
dans l'air.

127. Préparation. — Pour obtenir dans les laboratoires
l'*acide azotique monohydraté* HO,AzO^5, on traite l'*azotate de
potasse* (salpêtre) KO,AzO^5 par l'*acide sulfurique concentré*
HO,SO^3. L'opération s'effectue à chaud dans une cornue de
verre dont le col s'engage dans celui d'un ballon sur lequel
on fait tomber un courant continu d'eau froide (fig. 83). Il
se forme du bisulfate de potasse $KO,HO,2SO^3$, et de l'acide
azotique ; ce dernier se vaporise et vient se condenser dans le
ballon refroidi.

$$KO,AzO^5 + 2(HO,SO^3) = KO,HO,2SO^3 + HO,AzO^5.$$

Le commencement et la fin de l'expérience sont marqués
par l'apparition, à l'intérieur de la cornue, de vapeurs rouges
d'acide hypoazotique. — Les vapeurs du commencement sont
dues à l'action exercée par l'acide sulfurique non encore transformé en sulfate sur les premières portions d'acide azotique
HO,AzO^5 mis en liberté : tant que l'acide sulfurique se trouve
grand excès par rapport à l'acide HO,AzO^5, il lui enlève toute
son eau et le transforme en acide anhydre AzO^5 ; celui-ci, ne
pouvant exister à la température de l'expérience, se dédouble
en oxygène et acide hypoazotique. — Pour recueillir tout
l'acide azotique de l'azotate employé, il faudrait, vers la fin
de l'expérience, chauffer assez fortement pour fondre le bisulfate formé qui, s'il restait solide, soustrairait l'azotate dissé-
miné dans sa masse à l'action de l'acide sulfurique ; mais
cette élévation de température décomposerait l'acide monohydraté HO,AzO^5 en vapeur d'eau, oxygène et nouvelles vapeurs rouges d'acide hypoazotique. Il faut donc arrêter l'opération quand les vapeurs rouges reparaissent, pour empêcher

l'acide azotique monohydraté condensé dans le ballon d'être
étendu par la vapeur d'eau et souillé par l'acide hypoazotique

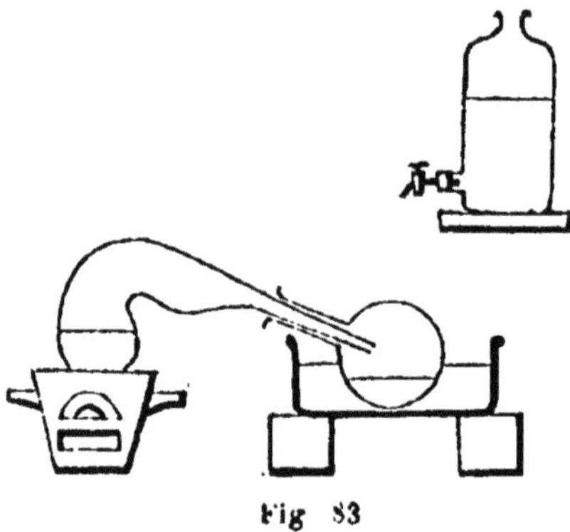

Fig 83

et par l'acide sulfurique entraîné, qui se dégagent alors de la
cornue.

L'acide ainsi obtenu contient un excès d'eau, et diverses
impuretés : acide hypoazotique qui le colore en jaune, acide
sulfurique entraîné, acide chlorhydrique provenant de l'action
de l'acide sulfurique sur les chlorures que renferme le salpêtre du commerce. Pour l'amener au maximum de concentration (HO,AzO^5), on le distille à température peu élevée après
l'avoir additionné d'acide sulfurique concentré, qui retient
l'eau en excès. Pour éliminer les acides hypoazotique, sulfurique et chlorhydrique, on le distille une nouvelle fois après
addition d'un peu d'azotate de plomb PbO,AzO^5, en maintenant
la température au-dessous de 150° : l'acide hypoazotique, très
volatil, s'échappe au commencement de la distillation, et on
met à part les premières portions, très impures, du liquide
condensé ; les acides sulfurique et chlorhydrique sont fixés
par l'azotate de plomb, qui forme avec eux du sulfate et du
chlorure de plomb ; l'acide azotique pur distille seul.

Lorsqu'on veut simplement décolorer l'acide azotique, on
peut y faire passer un courant d'azote ou d'acide carbonique
secs qui entraînent mécaniquement les vapeurs d'acide hypoazotique dissous.

Préparation industrielle. — Dans l'industrie, on obtient l'a-
cide azotique par l'action de *l'acide sulfurique* sur *l'azotate de
soude* (salpêtre du Chili ou du Pérou) qui coûte moins cher
que l'azotate de potasse (salpêtre ordinaire). L'opération s'effectue le plus souvent dans des cornues en fonte à la suite de
chacune desquelles on place une série de bonbonnes en grès
contenant un peu d'eau destinée à favoriser la condensation

de l'acide azotique ; entre les cornues et les bonbonnes on interpose des allonges en verre qui permettent de voir les vapeurs rouges indiquant la fin de la préparation.

L'acide ainsi préparé est moins pur et moins concentré que celui que donne le procédé des laboratoires : l'azotate de soude contient plus de chlorure que le salpètre, et l'acide condensé est étendu par l'eau mise d'avance dans les bonbonnes. — On peut le concentrer et le purifier par le procédé indiqué ci-dessus.

128. Propriétés. — *Propriétés physiques.* — Il existe deux *hydrates* bien définis: 1° l'acide *monohydraté*, ou acide *fumant*, AzO^5,HO, liquide incolore qui bout à 86°, densité 1,52; 2° l'acide *quadrihydraté*, $AzO^5,4HO$, liquide incolore qui bout à 123°, densité 1,42.

129. *Action de la lumière.* — La *lumière*, qui n'a pas d'action sur l'acide $AzO^5,4HO$, colore en jaune l'acide AzO^5,HO qu'elle décompose lentement en oxygène, acide hypoazotique et eau : l'acide hypoazotique jaunit le liquide non décomposé, tandis que l'eau le transforme progressivement en acide $AzO^5,4HO$; la décomposition par la lumière cesse quand tout l'acide AzO^5,HO est transformé en $AzO^5,4HO$.

Action de la chaleur. — Au-dessous du rouge vif, les deux hydrates se décomposent en oxygène, acide hypoazotique et eau ; mais $AzO^5,4HO$ résiste aux températures où la décomposition de AzO^5,HO est déjà appréciable. Au *rouge blanc*, les deux hydrates se décomposent en azote, oxygène et eau (car l'acide hypoazotique est décomposable à cette température). — La distillation de l'acide monohydraté AzO^5,HO commence à 86°, mais il se produit en même temps une décomposition d'une certaine quantité de cet acide en oxygène et acide hypoazotique qui se dégagent, et en eau qui transforme des quatités croissantes d'acide non distillé en acide $AzO^5,4HO$; aussi la température s'élève-t-elle progressivement jusqu'à 123°, température d'ébullition de l'acide $AzO^5,4HO$.

Action sur les métalloïdes. — Tous les *métalloïdes*, sauf l'azote, l'oxygène, le chlore et le brome, sont attaqués par l'acide azotique, qui leur cède de l'oxygène.

La réaction de l'*hydrogène* sur l'acide azotique, au rouge, est la suivante :

$$HO,AzO^5+5H=Az+6HO.$$

La réaction est plus énergique lorsque l'hydrogène et les vapeurs d'acide azotique se trouvent en présence de la mousse de platine légèrement chauffée (fig. 81) (*t*, tube qui amène un courant d'hydrogène, A flacon contenant de l'acide azotique, H, tube de verre renfermant de la mousse de platine sur

laquelle passe l'hydrogène chargé de vapeur d'acide azotique) :
dans ces conditions l'hydrogène s'unit non seulement à l'oxy-

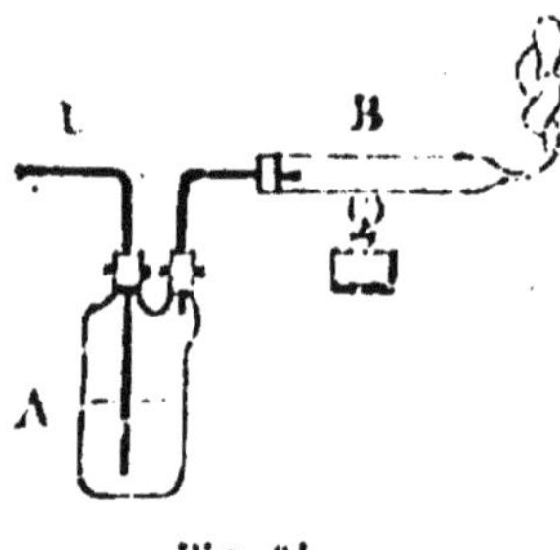

Fig. 81

gène de l'acide azotique, mais encore à l'azote ; il se forme de
l'eau et du gaz ammoniac AzH³ :

$$HO,AzO^5 + 8H = AzH^3 + 6HO.$$

La même réaction se produit lorsque l'acide azotique est en
présence de l'hydrogène *naissant*, c'est-à-dire lorsqu'on introduit l'acide azotique dans un appareil à hydrogène en activité ; le gaz ammoniac engendré par la réaction de l'hydrogène sur l'acide azotique se dissout et le dégagement cesse. Si
l'acide azotique, qui est inattaquable par l'hydrogène à froid
dans les conditions ordinaires, est attaqué à froid par l'hydrogène *naissant*, cela tient à ce que les phénomènes (combinaison, décomposition, dissolution) qui s'accomplissent dans
l'appareil à hydrogène engendrent beaucoup plus de chaleur
que n'en dégagerait l'action directe de l'hydrogène libre sur
l'acide azotique.

Le *charbon* en poudre (noir de fumée) légèrement chauffé
brûle avec incandescence quand on l'arrose avec quelques
gouttes d'acide azotique concentré :

$$C + 2(HO,AzO^5) = CO^2 + 2AzO^5 + 2HO.$$

L'acide azotique transforme le *phosphore* en *acide phosphorique* ; avec l'acide azotique concentré, il y a inflammation et
explosion.

Action sur les métaux. — Tous les *métaux*, excepté le
titane, le tantale, l'or, le platine et les métaux de platine, sont
attaqués par *l'acide azotique étendu* : une partie de l'acide
cède de l'oxygène au métal qui se transforme en oxyde ;
l'autre partie se combine avec cet oxyde, lorsqu'il est basique,
pour former un azotate.

Les produits de la décomposition de l'acide azotique par un
métal varient avec la nature de celui-ci : c'est du bioxyde

d'azote, du protoxyde d'azote, de l'azote, ou un mélange de ces gaz.

Avec le *cuivre* et le *mercure*, c'est surtout du bioxyde d'azote qui se produit (113) :

$$3Cu + 4AzO^5 + nHO = 3(CuO, AzO^5) + AzO^2 + nHO.$$

Avec le *fer* et le *zinc*, c'est surtout du protoxyde d'azote :

$$4Zn + 5AzO^5 + nHO = 4(ZnO, AzO^5) + AzO + nHO \ (1).$$

Avec le *potassium* et le *sodium*, la réaction, qui s'accomplit avec explosion, engendre de l'azote :

$$5K + 6AzO^5 + nHO = 5(KO, AzO^5) + Az + nHO.$$

L'*étain* et l'*antimoine* sont oxydés par l'acide étendu et transformés en acide métastannique Sn^5O^{16} et en acide antimonique SbO^5 qui restent libres ; il se dégage du bioxyde d'azote avec un peu de protoxyde d'azote et d'azote.

L'*acide azotique concentré* n'attaque qu'un petit nombre de métaux (potassium, sodium, zinc) ; cette différence entre l'action de l'acide étendu et celle de l'acide concentré s'explique par l'insolubilité des azotates dans l'acide concentré.

Non seulement l'acide concentré n'attaque pas le *fer*, le *nikel*, le *cobalt* ; mais, de plus, il les rend *passifs*, c'est-à-dire inattaquables par l'acide étendu. Le fer passif reprend ses propriétés primitives et il est violemment attaqué par l'acide étendu dès qu'on le touche avec un fil de cuivre ou de fer non passif.

Les propriétés oxydantes de l'acide azotique sont notablement plus énergiques lorsqu'il renferme une certaine quantité d'acide hypoazotique dissous. Ainsi le cuivre, sur lequel l'acide pur très étendu n'a pas d'action, est énergiquement attaqué par l'acide étendu renfermant des vapeurs nitreuses.

Action sur les composés inorganiques. — L'acide azotique agit comme oxydant sur un grand nombre de composés tels que l'acide sulfureux (83), l'acide sulfhydrique (100), les sulfures (qu'il transforme en sulfates), etc.

Action sur les matières organiques. — L'acide azotique attaque presque toutes les matières organiques en leur cédant de l'oxygène ; c'est ce qui a lieu dans les exemples suivants. — L'*essence de térébenthine* s'enflamme par l'addition d'acide azotique concentré (surtout si cet acide est mêlé à un peu d'acide sulfurique). — Il décolore l'*indigo*. — Il transforme l'*amidon* $C^{12}H^{10}O^{10}$ en acide oxalique $C^3H^2O^8$. — Il colore en jaune la

---

(1) Si l'acide azotique est très étendu, il se forme en outre de l'azotate d'ammoniaque :

$$8Zn + 10AzO^5 + nHO = 8(ZnO, AzO^5) + (AzH^4)O.AzO^5 + (n-4)HO.$$

peau, la *laine*, la *soie* ; si l'action dure trop longtemps, il les désorganise.

Avec certaines matières organiques (benzine, glycérine, cellulose), il donne lieu à des *phénomènes de substitution* et engendre des composés dont la formule ne diffère de celle des corps primitifs que parce que l'hydrogène est remplacé, équivalent à équivalent, par le radical AzO^4. Ainsi, avec la *benzine* $C^{12}H^6$, on obtient de la *nitrobenzine* $C^{12}H^5(AzO^4)$:

$$C^{12}H^6 + HO,AzO^5 = C^{12}H^5(AzO^4) + 2HO.$$

130. *Réactions caractéristiques.* — L'acide azotique se reconnaît aux caractères suivants :

Il décolore l'indigo, et colore la soie en jaune.

Versé sur de la tournure de cuivre contenue dans un petit tube qu'on chauffe légèrement, il engendre du bioxyde d'azote qui se transforme, au contact de l'air, en vapeurs rouges d'acide hypoazotique.

Dans un verre à pied renfermant un peu d'acide sulfurique concentré, on introduit un cristal de sulfate de fer ; on verse ensuite avec précaution la liqueur contenant l'acide azotique, de façon que les deux liquides ne se mélangent pas : le cristal se recouvre d'une couche brune (115) produite par la combinaison du sulfate de fer et du bioxyde d'azote résultant de la réduction de l'acide azotique par une portion du sulfate de protoxyde de fer (que cette réaction transforme en sulfate de sesquioxyde de fer).

131. *Composition.* — Gay-Lussac a déterminé la composition de l'acide azotique par la méthode suivante : dans un tube gradué, sur la cuve à eau, on introduit 4 vol. de bioxyde d'azote et 5 vol. d'oxygène ; après quelques minutes, il ne reste plus dans le tube que 2 vol. d'oxygène ; les 3 vol. disparus ont transformé en acide azotique les 4 vol. de bioxyde d'azote. De ces faits et de la composition connue du bioxyde d'azote il résulte que l'acide azotique est formé de 2 vol. d'azote et de 5 vol. d'oxygène.

L'équivalent en volume de l'azote étant 2 vol., la formule la plus simple de l'acide azotique est AzO^5 ; c'est celle qui a été adoptée pour représenter l'équivalent d'acide azotique, parce qu'elle correspond au poids de cet acide qui se combine avec un équivalent de base, de potasse par exemple.

132. **Applications.** — L'acide azotique est très employé dans les laboratoires et dans l'industrie. — Nous citerons en particulier les applications suivantes : fabrication de l'acide sulfurique ; préparation des azotates de cuivre, d'argent, de mercure, de plomb ; fabrication de l'acide oxalique, de la nitro-

benzine, de la nitroglycérine, du fulmi-coton; essai des objets d'or, pour la détermination de leur titre.

On se sert de l'acide azotique pour graver sur cuivre et sur acier : la plaque à graver est recouverte d'un vernis qu'on enlève à la pointe partout où l'on veut que le métal soit creusé; on entoure ensuite la plaque d'un rebord de cire et on la recouvre d'acide azotique étendu qui ronge ou dissout le métal aux endroits où le vernis a été enlevé.

L'acide azotique entre dans la composition de l'*eau régale* (172).

VIII. Ammoniaque

$$AzH^3 = 17 = 4 \text{ vol.}$$

SOMMAIRE

Historique. Etat naturel.

Préparation. — On obtient l'ammoniaque en traitant le chlorure d'ammonium ou le sulfate d'ammoniaque par la chaux :

$$(AzH^4)Cl + CaO = CaCl + AzH^3 + HO ;$$

$$(AzH^4O,SO^3 + CaO = CaO,SO^3 + AzH^3 + HO.$$

Propriétés. — Propriétés physiques. Solubilité dans l'eau. Liquéfaction au moyen du composé $AgCl,3AzH^3$; particularités que présente la dissociation de ce composé.

Action de la chaleur et de l'électricité.

Action de l'oxygène : 1° sous l'influence de la chaleur; 2° sous l'influence du platine en fil ou en mousse; 3° sous l'influence du cuivre. — Action de l'ozone.

Action du chlore.

Action des métaux.

Hypothèse de l'ammonium ; amalgame d'ammonium.

Caractères distinctifs.

Composition

Applications. Appareil Carré.

133. Historique. Etat naturel. — L'*ammoniaque* (ou *gaz ammoniac*) a été découverte par Kunckel en 1612, et analysée exactement par Berthollet en 1785.

Pour l'intelligence de ce qui suit, disons dès maintenant que les *composés ammoniacaux* sont analogues aux sels et composés binaires des métaux, du potassium par exemple, les formules des premiers ne différant de celles des seconds que parce que le radical (AzH^4), *métal composé* nommé *ammonium*, remplace le métal simple K ; l'hydrate d'ammoniaque AzH^3,HO est alors de l'oxyde d'ammonium $(AzH^4)O = AzH^3,HO$.

L'air contient de petites quantités d'ammoniaque provenant principalement de la putréfaction des matières animales ; pendant cette altération, le carbone, l'azote, l'hydrogène, l'oxygène et le soufre, qui sont les éléments de ces substances, forment des composés moins complexes, acide carbonique CO_2, ammoniaque AzH_3, eau HO, acide sulfhydrique HS, qui se combinent entre eux pour produire du carbonate d'ammoniaque, du sulfhydrate d'ammoniaque, (sulfure d'ammonium): c'est en effet sous cet état que se trouve l'ammoniaque engendrée.

Il se forme encore de l'ammoniaque par l'action des décharges d'électricité atmosphérique sur l'air humide ; l'air renfermant des acides carbonique, azotique et azoteux, cette ammoniaque existe dans l'atmosphère à l'état de carbonate, d'azotate et d'azotite d'ammoniaque.

Rappelons enfin que, d'après M. Schœnbein, il se forme de l'azotite d'ammoniaque aux dépens de l'azote et de la vapeur d'eau atmosphérique, sous l'influence des oxydations lentes(44):

$$2Az + 4HO = (AzH_4)O, AzO_3.$$

On trouve les mêmes composés ammoniacaux (carbonate, azotate, azotite d'ammoniaque) dans les eaux de pluie qui les dissolvent en traversant l'atmosphère.

134. Préparation. — On prépare l'ammoniaque dans les laboratoires en traitant le *chlorure d'ammonium* $(AzH_4)Cl$, ou le *sulfate d'ammoniaque* $(AzH_4)O, SO_3$ par la *chaux* CaO :

$$(AzH_4)Cl + CaO = CaCl + AzH_3 + HO ;$$
$$(AzH_4)O, SO_3 + CaO = CaO, SO_3 + AzH_3 + HO.$$

Le mélange de composé ammoniacal et de chaux est placé dans un ballon qu'on achève de remplir avec des morceaux de chaux vive. On chauffe légèrement pour activer la réaction,

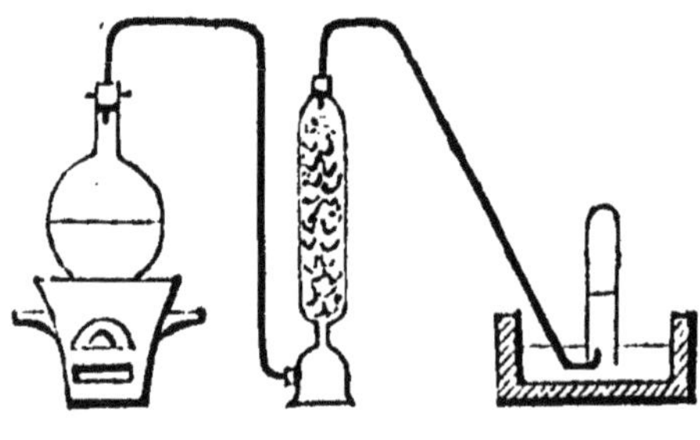

Fig. 85

qui commence à froid ; il se dégage de la vapeur d'eau qui est absorbée par la chaux mise en excès, et du gaz ammoniac AzH_3 qu'on recueille sur la cuve à mercure (fig. 85). Pour

obtenir une dessiccation plus complète, on peut faire passer
le gaz ammoniac dans une éprouvette à pied contenant des
fragments de chaux ou de potasse.

Pour obtenir la *dissolution* de gaz ammoniac (*alcali volatil*),
on fait passer le gaz qui se dégage du même appareil dans la
série des flacons à trois tubulures de l'appareil de Woolf
(fig. 86); le premier flacon ne contient qu'une petite quantité d'eau destinée à retenir les matières entraînées par le
courant gazeux ; de là, le gaz ammoniac se rend et se dissout

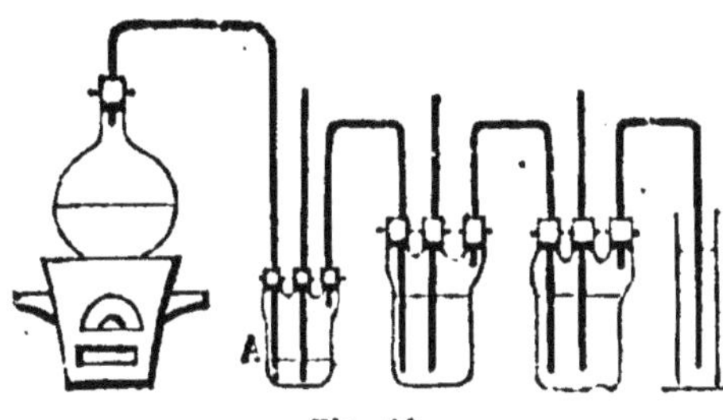

Fig. 86

dans les autres flacons remplis d'eau aux deux tiers ; on fait
arriver les tubes plongeurs jusqu'au fond des flacons parce
que la solution ammoniacale est plus légère que l'eau. — Il y
a avantage aussi à entourer les flacons d'eau froide, car la
dissolution du gaz ammoniac s'effectue avec dégagement de
chaleur, et la solubilité des gaz diminue lorsque la température s'élève.

Dans l'*industrie*, on obtient la dissolution d'ammoniaque en
traitant de même par la chaux, non plus des sels ammoniacaux déjà préparés, mais les produits bruts qui renferment
des sels ammoniacaux. — Il se forme de l'ammoniaque lorsque les matières organiques azotées se décomposent spontanément, ou lorsqu'on les soumet à l'action de la chaleur ;
ainsi les urines putréfiées contiennent de l'ammoniaque à
l'état de carbonate ; la houille renfermant de l'azote (0,80 0/0
de son poids), sa distillation dans les usines à gaz d'éclairage
engendre aussi de l'ammoniaque qu'on retrouve principalement dans les eaux de lavage du gaz. C'est en traitant par la
chaux et distillant les urines putréfiées et les eaux de lavage
du gaz d'éclairage qu'on obtient la plus grande partie de
l'ammoniaque livrée au commerce.

135. **Propriétés.** — *Propriétés physiques.* — Gaz incolore,
doué d'une odeur pénétrante qui provoque les larmes. —
Densité 0,59.

Le gaz ammoniac est très soluble dans l'eau ; à 0°, son coefficient de solubilité est 1150 environ. Les expériences suivantes mettent en évidence la grande solubilité de l'ammoniaque.

1° Dans une éprouvette pleine de gaz ammoniac, placée sur la cuve à mercure, on introduit un peu d'eau avec une pipette courbe : aussitôt le gaz est dissous, et le mercure remplit l'éprouvette.

2° L'eau de la cuve C (fig. 87) se précipite dans l'éprouvette E pleine de gaz ammoniac et la remplit presque instantanément en dissolvant le gaz dès qu'on soulève légèrement l'éprouvette pour la sortir de la soucoupe S contenant du mercure où elle plonge ; la violence du choc est telle que souvent l'éprouvette est brisée.

3° Un flacon plein de gaz ammoniac est fermé par un bouchon que traverse un tube dont l'extrémité intérieure est effilée et ouverte, tandis que l'extrémité extérieure est fermée ;

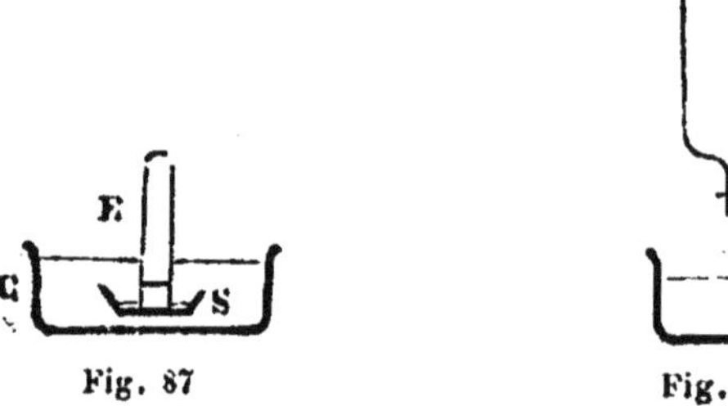

Fig. 87   Fig. 88

on plonge celle-ci dans l'eau (fig. 88) et on la débouche ; l'eau se précipite en gerbe dans le flacon, qui se remplit complètement.

Le gaz ammoniac est facile à liquéfier ; sa liquéfaction s'effectue sous une pression de 4,5 atmosphères à 0°, ou sous la pression atmosphérique à 40°.

On peut réaliser cette liquéfaction par la *méthode de Faraday* (99). Dans la branche fermée d'un tube coudé (fig. 89), on place du chlorure d'argent ammoniacal $AgCl,3AzH^3$ (on l'obtient en faisant passer du gaz ammoniac sec sur du chlorure d'argent $AgCl$ refroidi à 0°, qui absorbe 320 fois son volume de gaz ammoniac), et on ferme l'autre branche à la lampe. On entoure de glace cette dernière branche et on chauffe celle qui contient le chlorure ammoniacal ; il se dégage du gaz ammoniac qui se liquéfie dans la branche froide, parce qu'à 0° la force élastique maximum du gaz ammoniac

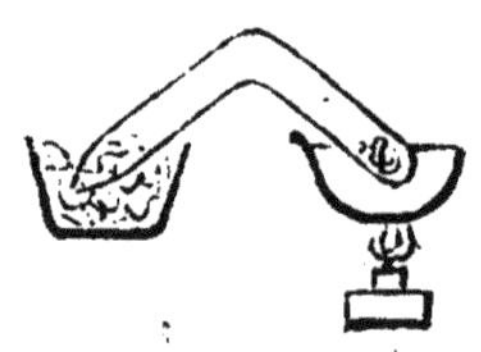

Fig. 89

(considéré comme vapeur d'ammoniaque liquide) est inférieure à la tension de dissociation F du composé AgCl,3AzH³ à la température T de la branche chauffée.

La dissociation du chlorure d'argent ammoniacal, qui a été étudiée par M. Isambert, présente des particularités intéressantes. Lorsqu'on chauffe à une température T le composé AgCl.3AzH³, il se décompose en AzH³ et AgCl tant que la force élastique du gaz ammoniac dégagé est inférieure à une certaine valeur F, tension de dissociation du chlorure ammoniacal à cette température T ; si, lorsque la force élastique est devenue égale à F et que la décomposition est arrêtée, on enlève une partie du gaz ammoniac dégagé, la décomposition recommence pour s'arrêter encore lorsque la force élastique aura atteint de nouveau la valeur F, et ainsi de suite, jusqu'à ce que le chlorure ammoniacal ait perdu la moitié de son gaz ammoniac (et corresponde à la formule AgCl,3/2AzH³). A partir de quoi un changement se produit : à la même température T, la décomposition du chlorure ammoniacal s'arrête lorsque la force élastique du gaz ammoniac libre a atteint une valeur F'<F, qui restera la même, d'ailleurs, quelque faible que soit la quantité d'ammoniaque contenue encore dans le composé ammoniacal. — Cela tient à ce qu'il existe deux composés différents de chlorure d'argent et d'ammoniaque : l'un, AgCl,3AzH³, qui se forme, avons-nous dit, lorsqu'on fait passer du gaz ammoniac sur du chlorure d'argent à la température de 0° ; l'autre qui se forme entre 20° et 65° et qui a pour formule AgCl,3/2AzH³. A une même température T, ces deux composés ont des tensions de dissociation différentes ; celle du deuxième est plus petite que celle du premier, F'<F. Tout le temps que le chlorure ammoniacal AgCl,3AzH³ n'a pas perdu la moitié de son ammoniaque et qu'il reste une certaine quantité de AgCl,3AzH³, la décomposition est limitée par la tension F ; elle est limitée par la tension F' dès que le composé a perdu la moitié de son gaz ammoniac, c'est-à-dire lorsqu'il ne renferme plus de AgCl,3AzH³, mais seulement du AgCl,3/2AzH³ plus ou moins décomposé.

136. *Action de la chaleur*. — Le gaz ammoniac est décomposable par la *chaleur* : en faisant passer un courant de ce gaz dans un tube de porcelaine chauffé au rouge vif, on recueille un mélange d'azote et d'hydrogène ; on facilite la décomposition en remplissant le tube de fragments de porcelaine.

***Action de l'électricité*.** — L'*électricité* agit comme la chaleur : si on fait éclater une série d'étincelles d'induction dans l'endiomètre à mercure contenant du gaz ammoniac, le volume augmente jusqu'à devenir sensiblement double du volume primitif. L'endiomètre contient alors un mélange d'azote et d'hydrogène, avec une très petite quantité de gaz ammoniac non décomposé. Cette particularité pouvait être prévue : l'étin-

celle électrique possède en effet la propriété de combiner
l'azote et l'hydrogène (11) ; la décomposition de l'ammoniaque
par l'étincelle doit donc être incomplète et limitée par la réaction inverse.

Action de l'oxygène. — Le gaz ammoniac est combustible,
mais pas assez pour brûler à l'air. — On peut enflammer un
jet de gaz ammoniac sec amené par un tube effilé dans un
flacon plein d'oxygène ; la combustion se continue d'elle-même
et produit une flamme jaune. Un mélange de 4 volumes de
gaz ammoniac et de 3 vol. d'oxygène détone sous l'influence
d'un corps enflammé ou d'une étincelle électrique. Dans les
deux cas il se forme de l'azote et de l'eau .

$$AzH^3 + 3O = Az + 3HO.$$

L'oxydation est plus énergique et porte non seulement sur
l'hydrogène, mais encore sur l'azote qui se transforme en acide
azoteux AzO^3 ou en acide azotique AzO^5, lorsque le gaz ammoniac et l'oxygène sont en présence d'une *spirale de platine* ou
d'un morceau de *mousse de platine* chauffés :

$$AzH^3 + 6O = 3HO + AzO^3 ;$$
$$AzH^3 + 8O = 3HO + AzO^5.$$

La première réaction se produit lorsqu'on introduit une *spirale de platine*, rougie à la lampe, dans
un vase contenant une dissolution d'ammoniaque où arrive un courant lent d'oxygène amené par le tube *t* (fig. 90) ; la spirale reste incandescente tout le temps
que dure le courant. L'acide azoteux AzO^3
qui se forme dans ces conditions s'unit
à l'hydrate d'ammoniaque AzH^3,HO en
produisant de l'azotite d'ammoniaque qui
apparaît sous la forme de fumées blanches :

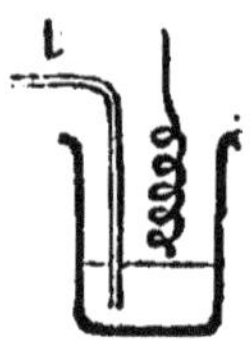
Fig. 90

$$AzO^3 + AzH^3,HO = (AzH^4)O,AzO^3.$$

Pour produire la seconde réaction, on fait passer un courant d'oxygène dans un vase A contenant une dissolution
d'ammoniaque ; l'oxygène et le gaz ammoniac entraîné se
rendent ensuite dans un tube de verre B contenant de la
mousse de platine légèrement chauffée (fig. 91) ; il se forme
de l'eau et de l'acide azotique, dont les vapeurs rougissent un
papier bleu de tournesol ; s'il y a un excès d'ammoniaque, il
se forme en outre un peu d'azotate d'ammoniaque $(AzH^4)O,AzO^5$.

En présence du *cuivre*, l'*oxygène* de l'air oxyde à froid l'ammoniaque en produisant de l'azotite d'ammoniaque $(AzH^4)O,AzO^3$;
le cuivre est lui-même oxydé ; l'oxyde de cuivre formé

se dissout dans l'excès d'ammoniaque et donne une liqueur bleue. C'est ce qui se produit dans la préparation de la *liqueur*

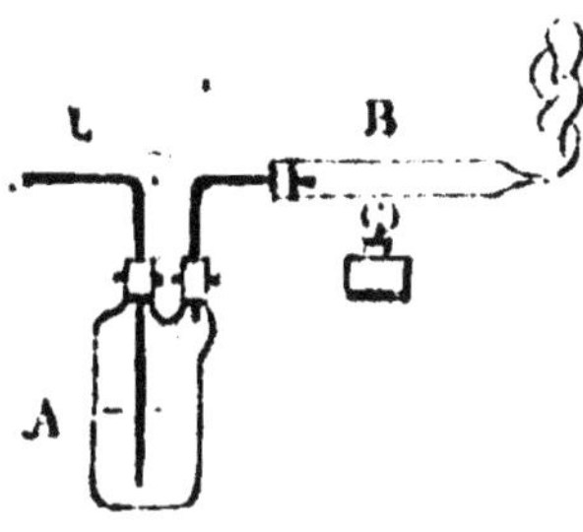

Fig. 91

de Schweitzer (dissolvant de la *cellulose*) qu'on obtient en versant de la dissolution d'ammoniaque sur de la tournure de cuivre, au contact de l'air.

L'*ozone* oxyde de même l'hydrogène et l'azote de l'ammoniaque en produisant de l'eau et des acides azoteux et azotique, qui, avec l'excès d'ammoniaque, donnent de l'azotite et de l'azotate d'ammoniaque ; c'est ce qui a lieu lorsqu'on verse quelques gouttes de dissolution d'ammoniaque dans un vase contenant de l'oxygène ozoné, qui s'emplit de fumées blanches.

Action du chlore. — Le *chlore* décompose le gaz ammoniac ou la dissolution d'ammoniaque, avec production d'azote et de chlorure d'ammonium $(AzH^4)Cl$:

$$4AzH^3 + 3Cl = 3(AzH^4,Cl) + Az.$$

C'est ce qui se produit quand un jet de gaz ammoniac sec arrive par un tube effilé dans un flacon plein de chlore sec (fig. 92) ; le gaz ammoniac s'enflamme spontanément en produisant des fumées blanches.

La réaction du chlore sur la dissolution d'ammoniaque peut être réalisée ainsi : on verse la dissolution ammoniacale dans

un tube rempli aux 9/10 d'une dissolution de chlore ; on ferme avec le doigt, et on retourne le tube sur la cuve à eau ; des bulles d'azote s'accumulent en haut du tube. En même temps que de l'azote et du chlorure d'ammonium $(AzH^4)Cl$, il se produit encore, dans ce cas, de l'hypochlorite d'ammoniaque :

$$2AzH^3 + 2Cl + 2HO = (AzH^4)Cl + (AzH^4,O,ClO) ;$$

mais cet hypochlorite est instable et se décompose en dégageant lui-même de l'azote, suivant l'équation :

Fig. 92

$$3(AzH^4O,ClO) + 2AzH^3 = 3(AzH^4Cl) + 6HO + 2Az.$$

Le *brome* agit comme le chlore.

Action des métaux. — Lorsqu'on fait passer du gaz ammoniac sur du *potassium* ou du *sodium* chauffés, il se forme des
produits de substitution AzH²K, ou AzH²Na (qu'on appelle
amidures), dans lesquels H est remplacé par K ou Na :

$$AzH^3 + K = AzH^2K + H.$$

D'après Despretz, il se produit une action analogue lorsqu'on fait agir le gaz ammoniac sur les autres métaux ; il se
forme des *azotures* métalliques qui sont instables et se détruisent par la chaleur ; de sorte que l'action du métal sur
AzH³ a pour résultat final la décomposition de ce dernier en
azote et hydrogène. Cette manière de voir est confirmée par
ce fait, qu'après l'expérience le métal employé (fer, cuivre) a
éprouvé un changement de structure moléculaire, qu'il est
devenu cassant.

137. *Ammonium.* — Le gaz ammoniac *sec* n'a pas d'action
sur le papier rouge de tournesol et ne forme pas de sels avec
les acides oxygénés anhydres. Au contraire, l'ammoniaque
hydratée bleuit le papier rouge de tournesol et forme avec
les acides des composés appelés *sels ammoniacaux* qui sont
analogues aux sels correspondants du potassium, par exemple,
et dans lesquels AzH³ est toujours associé à un équivalent
d'eau. Ainsi, l'acide sulfurique agissant sur l'ammoniaque en
présence de l'eau engendre le *sulfate d'ammoniaque* qui a
pour formule AzH³,HO.SO³. De sorte que le composé AzH³,HO
se comporte comme une *base*, puisqu'il bleuit le tournesol et
forme des sels en se combinant avec les acides ; ce composé
AzH³,HO joue vis-à-vis du tournesol et des acides le même
rôle que la potasse KO.

Les bases étant composées d'un métal et d'oxygène, Am-
père a imaginé de représenter le composé AzH³,HO par la
formule équivalente (AzH⁴)O, et de le considérer comme l'oxyde
d'un métal hypothétique et complexe (AzH⁴) qu'il a appelé
ammonium ; de cette manière, la formule du sulfate d'ammoniaque devient (AzH⁴)O,SO³, et correspond à celles des autres
sulfates, du sulfate de potasse KO,SO³, par exemple.

Le gaz ammoniac s'unit aux hydracides en formant des
composés analogues aux chlorures, bromures, iodures, etc.,
des métaux. Ainsi, en se combinant avec l'acide chlorhydrique HCl, il produit du chlorhydrate d'ammoniaque AzH³,HCl
qui est analogue aux chlorures métalliques, par exemple au
chlorure de potassium KCl (avec lequel il est même isomorphe). *L'hypothèse de l'ammonium* conduit à donner au chlorhydrate d'ammoniaque AzH³,HCl la formule équivalente
(AzH⁴)Cl et par suite le nom de *chlorure d'ammonium*, qui se
trouvent correspondre à la formule et au nom du chlorure de

potassium KCl. De même, le sulfhydrate d'ammoniaque AzH^3,HS se représente par la formule $(AzH^4)S$ (*sulfure d'ammonium*), qui met en évidence son analogie avec le sulfure de potassium KS, le sulfure de sodium NaS, etc.

L'hypothèse de l'ammonium a donc l'avantage de faire disparaître cette anomalie que des corps analogues et même isomorphes comme le sulfate de potasse et le sulfate d'ammoniaque, le chlorure de potassium et le chlorhydrate d'ammoniaque (chlorure d'ammonium), soient représentés par des formules dissemblables; de plus, elle permet de donner aux composés ammoniacaux des noms formés conformément aux règles de la *nomenclature*.

On n'a pas pu isoler le *radical* AzH^4; mais on prépare facilement l'*amalgame d'ammonium* : dans un tube contenant de l'amalgame de sodium on verse une dissolution de chlorure d'ammonium $(AzH^4)Cl$; par double échange, il se forme du chlorure de sodium et de l'amalgame d'ammonium qui occupe un volume beaucoup plus grand que l'amalgame de sodium, et qui a la consistance du beurre. Cet amalgame est instable et se décompose rapidement en mercure, gaz ammoniac et hydrogène.

138. *Caractères distinctifs.* — Le gaz ammoniac se reconnaît à son odeur, à son action sur le papier rouge de tournesol, qu'il bleuit, et aux fumées blanches de chlorure d'ammonium AzH^4Cl qu'il produit à l'approche d'une baguette de verre trempée dans l'acide chlorhydrique.

139. *Composition.* — Pour déterminer la composition de l'ammoniaque on introduit 100 cmc. de ce gaz dans l'eudiomètre à mercure, et on y fait passer une série d'étincelles électriques. L'ammoniaque se décompose à peu près complètement (136) en azote et hydrogène, et le volume devient double. Aux 200 cmc. que renferme alors l'eudiomètre, on ajoute 100 cmc. d'oxygène; une nouvelle étincelle détermine la combinaison, avec formation d'eau, de l'hydrogène provenant des 100 cmc. de gaz ammoniac avec une partie de l'oxygène ajouté; il ne reste que 75 cmc. Par suite, $300 - 75 = 225$ cmc. ont disparu pour former de l'eau. Dans ces 225 cmc. il y avait $\dfrac{225 \times 2}{3} = 150$ cmc. d'hydrogène et $\dfrac{225}{3} = 75$ cmc. d'oxygène. — Les 75 cmc. de résidu renferment donc $100 - 75 = 25$ cmc. d'oxygène; le reste, $75 - 25 = 50$ cmc. représente l'azote de l'ammoniaque.

Ainsi 100 cmc. de gaz ammoniaque sont formés de 150 cmc. d'hydrogène et de 50 cmc. d'azote.

Comme l'équivalent en volume de l'azote est 2 vol., la formule la plus simple du gaz ammoniac est AzH^3. C'est celle qui a été adoptée, parce qu'elle représente la quantité d'ammoniaque qui se combine avec un équivalent d'acide monobasique. — Elle correspond à 4 volumes.

140. Applications. — L'ammoniaque est très employée dans les laboratoires, à l'état de dissolution surtout.

On se sert de l'*alcali volatil* pour cautériser les piqûres d'abeilles et les morsures de vipères. On l'administre à l'intérieur, à la dose de quelques gouttes dans un verre d'eau, pour combattre les effets de l'ivresse alcoolique. A dose plus élevée, il guérit les ruminants du gonflement dangereux, nommé *météorisation* ou *empansement*, qui se produit chez ces animaux lorsqu'ils mangent une trop grande quantité de plantes légumineuses vertes : il agit dans ce cas en absorbant les gaz (acide carbonique et acide sulfhydrique) accumulés dans les intestins.

On utilise le refroidissement produit par la vaporisation de l'ammoniaque liquéfiée pour fabriquer artificiellement de la glace dans l'*appareil Carré* (fig. 93) : A, récipient contenant une dissolution d'ammoniaque; B, récipient annulaire en

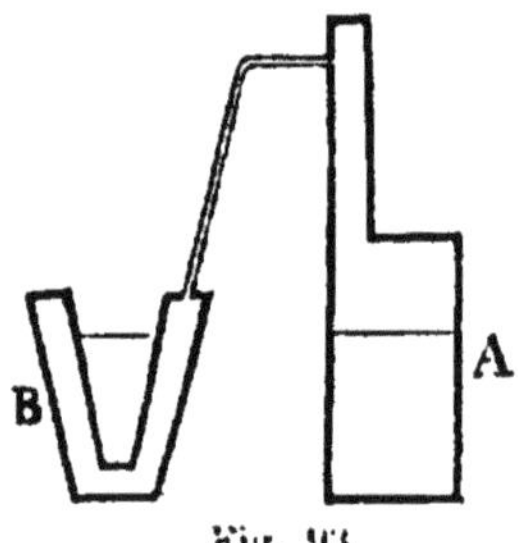

Fig. 93

communication avec A ; c'est dans la cavité centrale de B qu'on place l'eau à congeler. On opère ainsi : 1° on chauffe A jusqu'à 130°, B plongeant dans un vase contenant de l'eau froide : la dissolution contenue en A perd son gaz qui se liquéfie en B ; 2° on refroidit A en le plongeant dans l'eau froide : l'ammoniaque liquide de B se vaporise et se dissout de nouveau en A. Il en résulte en B un refroidissement qui détermine la congélation de l'eau.

L'ammoniaque s'emploie encore pour émulsionner la matière nacrée qui recouvre les écailles d'ablettes ; cette émulsion, mélangée avec de la colle, sert à fabriquer les perles fausses : on l'introduit dans des globules de verre creux sur les parois desquels elle se fixe.

IX. Phosphore

Ph $= 31 = 1$ vol.

SOMMAIRE

Historique. État naturel.
Extraction du phosphore des os. — La préparation du phosphore comprend les trois opérations suivantes :
1° Élimination de l'osséine des os par la calcination à l'air, ou par l'action de l'acide chlorhydrique.
2° Transformation du phosphate tribasique de chaux $3CaO,PhO^5$ (corps insoluble et irréductible par le charbon) en phosphate acide de chaux $CaO,2HO,PhO^5$ (soluble et réductible).
3° Réduction du phosphate acide de chaux par le charbon.
Purification par distillation ou par filtration.
Propriétés. — Propriétés physiques.
Action de la chaleur et de la lumière.
Action de l'oxygène. — Dans l'oxygène et dans l'air, le phosphore s'enflamme lorsqu'on le chauffe légèrement et se transforme en acide phosphorique anhydre. — Dans l'air sec, à la température ordinaire, il se convertit lentement en acide phosphoreux anhydre. Dans l'air humide, à la température ordinaire, il se transforme en un mélange d'acide phosphoreux et d'acide phosphorique hydratés. L'oxygène pur, à la température ordinaire (au-dessous de 20°.) n'attaque le phosphore que si sa pression est peu différente de sa pression propre dans l'air atmosphérique, soit 1/5 d'atmosphère. — La phosphorescence est due à la combustion lente du phosphore.
Action du chlore.
Action de l'acide azotique.
Propriétés physiologiques.
Caractères distinctifs.
Principaux composés du phosphore.
Modification allotropique : phosphore rouge. — Modes de formation.
Propriétés.
Fabrication industrielle.
Applications. — Fabrication des allumettes.

141. État naturel. Historique. — Le phosphore, qui est très oxydable, ne se rencontre jamais à l'état libre dans la nature.

Il existe un certain nombre de phosphates naturels (phosphates de chaux, de magnésie, de potasse, de soude, de fer, de plomb) ; le plus répandu est le phosphate de chaux, qui constitue les coprolithes (minéraux en rognons, abondants dans les Ardennes et dans la Meuse) et qui entre dans la composition de divers autres minéraux (apatite, phosphorite, etc.) ; les os renferment environ 60 0/0 de phosphate de chaux. Le sang, l'urine, la substance cérébrale, etc., renferment des phosphates de chaux, de magnésie, de potasse, de soude ; certains sédiments ou calculs urinaires sont constitués par du phosphate ammoniaco-magnésien.

Le phosphore a été découvert fortuitement, en 1669, par l'alchimiste Brandt, de Hambourg, qui le retira de l'urine par un procédé resté secret. Quelques années plus tard, en 1679, Kunkel, chimiste de Wittemberg, parvint, à la suite de recherches directes, à retirer aussi le phosphore de l'urine. En 1769, Scheele le retira des os par un procédé encore usité.

142. Extraction du phosphore des os. — Les os sont formés d'environ 30 0/0 *d'osséine* (matière organique azotée), de 55 0/0 de *phosphate tribasique de chaux* $3CaO,PhO^5$, et de 15 0/0 de *carbonate de chaux* CaO,CO^2. — L'extraction du phosphore des os comprend la série des opérations suivantes : 1° élimination de l'osséine ; 2° transformation du phosphate tribasique insoluble et irréductible par le charbon en phosphate acide de chaux $CaO,2HO,PhO^5$, soluble et réductible par le charbon ; 3° réduction du phosphate acide par le charbon.

1° On élimine l'osséine, ou matière organique des os, par deux procédés.

Dans le procédé ancien, l'osséine est sacrifiée. Il consiste à calciner les os à l'air ; l'osséine brûle et il reste un résidu (os blancs) composé de phosphate tribasique de chaux $3CaO,PhO^5$, et d'un peu de carbonate de chaux CaO,CO^2.

Le 2° procédé permet d'utiliser l'osséine : on traite les os par l'acide chlorhydrique étendu, qui dissout le phosphate et le carbonate de chaux et laisse intacte l'osséine, utilisable pour la fabrication de la gélatine (346) ; en ajoutant de la chaux à la dissolution chlorhydrique, l'acide phosphorique est précipité à l'état de phosphate tribasique $3CaO,PhO^5$ qu'on recueille et qu'on traite comme le mélange de phosphate tribasique et de carbonate de chaux que fournit le 1er procédé.

2° Le phosphate tribasique $3CaO,PhO^5$ étant insoluble dans l'eau et irréductible par le charbon, on le transforme en phosphate acide de chaux $CaO,2HO,PhO^5$, qui est soluble et réductible, en le traitant par l'acide sulfurique étendu, dans des cuves en bois doublées de plomb.

Avec le mélange de phosphate $3CaO,PhO^5$ et de carbonate CaO,CO^2 qui constitue les *os blanchis* les réactions sont :

$$3CaO,PhO^5+2(HO,SO^3)=CaO,2HO,SO^3+2(CaO,SO^3) ;$$
$$CaO,CO^2+HO,SO^3=HO+CO^2+CaO,SO^3 ;$$

il se forme du sulfate de chaux, corps insoluble qui se dépose, de l'acide carbonique qui se dégage, et du phosphate acide de chaux qui reste en dissolution et qu'on sépare par décantation.

Avec le phosphate tribasique que fournit le procédé nouveau, la réaction de l'acide sulfurique, représentée par la 1re des équations ci-dessus, donne encore du sulfate de chaux insoluble et du phosphate acide qu'on sépare de même par décantation.

3° La dissolution de phosphate acide de chaux, concentrée par évaporation, mélangée avec de la poussière de charbon et desséchée dans des vases en fonte, est ensuite introduite dans des cornues en terre (semblables aux cornues à gaz d'éclairage) qu'on chauffe au rouge vif ; il se produit la réaction suivante :

$$3(CaO,2HO,PhO^5)+10C=10CO+6HO+3CaO,PhO^5+2Ph;$$

c'est-à-dire qu'il se forme du phosphate tribasique qui reste dans les cornues, de l'oxyde de carbone, de la vapeur d'eau

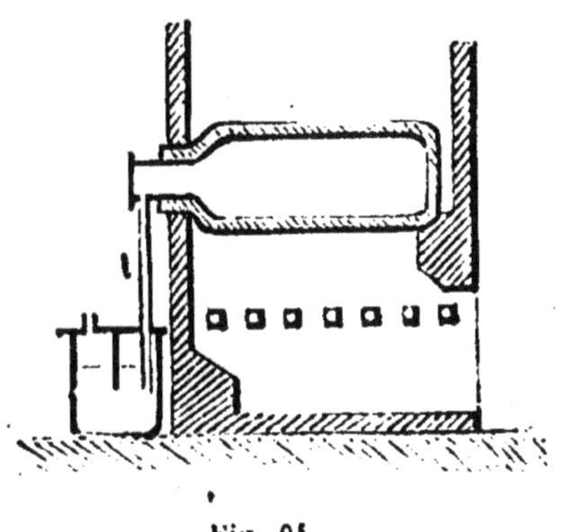

Fig. 91

et du phosphore qui s'échappent par les tubes de dégagement t (fig. 94) débouchant dans des vases pleins d'eau où la vapeur de phosphore se condense (il se dégage en même temps un peu d'hydrogène phosphoré résultant de l'action du phosphore sur l'eau).

Purification. — Le phosphore ainsi obtenu n'est pas pur ; il contient du charbon entraîné mécaniquement, et une certaine quantité de phosphore rouge (148). On le purifie, soit par distillation dans une cornue tubulée où l'on fait passer un courant d'acide carbonique, soit par filtration en le forçant à traverser, dans une caisse pleine d'eau chaude où il reste en fusion, une couche de noir animal et une pierre poreuse. Anciennement, cette filtration s'effectuait à travers une peau de chamois qu'on nouait solidement après y avoir introduit le phosphore, et qu'on plaçait sur une passoire en cuivre au milieu d'un vase rempli d'eau chaude ; on écrasait ensuite le nouet d'où le phosphore fondu s'échappait par les pores de la peau.

Le phosphore est livré au commerce sous la forme de *bâtons*. On les obtient en fondant le phosphore sous l'eau et plongeant des tubes de verre légèrement coniques dans le phosphore liquide qu'on y fait monter soit par l'aspiration avec la bouche ou avec une poire de caoutchouc, soit par la pression. Le phosphore figé s'extrait des tubes par une légère secousse.

143. Propriétés. — *Propriétés physiques.* — Le phosphore est un corps solide, incolore ou jaune très pâle quand il est pur, mais qui acquiert une teinte plus foncée par l'exposition à la lumière, à cause de la formation d'une petite quantité de *phosphore rouge* (148).

Le phosphore qui a été récemment fondu est transparent ; il se recouvre bientôt d'une couche opaque, d'épaisseur croissante, résultant de sa transformation progressive en une masse de cristaux microscopiques.

Il est mou comme la cire à la température ordinaire ; mais il est cassant dans le voisinage de 0°.

Sa densité est 1,83 à 10°. Il fond à 44°,2 et entre facilement en surfusion. — Il bout à 290° ; sa densité de vapeur est 4,5 environ.

Il a une odeur qui rappelle celle de l'ozone ; M. Schœnbein prétend que cette odeur n'est autre que celle de l'ozone qui se forme par suite de l'oxydation du phosphore à l'air (39).

Il est insoluble dans l'eau ; son meilleur dissolvant est le sulfure de carbone, qui peut en dissoudre un poids égal à 18 fois son propre poids ; ses autres dissolvants sont la benzine, le pétrole, les huiles fixes et essentielles, l'éther.

Le phosphore cristallise dans le système cubique ; ses cristaux, qui ont souvent la forme d'octaèdres, s'obtiennent par le refroidissement lent du phosphore fondu, ou par l'évaporation de ses dissolutions, ou par sa sublimation dans le vide.

144. *Action de la chaleur et de la lumière.* — La *chaleur* et la *lumière* transforment le phosphore ordinaire en phosphore rouge (148).

Action de l'oxygène. — Le phosphore est très oxydable.

Dans l'*oxygène* ou dans l'*air*, il s'enflamme lorsqu'un point de sa masse est porté à une température de 60° environ, et brûle avec une flamme éblouissante en dégageant beaucoup de chaleur : il se produit de l'acide phosphorique anhydre PhO^5 (flocons blancs). Le plus souvent, une portion du phosphore échappe à la combustion à cause de la présence d'une couche d'acide phosphorique qui empêche l'arrivée de l'air ; le phosphore non brûlé est transformé plus ou moins complètement en *phosphore rouge* (148).

Dans l'*air sec*, à la température ordinaire, le phosphore s'oxyde lentement et se transforme superficiellement en acide phosphoreux anhydre PhO^3 qui recouvre le phosphore et empêche l'action de se continuer.

Dans l'*air humide*, à la température ordinaire, le phosphore éprouve encore l'oxydation lente avec production d'acide phosphoreux et d'acide phosphorique hydratés ; en même temps apparaissent des fumées blanches dues, soit à la condensation de la vapeur d'eau atmosphérique par les acides phosphoreux et phosphorique produits, soit à la formation d'un peu d'azotite d'ammoniaque aux dépens de l'azote et de la vapeur d'eau de l'air (44) ; l'oxydation se continue d'ailleurs tant qu'il y a du phosphore, car les acides formés quittent le phosphore en se liquéfiant.

L'oxydation lente du phosphore dégage de la chaleur ; lorsque cette chaleur ne se dissipe pas, le phosphore peut s'échauffer jusqu'à la température d'inflammation et éprouver la combustion vive : c'est ce qui se produit lorsque le phosphore est entouré de coton, corps mauvais conducteur de la chaleur. — Il faut manier le phosphore avec précaution, la chaleur de la main pouvant accélérer l'oxydation au point de déterminer l'inflammation. — L'oxydation du phosphore est plus active lorsqu'il est divisé. Une bande de papier enduite d'une dissolution de phosphore dans le sulfure de carbone s'enflamme spontanément dans l'air à la température ordinaire, à cause de l'état de division extrême et de l'oxydation rapide du phosphore solide mis en liberté par l'évaporation du dissolvant.

A la température ordinaire, l'action de l'*oxygène pur* sur le phosphore diffère de celle de l'air. En effet, *au-dessous* de 20°, le phosphore n'est pas attaqué par l'oxygène pur sous la pression atmosphérique, c'est-à-dire que l'oxygène sous cette pression n'est pas absorbé par le phosphore ; ce corps n'est attaqué que si on raréfie l'atmosphère d'oxygène de manière à amener la pression de ce gaz à être peu différente de sa pression propre dans l'air atmosphérique (1/5 d'atmosphère). — Mais *au-dessus* de 20°, le phosphore éprouve l'oxydation lente dans l'oxygène sous la pression ordinaire aussi bien que dans l'air ; l'action de l'oxygène ne diffère de celle de l'air que parce que la première est accompagnée d'un échauffement presque toujours suffisant pour déterminer l'inflammation du phosphore.

La combustion lente du phosphore est accompagnée d'un *dégagement de lumière* visible dans l'obscurité (*phosphores-*

cence) qui a fait donner à ce corps le nom qu'il porte (φῶς, lumière ; φέρω, je porte).

Ce qui prouve que la phosphorescence est la conséquence de la combustion lente du phosphore, c'est qu'on constate toujours une diminution de volume due à l'absorption de l'oxygène lorsque le phosphore émet des lueurs ; l'absorption de l'oxygène cesse lorsqu'on introduit dans l'atmosphère observée certains corps (acide sulfhydrique, acide sulfureux ; vapeur de pétrole, d'essence de térébenthine, etc.) qui empêchent la phosphorescence. — Autre preuve : au-dessous de 20°, le phosphore n'est pas lumineux dans l'oxygène pur sous la pression atmosphérique ; il devient lumineux lorsqu'on diminue la pression ; ici encore la phosphorescence se produit ou cesse avec l'oxydation lente. C'est ce qu'on montre bien par l'expérience suivante : on introduit un bâton de phosphore dans un long tube contenant de l'oxygène pur, renversé sur le mercure, dans la cuvette profonde ; le phosphore n'émet pas de lueurs quand la pression du gaz est égale à la pression atmosphérique ; la phosphorescence se produit seulement quand on diminue la pression en soulevant le tube ; on pourrait d'ailleurs constater que l'absorption de l'oxygène commence quand les lueurs apparaissent. — Enfin le phosphore n'émet pas de lueurs dans le vide ni dans les autres gaz que l'oxygène, contrairement à l'opinion de Berzélius ; la phosphorescence ne se produit dans le vide barométrique ou dans les gaz que lorsque le phosphore y amène avec lui une gaîne d'air, ou que s'il y a de l'air adhérent aux parois de la chambre barométrique ou mêlé aux gaz sur lesquels on expérimente.

Action du chlore. — Le phosphore s'enflamme spontanément dans le chlore, avec formation de pentachlorure de phosphore, $PhCl^5$, et, dans les points où le phosphore est en excès, de trichlorure de phosphore $PhCl^3$.

Action de l'acide azotique. — L'acide azotique transforme le phosphore en acide phosphorique $3HO,PhO^5$. Si l'acide azotique est concentré, la réaction est violente et souvent explosible, et l'acide azotique est réduit à l'état d'azote ou de protoxyde d'azote. Si l'acide azotique est étendu, la réaction est lente et ne se produit qu'à chaud : l'acide azotique est alors ramené à l'état de bioxyde d'azote.

145. *Propriétés physiologiques.* — Le phosphore est un poison violent. Son contre-poison, souvent inefficace, est l'essence de térébenthine. — Il provoque fréquemment la carie des os du nez et des dents des ouvriers exposés à ses vapeurs.

Les brûlures produites par la flamme du phosphore sont dangereuses, à cause de l'acide phosphorique qui se produit et qui est très corrosif ; il faut laver ces brûlures avec de l'eau dans laquelle on a délayé de la magnésie ou de la chaux, bases qui neutralisent l'acide phosphorique.

146. *Caractères distinctifs.* — Le phosphore libre se reconnaît aux caractères suivants : 1° il est lumineux dans l'obscurité ; 2° il brûle dans l'air avec une flamme éclatante en produisant des fumées blanches d'acide phosphorique qu'on peut recueillir et caractériser ; 3° traité par l'acide azotique, il se transforme aussi en acide phosphorique.

147. *Principaux composés du phosphore.* — Il forme avec l'oxygène trois composés : l'acide hypophosphoreux PhO (qui n'est connu qu'à l'état d'hydrate $3HO,PhO$, et qui est monobasique, un seul équivalent d'eau étant remplaçable par un équivalent de base) ; l'acide phosphoreux PhO^3 (on connaît l'acide anhydre PhO^3, et l'acide hydraté $3HO,PhO^3$, qui est bibasique, deux de ses équivalents d'eau étant remplaçables par deux équivalents de base) ; l'acide phosphorique PhO^5 (on connaît l'acide anhydre PhO^5 et ses trois hydrates HO,PhO^5, — $2HO,PhO^5$, — $3HO,PhO^5$).

Les composés hydrogénés du phosphore, qu'on nomme *phosphures d'hydrogène*, ou *hydrogènes phosphorés*, sont les suivants : phosphure gazeux PhH^3, phosphure liquide PhH^2, phosphure solide Ph^2H.

Avec le chlore, il forme le trichlorure de phosphore $PhCl^3$, et le pentachlorure de phosphore $PhCl^5$.

Avec les métaux, il forme des phosphures.

148. Modification allotropique : phosphore rouge. — Le *phosphore rouge* est une modification allotropique du phosphore ordinaire, et se produit dans diverses circonstances.

1° Par l'action de la *lumière* à la température ordinaire : le phosphore ordinaire enfermé dans un tube scellé (vide d'air, ou ne contenant qu'un gaz inerte), dont l'une des moitiés est recouverte de papier, reste intact dans cette partie du tube, mais devient jaune, puis orangé, et enfin rouge dans la partie découverte lorsqu'on l'expose à la lumière ; la transformation ne peut d'ailleurs être que superficielle.

2° Par l'action de la *chaleur*, la transformation est plus rapide, mais elle est toujours incomplète ; car, de même qu'à une température donnée un composé peut se détruire par dissociation ou au contraire se former par la combinaison de ses éléments, de même aussi le *phosphore rouge* se transforme en *phosphore ordinaire* à la même température que celle à laquelle peut se produire la transformation inverse du *phosphore ordinaire* en *phosphore rouge*. Cette transformation par la chaleur du *phosphore ordinaire* en *phosphore rouge* doit donc toujours être incomplète et limitée par la transformation inverse.

3° Pendant la combustion vive du phosphore ordinaire, une portion de ce corps échappe à la combustion et se transforme plus ou moins complètement en *phosphore rouge* (144).

Propriétés du phosphore rouge. — Le phosphore rouge et le phosphore ordinaire diffèrent par un certain nombre de propriétés :

Par la couleur ;

Par la densité : celle du phosphore rouge (1,96) est supérieure à celle du phosphore ordinaire (1,83).

Le phosphore rouge ne fond pas quand on le chauffe, mais se transforme en phosphore ordinaire ; le phosphore ordinaire fond à 44°,2.

Le premier est insoluble dans le sulfure de carbone ; le deuxième est très soluble.

Le premier ne s'enflamme dans l'air qu'à 260° ; le deuxième s'enflamme à 60°.

Le phosphore rouge n'est pas phosphorescent.

Il n'est pas vénéneux.

Il n'est pas attaqué par les dissolutions de potasse, de soude, de chaux, qui agissent énergiquement sur le phosphore ordinaire en produisant des phosphures d'hydrogène (155).

En général, le phosphore rouge a moins d'activité chimique que le phosphore ordinaire.

Fabrication du phosphore rouge. — On l'obtient industriellement par l'action de la chaleur sur le phosphore ordinaire, qu'on chauffe au bain de sable dans des marmites en fonte, sous une couche d'eau. Le couvercle présente deux ouvertures (fig. 95) : à la première est adapté un thermomètre ; la deuxième reste ouverte pendant l'opération, qui dure une douzaine de jours. On commence par chauffer à 100° pour chasser l'eau qui recouvre le phosphore, et dessécher celui-ci ; après quoi on porte et on maintient la température à 240°. L'air ne se renouvelant pas dans les chaudières, il ne s'y produit qu'une faible oxydation au commencement.

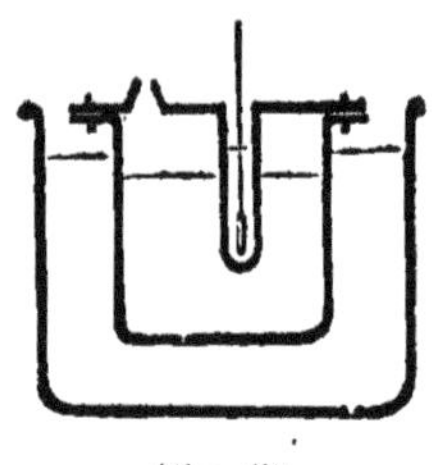

Fig. 95

L'opération terminée, on broie la masse obtenue, et on enlève le phosphore ordinaire non transformé à l'aide du sulfure de carbone qui le dissout. On peut également traiter la masse par une dissolution de potasse ou de soude, qui dissout le phosphore ordinaire et laisse intact le phosphore rouge.

149. Applications. — Le phosphore ordinaire et le phosphore rouge s'emploient dans quelques préparations de laboratoire, mais surtout dans la fabrication des allumettes.

Les allumettes ordinaires se préparent avec des baguettes de bois sec et léger dont on trempe d'abord une extrémité dans du soufre fondu, ou encore dans de la cire fondue ; on l'enduit ensuite d'une pâte inflammable contenant de la gomme ou de la colle forte et du phosphore, et souvent aussi une matière oxydante ou comburante (bioxyde de manganèse, azotate de potasse, chlorate de potasse). Par le frottement, le phosphore s'enflamme ; la chaleur dégagée par sa combustion, qu'activent les corps oxydants contenus dans la pâte, détermine l'inflammation du soufre ou de la cire, puis celle du bois. — Ces allumettes sont dangereuses par leur facile inflammation ; elles sont d'ailleurs la cause de fréquents empoisonnements.

On a cherché à les remplacer par des allumettes au phosphore rouge, qui n'est pas vénéneux et qui est beaucoup moins inflammable. Pour diminuer encore les chances d'inflammation accidentelle, on sépare le phosphore et la matière comburante, au lieu de les mettre dans la même pâte : l'allumette soufrée ou recouverte de cire est trempée dans une pâte qui renferme la matière comburante, tandis qu'on enduit une feuille de carton d'une autre pâte contenant le phosphore rouge. Lorsqu'on frotte l'allumette sur le carton, il s'en détache une petite quantité de phosphore que la chaleur du frottement enflamme ; la combustion du phosphore détermine l'inflammation du soufre ou de la cire et celle du bois.

X. Acide phosphorique anhydre

$$\text{PhO}^5 = 71$$

SOMMAIRE

Préparation. — Il se produit par la combustion vive du phosphore dans l'oxygène ou dans l'air sec. — Appareil simple ; appareil continu.
Propriétés. — Propriétés physiques.
Corps très-avide d'eau.

160. Préparation. — L'acide phosphorique anhydre PhO^5 est le produit de la combustion vive du phosphore dans l'oxygène ou l'air secs. On l'obtient par l'un ou l'autre des procédés suivants :

1° On enflamme du phosphore sous une cloche pleine d'air

sec reposant sur une assiette ; il se forme des flocons blancs d'acide phosphorique anhydre qui se déposent peu à peu.

2° Pour obtenir de grandes quantités d'acide phosphorique anhydre d'une manière continue, on se sert d'un ballon B de grandes dimensions, à 3 tubulures (fig. 96). On place le phosphore dans une capsule de porcelaine suspendue au gros tube t de verre ou de porcelaine, et on l'enflamme en le touchant

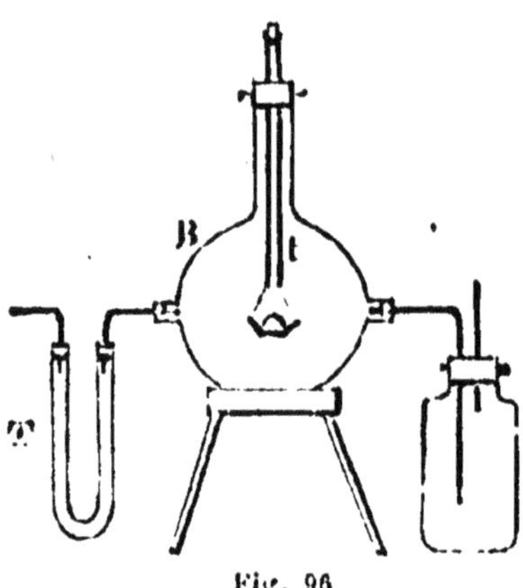

Fig. 96

avec une tige de fer chauffée qu'on introduit par ce tube t ; pendant l'opération on lance dans le ballon (à l'aide d'un soufflet) un courant d'air qui y pénètre par une tubulure latérale après s'être desséché dans le tube T. Lorsque le phosphore est complètement brûlé, on en introduit un autre morceau par le tube t. L'acide phosphorique formé se dépose dans le ballon B et surtout dans le flacon F.

151. Propriétés. — Poudre blanche, fusible au rouge, volatile au rouge blanc.

C'est un corps très avide d'eau ; il se combine avec ce liquide en produisant un sifflement (88). On doit le conserver dans des flacons bien bouchés.

Il est très employé comme déshydratant énergique.

Il est réductible par le charbon, au rouge :

$$PhO^5 + 5C = 5CO + Ph;$$

la préparation du phosphore (142) est basée sur une action semblable exercée par le charbon sur l'acide phosphorique à l'état de phosphate.

XI. Hydrates de l'acide phosphorique

SOMMAIRE

Généralités. — L'acide phosphorique anhydre forme avec l'eau trois combinaisons définies :

HO,PhO^5, acide métaphosphorique ;
$2HO,PhO^5$, acide pyrophosphorique ;
$3HO,PhO^5$, acide phosphorique ordinaire.

Ce sont là trois acides différents, formant avec la même base des sels différents, et donnant des précipités de nature et quelquefois de couleurs différentes lorsqu'on les traite par le même réactif

Acide phosphorique ordinaire. — On l'obtient en oxydant le phosphore par l'acide azotique étendu.

Propriétés.

152. Hydrates de l'acide phosphorique. — L'acide phosphorique anhydre PhO^5 forme avec l'eau trois combinaisons définies :

HO,PhO^5, acide phosphorique monohydraté, ou acide métaphosphorique,
$2HO,PhO^5$, acide phosphorique bihydraté, ou acide pyrophosphorique,
$3HO,PhO5$, acide phosphorique trihydraté, ou acide phosphorique ordinaire ou normal,

qu'il ne faut pas considérer comme des dissolutions plus ou moins étendues de PhO^5 dans l'eau, mais bien comme trois acides différents, formant avec la même base des sels différents, donnant des précipités de nature et quelquefois de couleurs différentes quand on les traite par le même réactif. Rien de pareil avec les divers hydrates de l'acide azotique, par exemple.

En présence d'une même base, de la soude par exemple, le premier donne un sel qui a pour formule NaO,PhO^5, métaphosphate de soude, ou phosphate monobasique de soude. — Le deuxième forme avec la même base les deux pyrophosphates de soude $2NaO,PhO^5$ et NaO,HO,PhO^5, suivant qu'il y a, ou non, un excès de base. — Le troisième forme les trois phosphates tribasiques $3NaO,PhO^5$, ou $2NaO,HO,PhO^5$, ou $NaO,2HO,PhO^5$.

Les sels des trois acides diffèrent donc par la composition. Ils diffèrent encore par les précipités qu'ils donnent quand on les traite par le même réactif; ainsi l'*azotate d'argent* AgO,AzO^5 produit avec le métaphosphate de soude NaO,PhO^5 un précipité blanc de métaphosphate d'argent AgO,PhO^5.

$$NaO,PhO^5 + AgO,AzO^5 = AgO,PhO^5 + NaO,AzO^5.$$

Avec les deux pyrophosphates $2NaO,PhO^5$ et NaO,HO,PhO^5, il produit un précipité, blanc encore, mais de composition différente, $2AgO,PhO^5$ (pourvu qu'on ait préalablement ajouté à la liqueur assez d'une base pour neutraliser l'acide azotique libre que la réaction peut engendrer, parce qu'il dissoudrait le précipité de phosphate d'argent) :

$$2NaO,PhO^5+2(AgO,AzO^5)=2AgO,PhO^5+2(NaO,AzO^5),$$
$$NaO,HO,PhO^5+2(AgO,AzO^5)=2AgO,PhO^5+NaO,AzO^5+HO,AzO^5.$$

Avec les trois phosphates $3NaO,PhO^5$,—$2NaO,HO,PhO^5$,—$NaO,2HO,PhO^5$, il produit un précipité *jaune* de phosphate tribasique d'argent $3AgO,PhO^5$ (ce précipité ne se forme encore que si on a préalablement ajouté à la liqueur assez d'une base pour neutraliser l'acide azotique libre que la réaction peut engendrer, parce que cet acide dissoudrait le précipité de phosphate d'argent) :

$$3NaO,PhO^5+3(AgO,AzO^5)=3AgO,PhO^5+3(NaO,Az^5O),$$
$$2NaO,HO,PhO^5+3(AgO,AzO^5)=3AgO,PhO^5+2(NaO,AzO^5)+HO,AzO^5,$$
$$NaO,2HO,PhO^5+3(AgO,AzO^5)=3AgO,PhO^5+NaO,AzO^5+2(HO,AzO^5).$$

Le pyrophosphate $2NaO,PhO^5$ et le phosphate tribasique $2(NaO),HO,PhO^5$, par exemple, sont donc deux sels dissemblables, quoique leur composition ne diffère que par un équivalent d'eau. Si on chasse par la chaleur l'équivalent d'eau que renferme $2NaO,HO,PhO^5$, on modifie la constitution de ce sel puisqu'il donnait avec l'azotate d'argent un précipité jaune $3AgO,PhO^5$, et qu'après la calcination, qui le transforme en $2NaO,PhO^5$, il donne avec le même réactif un précipité blanc $2AgO,PhO^5$. Aussi a-t-on donné le nom d'*eau de constitution* à celle qui figure dans la formule $2NaO,HO,PhO^5$ (et dans les précédentes). — Si maintenant on rapproche les formules $2NaO,PhO^5$ et NaO,HO,PhO^5 des deux pyrophosphates de soude, par exemple, qui se comportent de la même façon avec les réactifs (avec l'un comme avec l'autre on obtient par l'azotate d'argent le même précipité $2AgO,PhO^5$), on est conduit, pour expliquer leur analogie, à considérer l'équivalent d'eau que renferme le deuxième comme jouant le rôle de base, de sorte que dans l'un comme dans l'autre l'acide est saturé par deux équivalents de base; de là le nom d'*eau basique* donné à l'eau de constitution que renferment les divers sels de l'acide phosphorique.

Les trois acides libres présentent, de même que les sels qu'ils engendrent, des différences très marquées.

1° L'acide HO,PhO^5 coagule l'albumine, précipite en blanc par le chlorure de baryum $BaCl$, précipite en blanc par l'azotate d'argent AgO,AzO^5 sans neutralisation préalable par une base.

2° L'acide $2HO,PhO^5$ ne coagule pas l'albumine (il dissout au contraire l'albumine coagulée); il ne précipite en blanc par le chlorure de baryum ou par l'azotate d'argent qu'après neutralisation préalable par une base (il n'y a pas de précipité avec l'acide non neutralisé par une base, parce que, dans ce cas, les acides libres dissolvent le précipité de phosphate de baryte ou d'argent).

3° L'acide $3HO,PhO^5$ ne coagule pas l'albumine (il dissout l'albumine coagulée) ; comme le précédent, il ne précipite par le chlorure de baryum ou par l'azotate d'argent qu'après neutralisation préalable par une base ; avec le chlorure de baryum, le précipité est blanc ; il est jaune avec l'azotate d'argent.

153. Préparation et propriétés de l'acide phosphorique ordinaire $3HO,PhO^5$. — On l'obtient en oxydant le phosphore par l'acide azotique étendu, dans une cornue de verre (fig. 97) qu'on chauffe doucement (144). L'acide phosphorique formé

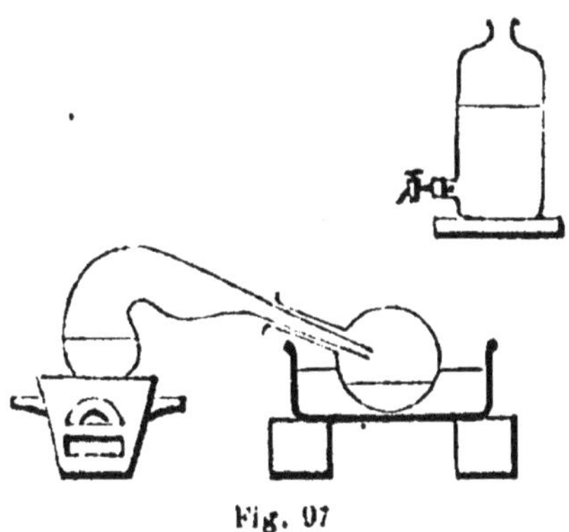

Fig. 97

reste dans la cornue ; il se dégage du bioxyde d'azote, ainsi que de l'acide azotique en vapeur qu'on condense dans un ballon refroidi et qu'on verse dans la cornue, avec de l'acide azotique neuf, pour transformer en acide phosphorique le phosphore qui a échappé à l'oxydation ; et ainsi de suite tant qu'il reste du phosphore. — Lorsque le phosphore est complètement dissous, on évapore en ne dépassant pas la température de 200°.

C'est un corps solide, qui fond à 42° ; il se transforme en $2HO,PhO^5$ quand on le chauffe à 210°, et en HO,PhO^5 quand on le chauffe au rouge ; on ne peut éliminer le dernier équivalent d'eau par la chaleur.

XII. Phosphures d'hydrogène

SOMMAIRE

On connait trois composés hydrogénés du phosphore :
1° Le phosphure d'hydrogène gazeux, PhH^3, qui s'enflamme à 100° dans l'air ;
2° Le phosphure d'hydrogène liquide, PhH^2, qui s'enflamme à la température ordinaire ;
3° Le phosphure d'hydrogène solide, Ph^2H, qui s'enflamme à 160°.
Préparation du phosphure gazeux.
Le phosphure gazeux spontanément inflammable s'obtient : 1° par l'action de la potasse, de la soude ou de la chaux sur le phosphore ; 2° par l'action de l'eau sur le phosphure de calcium.
Le phosphure gazeux non spontanément inflammable s'obtient : 1° en soumettant à l'action de l'acide chlorhydrique le phosphure gazeux qu'engendrent les réactions précédentes ; 2° par l'action de l'acide chlorhydrique sur le phosphure de calcium ; 3° par l'action de la potasse sur le composé PhH^3,HI.
Propriétés du phosphure gazeux. — Propriétés physiques.
Action de l'oxygène.
Action du chlore, du brome, de l'iode.
Action des métaux.
Analogie du phosphure d'hydrogène gazeux et du gaz ammoniac.
Composition.

154. Phosphures d'hydrogène. — On connait trois composés hydrogénés du phosphore :

PhH^3 phosphure d'hydrogène gazeux, ou hydrogène phosphoré gazeux.
PhH^2 phosphure d'hydrogène liquide, ou hydrogène phosphoré liquide.
Ph^2H phosphure d'hydrogène solide, ou hydrogène phosphoré solide.

Ces composés sont combustibles; ils brûlent à l'air en produisant de l'acide phosphorique et de l'eau.

Le *phosphure gazeux* PhH^3 s'enflamme à 100° ; c'est le plus intéressant, et nous l'étudierons avec détail.

Le *phosphure liquide* PhH^2 s'enflamme dans l'air à la température ordinaire et communique cette propriété au phosphure gazeux PhH^3 et à tous les gaz combustibles (hydrogène, oxyde de carbone, etc.) qui renferment de sa vapeur, même en très petite quantité. C'est un corps instable qui se dédouble facilement en phosphure gazeux et en phosphure solide, d'après l'équation

$$5PhH^2 = 3PhH^3 + Ph^2H.$$

Ce dédoublement s'effectue sous l'influence de la lumière, de l'acide chlorhydrique, etc.

Le *phosphure solide* Ph^2H s'enflamme à 160° ; c'est un corps jaune, insoluble dans l'eau.

155. Production naturelle et préparation du phosphure gazeux PhH³. — Il s'en produit par la putréfaction des matières organiques phosphorées, comme la matière cérébrale, etc.; c'est lui qui paraît donner naissance aux feux follets qui s'observent dans les cimetières humides et les marais; c'est à lui qu'il faut attribuer l'odeur des poissons pourris.

La plupart des réactions qui engendrent le phosphure gazeux le donnent mélangé avec de petites quantités de phosphure liquide, et fournissent, par suite, du *phosphure gazeux spontanément inflammable.*

Pour obtenir le *phosphure gazeux non spontanément inflammable*, il faut, si l'on veut utiliser les réactions qui engendrent un mélange de phosphure gazeux et de phosphure liquide, faire intervenir des corps qui détruisent le phosphure liquide en le décomposant complètement.

Phosphure d'hydrogène gazeux spontanément inflammable. — 1° On l'obtient en faisant bouillir une dissolution de potasse ou de soude, ou du lait de chaux, avec du phosphore dans un petit ballon. Il se forme un hypophosphite et il se dégage un mélange de phosphure gazeux, de vapeur de phosphure liquide et d'hydrogène, formés d'après les équations

$$4Ph + 3CaO + 9HO = 3(CaO,2HO,PhO) + PhH^3,$$
$$3Ph + 2CaO + 6HO = 2(CaO,2HO,PhO) + PhH^2,$$
$$Ph + CaO + 3HO = CaO,2HO,PhO + H.$$

On recueille le mélange gazeux dans des éprouvettes, sur la cuve à eau. On peut aussi (fig. 98) le laisser dégager sur

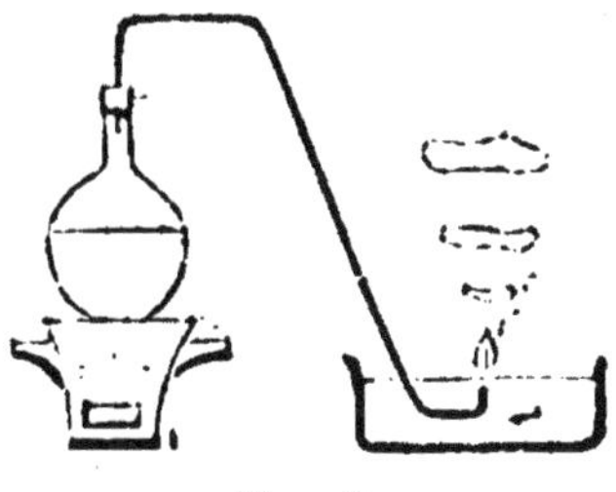

Fig. 98

la cuve, sans éprouvette : les bulles traversent l'eau, crèvent à sa surface et s'enflamment à l'air en produisant des couronnes de fumée qui s'élargissent en s'élevant.

2° Il s'en forme encore par l'action de l'eau sur le phosphure de calcium Ca²Ph. Dans un verre à pied contenant de l'eau, on jette des fragments de phosphure de calcium; il se dégage des bulles formées d'un mélange de PhH^3, PhH^2 et H, qui s'enflamment à l'air. En présence de l'eau, le phosphure de calcium donne de la chaux et du phosphure liquide,

$$Ca^2Ph+2HO=2CaO+PhH^2;$$

en présence de l'eau et de la chaux, le phosphure liquide se dédouble en phosphure gazeux et en phosphure solide,

$$5PhH^2=3PhH^3+Ph^2H;$$

il se forme d'ailleurs de l'hydrogène ainsi que de l'hypophosphite de chaux par la réaction

$$PhH^2+CaO+3HO=CaO,2HO,PhO+3H.$$

Phosphure d'hydrogène gazeux non spontanément inflammable. — On obtient le phosphure gazeux non mêlé de vapeur de phosphure liquide (mais contenant encore de l'hydrogène) en faisant passer le phosphure spontanément inflammable formé par les procédés précédents dans un flacon laveur contenant de l'acide chlorhydrique, qui détruit le phosphure liquide.

On le prépare plus commodément en traitant dans un flacon à deux tubulures (fig. 99) le phosphure de calcium par l'acide chlorhydrique : il se forme, comme dans l'action de l'eau sur le phosphure de calcium, du phosphure gazeux

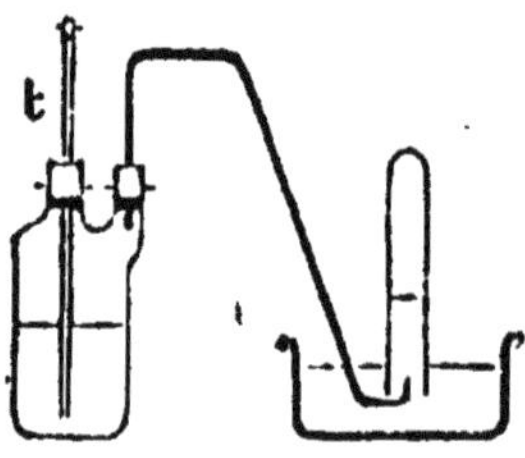

Fig. 99

et du phosphure liquide que l'acide chlorhydrique détruit à mesure qu'il se produit (mêmes réactions que ci-dessus). On introduit le phosphure de calcium dans le flacon par le gros tube *t* qu'on ferme ensuite. Avant cette introduction, on fait passer un courant d'acide carbonique dans le flacon pour en chasser l'air qui formerait avec le phosphure gazeux un mélange détonant pouvant s'enflammer au contact du phosphure liquide non décomposé.

Le phosphure gazeux *pur* s'obtient en traitant le composé PhH^2,HI (iodhydrate d'hydrogène phosphoré), placé dans un petit ballon,

Fig. 100

par une dissolution de potasse qu'on y introduit goutte à goutte au moyen d'un entonnoir de verre à robinet (fig. 100).

$$PhH^3,HI + KO,HO = KI + 2HO + PhH^3.$$

156. Propriétés du phosphure gazeux pur. — *Propriétés physiques.* — Gaz incolore, d'odeur fétide; densité 1,18. Légèrement soluble dans l'eau, l'alcool, l'éther.

Propriétés chimiques. — Dans l'*air* ou dans l'*oxygène*, avec lesquels il forme des mélanges détonants, il s'enflamme à 100°. En brûlant, il se transforme en acide phosphorique normal :

$$PhH^3 + 8O = 3HO, PhO^5.$$

Le *chlore*, le *brome*, l'*iode* décomposent le phosphure d'hydrogène gazeux en lui enlevant son hydrogène; s'ils sont en excès, ils se combinent en outre avec le phosphore. Avec le chlore, la réaction est violente et dangereuse.

Les métaux décomposent à chaud le phosphure gazeux avec dégagement d'hydrogène et formation d'un phosphure métallique.

Le phosphure d'hydrogène gazeux PhH^3 est analogue au gaz ammoniac AzH^3. Cette analogie résulte en particulier des faits suivants :

1° Comme le gaz ammoniac, le phosphure gazeux se combine avec les hydracides HCl, HBr, HI, en formant des composés

$$PhH^3,HCl \qquad PhH^3,HBr \qquad PhH^3,HI$$

qui correspondent aux composés ammoniacaux

$$AzH^3,HI \qquad AzH^3,HBr \qquad AzH^3,HI.$$

2° La préparation du phosphure gazeux pur rappelle celle du gaz ammoniac : ces deux corps peuvent en effet s'obtenir par l'action de la potasse sur des composés analogues, AzH^3,HCl et PhH^3,HI :

$$AzH^3,HCl + KO,HO = KCl + 2HO + AzH^3;$$
$$PhH^3,HI + KO,HO = KI + 2HO + PhH^3.$$

L'analogie du phosphure d'hydrogène gazeux et du gaz ammoniac n'est cependant pas complète : 4 volumes de PhH^3 sont formés de 1 vol. de vapeur de phosphore et de 6 vol. d'hydrogène, tandis que 4 volumes AzH^3 sont formés de 2 vol. d'azote et de 6 vol. d'hydrogène.

157. *Composition.* — La composition du phosphure d'hydrogène gazeux se déduit de l'expérience suivante : dans une cloche courbe (fig. 101) on chauffe un volume V de ce gaz

avec du cuivre qui se transforme en
phosphure de cuivre et met l'hydrogène en liberté ; on constate que
le volume de cet hydrogène est
égal à une fois et demie le volume
primitif, c'est-à-dire à $\dfrac{3V}{2}$.

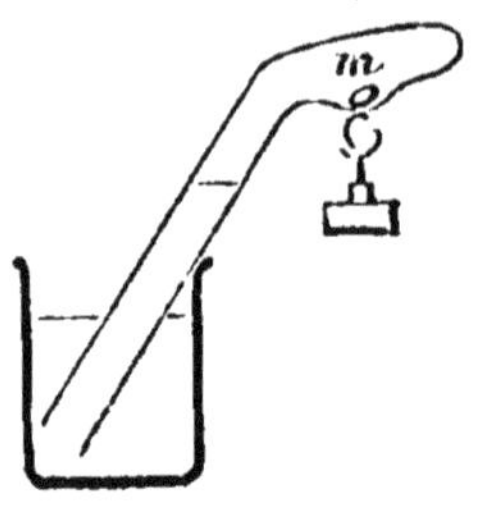
Fig. 101

Un vol. V de phosphure d'hydrogène gazeux est donc formé d'un
vol. $\dfrac{3V}{2}$ d'hydrogène et d'un vol. x
de vapeur de phosphore qu'on dé-
termine au moyen de l'équation suivante : elle exprime que
le poids de V litres de phosphure gazeux égale le poids de $\dfrac{3V}{2}$
litres d'hydrogène plus le poids de x litres de vapeur de phosphore, a étant le poids du litre d'air dans les conditions de
l'expérience :

$$V \times a \times 1,18 = (\frac{3V}{2} \times a \times 0,0693) + (x \times a \times 4,3) \; ;$$

on en déduit $x = \dfrac{V}{2}$. Ainsi 4 volumes de phosphure gazeux
sont formés de 6 volumes d'hydrogène et de 1 vol. de vapeur
de phosphore.

La formule la plus simple du phosphure gazeux est donc
PhH³ ; c'est celle qui a été adoptée, parce qu'elle représente
la quantité de phosphure gazeux qui se combine avec un
équivalent de H, par exemple, pour former un composé analogue à AzH³,H.

CHAPITRE V

CHLORE, BROME, IODE, FLUOR ET LEURS COMPOSÉS

I. Chlore

$$Cl = 35,5 = 2 \text{ vol.}$$

SOMMAIRE

Historique. État naturel.

Préparation. — Par le bioxyde de manganèse et l'acide chlorhydrique (procédé de Scheele) :

$$MnO^2 + 2HCl = MnCl + 2HO + Cl.$$

Par le bioxyde de manganèse, le chlorure de sodium et l'acide sulfurique (procédé de Berthollet) :

$$MnO^2 + NaCl + 2(HO,SO^3) = MnO,SO^3 + NaO,SO^3 + 2HO + Cl.$$

Par le bioxyde de manganèse et les acides chlorhydrique et sulfurique :

$$MnO^2 + HCl + HO,SO^3 = MnO,SO^3 + 2HO + Cl.$$

Préparation industrielle : procédé Weldon, qui permet de faire servir indéfiniment le même bioxyde de manganèse.

Propriétés. — Propriétés physiques. Particularités présentées par la solubilité du chlore dans l'eau. Liquéfaction.

Action sur les métalloïdes : phosphore, arsenic, antimoine ; soufre ; hydrogène.

Action sur les métaux : il les attaque tous.

Action sur l'eau : 1° au-dessous de 8°, le chlore et l'eau se combinent en formant de l'hydrate de chlore $Cl + 10HO$; 2° au rouge, le chlore paraît décomposer la vapeur d'eau ; 3° à la température ordinaire, le chlore décompose l'eau sous l'influence de la lumière solaire.

Action du chlore sur les corps oxydables en présence de l'eau : il agit comme oxydant.

Action sur l'acide sulfhydrique.

Action sur le gaz ammoniac.

Action sur les oxydes.

Action sur les matières organiques : le plus souvent il agit en leur enlevant leur hydrogène ; — avec certains composés organiques il engendre des produits de substitution ; — avec d'autres, enfin, il y a combinaison pure et simple.

Caractères distinctifs.

Principaux composés.

Applications. — On l'emploie surtout comme décolorant et désinfectant.

158. Historique. État naturel. — Ce corps a été découvert par Scheele, en 1774, et obtenu par un procédé encore employé. Humphry Davy (1810) le rangea parmi les corps simples, et Gay-Lussac (1813) lui donna le nom de *chlore* (χλωρός, jaune verdâtre), qui rappelle sa couleur.

Le chlore libre n'existe pas dans la nature. On le trouve à l'état de combinaison dans un certain nombre de chlorures naturels, comme le chlorure de sodium NaCl, qui est très abondant, les chlorures de potassium KCl, de magnésium MgCl, d'argent AgCl, de mercure Hg^2Cl, etc.

159. Préparation. — *Par le bioxyde de manganèse et l'acide chlorhydrique* (procédé de Scheele.) — On introduit ces deux corps dans un ballon qu'on chauffe doucement ; il se dégage du chlore d'après l'équation :

$$MnO^2 + 2HCl = MnCl + 2HO + Cl.$$

On fait passer le chlore qui se dégage dans un flacon laveur contenant un peu d'eau qui retient l'acide chlorhydrique entraîné ; de là le chlore se rend dans des éprouvettes sur la

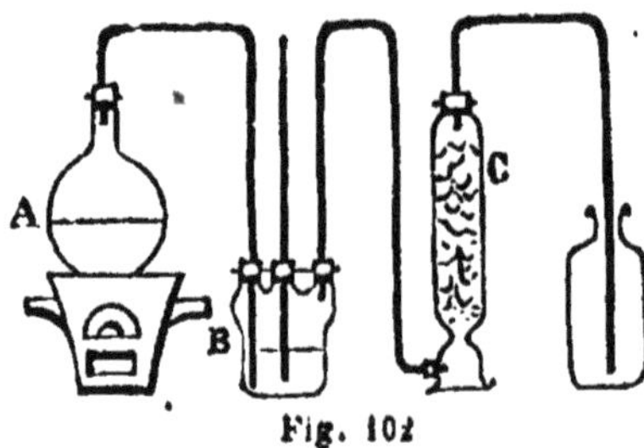

Fig. 102

cuve à eau salée (qui dissout moins de chlore que l'eau ordinaire). Si on veut l'obtenir sec on le fait passer dans une éprouvette à pied C contenant du chlorure de calcium, d'où

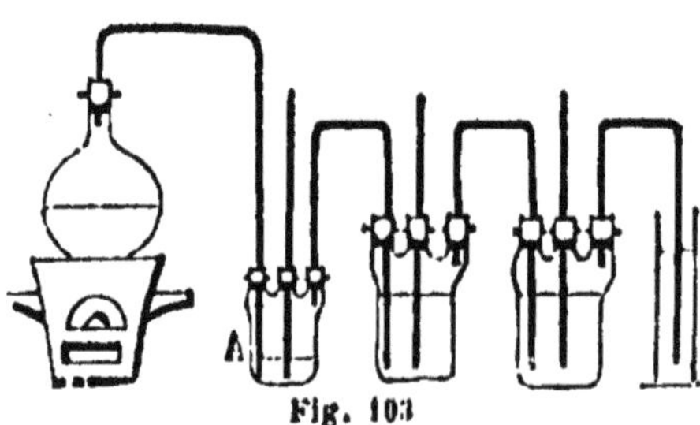

Fig. 103

un tube l'amène au fond d'un flacon D (fig. 102) : le chlore, qui est très lourd, chasse graduellement l'air et finit par remplir tout le flacon. On le recueille ainsi *par déplacement* et non sur la cuve à mercure parce qu'il attaque ce métal. — Pour obtenir le chlore en dissolution, on le fait passer dans les flacons remplis d'eau de l'appareil de Woolf (fig. 103).

Ce procédé ne fournit que la moitié du chlore de l'acide chlorhydrique employé ; c'est cependant le plus usité, à cause du bas prix de l'acide chlorhydrique. — Les procédés suivants, qui sont rarement employés, permettent de recueillir tout le chlore de la matière première.

Par le bioxyde de manganèse, le chlorure de sodium et l'acide sulfurique (procédé de Berthollet). — On traite le bioxyde de manganèse, non plus par l'acide chlorhydrique, mais par les corps avec lesquels on prépare généralement cet acide, c'est-à-dire par le chlorure de sodium et l'acide sulfurique. L'appareil employé est le même que précédemment.

L'ensemble des réactions qui se produisent peut être représenté par l'équation

$$MnO^2 + NaCl + 2(HO,SO^3) = MnO,SO^3 + NaO,SO^3 + 2HO + Cl.$$

Par le bioxyde de manganèse et les acides chlorhydrique et sulfurique. — On peut encore obtenir tout le chlore de la matière première en traitant le bioxyde de manganèse par un mélange d'acide chlorhydrique et d'acide sulfurique :

$$MnO^2 + HCl + HO,SO^3 = MnO,SO^3 + 2HO + Cl.$$

160. *Préparation industrielle.* — Dans les petites usines, on prépare le chlore par le procédé de Scheele, en remplaçant le ballon de verre par des bonbonnes en grès moins fragiles.

Dans les grandes usines, on emploie le *procédé Weldon* : c'est un procédé économique au moyen duquel on obtient encore le chlore par l'action du bioxyde de manganèse sur l'acide chlorhydrique, mais dans des conditions qui permettent d'utiliser indéfiniment le même bioxyde de manganèse, et en même temps de faire disparaître un produit embarrassant qu'on obtient comme *résidu* de la préparation par le procédé ordinaire, résidu composé principalement de chlorure de manganèse MnCl et d'un excès d'acide chlorhydrique HCl.

1° Ce résidu d'une première opération est additionné de craie CaO,CO² : par l'action de l'acide chlorhydrique sur ce corps, il se dégage de l'acide carbonique et il se forme du chlorure de calcium et de l'eau :

$$CaO,CO^2 + HCl = CO^2 + CaCl + HO.$$

2° À la liqueur obtenue, qui est composée d'une dissolution de chlorure de manganèse MnCl et de chlorure de calcium

CaCl, on ajoute du lait de chaux en excès ; le chlorure de manganèse et une portion de la chaux donnent du chlorure de calcium et du protoxyde de manganèse MnO :

$$MnCl + CaO = CaCl + MnO.$$

3° La masse, formée de chlorure. de calcium dissous, et de protoxyde de manganèse et de chaux en suspension, est chauffée à 50° ; en même temps on y fait passer un courant d'air : dans ces conditions, l'oxyde de manganèse MnO se transforme en bioxyde MnO^2 aux dépens de l'oxygène de l'air ; ce bioxyde de manganèse se combine avec la chaux en excès en produisant un sel insoluble CaO,MnO^2, manganite de chaux (dans lequel le bioxyde de manganèse joue le rôle d'acide), qui se dépose, qu'on recueille et qui peut remplacer le bioxyde de manganèse dans une nouvelle opération.

161. Propriétés. — *Propriétés physiques.* — Gaz verdâtre. Très lourd : densité 2,45. Odeur suffocante.

La solubilité du chlore dans l'eau, au lieu de diminuer quand la température s'élève, comme celle des autres gaz, augmente de 0° à 8° (un litre d'eau dissout 1 litre 44 de chlore à 0°, et 3 litres à 8°) pour décroître ensuite. Cette particularité s'explique ainsi : le chlore, en présence de l'eau froide, forme des cristaux d'*hydrate de chlore* (Cl + 10HO) ; la tension de dissociation de ce corps est égale à la pression atmosphérique, à la température de 8° environ ; lorsqu'on dissout du chlore dans l'eau à une température inférieure à 8°, il se forme de l'hydrate de chlore, corps solide dont la solubilité augmente quand la température s'élève ; à 8°

Fig. 104

et à l'air libre, l'hydrate de chlore se détruit complètement par dissociation : c'est donc le chlore gazeux qui se dissout à partir de 8°, et la solubilité doit décroître lorsque la température s'élève.

Le chlore se liquéfie sous la pression de 4 atmosphères à 15°. Cette liquéfaction s'effectue par la méthode et avec le tube de Faraday (99) dans l'une des branches duquel on a placé des cristaux d'hydrate de chlore ; on chauffe cette branche pour décomposer l'hydrate de chlore, et on refroidit l'autre, où le chlore liquide vient se rassembler (fig. 104).

162. *Action sur les métalloïdes.* — Le chlore peut se combiner directement avec tous les métalloïdes, excepté l'oxygène, l'azote et le carbone.

Avec un certain nombre d'entre eux, comme le *phosphore*, l'*arsenic*, l'*antimoine*, la combinaison commence à la température ordinaire et dégage assez de chaleur pour porter le composé formé à l'incandescence. Avec le *phosphore* on obtient du pentachlorure $PhCl^5$ ou du trichlorure de phosphore $PhCl^3$, suivant que le chlore est, ou non, en excès ; avec l'*arsenic* il se forme du trichlorure d'arsenic $AsCl^3$; avec l'*antimoine* il se forme de même du trichlorure d'antimoine $SbCl^3$.

Avec le *soufre*, la combinaison commence aussi à la température ordinaire, mais elle s'effectue sans incandescence ; il se forme du protochlorure S^2Cl ou du bichlorure de soufre SCl, suivant qu'il y a excès de soufre ou de chlore.

L'action du chlore sur l'*hydrogène* est particulièrement intéressante : le chlore et l'hydrogène, mélangés à volumes égaux, se combinent avec une violente explosion (en produisant de l'acide chlorhydrique HCl) sous l'influence de la *lumière solaire* directe ; la combinaison s'effectue lentement à la lumière diffuse ; elle ne se produit pas dans l'obscurité. — On peut encore provoquer cette combinaison par une *étincelle électrique*, ou par l'approche d'un·*corps enflammé* ; mais l'explosion est moins violente que celle qui se produit par l'action de la lumière : cela tient à ce que la combinaison provoquée par l'étincelle ou par un corps enflammé s'effectue de proche en proche (9), tandis que la lumière la détermine en même temps dans tous les points éclairés du mélange.

Action sur les métaux. — Le chlore peut se combiner directement avec tous les *métaux* ; cette combinaison dégage en général beaucoup de chaleur.

Le *potassium* s'enflamme spontanément dans le chlore et s'y transforme en chlorure de potassium KCl.

Un fil de *cuivre* roulé en spirale et préalablement chauffé brûle comme le fer dans l'oxygène lorsqu'on l'introduit dans un flacon plein de chlore ; il se forme du chlorure de cuivre Cu^2Cl.

Action sur l'eau. — 1° Le chlore en présence de l'eau, à une *température inférieure à* 8°, forme avec ce corps une combinaison solide, l'*hydrate de chlore*, $Cl+10HO$, de couleur jaune clair. On obtient facilement des cristaux d'hydrate de chlore en entourant de glace un flacon contenant une dissolution de chlore.

2° En apparence, le chlore décompose la vapeur d'eau *au rouge*, suivant l'équation $HO+Cl=HCl+O$; car si on fait passer un courant de chlore et de vapeur d'eau dans un tube de porcelaine chauffé au rouge (fig. 105), il se dégage de l'oxygène et de l'acide chlorhydrique (le chlore se forme dans le ballon, se lave dans le flacon, et se charge de vapeur d'eau en traversant la cornue à laquelle est adapté le tube de porcelaine chauffé au rouge).

En réalité le chlore ne peut décomposer l'eau puisque la chaleur de formation de l'acide chlorhydrique gazeux (22,000 cal.) est inférieure à la chaleur de formation de la vapeur d'eau (29,500 cal.); si l'on obtient de l'acide chlorhydrique et de l'oxygène dans l'expérience ci-dessus, cela tient

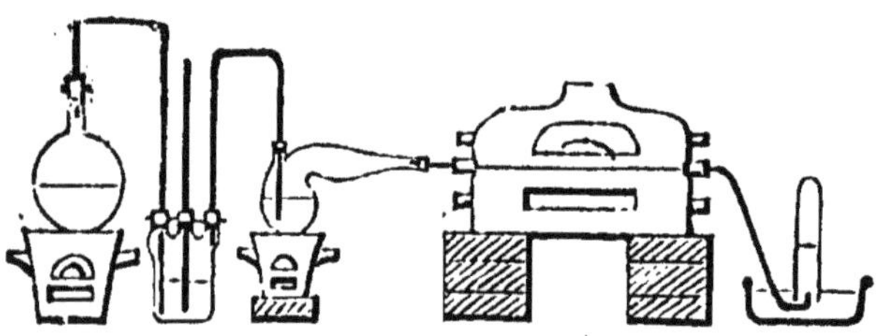

Fig. 105

à ce que l'eau se dissocie au rouge en oxygène qui reste libre et en hydrogène qui s'unit au chlore pour former de l'acide chlorhydrique. La réaction est d'ailleurs incomplète; dans les parties moins chaudes du tube, l'oxygène attaque l'acide chlorhydrique, conformément à la loi du travail maximum, et régénère en partie l'eau et le chlore primitifs.

3° Mais le chlore décompose l'eau à la température ordinaire $[HO+Cl=HCl+O]$ parce que la chaleur de formation de l'acide chlorhydrique dissous (39,300 cal.) est supérieure à la chaleur de formation de l'eau liquide (34,500 cal.)

C'est ce qui se produit lorsqu'on expose la dissolution de chlore à la *lumière solaire* : il se forme de l'acide chlorhydrique qui se dissout et de l'oxygène qui se dégage. A la *lumière diffuse*, la réaction est la même; seulement l'oxygène, au lieu de se dégager, engendre des composés oxygénés du chlore, tels que ClO et ClO^5.

Les dissolutions de chlore doivent être conservées à l'abri de la lumière, dans des flacons en verre noir.

Action sur les corps oxydables en présence de l'eau. — En présence de l'eau, à froid, le chlore joue le rôle de *corps oxydant*. Ainsi la dissolution de chlore, versée dans une dissolution d'acide sulfureux, transforme ce corps en acide sulfurique :

$$2HO+Cl+SO^2=HCl+HO,SO^3.$$

Cette réaction du chlore sur l'eau dégage plus de chaleur que celle qui se produit en l'absence d'un corps oxydable, à cause de la chaleur dégagée par l'oxydation de l'acide sulfureux et l'hydratation de l'acide sulfurique formé; aussi, dans ces conditions, la décomposition de l'eau par le chlore est rapide et s'effectue sans l'intervention de la lumière.

Action sur l'acide sulfhydrique. — Le chlore détruit l'*acide sulfhydrique* et met le soufre en liberté :

$$HS + Cl = HCl + S.$$

Action sur l'ammoniaque. — Le chlore réagit sur le *gaz ammoniac* en produisant de l'azote et du chlorure d'ammonium (136) :

$$4AzH^3 + 3Cl = Az + 3(AzH^4Cl).$$

Action sur les oxydes. — Le chlore attaque presque tous les oxydes; les réactions qui se produisent seront étudiées plus loin (289).

Action sur les matières organiques. — Le chlore agit énergiquement sur les *matières organiques*.

Le plus souvent il les détruit en leur enlevant leur hydrogène. C'est ce qui a lieu avec l'*essence de térébenthine* $C^{20}H^{16}$

$$C^{20}H^{16} + 16Cl = 20C + 16HCl ;$$

un papier trempé dans l'essence de térébenthine prend feu ou tout au moins se recouvre d'une couche de *noir de fumée* quand on l'introduit dans un flacon plein de chlore.

Le chlore décolore les matières colorantes organiques, tournesol, fuchsine, indigo, etc., en leur enlevant de même leur hydrogène. Quelquefois, cependant, l'altération qu'éprouvent les matières colorantes provient d'une oxydation produite indirectement par le chlore en présence de l'eau, plutôt que d'une action déshydrogénante directe, puisque la destruction de certaines matières colorantes exige l'intervention de l'eau. C'est ce qui se produit dans le blanchiment des toiles de lin, de chanvre, de coton, etc., par le chlore : la matière colorante est oxydée par l'oxygène qu'engendre la réaction du chlore sur l'eau, et elle se transforme ainsi en une résine brune soluble dans les lessives alcalines. Ce procédé de blanchiment, proposé par Berthollet, est beaucoup plus rapide que le procédé ancien qui consistait à exposer les toiles, dans les prés, à l'action de l'air, de la rosée et de la lumière : dans ces conditions, la matière colorante s'oxydait lentement et se transformait de même en résine soluble dans les dissolutions alcalines.

Avec certains composés organiques, le chlore engendre des *produits de substitution :* ce sont des substances dont la composition ne diffère de celle des corps primitifs, avec lesquels elles présentent d'ailleurs de grandes analogies, que parce qu'un certain nombre d'équivalents d'hydrogène ont été remplacés par un même nombre d'équivalents de chlore.

Ainsi, si on fait agir avec précaution le chlore sur le *formène* C^2H^4, on peut obtenir la série des composés suivants C^2H^3Cl, — $C^2H^2Cl^2$, — C^2HCl^3 (chloroforme), — C^2Cl^4 (chlorure de carbone), formés par la substitution progressive du chlore à l'hydrogène :

$$C^2H^4 + 2Cl = HCl + C^2H^3Cl$$
$$C^2H^3Cl + 2Cl = HCl + C^2H^2Cl^2$$
$$C^2H^2Cl^2 + 2Cl = HCl + C^2HCl^3$$
$$C^2HCl^3 + 2Cl = HCl + C^2Cl^4.$$

Dans certains cas, enfin, le chlore se combine simplement avec la matière organique. Avec l'*éthylène* C^4H^4, le chlore forme $C^4H^4Cl^2$, chlorure d'éthylène ou *liqueur des Hollandais* :

$$C^4H^4 + 2Cl = C^4H^4Cl^2.$$

163. *Caractères distinctifs du chlore.* — Le chlore libre se reconnaît à sa couleur verdâtre, à son odeur, et à ses propriétés décolorantes.

Le chlore à l'état de chlorure se reconnaît aux caractères indiqués au n° 329.

164. *Principaux composés du chlore.* — Parmi les nombreux composés du chlore nous citerons :

Les acides hypochloreux ClO, chloreux ClO^3, hypochlorique ClO^4, chlorique ClO^5, perchlorique ClO^7.

L'acide chlorhydrique HCl.

Le trichlorure de phosphore $PhCl^3$, et le pentachlorure $PhCl^5$.

Le chlorure d'azote $AzCl^3$.

Le chlorure d'arsenic $AsCl^3$.

Le trichlorure d'antimoine $SbCl^3$, et le pentachlorure $SbCl^5$.

Le protochlorure de soufre S^2Cl, et le bichlorure SCl.

Les chlorures métalliques.

165. Applications. — Dans l'industrie, on utilise les propriétés décolorantes du chlore pour le blanchiment des tissus de coton, de chanvre, de lin, etc. (161) ; on ne peut l'employer pour blanchir les tissus d'origine animale (soie, laine) parce qu'il les détruit en altérant la substance même des fibres en même temps qu'il agit sur la matière colorante.

On l'emploie aussi comme désinfectant : il détruit les miasmes, etc., ainsi que l'acide sulfhydrique et l'ammoniaque qu'engendre la putréfaction des matières animales (133).

On remplace avantageusement le chlore gazeux ou la dissolution de chlore, pour ces deux usages, par le *chlorure de chaux* (mélange d'hypochlorite de chaux CaO,ClO et de chlorure de calcium CaCl), corps solide, qui est d'un maniement plus commode et dont le principe utile, CaO,ClO, dégage de l'acide hypochloreux ClO sous l'influence des acides, de l'acide carbonique de l'air, par exemple. Cet acide hypochloreux, qui est très instable, se décompose au contact des corps chlorurables et oxydables et agit à la fois par son chlore et par son oxygène.

Le chlorure de chaux et les autres chlorures décolorants se préparent d'ailleurs avec le chlore.

Le chlore est souvent employé dans les laboratoires.

II. Acide chlorhydrique

$$HCl = 36, 5 = 4 \text{ vol.}$$

SOMMAIRE

Historique. — État naturel,

Préparation. — On le prépare en traitant le chlorure de sodium par l'acide sulfurique.

Dans les laboratoires, l'opération s'effectue dans des vases en verre qu'on ne peut chauffer au rouge ; la réaction est alors :

$$NaCl + 2 (HO,SO^3) = NaO,HO,2SO^3 + HCl.$$

Dans l'industrie l'opération peut être poussée jusqu'au rouge ; la réaction est différente et exige deux fois moins d'acide sulfurique :

$$NaCl + HO,SO^3 = NaO,SO^3 + HCl.$$

Impureté de l'acide de commerce. Acide pur.

Propriétés. — Propriétés physiques.

Action sur l'eau. L'acide chlorhydrique est très soluble dans l'eau, avec laquelle il forme de véritables combinaisons.

Action de la chaleur sur l'acide chlorhydrique.

Action des métalloïdes : l'oxygène et le silicium sont les seuls qui agissent sur l'acide chlorhydrique.

Action des métaux : tous (excepté l'or, le platine et le palladium) le décomposent avec dégagement d'hydrogène.

Action sur le gaz ammoniac.

Caractères distinctifs.

Composition : on la détermine par la synthèse et par l'analyse.

Applications.

Eau régale. — C'est un mélange d'acide chlorhydrique et d'acide azotique.

Ce mélange dégage du chlore quand on le chauffe. — On l'emploie comme chlorurant et comme oxydant.

166. Historique. Etat naturel. — L'acide chlorhydrique était connu des alchimistes ; on attribue sa découverte à Basile Valentin.

Ce corps se dégage des volcans et existe en dissolution dans les eaux qui remplissent les crevasses des cratères, et dans celles de certaines rivières qui prennent naissance dans le voisinage des volcans (Rio Vinagre, dans l'Amérique du

Sud ; un litre de cette eau renferme 1 gr. 18 d'acide chlorhydrique et 1 gr. 35 d'acide sulfurique).

167. Préparation. — L'acide chlorhydrique se prépare,
dans les laboratoires et dans l'industrie, par l'action de
l'*acide sulfurique* sur le *chlorure de sodium*. La réaction diffère d'ailleurs suivant qu'on opère au-dessous du rouge (préparation des laboratoires), ou au rouge (préparation industrielle).

Dans les laboratoires, l'opération s'effectue dans un ballon
de verre (fig. 106), qu'on ne peut chauffer jusqu'au rouge ; la
réaction est représentée par l'équation

$$NaCl + 2(HO,SO^3) = NaO,HO,2SO^3 + HCl;$$

c'est-à-dire qu'il se forme du bisulfate de soude qui reste dans
le ballon, et de l'acide chlorhydrique qui se dégage et qu'on

Fig. 106

recueille sur la cuve à mercure, ou qu'on fait passer dans les
flacons de l'appareil de Woolf (fig. 107) si on veut l'obtenir en

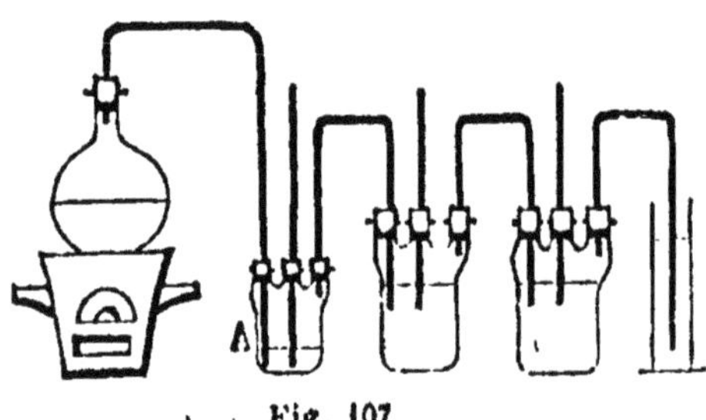

Fig. 107

dissolution (il y a intérêt, dans ce cas, à n'enfoncer que peu
profondément les tubes plongeurs dans l'eau des flacons, la
dissolution d'acide chlorhydrique étant plus dense que l'eau).

Dans l'industrie, l'opération se pratique dans des cylindres en fonte ou dans des fours, et peut être poussée jusqu'au rouge : on obtient ainsi, avec la même quantité d'acide sulfurique, deux fois plus d'acide chlorhydrique que dans l'appareil de laboratoire. En effet, l'action de l'acide sulfurique sur le chlorure de sodium engendre d'abord de l'acide chlorhydrique et du bisulfate de soude $NaO,HO,2SO^3$, conformément à l'équation précédente ; ce bisulfate réagit sur une nouvelle quantité de chlorure de sodium et met en liberté un deuxième équivalent d'acide chlorhydrique, d'après l'équation

$$NaCl+NaO,HO,2SO^3=2(NaO,SO^3)+HCl.$$

L'ensemble des deux réactions successives qui se produisent est représenté par l'équation

$$2NaCl+2(HO,SO^3)=2(NaO,SO^3)+2HCl.$$

ou par l'équation équivalente :

$$NaCl+HO,SO^3=NaO,SO^3+HCl.$$

Ces réactions engendrent donc finalement du sulfate neutre de soude et de l'acide chlorhydrique ; le premier est le produit principal de l'opération ; l'acide chlorhydrique n'est qu'un produit accessoire : on le dissout dans l'eau parce qu'on ne peut le laisser se disperser dans l'atmosphère qu'il empoisonnerait.

L'acide chlorhydrique du commerce contient de nombreuses impuretés : toutes celles de l'eau qui a servi à dissoudre le gaz, et, en plus, de l'acide sulfurique entraîné, du chlorure de fer provenant de l'action de l'acide chlorhydrique sur les vases de fonte, du chlorure d'arsenic (si l'acide sulfurique employé a été préparé avec les pyrites), etc. — On peut éliminer toutes ces impuretés par un traitement convenable ; on préfère généralement, lorsqu'on veut de l'acide chlorhydrique pur, le préparer dans les laboratoires en employant des produits purs.

168. Propriétés. — Gaz incolore, d'odeur vive, de saveur acide. — Densité 1,24. — Liquéfiable à 10° sous la pression atmosphérique.

Il est très soluble dans l'eau ; son coefficient de solubilité à 0° est 500 environ. — On peut répéter avec ce gaz les expériences (135) par lesquelles on montre la grande solubilité du gaz ammoniac (fig. 108 et 109).

L'action de l'eau sur l'acide chlorhydrique ne consiste pas en une simple dissolution ; en réalité, les deux corps se combinent avec dégagement de chaleur en formant des *hydrates* de composition définie.

A l'air humide, l'acide chlorhydrique produit des fumées blanches dues à la formation, aux dépens de la vapeur d'eau atmosphérique, d'un *hydrate* peu volatil qui se résout en un brouillard formé de fines gouttelettes.

Fig. 108   Fig. 109

L'acide chlorhydrique a été pendant longtemps considéré comme indécomposable par la *chaleur*. En réalité, il éprouve la dissociation à température très élevée (température voisine de celle du ramollissement de la porcelaine, 1400° à 1500°), comme on le prouve avec l'appareil *chaud-froid* (83).

Parmi les *métalloïdes*, l'*oxygène* et le *silicium* seuls agissent sur l'acide chlorhydrique.

Au rouge, l'*oxygène* décompose l'acide chlorhydrique suivant l'équation

$$HCl + O = HO + Cl ;$$

la possibilité de cette réaction résulte de ce que la chaleur de formation de la vapeur d'eau (29,500 cal.) est supérieure à la chaleur de formation de l'acide chlorhydrique gazeux 22,000 cal.). Cette décomposition de l'acide chlorhydrique par l'oxygène se réalise en faisant passer dans un tube de porcelaine chauffé au rouge un courant d'oxygène qui s'est chargé d'acide chlorhydrique en traversant une dissolution de ce gaz ; il se dégage de la vapeur d'eau et du chlore, ainsi qu'une certaine quantité d'acide chlorhydrique et d'oxygène ; la décomposition est donc incomplète. Cela tient à ce que, à la température de l'expérience, l'eau formée se dissocie en oxygène qui se dégage et en hydrogène qui s'unit au chlore pour former de l'acide chlorhydrique.

L'acide chlorhydrique attaque tous les *métaux*, sauf l'or, le platine et le palladium ; il se forme un chlorure avec dégagement d'hydrogène. — On utilise l'action de l'acide chlorhydrique sur le zinc ou le fer pour préparer l'hydrogène.

Il s'unit directement au *gaz ammoniac*, volume à volume, en produisant du chlorure d'ammonium (AzH⁴)Cl. — Si on place l'un près de l'autre deux verres contenant, l'un une dissolution d'acide chlorhydrique, l'autre une dissolution d'ammoniaque, on voit apparaître dans le voisinage d'épaisses fumées blanches constituées par une poussière de chlorure d'ammonium.

169. *Caractères distinctifs.* — L'acide chlorhydrique gazeux se reconnaît à son odeur vive, aux fumées qu'il produit dans l'air, aux fumées épaisses et blanches qu'il donne en présence d'une baguette de verre trempée dans l'ammoniaque.

L'acide chlorhydrique dissous se reconnaît par l'addition de quelques gouttes d'une dissolution d'azotate d'argent AgO,AzO^5, qui produisent un précipité blanc cailleboté de chlorure d'argent (ce précipité devient violet à la lumière solaire).

170. — *Composition.* — L'acide chlorhydrique est formé de volumes égaux de chlore et d'hydrogène, unis sans condensation.

C'est ce qui résulte de la synthèse directe, qu'on réalise de la manière suivante. A un flacon plein de chlore on adapte un ballon de même capacité rempli d'hydrogène (le col du ballon a été usé à l'émeri dans le col du flacon, de telle sorte que le premier bouche exactement le second). On abandonne ensuite le tout à la lumière diffuse : les gaz se mêlent et se combinent lentement. Lorsque la teinte verte du chlore a disparu, on expose l'appareil aux rayons solaires directs, qui achèvent la combinaison sans explosion. — Si alors on sépare les deux vases sous le mercure, on constate que le volume n'a pas changé (car il ne sort pas de gaz et le mercure ne pénètre pas dans les vases), et qu'il n'y a pas de résidu de chlore ni d'hydrogène (la liqueur de tournesol qu'on introduit dans ces vases n'est pas décolorée, et le gaz est totalement absorbé par le liquide).

On peut aussi opérer par analyse : dans une cloche courbe

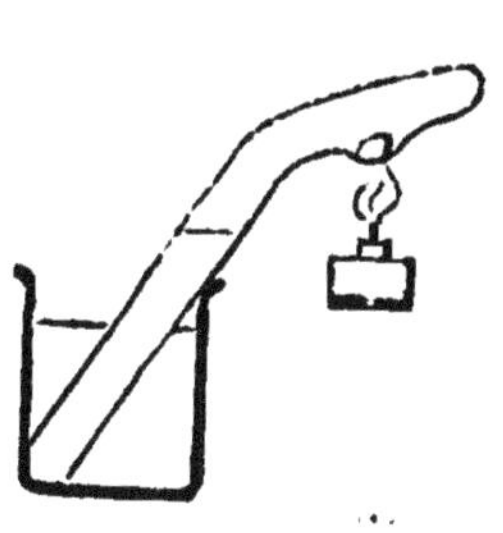

(fig. 110) contenant un certain volume V d'acide chlorhydrique on introduit un morceau de *sodium*, qui, sous l'influence de la chaleur d'une lampe à alcool, décompose l'acide et absorbe le chlore. Il reste un volume d'hydrogène égal à 1/2 V.

Ainsi un volume V d'acide chlorhydrique est formé d'un volume 1/2 V d'hydrogène et d'un vol. x de chlore qu'on détermine par l'équation suivante : elle exprime que le poids d'un volume V d'acide chlorhydrique est égal au poids d'un volume 1/2 V d'hydrogène

Fig. 110

plus le poids d'un vol. x de chlore, a représentant le poids du litre d'air dans les conditions de l'expérience :

$$V \times a \times 1{,}24 = (\frac{V}{2} \times a \times 0{,}0693) + (x \times a \times 2{,}4) ;$$

on en tire $x = 1/2$ V.

L'équivalent en volume de l'hydrogène et du chlore étant 2 vol., la formule la plus simple de l'acide chlorhydrique est HCl. C'est celle qui a été adoptée, parce qu'elle représente la quantité de ce corps nécessaire pour transformer un équivalent de potassium, par exemple, en chlorure.

La formule HCl correspond à 4 vol.

171. Applications. — L'acide chlorhydrique s'emploie dans la préparation du chlore et des hypochlorites décolorants (164), pour extraire la gélatine des os (142) ; il entre dans la composition de l'eau régale (172).

Il est très employé dans les laboratoires.

172. Eau régale. — C'est un mélange d'*acide chlorhydrique* et d'*acide azotique*. Lorsqu'on chauffe ce mélange, il se forme du chlore et de l'acide hypoazotique :

$$HCl + HO,AzO^5 = Cl + AzO^4 + 2HO.$$

C'est au chlore qu'elle engendre ainsi que l'eau régale doit la propriété de dissoudre à chaud l'*or* et le *platine*, que n'attaque aucun des deux acides composants pris séparément. On met en évidence cette propriété dissolvante de l'eau régale par l'expérience suivante : on verse de l'acide chlorhydrique dans un petit ballon, et de l'acide azotique dans un autre ; dans chacun on introduit une feuille d'or et on chauffe ; les feuilles d'or restent intactes. Mais si l'on verse le contenu d'un ballon dans l'autre, les feuilles d'or disparaissent.

Le nom d'*eau régale* a été donné à ce mélange parce qu'il dissout l'*or*, le roi des métaux des alchimistes.

L'eau régale n'est pas seulement un chlorurant ; c'est aussi un oxydant énergique, grâce à l'action du chlore sur l'eau (161), et à la formation de l'acide hypoazotique qui augmente le pouvoir oxydant de l'acide azotique (120).

En même temps que du chlore et de l'acide hypoazotique, il se forme encore, lorsqu'on chauffe l'eau régale, deux composés du chlore : l'*acide chloroazoteux* AzO^2Cl, et l'*acide chlorohypoazotique* AzO^2Cl^2.

III. Brome et Iode

$$Br = 80 = 2 \text{ vol.} \qquad I = 127 = 2 \text{ vol.}$$

SOMMAIRE

Historique. Etat naturel.
Extraction. — Extraction du brome et de l'iode des eaux mères des cendres de varechs.
Propriétés. — Propriétés physiques.
Propriétés chimiques : action sur l'hydrogène et les métaux ; action sur l'oxygène.
Caractères distinctifs.
Principaux composés.
Applications.

173. Historique. Etat naturel. — L'*iode* a été découvert par Courtois (1811), et le *brome* par Balard (1826).

Pas plus que le chlore, avec lequel ils présentent d'étroites analogies, le brome et l'iode ne se rencontrent jamais à l'état libre dans la nature. Ils existent à l'état de bromures et d'iodures dans les eaux de la mer et surtout dans les *fucus* et les *varechs*, plantes marines qui accumulent ces substances dans leurs tissus. On trouve encore des bromures et des iodures dans un grand nombre d'eaux minérales naturelles, etc.

174. Extraction. — Le brome et l'iode sont des produits industriels qu'on extrait de diverses sources.

Nous décrirons sommairement le procédé d'extraction du brome et de l'iode des eaux mères des *cendres de varechs*.

Soumises à un lessivage par l'eau, les *cendres de varechs* fournissent un liquide qu'on concentre et qui abandonne des sels de potasse et de soude (KO,SO^3, — NaO,SO^3, — KCl, — $NaCl$) ; dans les eaux mères se concentrent les bromures et les iodures, surtout le bromure de magnésium $MgBr$ et l'iodure de sodium NaI. — On y fait passer un courant de chlore qui déplace d'abord l'iode sans agir sur le bromure :

$$NaI + Cl = NaCl + I.$$

L'iode mis en liberté se dépose sous la forme d'un précipité noir qu'on recueille ; il faut arrêter le courant de chlore lorsque tout l'iode est précipité : un excès de chlore redissoudrait l'iode en le transformant en chlorure d'iode soluble.

L'iode impur ainsi obtenu est purifié par sublimation.

Les eaux mères d'où on a ainsi extrait l'iode, et qui contiennent encore du bromure de magnésium MgBr, sont additionnées de bioxyde de manganèse et d'acide sulfurique, et légèrement chauffées au bain de sable dans des touries : il se forme du brome d'après l'équation

$$MgBr + MnO^2 + 2(HO,SO^3) = MgO,SO^3 + MnO,SO^3 + 2HO + Br ;$$

les vapeurs de brome vont se condenser dans des récipients refroidis.

175. Propriétés. — *Propriétés physiques.* — Le *brome* est un liquide rouge noir ; densité 2,97. Il se solidifie à — 7°,3, et bout à 63° en produisant des vapeurs rouges. Odeur irritante qui rappelle celle du chlore.

Peu soluble dans l'eau ; soluble dans le sulfure de carbone, le chloroforme, l'éther, etc., qu'il colore en rouge.

L'*iode* est un corps solide qui se présente sous la forme de paillettes cristallines brillantes, d'un bleu grisâtre foncé ; densité 4,95. Il fond à 107°, et bout à 175° en produisant des vapeurs violettes. Son odeur est celle du chlore ou du brome, mais affaiblie.

Il est peu soluble dans l'eau ; soluble dans le sulfure de carbone, le chloroforme, la benzine, etc., auxquels il communique une belle couleur violette.

176. *Propriétés chimiques.* — Le brome et l'iode ont, comme le chlore, beaucoup d'affinité pour l'hydrogène et les métaux. Avec l'hydrogène, ils forment les acides bromhydrique HBr, et iodhydrique HI, analogues à l'acide chlorhydrique HCl. Avec les métaux, ils forment des bromures et des iodures isomorphes des chlorures correspondants.

La chaleur de formation des iodures est moindre que celle des bromures, qui est moindre elle-même que celle des chlorures ; de sorte que le chlore déplace le brome et l'iode des bromures et des iodures :

$$KBr + Cl = KCl + Br \qquad KI + Cl = KCl + I.$$

Au contraire, l'affinité de l'iode pour l'oxygène est plus grande que celle du chlore ; les composés oxygénés de l'iode sont beaucoup plus stables que ceux du chlore.

177. *Caractères distinctifs.* — Le brome et l'iode libres se reconnaissent à leur odeur, à la couleur de leur vapeur, à la couleur de leur dissolution dans l'éther, le chloroforme, etc. — Ce dernier caractère peut même servir à faire reconnaître le brome et l'iode en combinaison, à l'état de bromure ou d'iodure.

Le brome à l'état de bromure se caractérise ainsi : dans un

tube à essai contenant le bromure en dissolution étendue, on ajoute d'abord de l'eau de chlore qui déplace le brome, puis de l'éther qui, par l'agitation, dissout le brome devenu libre et se colore en rouge.

L'iode à l'état d'iodure dissous se reconnaît à l'aide d'une expérience analogue en remplaçant l'éther par le chloroforme qui se colore en violet. — Mais le réactif le plus sensible de l'iode est l'*empois d'amidon*, qui bleuit sous l'influence d'une quantité extrêmement faible d'iode : à la dissolution de l'iodure à caractériser on ajoute un peu d'empois d'amidon, puis une dissolution étendue de chlore ; l'iode, mis en liberté par le chlore, bleuit l'amidon.

178. — *Principaux composés.* — Parmi les composés du brome et de l'iode, citons :

Les acides hypobromeux BrO, bromique BrO^5 ; iodique IO^5, periodique IO^7 ;

Les acides bromhydrique HBr et iodhydrique HI ;

Les bromures et iodures de phosphore, d'arsenic, d'azote, de soufre, qui sont analogues aux composés correspondants du chlore ;

Les bromures et les iodures métalliques.

179. **Applications.** — Ces deux corps sont employés surtout en médecine et en photographie, le brome sous forme de bromure de potassium KBr, l'iode à l'état libre et à l'état d'iodure de potassium KI.

IV. Fluor

Fl = 19

SOMMAIRE

180. **Etat naturel.** — Ce corps existe à l'état de combinaison dans un minéral appelé *spath fluor*, qui est du fluorure de calcium $CaFl$, et dans divers autres minéraux.

181. Préparation. — Le fluor libre, qui jusqu'alors n'avait été qu'entrevu par les chimistes, a été isolé en 1886 par M. Moissan au moyen de l'électrolyse de l'acide fluorhydrique anhydre HFl : sous l'influence d'un courant électrique, cet acide se décompose en fluor et en hydrogène (8) (l'acide fluorhydrique à électrolyser est placé dans un tube de platine, en U, refroidi à — 50°, et fermé par des bouchons de spath fluor que traversent les électrodes en platine ; au-dessous des bouchons se trouvent de petits tubes de dégagement en platine, par lesquels s'échappent le fluor et l'hydrogène mis en liberté).

182. Propriétés. — D'après M. Moissan, le fluor possède les propriétés suivantes.

C'est un corps gazeux, doué d'affinités très énergiques.

Il attaque le silicium cristallisé, sur lequel le chlore n'a pas d'action.

Il attaque tous les métaux, le potassium et le sodium à la température ordinaire et avec incandescence, le platine vers 150°.

Il chasse le chlore et l'iode de leurs combinaisons. Ainsi il transforme le chlorure de mercure (blanc) en fluorure de mercure (jaune). Il convertit de même l'iodure de mercure (rouge) en fluorure de mercure ; l'iode déplacé brûle en se transformant en fluorure d'iode.

Le fluor doit être classé dans la même famille que le chlore, le brome et l'iode. L'analogie chimique de ces corps résulte des faits suivants.

1° Les fluorures métalliques sont isomorphes des chlorures, bromures et iodures correspondants. — Dans certains minéraux de composition complexe, le fluor et le chlore se remplacent en toute proportion sans que la forme cristalline soit altérée.

2° Avec l'hydrogène, le fluor forme un composé, l'acide fluorhydrique HFl, qui correspond aux acides chlorhydrique HCl, bromhydrique HBr, et iodhydrique HI.

3° Par l'action directe du fluor libre sur le phosphore, l'arsenic et l'antimoine, M. Moissan a obtenu des fluorures de phosphore, d'arsenic et d'antimoine dont les réactions sont analogues à celles des chlorures correspondants.

Acide fluorhydrique

$$HFl = 20$$

SOMMAIRE

Préparation. — On le prépare en traitant le fluorure de calcium par l'acide sulfurique :

$$CaFl + HO,SO^3 = HFl + CaO,SO^3$$

Propriétés. — Propriétés physiques.
Il attaque presque tous les métaux.
Action sur la silice et sur le verre ; gravure sur verre.

183. Préparation. — L'acide fluorhydrique HFl s'obtient par l'action de *l'acide sulfurique* concentré sur le *fluorure de calcium* pulvérisé. La préparation s'effectue dans une cornue en plomb qu'on chauffe légèrement ; les vapeurs d'acide fluorhydrique se condensent dans un tube de plomb recourbé en U et entouré de glace, dans lequel s'engage le col de la cornue.

$$CaFl + HO,SO^3 = HFl + CaO,SO^3.$$

184. Propriétés. — Liquide incolore, très volatil, très avide d'eau et fumant à l'air.

Il attaque tous les métaux, sauf l'or, le platine et l'argent ; le plomb n'est attaqué qu'avec lenteur. On conserve cet acide dans des flacons en plomb, et mieux en argent ou même en gutta-percha.

L'acide fluorhydrique attaque la silice SiO^2 et le verre (qui est un silicate) à la température ordinaire, en formant de l'eau et du fluorure de silicium $SiFl^2$, corps gazeux :

$$SiO^2 + 2HFl = 2HO + SiFl^2;$$

aussi l'emploie-t-on pour graver sur verre : c'est sa principale application. Pour cela, on recouvre le verre à graver d'un vernis qu'on enlève à la pointe partout où l'on veut que le verre soit rongé ; puis on expose le tout à l'action des vapeurs d'acide fluorhydrique qui se dégagent d'un vase de plomb légèrement chauffé contenant un mélange de fluorure de calcium et d'acide sulfurique, ou bien on passe sur le verre un pinceau trempé dans l'acide étendu d'eau.

L'acide fluorhydrique est très dangereux à manier; une seule goutte sur la peau produit une brûlure très douloureuse accompagnée d'une inflammation qui peut s'étendre beaucoup.

L'acide étendu est beaucoup moins corrosif.

CHAPITRE VI

CARBONE ET SES COMPOSÉS. SILICE

I. Carbone

$$C = 6 = 1 \text{ vol.}$$

SOMMAIRE

Généralités sur le carbone. — Il existe trois variétés de carbone : 1° le diamant, ou carbone cristallisé dans le système cubique ; 2° le graphite, ou carbone cristallisé dans le système du prisme hexagonal ; 3° le carbone amorphe.

Propriétés physiques : fixité et insolubilité.

Propriétés chimiques : le carbone se combine directement avec trois métalloïdes (l'oxygène, le soufre et l'hydrogène) et avec quelques métaux ; propriétés réductrices.

Caractères distinctifs des trois variétés de carbone.

Principaux composés du carbone.

Première variété : diamant. — État naturel. — Propriétés. — Tentatives de fabrication. — Taille du diamant. — Applications.

Deuxième variété : graphite. — Préparation du graphite artificiel. — Propriétés. — Applications.

Troisième variété : carbone amorphe. — Les divers charbons sont constitués par du carbone amorphe plus ou moins pur.

Charbons artificiels : coke, charbons des cornues, charbons de bois, noir animal, noir de fumée, charbon de sucre. — Propriétés des charbons artificiels : conductibilité, combustibilité, pouvoir absorbant.

Charbons naturels ou combustibles fossiles : anthracite, houille, lignite, tourbe.

185. Généralités sur le carbone. — Ce corps est très répandu dans la nature : le diamant, la plombagine, les charbons fossiles sont constitués par du carbone plus ou moins pur. A l'état de combinaison, le carbone se trouve dans l'acide carbonique de l'air et dans toutes les matières animales et végétales.

Il existe *trois variétés de carbone*, qui constituent autant de modifications allotropiques (29), puisqu'elles diffèrent non seulement par les propriétés physiques, mais encore par quelques propriétés chimiques :

1° Le *diamant*, ou carbone cristallisé dans le système cubique;

2° Le *graphite*, ou carbone cristallisé dans le système du prisme hexagonal;

3° Le *carbone amorphe*; il constitue un assez grand nombre de corps naturels ou artificiels qu'on désigne sous le nom de *charbons*, et qui dérivent tous des matières organiques.

186. *Propriétés communes aux trois variétés.* — Le carbone est un des corps les plus fixes que l'on connaisse. Mais cette fixité n'est pas absolue, car il a pu être fondu par Despretz sous l'action des très hautes températures développées dans l'*arc électrique* produit par une pile de 600 éléments de Bunsen (des fragments de charbon ont été ramollis et soudés; de plus, on a obtenu des globules qui avaient manifestement passé par l'état liquide). En faisant passer le courant de la même pile dans des baguettes de charbon, Despretz a même pu volatiliser ce corps.

Le carbone n'a qu'un dissolvant connu, la *fonte de fer* en fusion.

La fonte de fer saturée de carbone abandonne du *graphite* (carbone cristallisé dans le système hexagonal) pendant le refroidissement.

187. — Le carbone se combine *directement* avec trois métalloïdes : l'oxygène, le soufre et l'hydrogène.

Au rouge, dans l'*oxygène* libre en excès, le carbone brûle et se transforme en acide carbonique CO_2 ; si l'oxygène n'est pas en excès, il se forme en même temps de l'oxyde de carbone CO. — Une fois commencée, la combustion se continue d'elle-même, en général, à cause de la chaleur dégagée par la combinaison ; cependant le diamant et le graphite ne brûlent que si on les maintient à la température du rouge vif : dès qu'on cesse de chauffer, la combustion s'arrête.

Lorsqu'on fait passer de la vapeur de *soufre* sur du charbon chauffé au rouge dans un tube de porcelaine, il se forme du sulfure de carbone CS_2.

La combinaison directe de l'*hydrogène* et du carbone produit de l'acétylène C_2H_2, et s'effectue lorsqu'on fait éclater l'arc électrique entre deux baguettes de charbon (fig. 111), dans une atmosphère d'hydrogène (235).

Le carbone se combine directement avec un certain nombre de métaux (fer, manganèse, etc.) en formant des carbures.

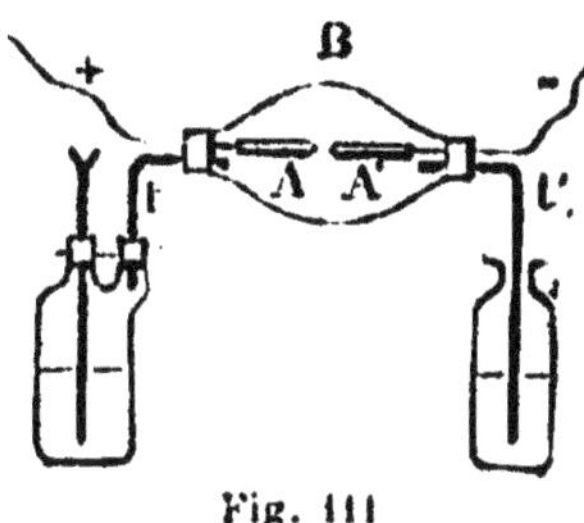

Fig. 111

Le carbone est un *réducteur* puissant: à température élevée, il enlève l'oxygène à un grand nombre de composés des métalloïdes et des métaux. — On utilise les propriétés réductrices du carbone dans la préparation de l'acide sulfureux (81), du phosphore (142), etc.

Il réduit la plupart des oxydes métalliques. Le métal est mis en liberté, et le carbone se convertit en acide carbonique si la réduction s'effectue à température peu élevée : c'est le cas de l'oxyde de cuivre CuO :

$$2CuO + C = 2Cu + CO^2.$$

Si au contraire la réduction exige une température très élevée, comme celle de l'oxyde de zinc ZnO, le carbone se transforme surtout en oxyde de carbone, d'après l'équation

$$ZnO + C = Zn + CO,$$

parce que l'acide carbonique qui tend à se former (d'après la loi du travail maximum, puisque sa formation dégage plus de chaleur que celle de l'oxyde de carbone) se dissocie à la température de l'expérience en oxyde de carbone et en oxygène qui s'unit à une autre portion de carbone pour former une nouvelle quantité d'oxyde de carbone. Mais l'oxyde de carbone qu'on obtient dans ces conditions est toujours mélangé avec une certaine quantité d'acide carbonique (205).

Lorsque le carbone se trouve en présence de la *vapeur d'eau*, au rouge, il se produit de l'hydrogène, de l'oxyde de carbone et de l'acide carbonique. C'est ce qui a lieu lorsqu'on fait passer de la vapeur d'eau dans un tube de porcelaine contenant des morceaux de charbon de bois portés au rouge (fig. 112), ou encore lorsque l'on plonge un charbon rouge dans l'eau. — La vapeur d'eau paraît donc, dans ces conditions, être décomposée par le carbone d'après les équations suivantes, analogues aux précédentes :

$$2HO + C = 2H + CO^2,$$
$$HO + C = H + CO ;$$

c'est-à-dire que le carbone paraît décomposer l'eau comme il décompose les oxydes de cuivre et de zinc.

En réalité le carbone ne peut décomposer l'eau, puisque la chaleur de formation de l'acide carbonique (48,500 cal.) est

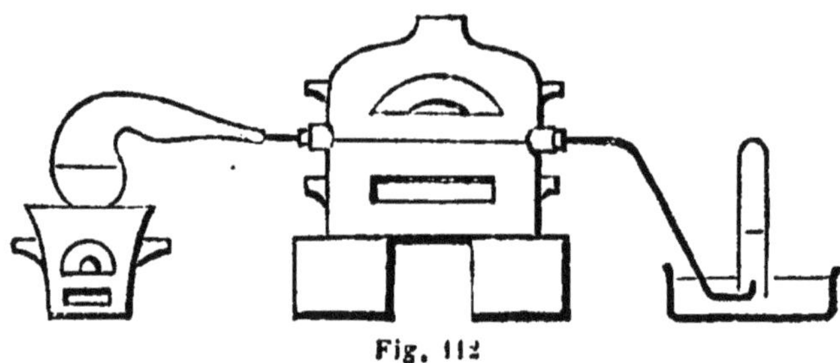

Fig. 112

moindre que la chaleur de formation des deux équivalents de vapeur d'eau (29,500×2) nécessaires à sa production ; et que, d'autre part, la chaleur de formation de l'oxyde de carbone (12,900 cal.) est de même moindre que la chaleur de formation de l'équivalent de vapeur d'eau qu'exige la réaction.

La production de l'hydrogène, de l'acide carbonique et de l'oxyde de carbone par l'action du carbone sur la vapeur d'eau, au rouge, s'explique ainsi : à cette température, l'eau se dissocie en hydrogène libre et en oxygène qui forme avec le carbone de l'acide carbonique et de l'oxyde de carbone, ce dernier indécomposable, le premier faiblement décomposable dans ces conditions. La réaction est d'ailleurs limitée par la réaction inverse (qui se produit dans les parties moins chaudes) de l'hydrogène sur l'acide carbonique et l'oxyde de carbone.

Le gaz de l'eau, c'est-à-dire le mélange d'hydrogène, d'acide carbonique et d'oxyde de carbone qu'on obtient par l'action du carbone sur la vapeur d'eau au rouge, a été quelquefois utilisé pour l'éclairage.

188. *Propriétés chimiques caractéristiques des trois variétés de carbone.* — On peut distinguer l'une de l'autre les variétés de carbone d'après les modifications qu'elles éprouvent quand on les traite à 60° par un mélange oxydant de *chlorate de potasse* et d'*acide azotique*. Ce mélange, qui n'attaque pas le diamant, dissout le carbone amorphe et transforme le graphite en un produit oxygéné insoluble ($C^{22}H^4O^{10}$) nommé *oxyde graphitique*, qui se convertit en *oxyde pyrographitique* insoluble ($C^{44}H^2O^8$) lorsqu'on le chauffe à 250°. L'oxyde pyrographitique traité par le même mélange oxydant se transforme en grande partie en produits solubles ou gazeux, et en une petite quantité d'oxyde graphitique.

De là le procédé suivant (indiqué par M. Berthelot), qui permet de séparer les trois variétés de carbone.

On traite le mélange à analyser par le chlorate de potasse et l'acide azotique ; le carbone amorphe se dissout, le diamant n'est pas attaqué, le graphite se convertit en oxyde graphitique qui reste mélangé avec le diamant. Pour séparer le diamant, on chauffe le résidu à 250° ; l'oxyde graphitique se change en oxyde pyrographitique ; un nouveau traitement par le mélange oxydant de chlorate de potasse et d'acide azotique transforme l'acide pyrographitique en produits solubles ou gazeux, et en une petite quantité d'oxyde graphitique ; en recommençant l'opération deux ou trois fois, on convertit complètement les produits de l'oxydation du graphite en substances solubles ou gazeuses, de sorte que le diamant se trouve isolé. Ces transformations sont d'ailleurs très lentes.

189. *Principaux composés du carbone*. — Parmi les composés du carbone nous citerons :

L'oxyde de carbone CO, l'acide carbonique CO^2, l'acide oxalique C^2O^3. Ce dernier n'a pas été isolé ; il n'est connu qu'en combinaison avec l'eau (HO,C^2O^3, acide oxalique ordinaire) et avec les bases.

Le protosulfure de carbone CS, et le bisulfure de carbone CS^2.

L'azoture de carbone, ou cyanogène, C^2Az.

Les nombreux carbures d'hydrogène ; nous étudierons les suivants : le formène C^2H^4, l'éthylène C^4H^4, l'acétylène C^4H^2, et la benzine $C^{12}H^6$.

Première variété : Diamant.

190. Diamant. — *Etat naturel*. — Le diamant se rencontre dans les terrains d'alluvion provenant de la destruction des roches anciennes, au Brésil, dans l'île de Bornéo, dans l'Inde, dans les monts Ourals, au cap de Bonne-Espérance, etc.

191. *Propriétés*. — Le diamant est du carbone cristallisé dans le système cubique ; sa forme la plus fréquente est l'octaèdre ; il constitue aussi des solides à 24 et 48 faces, etc. Les faces de ces cristaux sont souvent courbes.

Le diamant est le plus dur de tous les corps : il les raye tous. Seul, le bore cristallisé a une dureté comparable à celle du diamant.

Il est cassant et peut être facilement pulvérisé.

Il est transparent et incolore, le plus souvent. Mais il peut être coloré par des impuretés en bleu, vert, jaune, rose ; il existe aussi des diamants noirs opaques.

Sa densité varie de 3,5 à 3,55.

Il est très réfringent : son indice de réfraction est 2,42 pour la lumière jaune. Son angle limite et donc très faible (24°24') : il en résulte qu'une grande partie des rayons lumineux qui pénètrent dans le diamant éprouvent la réflexion totale ; comme ils ont été décomposés, ils présentent des colorations brillantes et produisent les jeux de lumière qui font rechercher le diamant et qui dépendent beaucoup de l'inclinaison des facettes les unes sur les autres.

Fortement chauffé dans une atmosphère non oxydante, le diamant se change en une matière grise qui peut tacher le papier sans le déchirer, et qui est du *graphite*. L'expérience a été faite par Despretz, qui employait comme agent calorifique l'arc électrique produit par la pile de 600 éléments de Bunsen avec laquelle il parvint à fondre et volatiliser le diamant (185).

Le diamant brûle dans l'oxygène et se convertit en acide carbonique, comme Davy l'a constaté le premier; il reste un résidu de 0,05 à 0,20 0/0 de cendres (silice, oxyde de fer). Le diamant est donc du *carbone presque pur*. La combustion du diamant ne s'effectue que si on le maintient au rouge vif; elle s'arrête quand on cesse de chauffer.

192. *Tentatives de fabrication.* — Le diamant étant du carbone cristallisé, on a essayé de le préparer par la cristallisation artificielle du carbone amorphe ; on n'a pu l'obtenir qu'à l'état de cristaux microscopiques.

Parmi les procédés essayés, nous décrirons les deux suivants qui ne sont autres que les procédés ordinaires de cristallisation par *sublimation* et par *dissolution* (27).

1° Despretz soumit à l'action prolongée des étincelles d'induction une baguette de charbon placée dans l'œuf électrique (plein d'azote); le rhéophore positif était constitué par la baguette de charbon, et le rhéophore négatif par un faisceau de fils de platine. Il prolongea l'action pendant un mois et obtint, sur les fils de platine, un dépôt noir dans lequel il put distinguer au microscope de très petits octaèdres dont quelques-uns étaient transparents et brillants; délayé dans de l'huile, ce dépôt noir polissait le rubis comme la poussière de diamant. Ces octaèdres étaient des cristaux de diamant.

2° Le procédé de cristallisation par dissolution, appliqué au carbone, n'a donné que des cristaux appartenant au 6° système (graphite), et pas de diamant.

Nous avons déjà dit que la fonte de fer saturée de carbone abandonne par le refroidissement des lames cristallines de graphite (185).

D'autre part, M. Deville, en faisant passer de la vapeur de

chlorure de carbone sur de la fonte de fer maintenue en fusion jusqu'à saturation de la fonte, n'a pu obtenir que des lames hexagonales de graphite cristallisé (dans cette opération, le fer décompose le chlorure de carbone en carbone qui se dissout dans le métal fondu, et en chlore qui forme avec une partie du fer du sesquichlorure de fer volatil).

193. *Taille du diamant*. — Les cristaux naturels de diamant ont peu d'éclat. On augmente cet éclat par la taille, en donnant aux diamants qui doivent être employés en joaillerie une forme calculée de manière à ce que toute la lumière qu'ils reçoivent sorte par leur face supérieure.

Pour *tailler* le diamant, on le dégrossit d'abord par le *clivage* (25), après quoi on l'use en le frottant avec un autre diamant, puis avec de la poussière de diamant. — La première opération, destinée à faire disparaître les taches ou les grains que présente le diamant, consiste à utiliser la propriété que possède ce corps de se fendre assez facilement suivant certaines directions (parallèles aux faces de l'octaèdre) ; avec un autre diamant, on produit à la surface de celui qu'on veut dégrossir une légère entaille sur laquelle il suffit de frapper pour détacher la partie à enlever. — La seconde opération consiste à frotter l'une contre l'autre les facettes de deux diamants dégrossis. — La troisième opération est destinée à donner au diamant sa forme et son poli définitifs. Pour cela, on scelle le diamant à l'étain à l'extrémité d'un manche qu'on fixe solidement au-dessus d'une meule ou plate-forme horizontale en acier, animée d'un mouvement de rotation rapide et recouverte de poussière de diamant (égrisée) délayée dans de l'huile (cette poussière provient des tailles précédentes, ou s'obtient en broyant des diamants noirs ou des fragments de diamants ordinaires trop petits pour pouvoir être utilisés autrement) ; par le frottement de la meule contre laquelle il est appliqué, le diamant s'use. Quand la facette a la dimension voulue, on le soude dans une nouvelle position.

Le diamant se taille en *brillant* ou en *rose*. La *rose* (fig. 113) a le dessous plat et le dessus en forme de dôme surbaissé, à

Fig. 113   Fig. 114

facettes ; on la monte sur une plaque métallique. Le *brillant* est plus estimé ; sa forme générale (fig. 114) est celle d'une pyramide (*culasse*) surmontée d'un tronc de pyramide très aplati (*table*) ; on le monte à jour, la tablette en dehors. — On ne taille en *rose* que les diamants peu épais qu'on ne peut tailler en *brillant*.

L'unité de poids définitivement adoptée (depuis 1871) pour la vente du diamant est le *carat*, qui vaut 0 gr. 205. Toutes choses égales, le prix du diamant varie à peu près comme le carré des poids. Un diamant brut (propre à la taille) d'un carat vaut 50 fr. environ ; le prix d'un diamant de même poids taillé en rose est de 150 fr. environ, et de 250 fr. environ s'il est taillé en brillant. Ces prix varient d'ailleurs avec la pureté du diamant.

194. *Applications.* — Les diamants transparents propres à la taille sont employés en joaillerie.

On se sert, pour couper le verre, de petits diamants non taillés, à arêtes courbes, qu'on enchasse à l'étain à l'extrémité d'un manche ; ces arêtes courbes pénètrent comme un coin dans le verre sur lequel on les appuie, en produisant une fente le long de laquelle le verre se casse facilement. — Les diamants à arêtes rectilignes rayent le verre sans le couper.

Le diamant s'emploie encore pour faire des pivots d'horlogerie, pour tailler et graver les pierres précieuses.

Avec les diamants noirs on fait des outils servant à tailler et à travailler au tour les pierres, comme le granite et le porphyre, sur lesquelles l'acier s'émousse ; on les a employés aussi pour creuser des trous de mine dans le percement de certains tunnels.

DEUXIÈME VARIÉTÉ : GRAPHITE.

195. **Graphite.** — C'est du carbone cristallisé dans le système du prisme hexagonal.

On peut l'obtenir artificiellement en dissolvant à saturation du charbon dans de la fonte de fer en fusion ; par le refroidissement, la fonte abandonne du graphite sous la forme de paillettes hexagonales. On peut dégager le graphite de la fonte en traitant la masse par l'acide chlorhydrique, qui dissout le fer et met le graphite en liberté.

On obtient du graphite mieux cristallisé par le procédé Deville (192) en faisant passer des vapeurs de chlorure de carbone sur de la fonte de fer fondue.

Le graphite naturel, qu'on appelle aussi *plombagine* ou *mine de plomb*, se présente en paillettes brillantes, quelquefois en lamelles hexagonales, mais plus souvent en masses feuilletées. On le trouve dans les terrains primitifs ; les principaux gisements sont ceux de Sibérie, de Ceyland, du Cumberland ; il en existe en France dans l'Ariège, les Hautes-Alpes, le Finistère.

C'est un corps de couleur gris d'acier, d'aspect métallique, gras au toucher, se rayant à l'ongle ; il laisse sur le papier une tache grise. — Densité comprise entre 2,14 et 2,27. — Il est bon conducteur de la chaleur et de l'électricité. — Il brûle plus difficilement encore que le diamant.

Le mélange oxydant d'acide azotique et de chlorate de potasse, qui n'a pas d'action sur le diamant, transforme le graphite en oxyde graphitique (188).

Le *graphite naturel* s'emploie dans la fabrication des crayons dits à la *mine de plomb* ; le plus souvent, au lieu de tailler des baguettes prismatiques de plombagine dans des blocs naturels de cette substance, on pulvérise les petits fragments ou les rognures de plombagine et on mélange la poudre obtenue avec de l'argile, ce qui donne une pâte qu'on débite en baguettes prismatiques après dessiccation ; les crayons ainsi obtenus sont plus ou moins noirs, suivant la quantité d'argile qu'ils renferment. — La plombagine en poudre sert, en raison de sa conductibilité électrique, à la *métallisation* des moules employés en galvanoplastie. — A cause de son peu de fusibilité et de combustibilité, on en fait des creusets qui résistent à des températures très élevées. — La plombagine mélangée avec un corps gras constitue le *cambouis*, qu'on emploie pour graisser les roues des voitures. — Réduite en poudre, elle sert encore à noircir les tuyaux de poêle et autres objets de fer ou de fonte.

TROISIÈME VARIÉTÉ : CARBONE AMORPHE

196. Charbons artificiels; charbons naturels. — Le *carbone amorphe* constitue un assez grand nombre de corps qu'on désigne sous le nom de *charbons* et qui dérivent tous des matières organiques; nous distinguerons les *charbons artificiels* et les *charbons naturels ou fossiles*.

Les principaux *charbons artificiels* sont : le coke, le charbon des cornues, le charbon de bois, le noir animal, le noir de fumée, le charbon de sucre.

Les *charbons naturels* ou *combustibles fossiles* sont : l'anthracite, la houille, le lignite et la tourbe.

197. Coke. — C'est le résidu de la distillation de la houille en vase clos, et celui de sa combustion incomplète. On l'obtient comme produit secondaire dans la fabrication du gaz d'éclairage ; d'autre part, on en prépare de grandes quantités par la carbonisation (combustion incomplète) de la houille en *meules*.

Le coke est gris, d'aspect demi-métallique. — Il brûle sans
flamme ni fumée, en dégageant beaucoup de chaleur ; mais
sa combustion exige un bon tirage ; d'ailleurs, il ne brûle bien
qu'en grande masse.

On ne l'emploie que comme combustible.

198. Charbon des cornues. — Il constitue les dépôts qui
tapissent les parties supérieures des cornues où l'on distille
la houille dans les usines à gaz d'éclairage ; il est formé d'une
agglomération de particules de carbone résultant de la décomposition par la chaleur des carbures d'hydrogène que dégage
la houille soumise à la distillation.

C'est un corps de couleur gris de fer ; dur au point de faire
feu au briquet ; très dense (densité 2,3) ; sonore ; bon conducteur de la chaleur et de l'électricité. — Il brûle difficilement.

Il se transforme en graphite quand on le soumet à la chaleur de l'arc électrique ou même de la lampe à émailleur.

Le charbon des cornues s'emploie, à cause de sa conductibilité électrique et de son inaltérabilité en présence de la plupart des agents chimiques, pour servir de pôle positif dans
diverses piles. On en fait des baguettes ou crayons pour les
lampes électriques, des creusets réfractaires, etc.

Il est rarement employé comme combustible.

199. Charbon de bois. — C'est le résidu de la combustion
incomplète du bois, ou bien de sa distillation en vase clos. De
là deux procédés de fabrication : le *procédé des forêts*, et le
procédé par distillation.

1° Dans le *procédé des forêts*, on obtient le charbon par la
combustion incomplète du bois. Au centre d'une aire plane on
dispose 4 ou 5 longues bûches verticales de manière à former
une sorte de cheminée cylindrique, autour de laquelle on dispose trois lits superposés de *rondins* ; on obtient ainsi une
meule en forme de tronc de cône, qu'on recouvre de menus
branchages et de gazon, de façon que l'air ne puisse pénétrer
dans la masse que par les *évents d'admission*, ouvertures
ménagées à la base. On met le feu à la meule en jetant dans
la cheminée du menu bois et des charbons allumés qui déterminent la combustion des parties voisines ; on ferme la cheminée et on pratique dans la couverture, au voisinage du
sommet, des *évents de dégagement* par lesquels s'échappe une
fumée d'abord épaisse et blanche, qui finit par devenir transparente et bleuâtre : c'est qu'alors la carbonisation est ache-
vée dans cette région. On bouche les évents de dégagement et
on en pratique d'autres un peu plus bas, qu'on ferme de

même lorsque la fumée qui en sort est devenue claire et bleuâtre ; et ainsi de suite, jusqu'au bas de la meule.

Une carbonisation insuffisante dans une région de la meule donnerait des *fumerons ;* au contraire une combustion trop active ou trop prolongée brûlerait en pure perte une partie du charbon formé.

On n'obtient guère ainsi que 18 0/0 de charbon, quoique le bois (composé essentiellement de *cellulose* $C^{12}H^{10}O^{10}$) renferme environ 38 0/0 de carbone.

2° Le *procédé par distillation* est théoriquement plus avantageux, puisqu'il donne environ 28 0/0 de charbon et qu'il permet en même temps de recueillir les produits de la distillation du bois, goudron, esprit de bois (alcool méthylique), acide pyroligneux (acide acétique impur). Il est cependant moins employé que le précédent, parce qu'il exige une installation coûteuse, et qu'au lieu de pouvoir être pratiqué sur place il nécessite le transport du bois de la forêt à l'appareil distillatoire.

Cet appareil consiste en de grands cylindres de tôle (figure 115) qu'on remplit de bois et qu'on chauffe. Le bois se carbonise, le charbon reste dans les cylindres, et il se dégage

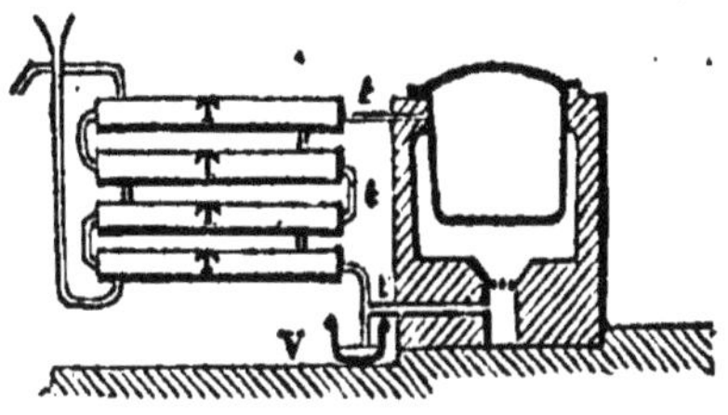

Fig. 115

des *produits liquéfiables* (goudron, esprit de bois, acide pyroligneux) qui se condensent en passant dans le tube t (maintenu froid par l'eau constamment renouvelée des tubes larges T qui l'entourent) et qu'on recueille dans le vase V, et des *gaz combustibles* (oxyde de carbone, carbures d'hydrogène) qui échappent à la condensation et qui sont amenés par le tube t' dans le foyer où ils brûlent en produisant une partie de la chaleur nécessaire à la continuation de la distillation.

Le charbon qu'on obtient ainsi est très combustible ; c'est par ce procédé que se prépare le charbon employé dans la fabrication de la poudre à tirer.

Le charbon de bois est un corps noir et poreux ; il conserve la structure du bois avec lequel il a été préparé.

On l'emploie comme combustible ; il sert aussi comme désinfectant (203).

200. Noir animal. — C'est le produit de la calcination des os en vase clos. Le charbon provenant de la carbonisation de l'osséine des os se trouve d'ailleurs mélangé, dans le noir animal, avec le phosphate et le carbonate de chaux (142) ; de sorte que le noir animal ne renferme guère que 10 0/0 de carbone.

Pour l'obtenir, on calcine les os dans des vases en terre superposés de façon que chacun d'eux soit fermé par celui qui est au-dessus. Par l'action de la chaleur, les os se transforment en noir animal, et il se dégage des gaz infects et combustibles qui s'enflamment en produisant de la chaleur qu'on utilise pour achever l'opération.

Si on traite le noir animal par l'acide chlorhydrique, qui dissout le phosphate et le carbonate de chaux, il reste du carbone à peu près pur.

Le noir animal est très employé comme agent décolorant, en raison de ses propriétés absorbantes (203) ; on en consomme de grandes quantités dans les sucreries, pour clarifier et décolorer les sirops.

Le noir animal employé ainsi comme décolorant perd rapidement son pouvoir absorbant ; on peut le revivifier par la calcination, qui transforme en charbon les matières dont le noir animal est imprégné ; mais la porosité de la masse diminue, et le pouvoir absorbant est moindre que celui du noir animal primitif.

Le noir animal qui a été revivifié plusieurs fois et qui a définitivement perdu ses propriétés absorbantes, s'emploie comme engrais.

201. Noir de fumée. — Le *noir de fumée* est le produit de la combustion incomplète des matières riches en carbone, comme les résines, les graisses, les huiles, le pétrole, etc. — Quand on écrase avec une soucoupe la flamme d'un bec de gaz (le gaz d'éclairage est un mélange de divers carbures d'hydrogène), le refroidissement diminue l'activité de la combustion, et une partie du carbone se dépose sur la soucoupe sous forme de noir de fumée ; la même chose se produit avec la flamme d'une bougie, d'une lampe à huile ou à pétrole, etc.

Parmi les dispositions employées pour préparer industriellement le noir de fumée, nous citerons la suivante. On enflamme des matières goudronneuses ou résineuses contenues dans des chaudières en fonte fortement chauffées par un foyer ; les fumées produites par la combustion incomplète de ces substances arrivent dans une grande chambre cylindrique dont les parois sont revêtues de toiles contre lesquelles le noir de fumée se dépose. Un cône en tôle, qu'on fait monter et descendre, frotte les toiles et en détache le noir de fumée.

Le noir de fumée est du carbone souillé par des matières huileuses qu'on peut d'ailleurs éliminer par la calcination.

On l'emploie dans la préparation de l'encre d'imprimerie, des crayons noirs, de l'encre de Chine (qu'on obtient, dit-on, avec le noir de fumée produit par la combustion incomplète du camphre).

202. Charbon de sucre. — On l'obtient en calcinant du sucre dans un creuset.

C'est du carbone presque pur, renfermant seulement des traces d'hydrogène. Pour éliminer cet hydrogène et avoir du carbone pur, on porte le charbon de sucre au rouge et on le soumet à l'action d'un courant de chlore, qui enlève les dernières traces d'hydrogène.

On l'emploie dans les laboratoires, lorsqu'on a besoin de carbone pur.

203. Propriétés des charbons artificiels. — *Conductibilité.* — La conductibilité d'un charbon pour la chaleur et l'électricité est d'autant plus grande qu'il a été préparé à température plus élevée : de tous les charbons, le plus conducteur est le charbon des cornues ; c'est aussi celui qui s'obtient à la plus haute température.

Combustibilité. — Les différents charbons ne s'enflamment pas avec la même facilité. La combustibilité d'un charbon dépend :

1° De sa conductibilité : un charbon est d'autant plus difficile à enflammer qu'il est meilleur conducteur, ce qui s'explique aisément : lorsqu'on chauffe un charbon conducteur par un de ses points, la chaleur qu'il reçoit se dissémine rapidement dans sa masse, et la température de la région chauffée s'élève moins que si le charbon était mauvais conducteur ; de sorte que, pour porter cette région à l'incandescence et en déterminer la combustion, il faut chauffer d'autant plus fortement que le charbon conduit mieux la chaleur. Ainsi le charbon de cornue est très difficile à enflammer.

2° De sa densité : les charbons les plus légers sont les plus inflammables ; le charbon très combustible qui entre dans la composition de la poudre à tirer se prépare avec des bois légers de saule, de bourdaine, de peuplier, et il est lui-même très léger.

3° De 'la proportion d'hydrogène qu'il renferme (tous les charbons artificiels renferment de l'hydrogène, d'autant plus qu'ils ont été moins fortement calcinés) ; il est d'autant plus combustible qu'il contient plus d'hydrogène ; c'est à la présence de ce corps dans le charbon préparé à basse température, aussi bien qu'à sa faible conductibilité, qu'il faut attribuer sa grande inflammabilité.

Pouvoir absorbant. — Les charbons artificiels possèdent la remarquable propriété d'absorber les gaz, les liquides et les solides dissous ; le *pouvoir absorbant* d'un charbon est d'ailleurs d'autant plus grand qu'il est plus poreux.

Les deux charbons les plus poreux sont le *noir animal* et le *charbon de bois* ; on emploie surtout le premier pour absorber les liquides et les solides dissous, et le second pour absorber les gaz.

Si l'on agite du vin rouge ou de la liqueur bleue de tournesol avec du *noir animal* et qu'on filtre, on obtient des liquides incolores ; le noir animal absorbe donc les matières colorantes. Il enlève de même à l'eau la chaux, les sels de chaux, les sels ammoniacaux, les sels de plomb, le tannin, etc., qu'elle renferme en dissolution.

Si dans une éprouvette placée sur la cuve à mercure et contenant un gaz comme l'ammoniaque ou l'acide chlorhydrique, on introduit un morceau de *charbon de bois* préalablement rougi au feu et éteint dans le mercure de la cuve, le gaz est rapidement absorbé et le mercure monte dans l'éprouvette, qu'il remplit. D'après Saussure, un volume de charbon de bois absorbe à la température ordinaire 90 vol. de gaz ammoniac, 85 vol. d'acide chlorhydrique, 65 vol. d'acide sulfureux, 55 vol. d'acide sulfhydrique, 45 vol. de protoxyde d'azote, 35 vol. d'acide carbonique, 9 vol. 42 d'oxyde de carbone, 9 vol. 25 d'oxygène, 7 vol. 50 d'azote, 1 vol. 75 d'hydrogène. On remarque que les gaz les plus solubles dans l'eau sont ceux qui sont absorbés en plus grande quantité par le charbon. — L'absorption des gaz par le charbon se fait avec dégagement de chaleur. La quantité de chaleur que dégage l'absorption de la vapeur d'eau atmosphérique par le charbon est quelquefois suffisante pour déterminer l'inflammation de celui ci. — Un charbon dont les pores sont remplis de vapeur d'eau ou de tout autre gaz a perdu son pouvoir absorbant : de là la nécessité de calciner le charbon pour éliminer l'air et la vapeur d'eau que renferment ses pores, et de le plonger encore rouge dans le mercure avant de le faire arriver dans l'éprouvette contenant le gaz à absorber.

Les matières absorbées ne contractent pas de combinaisons avec la substance des charbons poreux ; elles pénètrent simplement dans leurs pores, et on peut les en extraire, si elles sont liquides ou solides, en versant sur le charbon un

liquide chaud capable de les dissoudre (une solution légèrement alcaline et chaude versée sur le charbon qui a décoloré
le tournesol sort bleue du filtre); si la matière absorbée par
le charbon est gazeuse, elle se dégage par l'action du vide.

Les propriétés absorbantes du *noir animal* expliquent son
emploi industriel pour la *décoloration* des sirops dans les
sucreries.

La propriété que possède le *charbon de bois* d'absorber les
gaz en fait un précieux agent *désinfectant*. Un charbon plongé
dans une dissolution faible d'acide sulfhydrique lui enlève son
odeur. Pareillement, les eaux croupies perdent leur mauvaise
odeur si on les fait passer à travers un filtre formé de couches
alternatives de sable et de charbon. La viande entourée de
poussière de charbon se conserve longtemps sans altération.
Pour prévenir la putréfaction des eaux, pendant les longs
voyages, il suffit de les enfermer dans des tonneaux carbonisés
intérieurement.

Le charbon de bois sur lequel on a fait passer un courant
prolongé d'un gaz, comme le gaz ammoniac, l'acide chlorhydrique, l'acide sulfureux, et qui en a absorbé une grande quantité,
peut servir à la liquéfaction de ces gaz dans le *tube de Faraday*
(99) ; il suffit de chauffer la branche contenant le charbon pour
rendre libre une grande partie du gaz absorbé, qui se liquéfie
dans l'autre branche. Si on laisse refroidir le charbon, il
absorbe de nouveau le gaz, et l'appareil peut servir indéfiniment. Cette modification très pratique du procédé de Faraday
a été indiquée par M. Melsens.

Le *charbon platiné*, qui est du charbon recouvert de platine
très divisé, possède le pouvoir absorbant du charbon et la
propriété de déterminer certaines combinaisons comme le
noir de platine (7). Pour l'obtenir, on plonge du charbon de
bois dans une dissolution bouillante de bichlorure de platine,
et on chauffe ensuite ce charbon au rouge pour décomposer
le chlorure.

204. Charbons naturels. — On donne le nom de *charbons
naturels* ou de *charbons fossiles* à des matières riches en carbone, qui proviennent de l'altération lente et plus ou moins
profonde des matières végétales enfouies dans le sol. Ces
charbons fossiles, qui intéressent moins le chimiste que le
naturaliste, sont l'*anthracite*, la *houille*, le *lignite* et la
tourbe.

1° *Anthracite.* — L'anthracite existe en couches dans les
terrains antérieurs au terrain carbonifère, sur les bords de la
Loire, en Angleterre, etc.

C'est un charbon compact, d'un noir brillant, qui renferme
90 0/0 de carbone.

L'anthracite s'enflamme assez difficilement ; sa combustion, qui dégage plus de chaleur que celle de la houille, exige un bon tirage.

2° *Houille.* — La *houille* ou *charbon de terre* se rencontre dans le *terrain carbonifère* et les terrains plus récents. En France, on trouve des dépôts de houille à Saint-Étienne, à Rive-de-Gier, à Decazeville, à Anzin, etc. ; les houillères de Belgique et d'Angleterre sont d'ailleurs bien plus importantes.

La houille se présente généralement en masses brillantes et feuilletées ; elle contient de 75 à 90 0/0 de carbone, et une proportion notable d'hydrogène.

Les houilles les plus riches en hydrogène brûlent avec une longue flamme et se nomment *houilles grasses* (elles se ramollissent en brûlant) ; les *houilles maigres* sont celles qui brûlent avec une flamme courte.

Chauffée en vase clos, la houille perd 25 à 40 0/0 de matières volatiles (gaz d'éclairage et matières dont on le débarrasse par l'épuration ; v. n° 242) ; le résidu est le coke.

3° *Lignite.* — Le *lignite* est de formation plus récente que la houille. On le trouve à la base des terrains tertiaires, dans l'Aisne, l'Isère, les Bouches-du-Rhône, etc.

C'est un corps de couleur brune ou noire, qui a conservé la structure du bois aux dépens duquel il s'est formé. Il contient de 50 à 75 0/0 de carbone.

Le lignite s'enflamme aisément et brûle avec fumée en dégageant peu de chaleur.

Le *jais* ou *jayet,* qui sert à faire des bijoux de deuil, est du lignite dur, compact et luisant.

4° *Tourbe.* — La *tourbe* est un charbon de formation récente ; elle résulte de l'accumulation et de l'altération sous l'eau des débris des végétaux qui vivent dans les marais. Les principaux gisements de tourbe, en France, se trouvent dans la Somme, le Pas-de-Calais, le Nord, etc. Les tourbières de Hollande, d'Allemagne, de Pologne, etc., sont plus importantes.

La tourbe est une substance spongieuse, naturellement humide, qui brûle lentement avec ou sans flamme en dégageant peu de chaleur.

II. Oxyde de carbone

$$CO = 14 = \tfrac{2}{1}\,\text{vol.}$$

SOMMAIRE

Préparation. — On prépare l'oxyde de carbone par divers procédés :
1° En chauffant un mélange de charbon et d'oxyde de zinc.

$$ZnO + C = Zn + CO$$

2° En faisant passer un courant d'acide carbonique sur du charbon incandescent.

$$CO_2 + C = 2CO.$$

3° En déshydratant l'acide oxalique HO,C_2O_3 par l'acide sulfurique ; l'acide oxalique ne pouvant exister à l'état anhydre se dédouble :

$$C_2O_3 = CO + CO_2.$$

Propriétés. — Propriétés physiques.
Propriétés chimiques. — Dissociation. — Propriétés réductrices. — Il est absorbé par les dissolutions de sous-chlorure de cuivre dans l'acide chlorhydrique ou dans l'ammoniaque.
Propriétés physiologiques ; mode d'action sur l'économie.
Caractères distinctifs.
Composition.
Applications. — Fours Siemens. — L'oxyde de carbone joue un rôle important dans diverses opérations métallurgiques.

205. **Préparation.** — On peut obtenir l'oxyde de carbone CO par les procédés suivants :

1° On chauffe dans une cornue en grès un mélange de *charbon* et d'*oxyde de zinc* (186) ; il se dégage de l'oxyde de carbone qu'on recueille sur la cuve à eau (fig. 116).

$$ZnO + C = Zn + CO;$$

(en même temps que de l'oxyde de carbone, il se forme toujours un peu d'acide carbonique dont on se débarrasse en faisant passer les gaz dans une dissolution de potasse).

2° On fait passer un courant d'acide carbonique CO_2 sur du charbon contenu dans un tube de porcelaine chauffé au rouge.

$$CO_2 + C = 2CO.$$

La chaleur de formation de l'acide carbonique (48500 cal.) étant supérieure à la chaleur de formation de deux équivalents d'oxyde de carbone ($14400 \times 2 = 28800$), cette réaction paraît en contradiction avec la *loi du travail maximum*. Elle s'explique, comme la réaction du chlore sur l'eau (101) et celle du charbon sur l'eau (187), par la dissociation (en oxyde de carbone et oxygène) qu'éprouve l'acide carbonique à la température élevée de l'expérience. L'oxyde de carbone

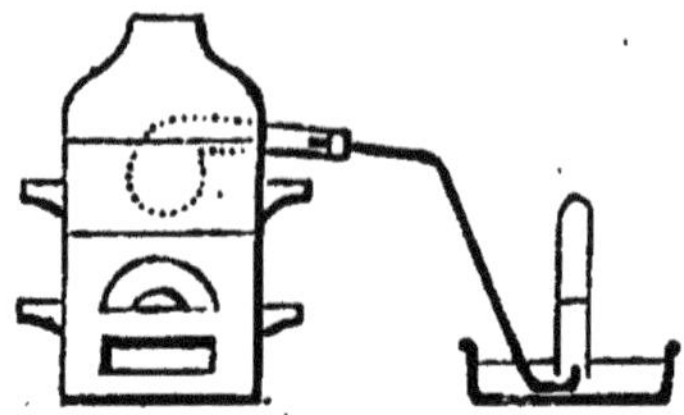

Fig. 116

qui se dégage est mêlé à l'acide carbonique non dissocié, qu'on absorbe par une dissolution de potasse.

3° Le procédé le plus employé consiste à traiter l'*acide oxalique* HO,C^2O^3 par l'*acide sulfurique concentré* HO,SO^3, dans un ballon de verre qu'on chauffe (fig. 117). L'acide sulfurique

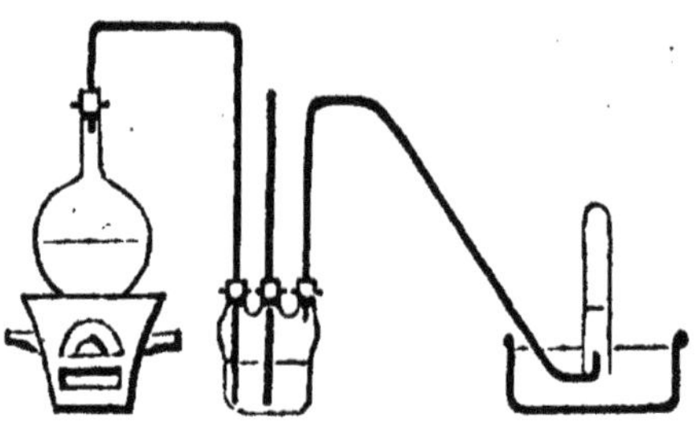

Fig. 117

s'empare de l'eau de l'acide oxalique, qui, ne pouvant exister à l'état anhydre, se dédouble en oxyde de carbone et acide carbonique qui se dégagent :

$$C^2O^3 = CO + CO^2;$$

on fait passer le mélange des deux gaz dans un flacon contenant une dissolution de potasse qui retient l'acide carbonique ; l'oxyde de carbone seul arrive dans l'éprouvette.

206. **Propriétés.** — *Propriétés physiques.* — Gaz incolore, inodore, insipide. Densité 0,97. Presque insoluble dans l'eau. Il a été liquéfié par M. Cailletet en 1877.

207. — *Propriétés chimiques*. — L'oxyde de carbone est un corps neutre, qui n'a pas d'action sur le tournesol.

Il est décomposable par la *chaleur*, à température très élevée, en oxygène et carbone. Cette dissociation se manifeste à l'aide de l'appareil *chaud-froid* (88) (fig. 118) : on trouve du noir de fumée sur le tube de laiton froid, et on

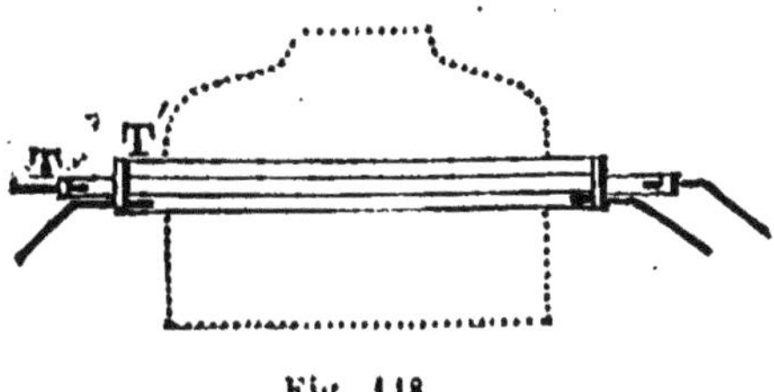

Fig. 118

recueille de l'acide carbonique mêlé à l'oxyde de carbone non altéré. Il faut en conclure que l'oxyde de carbone s'est dissocié en carbone qui s'est déposé sur le tube froid, et en oxygène qui a transformé en acide carbonique une partie de l'oxyde de carbone non dissocié.

L'oxyde de carbone est un gaz inflammable, qui brûle dans l'air ou dans l'oxygène avec une flamme bleue en produisant de l'acide carbonique :

$$CO + O = CO_2.$$

C'est un réducteur énergique ; la réduction de l'oxyde de cuivre CuO s'effectue avec l'oxyde de cuivre comme avec l'hydrogène (60) ; il se dégage de l'acide carbonique :

$$CuO + CO = Cu + CO_2.$$

L'oxyde de carbone est rapidement absorbé par une dissolution de sous-chlorure de cuivre Cu_2Cl dans l'acide chlorhydrique ou dans l'ammoniaque ; l'oxyde de carbone dissous se dégage d'ailleurs lorsqu'on chauffe la liqueur. Cette propriété de l'oxyde de carbone permet de le séparer facilement des autres gaz.

208. *Propriétés physiologiques*. — Ce gaz est très dangereux à respirer ; mêlé en très petite quantité à l'air, il occasionne des maux de tête accompagnés de vertiges, etc. L'air est irrespirable quand il renferme un ou deux centièmes d'oxyde de carbone ; c'est à ce gaz plutôt qu'à l'acide carbonique qu'il faut attribuer les accidents causés par les *gaz du charbon* (mélange d'oxyde de carbone et d'acide carbonique).

Le mode d'action de l'oxyde de carbone sur l'économie est connu : d'après Claude Bernard, l'oxyde de carbone forme avec l'hémoglobine des globules une combinaison stable ; l'hémoglobine ainsi transformée a perdu la propriété d'absorber l'oxygène de l'air dans les poumons ; si tous les globules sont atteints, la mort est instantanée.

Il y a donc intérêt à connaître les circonstances de la production naturelle de l'oxyde de carbone. Il s'en forme toujours en même temps que de l'acide carbonique pendant la combustion du charbon ; il faut donc éviter de tourner la clef des poêles bien allumés pour en diminuer le tirage : l'oxyde de carbone se répandrait dans l'atmosphère voisine. D'autre part, les poêles en fonte dégagent de l'oxyde de carbone quand ils sont portés au rouge (fait constaté par MM. Deville et Troost) ; aussi faut-il éviter de laisser rougir de pareils poêles et aérer souvent les appartements où on les emploie.

209. *Caractères distinctifs*. — L'oxyde de carbone se reconnaît aux caractères suivants :

1° Il brûle avec une flamme bleue, en produisant de l'acide carbonique, qui trouble l'eau de chaux (217).

2° Il est absorbé par la dissolution de sous-chlorure de cuivre dans l'acide chlorhydrique ; la liqueur dégage d'ailleurs l'oxyde de carbone absorbé lorsqu'on la chauffe.

210. *Composition*. — Les éléments de l'oxyde de carbone sont combinés dans le rapport de 8 gr. ou un équivlent d'oxygène pour 6 gr. de carbone.

Cela résulte des expériences eudiométriques, qui montrent que 2 vol. d'oxyde de carbone et 1 vol. d'oxygène donnent 2 vol. d'acide carbonique. Or on sait (218) qu'un volume donné d'acide carbonique renferme un volume égal d'oxygène ; donc 2 vol. d'oxyde de carbone renferment seulement 1 vol. d'oxygène.

De là on déduit la composition en poids à l'aide des densités de l'oxygène et de l'oxyde de carbone : le poids du carbone contenu dans 2 litres d'oxyde de carbone s'obtient en retranchant le poids d'un litre d'oxygène (1 gr. $203 \times 1,1056$) du poids de 2 litres d'oxyde de carbone ($1,203 \times 0,97 \times 2$) ; on trouve ainsi que pour 8 gr. d'oxygène il y a 6 gr. de carbone.

C'est ce poids 6 gr. de carbone, qui est combiné avec un équivalent d'oxygène dans l'oxyde de carbone, et avec deux équivalents d'oxygène dans l'acide carbonique, qui a été pris pour l'*équivalent du carbone*.

La formule la plus simple de l'oxyde de carbone est donc CO.

La densité de vapeur du carbone étant inconnue, on ne peut déterminer directement le volume x de la vapeur de carbone qui se combine avec 1 vol. (8 gr.) d'oxygène pour former 2 vol. d'oxyde de carbone, et avec 2 vol. d'oxygène pour former 2 vol. d'acide carbonique. On admet que $x = 1$ vol. ; de sorte que l'équivalent (hypothétique) en volume de la vapeur de carbone est 1 vol. On en déduit que sa densité théorique est 0,828.

211. Applications. — On utilise l'oxyde de carbone comme combustible dans les *fours Siemens :* au lieu de brûler complètement le charbon, c'est-à-dire de le transformer en acide carbonique, on trouve plus avantageux de le convertir d'abord en oxyde de carbone qu'on brûle ensuite, ce qui permet d'obtenir des températures plus régulières. Pour cela, on fait passer sur une couche épaisse de charbon incandescent l'acide carbonique résultant de l'action de l'air sur les portions inférieures de ce charbon ; l'acide carbonique se transforme en oxyde de carbone qu'on brûle à la sortie du foyer, où sont placés les appareils à chauffer.

L'oxyde de carbone joue un rôle important dans certaines opérations métallurgiques, comme dans la fabrication du fer (270 et 280) : c'est l'oxyde de carbone (produit par l'action du charbon au rouge sur l'acide carbonique formé dans les parties inférieures d'une masse de combustible incandescent) qui réduit l'oxyde de fer du minerai et le convertit en fer libre.

III. Acide carbonique

$$CO^2 = 22 = 2 \text{ vol.}$$

SOMMAIRE

Historique. Etat naturel.

Préparation. — On prépare l'acide carbonique dans les laboratoires, en faisant agir l'acide chlorhydrique ou l'acide sulfurique étendus sur le carbonate de chaux :

$$CaO,CO^2 + HCl = CaCl + HO + CO^2$$
$$CaO,CO^2 + HO,SO^3 = CaO,SO^3 + HO + CO^2$$

Préparation industrielle : 1° calcination du carbonate de chaux ; 2° action de l'acide sulfurique étendu sur la craie (carbonate de chaux).

Propriétés. — Propriétés physiques. — Il est notablement plus lourd que l'air ; expériences de cours. — Liquéfaction et solidification : appareil de Thilorier.

Propriétés chimiques. — Dissociation. Dissociation en présence du charbon ou de l'hydrogène. — Il est décomposé par les parties vertes des végétaux sous

l'influence de la lumière solaire. — C'est un acide faible. Il est absorbé par la potasse. Action sur l'eau de chaux.
  Propriétés physiologiques ; mode d'action.
  Caractères distinctifs.
  Composition : 1° méthode de Lavoisier ; 2° méthode de Dumas et Stas.
  Applications.

212. Historique. Etat naturel. — L'acide carbonique a été découvert par Van Helmont (1648). C'est Lavoisier qui a fait connaître sa composition exacte.

Ce gaz est un des éléments de l'air, qui en renferme de 4/10000 à 6/10000 de son poids (54).

Il se dégage d'énormes quantités d'acide carbonique par les cratères des volcans et par les fissures du sol de certaines régions, surtout dans les pays volcaniques (grotte du chien, près de Naples). — La combustion du charbon et des matières organiques, la respiration des animaux, les putréfactions, la fermentation alcoolique, engendrent aussi de l'acide carbonique. — Il s'en dégage de certaines eaux minérales. — Nous avons expliqué pourquoi la quantité d'acide carbonique contenue dans l'air n'augmente pas sensiblement (54).

A l'état de combinaison avec les bases, il forme divers minéraux tels que le carbonate de chaux (marbre, calcaire commun, craie, spath d'Islande) qui constitue des couches entières du sol, les carbonates de baryte, de magnésie, de fer, de zinc, de cuivre.

213. Préparation. — On prépare l'acide carbonique, dans les laboratoires, par l'action d'un acide sur un carbonate. Le plus souvent, on traite le marbre blanc (carbonate de chaux pur) par l'acide chlorhydrique faible, dans un flacon à deux

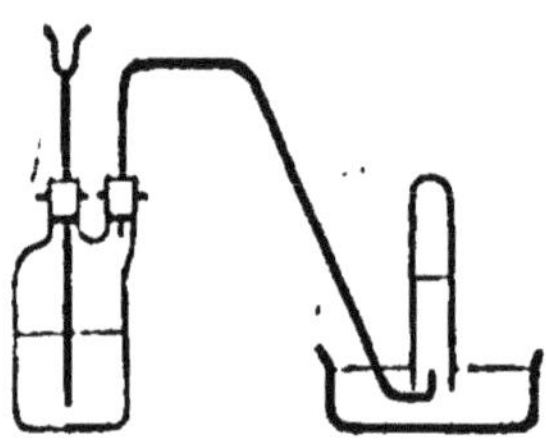

Fig. 119

tubulures (fig. 119) ; il se forme du chlorure de calcium qui se dissout et reste dans le flacon, et de l'acide carbonique qu'on recueille sur la cuve à eau :

$$CaO,CO^2 + HCl = CaCl + HO + CO^2.$$

On peut remplacer l'acide chlorhydrique par l'acide sulfurique étendu :

$$CaO,CO^2 + HO,SO^3 = CaO,SO^3 + HO + CO^2 ;$$

dans ce cas il faut remuer de temps en temps le flacon pour empêcher le sulfate de chaux formé, qui est peu soluble, de se déposer sur les fragments de marbre qu'il soustrairait à l'action de l'acide.

Dans l'industrie, on prépare l'acide carbonique soit par la calcination du carbonate de chaux, qui se décompose en chaux et en acide carbonique, soit par l'action de l'acide sulfurique étendu sur la craie (des agitateurs, qui remuent la masse, empêchent le sulfate de chaux de se déposer sur le carbonate).

214. Propriétés. — *Propriétés physiques.* — L'acide carbonique est un gaz incolore, presque inodore, de saveur aigrelette.

Il est soluble dans l'eau ; son coefficient de solubilité à 0° est 1,79 ; à 15° l'eau dissout son volume d'acide carbonique. Les boissons gazeuses artificielles (l'eau de seltz artificielle, la limonade), qui doivent leurs propriétés à l'acide carbonique, ne renferment une proportion plus grande de ce gaz que parce qu'il s'y est dissous sous pression ; il s'en dégage quand la pression diminue.

Sa densité est 1,529 ; il est donc notablement plus lourd que l'air. C'est ce que montrent les expériences suivantes.

1° L'acide carbonique reste longtemps dans une éprouvette dont l'ouverture est en haut, et il s'échappe rapidement d'une éprouvette tournée en sens contraire ; on le constate à l'aide d'une bougie allumée qui s'éteint dans l'acide carbonique (ce gaz est impropre à la combustion).

2° L'acide carbonique s'écoule de l'éprouvette A (fig. 120) et tombe dans l'éprouvette B dont il chasse l'air, qu'il remplace ; la bougie placée en B s'éteint comme si on jetait de l'eau par dessus.

3° Les bulles de savon gonflées avec de l'air qu'on laisse tomber dans un vase large plein d'acide carbonique rebondissent quand elles arrivent au contact de la couche de gaz.

L'acide carbonique est liquéfiable à 0° sous une pression de 36 atmosphères. Cette liquéfaction s'effectue facilement par la méthode de Faraday, dans l'appareil suivant (appareil de Thilorier, modifié par Donny). Il se compose d'un générateur A et d'un récipient B (fig. 121), vases en plomb recou-

verts de cuivre et cerclés de fer ; ces vases sont mobiles
autour d'un axe horizontal. Dans le générateur, on introduit
du bicarbonate de soude, puis un tube de cuivre C contenant
de l'acide sulfurique. On ferme ce générateur et on le relie

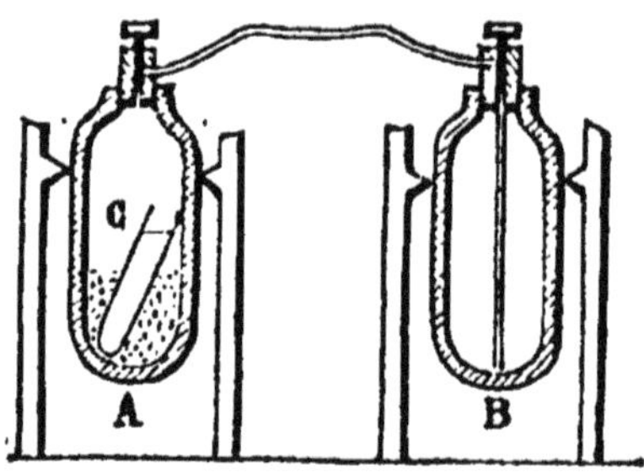

Fig. 121

au récipient (qui est pourvu d'un tube descendant jusqu'au
fond) au moyen d'un tube de cuivre fermé à chaque bout par
le robinet à vis qui bouche chacun des vases A et B. On fait
alors basculer le générateur autour de son axe : l'acide sulfurique contenu dans le vase C s'écoule sur le bicarbonate de
soude et en dégage l'acide carbonique qui se liquéfie et qui
distille en B, où la température est moins élevée que dans le
générateur, à cause de la chaleur dégagée par la réaction. On
répète plusieurs fois l'opération ; l'acide carbonique liquide
s'accumule en B.

Si on débouche le récipient B, l'acide carbonique liquide
jaillit avec force par le tube qui descend jusqu'au fond du
vase. Une partie du liquide se vaporise en arrivant dans l'air ;
le refroidissement qui en résulte détermine la solidification,
sous forme de neige, de la portion non vaporisée. — On peut
recueillir cette neige en recevant le jet dans une boîte métallique à parois minces (fig. 122), composée de deux parties ou
calottes s'adaptant l'une à l'autre et pourvues chacune d'un
manche formé de deux tubes concentriques
dont l'intérieur sert à faire communiquer
la boîte avec l'atmosphère ; le jet entre
tangentiellement par le tube t et vient se
briser contre une languette l qui le divise
en gouttelettes, ce qui favorise l'évaporation et augmente l'intensité du refroidissement.

L'acide carbonique solide posé sur la
main ne produit pas une sensation très
vive de froid parce qu'il ne touche pas la
peau, dont il est séparé par une couche de
gaz qui se renouvelle sans cesse. Il en est
tout autrement si on l'écrase entre les

Fig. 122

doigts : on éprouve une sensation douloureuse, et la peau est désorganisée. — On augmente beaucoup le pouvoir refroidissant de l'acide carbonique solide en l'additionnant d'éther, ce qui rend la masse moins poreuse et par suite meilleure conductrice, et établit entre l'acide solide et les corps à refroidir un contact plus parfait.

215. *Propriétés chimiques*. — L'acide carbonique est impropre à la combustion.

Il se *dissocie*, à température élevée, en oxyde de carbone et oxygène $(CO_2 = CO + O)$. Pour le prouver, on fait passer un courant d'acide carbonique dans un tube de porcelaine rempli de fragments de cette substance et chauffé au rouge vif; les gaz qui se dégagent du tube sont recueillis dans des éprouvettes. Après l'expérience, on trouve dans celles-ci un peu d'oxyde de carbone et d'oxygène mélangés avec l'acide carbonique qui a échappé à la dissociation.

La *dissociation* de l'acide carbonique en présence du charbon incandescent donne de l'oxyde de carbone non mélangé d'oxygène libre. C'est ce qui se produit lorsqu'on fait passer un courant d'acide carbonique sur du charbon contenu dans un tube de porcelaine chauffé au rouge; on recueille de l'oxyde de carbone mêlé à l'acide carbonique non dissocié (205).

L'acide carbonique et l'*hydrogène* qu'on fait passer dans un tube de porcelaine porté à la température rouge engendrent de l'oxyde de carbone et de la vapeur d'eau.

$$CO_2 + H = CO + HO.$$

L'hydrogène paraît donc décomposer l'acide carbonique, ce qui est en contradiction avec la loi du travail maximum, puisque la formation d'un équivalent de vapeur d'eau dégage moins de chaleur que n'en absorbe la transformation d'un équivalent d'acide carbonique en oxyde de carbone (chaleur de formation de la vapeur d'eau, 20,500 cal. ; chaleur de formation de l'acide carbonique, 48,500 cal. ; chaleur de formation de l'oxyde de carbone, 14,400 cal.). — La formation de l'oxyde de carbone et de la vapeur d'eau dans ces conditions s'explique, comme dans le cas précédent, par la *dissociation* de l'acide carbonique en oxyde de carbone et oxygène, ce dernier se transformant en vapeur d'eau en présence de l'hydrogène, au rouge.

L'acide carbonique est décomposé par les parties vertes des végétaux, et sous l'influence de la lumière solaire, en carbone que les plantes s'assimilent, et en oxygène qui reste libre (54).

Pour le faire voir, on introduit une branche garnie de
feuilles dans une éprouvette pleine d'eau chargée d'acide carbonique (eau de Seltz), et on expose le tout au soleil. On voit
bientôt des bulles gazeuses se détacher de la surface des
feuilles et se rassembler en haut de l'éprouvette : c'est de
l'oxygène résultant de la décomposition de l'acide carbonique.

On peut opérer autrement : on place la branche dans une
éprouvette contenant de l'air, dont la composition a été
préalablement déterminée; après un certain temps d'exposition au soleil, on reconnaît par l'analyse du mélange gazeux
de l'éprouvette que ce mélange a perdu un certain volume
d'acide carbonique et gagné un volume égal d'oxygène.

L'acide carbonique est un *acide faible* qui fait passer le
tournesol bleu au *rouge vineux*.

Il est rapidement absorbé par la *potasse* et la *soude* solides
ou en dissolution. Si l'on fait arriver un peu de potasse dans
une éprouvette pleine d'acide carbonique, sur la cuve à mercure, le gaz est absorbé et le mercure remplit l'éprouvette.

Il trouble l'*eau de chaux* parce qu'il convertit la chaux en
carbonate de chaux insoluble qui se précipite. — Le précipité
blanc produit par le passage de l'acide carbonique dans de
l'eau de chaux disparaît si on continue à faire passer le courant, parce que le carbonate insoluble se transforme en bicarbonate soluble.

216. *Propriétés physiologiques*. — L'acide carbonique est
impropre à la respiration.

Les animaux périssent dans une atmosphère qui renferme
une trop grande quantité d'acide carbonique, lors même que
cette atmosphère contient autant d'oxygène que l'air ordinaire. — L'acide carbonique agit par sa pression : celui que
renferme le sang veineux amené dans les poumons ne peut
se dégager que si la pression propre du même gaz dans l'atmosphère n'est pas trop grande (loi de la dissolution des gaz);
sinon, le sang conserve son acide carbonique et retourne à
l'état de sang veineux dans tout l'organisme qu'il ne peut
débarrasser du gaz carbonique produit par la combustion des
tissus, dont la respiration se trouve ainsi arrêtée.

Les asphyxies par l'acide carbonique se produisent dans
diverses circonstances : lorsqu'on pénètre dans les cuves et
même dans les caves où fermente le vin, dans les égouts, dans
les fosses inexplorées depuis longtemps, où l'acide carbonique
peut s'être accumulé en raison de sa grande densité.

Pour reconnaître si une atmosphère est irrespirable par
suite d'une trop grande quantité de ce gaz, il suffit d'y introduire une bougie allumée qui s'éteint même si la proportion
d'acide carbonique est insuffisante pour déterminer l'asphyxie.

On assainit les atmosphères viciées par ce gaz en l'absorbant par la potasse ou la soude, ou encore en renouvelant l'air.

217. — *Caractères distinctifs*. — On reconnaît l'acide carbonique aux caractères suivants : il éteint les corps en combustion, colore le tournesol en rouge vineux et blanchit l'eau de chaux; il est rapidement absorbé par les dissolutions alcalines.

218. *Composition*. — On a déterminé la composition de l'acide carbonique par les procédés suivants.

1° *Procédé de Lavoisier.* — On enflamme du carbone pur dans un ballon plein d'oxygène, sur la cuve à mercure (fig. 123), en concentrant sur lui les rayons solaires au moyen d'une forte lentille; l'oxygène se convertit en acide carbonique sans changer sensiblement de volume (en réalité le vol. de l'acide carbonique est un peu moindre que celui de l'oxygène, parce que le premier est plus compressible que le second). On en conclut qu'un volume d'acide carbonique renferme un volume égal d'oxygène.

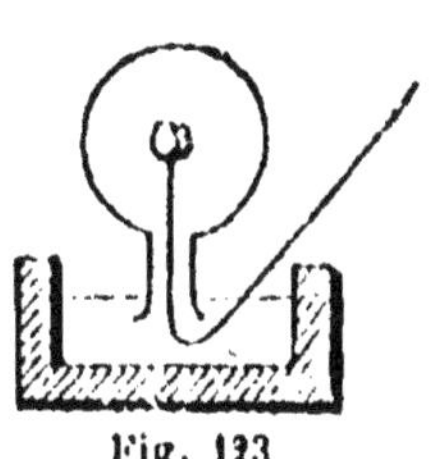

Fig. 123

De là on déduit la composition en poids de l'acide carbonique à l'aide de la densité de ce gaz et de celle de l'oxygène, qui permettent de calculer le poids d'un certain volume d'acide carbonique, 1 litre par exemple (1 gr. 293 $\times$ 1,529) et le poids de l'oxygène qu'il renferme (1 gr. 293 $\times$ 1,1056); la différence de ces deux poids représente le poids du carbone. On trouve ainsi que 6 gr. de carbone sont unis à 16 gr. (2 équivalents) d'oxygène. Ce poids 6 gr. de carbone qui est combiné avec un équivalent d'oxygène dans l'oxyde de carbone, et avec deux équivalents d'oxygène dans l'acide carbonique, a été pris pour l'équivalent du carbone (210).

La formule la plus simple de l'acide carbonique est donc CO^2; elle a été adoptée parce qu'elle représente la quantité de cet acide qui s'unit à un équivalent de base pour former un carbonate neutre. — Mais l'acide carbonique est bibasique, et il serait plus rationnel de le représenter par la formule C^2O^4 (94).

2° *Procédé de Dumas et Stas.* — L'équivalent du carbone se déduisant de la composition de l'acide carbonique, comme nous venons de le dire, il a paru nécessaire de déterminer cette composition par une méthode comportant plus de précision que les méthodes en volumes.

Pour cela, on fait passer un courant d'oxygène pur sur du carbone pur contenu dans un tube de porcelaine qu'on chauffe au rouge ; il se forme de l'acide carbonique qui est absorbé par des fragments de potasse contenus dans des tubes en U placés à la suite du tube de porcelaine. La perte de poids éprouvée par le carbone représente le poids du carbone contenu dans l'acide carbonique formé ; le poids de celui-ci est égal à l'augmentation de poids des tubes à potasse. — Comme il se forme toujours un peu d'oxyde de carbone pendant la combustion du carbone, et que ce gaz échappe à l'absorption par la potasse, on place entre le tube de porcelaine contenant le carbone et les tubes à potasse un tube de verre renfermant de l'oxyde de cuivre qu'on chauffe, qui convertit en acide carbonique l'oxyde de carbone formé.

Cette méthode conduit aux résultats précédemment indiqués.

219. Applications. — On emploie l'acide carbonique dans la préparation des boissons gazeuses artificielles (limonade, eau de seltz artificielle), de la céruse, etc.

IV. Bisulfure de carbone

$$CS^2 = 38 = 2 \text{ vol.}$$

SOMMAIRE

Historique.

Préparation. — On obtient ce corps en faisant passer de la vapeur de soufre sur du charbon incandescent.

Purification.

Propriétés. — Propriétés physiques. C'est le principal dissolvant du soufre, du phosphore, etc.

Propriétés chimiques. — C'est un composé endothermique. Il est combustible. Combustion du sulfure de carbone dans le bioxyde d'azote. Action des métaux. Le sulfure de carbone s'unit aux sulfures alcalins en formant des sulfocarbonates.

Propriétés physiologiques.

Caractères distinctifs.

Applications.

220. Historique. — Le bisulfure de carbone a été découvert en 1796, par Lampadius, professsur à Freyberg.

221. Préparation. — On prépare le bisulfure de carbone en faisant passer de la vapeur de soufre sur du charbon chauffé au rouge.

Dans un tube de porcelaine rempli de braise, chauffé à la
température rouge et légèrement incliné comme le fourneau
qui le porte (fig. 124), on introduit de temps en temps des
morceaux de soufre par l'extrémité *a* qu'on ferme aussitôt. Le
soufre fond, coule et se vaporise en arrivant dans les parties

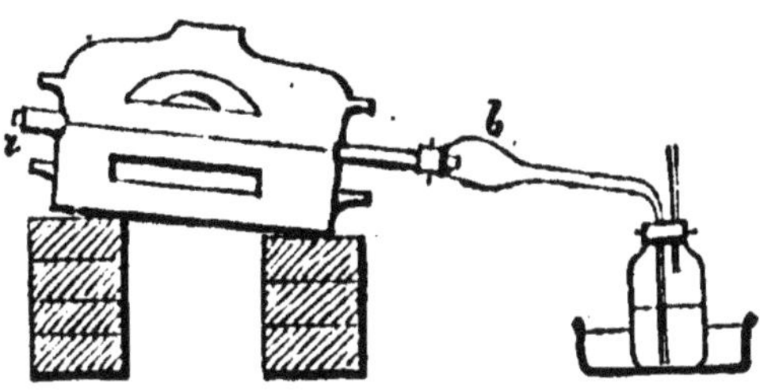

Fig. 124

rouges du tube. Par l'action du soufre en vapeur sur le charbon
rouge, il se forme des vapeurs de sulfure de carbone qu'une
allonge *b* amène dans l'eau d'un flacon où elles se condensent
en produisant une couche liquide plus lourde que l'eau.

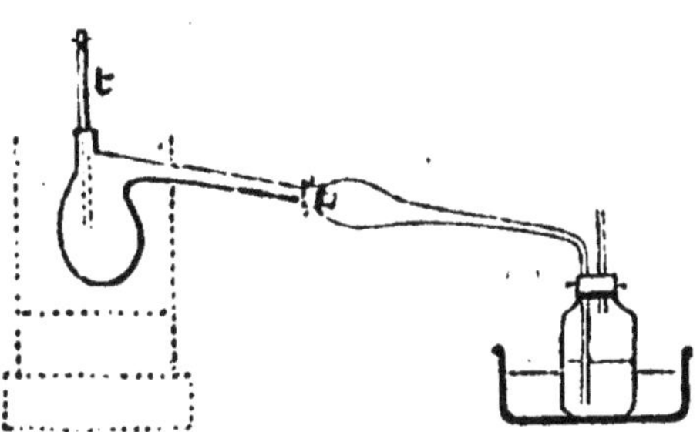

Fig. 125

On peut opérer autrement : par le tube de porcelaine *t* qui
descend jusqu'au fond d'une cornue de grès tubulée (fig. 125),
remplie de charbon qu'on chauffe au rouge, on introduit de
temps en temps des morceaux de soufre, en refermant chaque
fois le tube. Le sulfure de carbone qui se forme est recueilli
comme précédemment.

Le sulfure de carbone ainsi obtenu renferme diverses impuretés ; il contient notamment du soufre entraîné à l'état de

vapeur, qui le colore en jaune. — Une distillation à basse température suffit pour séparer le sulfure de carbone du soufre qu'il renferme.

La préparation industrielle du sulfure de carbone s'effectue dans des appareils analogues aux précédents.

222. Propriétés. — *Propriétés physiques.* — Le bisulfure de carbone est un liquide incolore, très mobile, très réfringent, d'une odeur éthérée lorsqu'il est pur; le sulfure de carbone qui n'a pas été complètement purifié possède une odeur infecte qui rappelle celle des choux pourris. — Densité 1,29.

Le sulfure de carbone ne se solidifie qu'aux températures les plus basses qu'on ait pu produire.

C'est un liquide très volatil, qui bout à 45°. Sa vapeur est très lourde (densité 2,67). -- On utilise souvent le refroidissement énergique que produit son évaporation dans le vide ou dans un courant d'air; dans le vide, la température peut descendre jusqu'à — 60°.

Le sulfure de carbone est peu soluble dans l'eau.

Il dissout le soufre, l'iode, le brome, le phosphore ordinaire, le caoutchouc, les corps gras, le camphre,

223. *Propriétés chimiques.* — Le sulfure de carbone se forme avec absorption de chaleur en partant du carbone et du soufre supposés solides.

Il est décomposable par la chaleur; sa décomposition est déjà appréciable aux températures où il commence à se former. On s'explique ainsi pourquoi le sulfure de carbone brut contient toujours un excès de soufre.

C'est un corps très combustible, qui brûle à l'air avec une flamme bleue en produisant de l'acide carbonique et de l'acide sulfureux:

$$CS^2 + 6O = CO^2 + 2SO^2.$$

Un mélange de 6 vol. d'oxygène et de 2 vol. de vapeur de sulfure de carbone détone violemment sous l'influence de l'étincelle électrique, ou par l'approche d'un corps enflammé et même d'un charbon presque éteint.

La combustion de la vapeur de sulfure de carbone en présence d'une quantité insuffisante d'oxygène (inflammation de la vapeur de sulfure de carbone contenue dans une éprouvette étroite) est accompagnée d'un dépôt de soufre, l'oxygène ayant plus d'affinité pour le carbone que pour le soufre $(C + O^2 = CO^2 + 48,500$ cal.; $S + O^2 = SO^2 + 34,500$ cal.).

Le sulfure de carbone brûle dans le bioxyde d'azote (115) avec une flamme éblouissante riche en rayons chimiques, et capable de provoquer la combinaison rapide du chlore et de l'hydrogène.

Les métaux le décomposent à chaud avec formation de sulfures et dépôt de soufre. — Il transforme les oxydes en sulfures avec dégagement d'acide carbonique.

Il s'unit aux sulfures alcalins pour former des composés dans lesquels il joue le même rôle que l'acide carbonique dans les carbonates ; avec le sulfure de potassium KS, par exemple, il forme KS,CS² qui correspond au carbonate de potasse KO,CO³ ; aussi a-t-on quelquefois donné le nom d'*acide sulfocarbonique* au sulfure de carbone, et celui de *sulfocarbonates* aux composés résultant de son union avec les sulfures alcalins. C'est un fait à ajouter à ceux que nous avons cités pour établir l'analogie chimique du soufre et de l'oxygène.

224. *Propriétés physiologiques.* — Les vapeurs de sulfure de carbone sont toxiques. Mêlé à l'air, même en petite quantité, ce corps produit des maux de tête et des vomissements ; à la longue, il provoque l'affaiblissement de l'intelligence.

225. *Caractères distinctifs.* — Le sulfure de carbone se reconnaît à son odeur, à son insolubilité dans l'eau au fond de laquelle il forme une couche lourde, à son inflammabilité et aux produits (acide carbonique et acide sulfureux) de sa combustion.

226. Applications. — Dans l'industrie, on utilise les propriétés dissolvantes du sulfure de carbone pour séparer le phosphore rouge du phosphore ordinaire (148) ; pour extraire la matière grasse de la toison des moutons, des os, des chiffons qui ont servi au graissage des machines ; pour dissoudre le soufre qu'on incorpore au caoutchouc dans la fabrication du *caoutchouc vulcanisé*, qui est moins cassant à froid, et moins mou et collant à chaud que le caoutchouc naturel.

Le sulfure de carbone, libre ou à l'état de sulfocarbonate, a été employé avec quelque succès pour combattre le *phylloxera*.

V. Formène

$$C^2H^4 = 16 = 4 \text{ vol.}$$

SOMMAIRE

Etat naturel.

Préparation. — 1° On peut extraire le formène de la vase des marais.

2° On l'obtient pur en décomposant l'acétate de soude $NaO,C^4H^3O^3$ par la soude NaO,HO.

$$NaO,C^4H^3O^3 + NaO,HO = 2\,(NaO,CO^2) + C^2H^4.$$

Propriétés. — Propriétés physiques.

Propriétés chimiques. — Le formène est décomposable par la chaleur. Il est combustible. Action du chlore : 1° sous l'influence d'un corps enflammé ou de la lumière solaire directe ; 2° sous l'influence de la lumière diffuse.

Composition.

227. Etat naturel. — Ce gaz, qu'on nomme encore *proto-carbure d'hydrogène* et *gas des marais*, se forme par la décomposition lente des matières végétales accumulées dans la vase des marais.

Dans certains pays (en Italie près de Bologne, en Sicile, en Crimée, en Asie-Mineure, en Perse, en Chine, etc.) il se dégage d'une manière continue par les crevasses du sol ; une fois enflammées, ces sources gazeuses s'éteignent difficilement (*fontaines ardentes* de l'Asie-Mineure).

Il existe en assez grande quantité dans les fissures et dans les cavités des couches de houille, d'où il s'échappe surtout lorsque se produisent de brusques dépressions barométriques. En se mêlant à l'air des houillères, il forme un mélange détonant nommé *grisou*, si dangereux par les éboulements que détermine son inflammation et par les propriétés asphyxiantes des atmosphères où elle s'est effectuée.

On trouve assez souvent du formène dans les morceaux de sel gemme.

228. Préparation. — 1° On peut retirer le formène de la vase des marais en la remuant avec un bâton et recueillant les bulles dans un flacon plein d'eau muni d'un entonnoir (fig. 126). — On n'obtient ainsi que du formène impur, mêlé à de l'oxygène, de l'azote, de l'hydrogène et de l'acide carbonique.

2° On obtient du formène pur, dans les laboratoires, en

décomposant l'acétate de soude $NaO,C^4H^3O^3$ par la soude

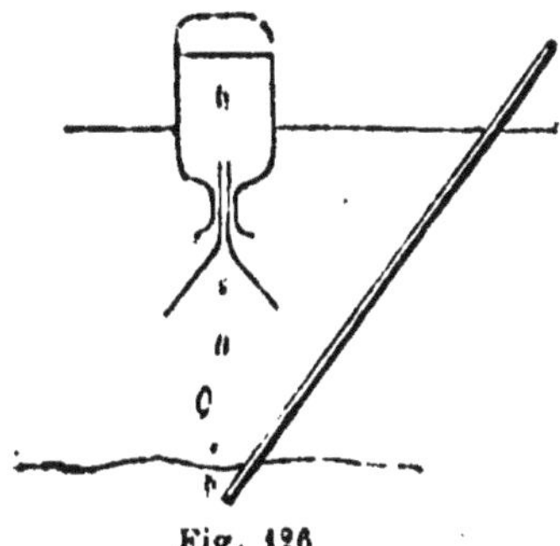

Fig. 126

NaO,HO, sous l'influence de la chaleur; il se forme du carbonate de soude qui reste dans le ballon (fig. 127) et du formène qui se dégage et qu'on recueille sur la cuve à eau.

$$NaO,C^4H^3O^3+NaO,HO=2(NaO,CO^2)+C^2H^4.$$

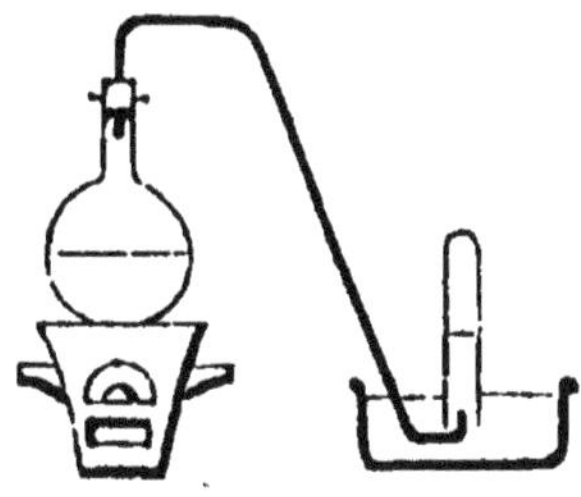

Fig. 127

L'emploi de la soude, dans cette préparation, présente un inconvénient : cette soude fond, se sépare de l'acétate sur lequel elle cesse par suite d'agir, et coule au fond du ballon qu'elle attaque ; aussi, au lieu de soude pure, emploie-t-on un mélange intime de soude et de chaux (chaux sodée), qui ne fond pas.

229. Propriétés. — *Propriétés physiques.* — Gaz incolore, sans saveur ni odeur ; peu soluble dans l'eau. Densité 0,559.
Le formène a été considéré longtemps comme permanent, et liquéfié seulement en 1877 par M. Cailletet.

Propriétés chimiques. — Le formène est décomposable par la chaleur, au rouge vif ; sa décomposition produit surtout de l'acétylène C^4H^2 et de l'hydrogène.

$$2C^2H^4=C^4H^2+6H,$$

ainsi que de la benzine $C^{12}H^6$ résultant de la condensation de l'acétylène (230).

$$3C^4H^2=C^{12}H^6.$$

Comme tous les composés dont les éléments sont combustibles, le formène est combustible.

En présence de l'*oxygène* ou de l'air, et à l'approche d'un corps enflammé, le formène brûle en produisant de l'acide carbonique et de la vapeur d'eau :

$$C^2H^4+8O=2CO^2+4HO.$$

La combustion s'effectue tranquillement, avec une flamme pâle (blanc jaunâtre), lorsqu'on enflamme à l'air le formène contenu dans une éprouvette.

La réaction de l'oxygène sur le formène est au contraire très violente lorsque les deux gaz sont mélangés dans la proportion de deux volumes d'oxygène pour un volume de formène (qui correspond à la combustion complète) ; un pareil mélange produit une vive explosion lorsqu'on l'enflamme, et le vase qui le renferme est presque toujours brisé. La violence de la detonation résulte de ce que la réaction s'accomplit en dégageant une grande quantité de chaleur qui amène l'acide carbonique et la vapeur d'eau à une température très élevée. — Si on remplace l'oxygène par l'air, l'explosion est moins violente.

Le *chlore* agit énergiquement sur le formène sous l'influence des rayons solaires directs ou d'un corps allumé. Dans ces conditions, le mélange de ces deux gaz engendre de l'acide chlorhydrique et du charbon (noir de fumée),

$$C^2H^4+4Cl=4HCl+2C;$$

la réaction s'effectue avec dégagement de chaleur et de lumière.

Si on modère l'action du chlore sur le formène en n'opérant qu'à la lumière diffuse et ne mettant les deux gaz en contact que peu à peu (pour cela, on les place dans deux vases réunis par un tube étroit), la réaction est moins énergique et engendre des *produits de substitution* (162) :

$$C^2H^4+2Cl=HCl+C^2H^3Cl;$$
$$C^2H^3Cl+2Cl=HCl+C^2H^2Cl^2;$$
$$C^2H^2Cl^2+2Cl=HCl+C^2HCl^3;$$
$$C^2HCl^3+2Cl=HCl+C^2Cl^4.$$

230. *Composition*. — On détermine la composition du formène par une analyse eudiométrique en brûlant ce corps dans un excès d'oxygène. On trouve que deux volumes de formène renferment 1 volume de vapeur de carbone, et 4 volumes d'hydrogène.

L'équivalent en volume du carbone étant 1 vol., la formule la plus simple du formène est CH^2, qui correspond à 2 volumes ; on a adopté la formule équivalente C^2H^4 afin que l'équivalent en volume de ce gaz soit 4 vol., comme celui de tous les composés organiques.

VI. Ethylène

$$C^4H^4 = 28 = 4 \text{ vol.}$$

SOMMAIRE

Préparation. — On prépare ce gaz en traitant à 160° l'alcool $C^4H^6O^2$ par l'acide sulfurique. Dans ces conditions, l'alcool se dédouble en éthylène et en eau ; l'acide sulfurique retient l'eau, et l'éthylène se dégage.

$$C^4H^6O^2 = C^4H^4 + 2HO.$$

Propriétés. — Propriétés physiques

Propriétés chimiques. — L'éthylène est décomposable par la chaleur. Il est combustible. Action du chlore : 1° sous l'influence d'un corps enflammé ; 2° à la température ordinaire, sous l'influence de la lumière solaire.

Composition.

231. Préparation. — L'*éthylène*, qu'on nomme encore *bicarbure d'hydrogène* et *gaz oléifiant*, a été découvert en 1796 par des chimistes hollandais.

On obtient ce gaz en traitant l'*alcool* $C^4H^6O^2$ par l'*acide sulfurique* HO,SO^3 sous l'influence de la chaleur. Dans ces conditions, l'alcool se dédouble en eau que l'acide sulfurique retient, et en éthylène qui se dégage :

$$C^4H^6O^2 = C^4H^4 + 2HO.$$

Cette préparation s'effectue dans un ballon (fig. 128) où l'on

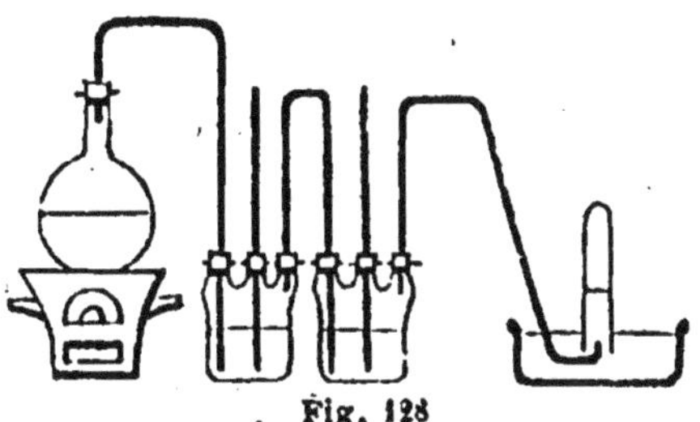

Fig. 128

introduit le mélange d'alcool et d'acide sulfurique (pour obtenir ce mélange, on verse *peu à peu* l'acide sur l'alcool de façon à éviter une brusque élévation de température). On y ajoute ensuite du sable qui sert à régulariser l'échauffement et à empêcher le boursouflement qui se produirait sans cette précaution. — On chauffe à 160° et on recueille l'éthylène sur la cuve à eau.

On fait passer le gaz qui se dégage dans deux flacons laveurs ; le premier contient de la potasse destinée à absorber l'acide carbonique et l'acide sulfureux qui se forment, si la température s'élève au-dessus de 160°, par l'action du carbone de l'alcool sur l'acide sulfurique ; le deuxième flacon laveur renferme de l'acide sulfurique concentré dans lequel se dissolvent les vapeurs d'éther qui se produisent par l'action de l'acide sulfurique sur l'alcool lorsque la température descend au-dessous de 160°.

232. Propriétés. — *Propriétés physiques.* — L'éthylène est un gaz incolore, d'une odeur empyreumatique. — Sa densité est 0,97. — Il est très peu soluble dans l'eau.

Propriétés chimiques. — C'est un composé endothermique. Il est décomposable par la chaleur rouge en acétylène C^4H^2 et hydrogène :

$$C^4H^4 = C^4H^2 + 2H;$$

il se forme en même temps des produits de la décomposition de l'acétylène (236).

L'éthylène est combustible.

En présence de l'*oxygène* ou de l'air, et à l'approche d'un corps enflammé, l'éthylène brûle en produisant de l'acide carbonique et de la vapeur d'eau :

$$C^4H^4 + 12O = 4CO^2 + 4HO.$$

La réaction de l'oxygène sur l'éthylène est très violente lorsque les deux gaz sont mélangés dans la proportion qui correspond à la combustion complète (trois volumes d'oxygène pour un volume d'éthylène) ; l'inflammation de ce mélange détermine une très vive explosion : le flacon est toujours brisé (aussi faut-il avoir soin de l'entourer d'un linge épais). La violence de la détonation résulte de la température élevée à laquelle sont portés l'acide carbonique et la vapeur d'eau sous l'action de la chaleur dégagée par la combustion du carbone et de l'hydrogène et par la décomposition exothermique de l'éthylène.

L'éthylène contenu dans une éprouvette brûle à l'air avec une flamme éclairante, et il se dépose du charbon (noir de fumée) : la quantité d'oxygène qui se mêle peu à peu à l'éthylène étant insuffisante pour brûler complètement ses deux éléments, hydrogène et carbone, une portion de ce dernier doit échapper à l'action de l'oxygène et rester libre; car la combustion du carbone dans un poids donné d'oxygène dégage moins de chaleur que la combustion de l'hydrogène dans le *même poids* d'oxygène (chaleur de formation d'un équivalent d'acide carbonique, 48,500 cal. ; chaleur de formation d'un équivalent de vapeur d'eau, 29,500 cal. ; la combustion du carbone dans 8 grammes d'oxygène, qui produit un demi-équivalent d'acide carbonique, dégage donc 48,500 : 2 = 24,250 calories, tandis que la combustion de l'hydrogène en présence du même poids d'oxygène, 8 gr., qui engendre un équivalent d'eau, dégage 29,500 cal.).

Le *chlore*, à température élevée, agit sur l'éthylène comme sur le formène. Si on approche un corps enflammé d'une éprouvette contenant un mélange de deux volumes de chlore et d'un volume d'éthylène, il y a inflammation et il se forme de l'acide chlorhydrique et une fumée noire de charbon :

$$C^4H^4 + 4Cl = 4HCl + 4C.$$

A la température ordinaire et sous l'influence de la lumière solaire, le chlore se combine simplement avec l'éthylène, à volumes égaux, en produisant du *chlorure d'éthylène* $C^4H^4Cl^2$, corps huileux qui se dépose au fond de l'eau de la cuve sur laquelle repose l'éprouvette contenant le mélange des deux gaz :

$$C^4H^4 + 2Cl = C^4H^4Cl^2.$$

Le chlorure d'éthylène se nomme encore *huile des Hollandais ;* de là le nom de *gaz oléifiant* donné à l'éthylène.

233. *Composition.* — On détermine la composition de l'éthylène par une analyse eudiométrique, en brûlant ce gaz dans un excès d'oxygène. — On trouve que 1 volume d'éthylène renferme 1 volume de vapeur de carbone et 2 volumes d'hydrogène.

L'équivalent en volume du carbone étant 1 vol., la formule la plus simple de l'éthylène est CH, qui correspond à 1 vol. ; on adopte la formule C^4H^4 afin que l'équivalent en volume de l'éthylène soit 4 vol. comme celui de tous les composés organiques.

VII. Acétylène

$$C^4H^2 = 26 = 4 \text{ vol.}$$

SOMMAIRE

Historique.
Préparation. — On peut obtenir l'acétylène :
Par l'union directe du carbone et de l'hydrogène ;
Par l'action de la chaleur rouge sur presque tous les composés organiques ;
Par la combustion incomplète de la plupart des matières organiques.
Préparation de l'acétylène pur par l'emploi de la dissolution ammoniacale de sous-chlorure de cuivre.
Propriétés. — Propriétés physiques.
Propriétés chimiques. — C'est un composé endothermique. Action de la chaleur. Il est combustible. Action de l'hydrogène. Action du chlore.
Composition.

234. Historique. — Ce gaz, découvert en 1836 par Edmond Davy, n'est bien connu que depuis les travaux de M. Berthelot.

L'acétylène est un corps très important : c'est le seul carbure d'hydrogène pouvant se former par la combinaison directe de ses éléments ; d'autre part, il se prête à de nombreuses transformations aboutissant à la production d'un grand nombre de composés qu'on peut considérer comme formés de toutes pièces, et qu'on n'obtenait, avant les travaux de M. Berthelot, qu'en partant des matières organiques formées sous l'influence de la vie.

C'est ainsi qu'en combinant l'hydrogène avec l'acétylène C^4H^2 on obtient l'*éthylène* C^4H^4, qui, mis en présence de l'eau, dans des conditions convenables, donne de l'*alcool* $C^4H^6O^2$; l'acétylène et l'eau pouvant se former par la combinaison directe de leurs éléments, l'alcool engendré par ces réactions peut donc être considéré comme produit lui-même par la combinaison directe de ses éléments. Citons encore la formation au moyen de leurs éléments, et par l'intermédiaire de l'acétylène, de la *benzine* $C^{12}H^6$, de l'*acide acétique* $C^4H^4O^4$, de l'*acide oxalique* $C^4H^2O^8$, etc., identiques aux produits naturels de même nom.

235. Préparation et mode de formation. — On peut obtenir l'acétylène par l'union directe de l'hydrogène et du carbone sous l'influence de l'arc électrique jaillissant entre deux pointes de charbon A et A', dans une atmosphère d'hydrogène (fig. 129). L'hydrogène est amené dans le ballon B par le tube *t*; l'acétylène formé sort avec l'excès d'hydrogène par le tube *t'* qui débouche dans un flacon contenant le réactif de l'acétylène, c'est-à-dire une solution de sous-chlorure de cuivre

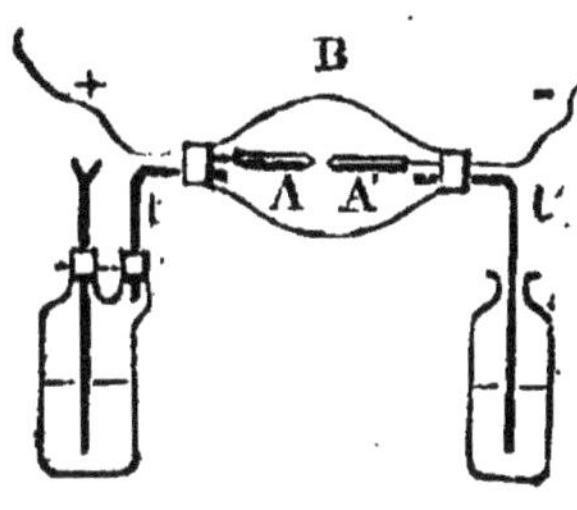

Fig. 129

Cu^2Cl dans l'ammoniaque : il se forme un précipité rouge (acétylure de cuivre) caractéristique de l'acétylène.

Il se produit de l'acétylène par l'action de la *chaleur rouge* sur presque tous les composés organiques : la vapeur d'éther qui sort d'un tube chauffé au rouge en contient une assez grande quantité.

Il s'en forme également par la *combustion incomplète* de la plupart des matières organiques : si on verse quelques gouttes d'éther dans une éprouvette et qu'on enflamme sa vapeur, il se produit de l'acétylène, car la dissolution ammoniacale de sous-chlorure de cuivre donne un précipité rouge lorsqu'on l'introduit dans l'éprouvette.

L'acétylène engendré par les réactions précédentes et les réactions de même nature est toujours mélangé à de grandes quantités d'autres corps. On l'obtient pur en faisant passer les mélanges gazeux qui en renferment dans la dissolution ammoniacale de sous-chlorure de cuivre : il se précipite de l'acétylure de cuivre qu'on recueille. Ce corps, traité par l'acide chlorhydrique, dégage de l'acétylène pur.

236. **Propriétés.** — *Propriétés physiques.* — L'acétylène est un gaz incolore, doué d'une odeur particulière (qu'il communique au gaz de l'éclairage). — Il est peu soluble dans l'eau, qui en dissout moins de son volume à la température de 15°. — Densité 0,92.

Propriétés chimiques. — L'acétylène est un composé endothermique.

Soumis à l'action de la *chaleur*, il donne de la *benzine* $C^{12}H^6$, qui n'est que de l'acétylène condensé ($C^{12}H^6 = 4$ vol. ; $C^4H^2 = 4$ vol.) :

$$3C^4H^2 = C^{12}H^6 ;$$

en même temps il se forme des produits secondaires résultant de l'action de l'acétylène sur la benzine et sur ses dérivés, comme le *styrolène* $C^{16}H^8$ [$C^4H^2 + C^{12}H^6 = C^{16}H^8$], la *naphtaline* $C^{20}H^8$ [$C^4H^2 + C^{16}H^8 = C^{20}H^8 + H^2$], etc.

Au rouge blanc, l'acétylène se décompose complètement en carbone et hydrogène.

En présence de l'*oxygène* ou de l'air, sous l'influence d'un corps enflammé, l'acétylène brûle en produisant de l'acide carbonique et de la vapeur d'eau :

$$C^4H^2 + 10O = 4CO^2 + 2HO.$$

Un mélange de 10 volumes d'oxygène et de 4 volumes d'acétylène (proportion qui correspond à la combustion complète) détone à l'approche d'un corps enflammé.

L'acétylène contenu dans une éprouvette brûle à l'air avec une flamme très éclairante, et il se dépose du charbon (noir de fumée) (232).

L'*hydrogène* se combine avec l'acétylène au rouge sombre en produisant de l'éthylène :

$$C^4H^2 + 2H = C^4H^4.$$

Le *chlore* attaque l'acétylène sous l'influence de la lumière solaire ; la réaction s'effectue en général avec explosion ; il se produit de l'acide chlorhydrique et un dépôt de charbon :

$$C^4H^2 + 2Cl = 2HCl + 4C.$$

237. *Composition.* — On détermine la composition de l'acétylène par la méthode eudiométrique en brûlant ce gaz dans un excès d'oxygène. On trouve que 1 volume d'acétylène renferme 1 volume de vapeur de carbone et 1 volume d'hydrogène.

Comme l'équivalent de l'hydrogène égale 2 vol., la formule la plus simple de l'acétylène est C^2H, et elle correspond à 2 volumes. On adopte la formule équivalente C^4H^2 afin que l'équivalent en volume de l'acétylène soit 4 vol., comme celui de tous les composés organiques.

VIII. Benzine

$$C^{12}H^6 = 78 = 4 \text{ vol.}$$

SOMMAIRE

Extraction. — La benzine s'extrait du goudron de houille par distillation.
Propriétés. — Propriétés physiques.
Propriétés chimiques. — C'est un corps combustible. Action de l'acide azotique : nitrobenzine $C^{12}H^5(AzO^4)$.
Applications.

238. Extraction. — La *benzine*, qui a été découverte par Faraday (1825), est un des produits de la distillation de la houille.

On extrait d'énormes quantités de benzine du goudron de houille, qu'on obtient dans la fabrication du gaz d'éclairage. La distillation du goudron donne des produits dont la densité va en augmentant à mesure que le point d'ébullition s'élève; au-dessous de 150°, on obtient des *huiles légères*, qui flottent sur l'eau ; au-dessus de 150°, les produits qui passent à la distillation forment les *huiles lourdes*, plus denses que l'eau. C'est des *huiles légères* qu'on extrait la benzine par des distillations répétées, en ne recueillant à chaque distillation que ce qui passe au voisinage de 80° (température d'ébullition de la benzine).

La benzine impure ainsi obtenue, refroidie à 0°, se prend en une masse cristalline de benzine pure qu'on sépare de la partie restée liquide.

230. Propriétés. — *Propriétés physiques.* — La benzine est un liquide incolore, d'une odeur caractéristique, très mobile, fortement réfringent. — Densité 0,9. — Elle se solidifie à 0° et bout à 80°.

La benzine est insoluble dans l'eau.

Elle dissout le soufre, le phosphore, l'iode, les corps gras, le camphre, le caoutchouc.

Propriétés chimiques. — C'est un liquide très inflammable, qui brûle avec une flamme brillante et fumeuse; sa vapeur forme avec l'oxygène et l'air des mélanges détonants;

$$C^{12}H^6 + 30O = 12CO^2 + 6HO.$$

La réaction de l'*acide azotique* sur la benzine produit un corps très important, la *nitrobenzine* $C^{12}H^5(AzO^4)$. Si l'on verse par petites quantités de la benzine dans de l'acide azotique concentré et qu'on ajoute de l'eau au mélange, il s'en sépare un liquide huileux, jaune, qui est de la *nitrobenzine* :

$$C^{12}H^6 + HO,AzO^5 = C^{12}H^5(AzO^4) + 2HO.$$

La nitrobenzine est un produit de substitution dont la composition ne diffère de celle de la benzine que parce qu'un équivalent d'hydrogène a été remplacé par un équivalent du radical (AzO^4) jouant le rôle de corps simple. — La nitrobenzine a une odeur prononcée d'amandes amères.

240. Applications. — Les propriétés dissolvantes de la benzine la font employer pour le dégraissage.

La majeure partie de la benzine est transformée en *nitrobenzine* : cette substance, qui est employée en nature par les parfumeurs sous le nom d'*essence de mirbane* pour remplacer l'essence d'amandes amères, sert surtout à fabriquer l'*aniline* (base de nombreuses matières colorantes).

IX. Gaz d'éclairage

SOMMAIRE

Historique.
Fabrication. — La distillation de la houille fournit deux produits principaux : un résidu de coke, et du gaz brut qui se dégage.
On fait subir au gaz brut une double épuration :
1° L'épuration physique s'effectue dans le barillet, le réfrigérant et la colonne à coke ;
2° L'épuration chimique est produite par un mélange de sulfate de chaux et de sesquioxyde de fer, qu'on revivifie de temps en temps.
Produits secondaires.

241. Historique. — C'est l'ingénieur français Lebon qui proposa le premier (1785) d'employer pour le chauffage et l'éclairage le gaz produit par la distillation de la houille. Ce procédé d'éclairage ne fut adopté à Paris qu'en 1817, après l'avoir été dès 1805 en Angleterre.

242. Fabrication. — La calcination de la houille en vase clos fournit deux produits principaux :

1° Un résidu solide, le *coke*, qu'on utilise comme combustible ;

2° Des matières gazeuses à la température de la distillation dont les principales sont : le formène, l'éthylène, l'acétylène, la benzine, la naphtaline et d'autres carbures d'hydrogène condensables (substances goudronneuses), l'hydrogène, l'oxyde de carbone, l'acide carbonique, le sulfure de carbone, l'acide sulfhydrique, des matières ammoniacales (carbonate d'ammoniaque et sulfure d'ammonium). La nature et la proportion de ces substances dépendent d'ailleurs non seulement de la nature de la houille employée, mais encore de la température à laquelle s'effectue la distillation.

Le *gaz brut*, c'est-à-dire le mélange de toutes ces matières gazeuses ou volatilisées, ne peut être employé dans cet état :

1° Parce qu'il a une odeur désagréable que lui communique l'acide sulfhydrique libre ou combiné avec l'ammoniaque, ainsi que divers carbures condensables ;

2° Parce qu'il renferme des substances toxiques, l'acide sulfhydrique par exemple, qui fournit d'ailleurs, en brûlant, un produit nuisible fortement acide, l'acide sulfureux ;

3° Parce qu'il brûle avec une flamme fumeuse, ce qui est dû à la présence de carbures condensables ;

4° Parce que la condensation de ces carbures peu volatils produirait des dépôts qui obstrueraient rapidement les tuyaux de conduite ;

5° Parce qu'il renferme des substances, comme l'acide carbonique et l'ammoniaque, qui diminuent beaucoup son pouvoir éclairant (1 0/0 d'acide carbonique diminue de 5 0/0 le pouvoir éclairant).

Aussi fait-on subir au gaz brut une *épuration* qui le débarrasse de la plus grande partie des substances nuisibles. Il y a d'ailleurs intérêt à ne pas pousser l'opération trop loin et à laisser au gaz épuré assez d'odeur pour qu'on puisse apprécier facilement les fuites et éviter les accidents et les pertes qui en résulteraient.

Appareils. — La distillation de la houille s'opère dans de grandes cornues demi-cylindriques A en fonte ou en terre réfractaire (fig. 130) disposées horizontalement en deux ou trois rangées superposées au-dessus d'un même foyer. On introduit la houille par la partie antérieure de chaque cornue, qu'on ferme ensuite avec une plaque maintenue par des vis de pression à étrier. — Pour obtenir le meilleur rendement, il faut, pendant toute la durée de la distillation, maintenir la température des cornues au rouge cerise : à une température plus élevée, on obtient surtout des gaz peu éclairants, tels que

le formène, l'oxyde de carbone et même l'hydrogène ; si la
température est moins élevée, il se forme beaucoup de carbures condensables.

De la partie antérieure de chaque cornue part un tube de

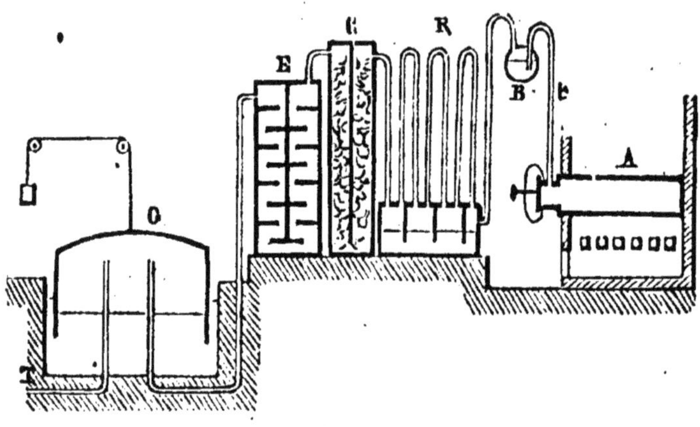

Fig. 130

dégagement *t* qui amène le gaz brut dans les *appareils épurateurs.*

Dans les premiers de ces appareils (barillet B, réfrigérant R
et colonne à coke C) s'effectue l'*épuration physique*, qui consiste dans la condensation par refroidissement des matières
goudronneuses et ammoniacales contenues dans le gaz brut.

Le *barillet* B est un cylindre horizontal à moitié plein d'eau,
disposé perpendiculairement à la direction des cornues. Les
tubes qui amènent le gaz des cornues plongent dans l'eau du
barillet, où commence la condensation du goudron et des sels
ammoniacaux ; un *trop-plein* y maintient le niveau constant.
— Le barillet sert de plus à isoler les cornues les unes des
autres et à empêcher le gaz engendré dans ces cornues de
s'échapper dans l'atmosphère si l'une d'elles vient à se briser.

Du barillet, le gaz passe dans le *réfrigérant* R (ou *jeu d'or-
gue*) composé de tuyaux en fonte en forme d'U renversé, fixés
sur le couvercle d'une caisse de fonte contenant de l'eau. Les
cloisons verticales qui plongent dans l'eau de cette caisse
obligent le gaz à passer successivement dans tous les tuyaux
et l'empêchent de se rendre directement du premier au dernier. — Cette circulation du gaz dans des tuyaux refroidis
par l'air extérieur amène une nouvelle condensation de
matières goudronneuses et ammoniacales.

Une dernière condensation s'effectue dans la *colonne à*

coke C, grand cylindre rempli de morceaux de coke humectés d'eau.

L'*épuration chimique*, destinée à débarrasser le gaz de l'acide carbonique et de l'acide sulfhydrique libres ou combinés avec l'ammoniaque, est produite généralement par un mélange de *sulfate de chaux* CaO,SO^3 et de *sesquioxyde de fer* Fe^2O^3, additionné de sciure de bois destinée à en augmenter la porosité (ce mélange s'obtient en ajoutant de la chaux à une dissolution de sulfate de fer : il se forme du sulfate de chaux et du protoxyde de fer qui se transforme rapidement en sesquioxyde par l'exposition à l'air).

Le mélange épurateur est placé sur des claies superposées, dans de grandes caisses E en communication avec la colonne à coke.

Voici les réactions qui s'accomplissent dans l'épurateur chimique : l'*ammoniaque* forme avec l'acide sulfurique du sulfate de chaux un sel fixe à cette température, le sulfate d'ammoniaque ; l'*acide carbonique* est retenu par la chaux qui se convertit en carbonate de chaux ; l'*acide sulfhydrique* est décomposé par le sesquioxyde de fer avec formation de sulfure de fer et d'eau et dépôt de soufre :

$$Fe^2O^3+3HS=2FeS+3HO+S.$$

On révivifie le mélange épurateur, lorsqu'il est devenu inactif, par un lavage à l'eau qui entraîne le sulfate d'ammoniaque soluble, suivi d'une exposition à l'air qui transforme le sulfure de fer FeS en sulfate de fer FeO,SO^3. Par la réaction de ce sulfate de fer sur le carbonate de chaux, il se forme du sulfate de chaux et du carbonate de protoxyde de fer qui se convertit bientôt, à l'air, en hydrate de sesquioxyde de fer Fe^2O^3,HO avec dégagement d'acide carbonique. Le mélange primitif est donc régénéré. — Mais le soufre s'accumule de plus en plus dans le mélange, qui, après un certain nombre de révivifications, devient inactif (on peut en extraire le soufre par distillation ou le faire servir à la préparation de l'acide sulfureux).

De l'épurateur chimique, le gaz se rend au *gazomètre* G, grande cloche de tôle qui plonge dans l'eau d'un bassin et qui est soutenue par des contre-poids ; de là, il passe dans les tuyaux de conduite T.

243. Produits secondaires. — Outre le gaz d'éclairage et le coke, produits principaux, on obtient dans les usines à gaz divers produits secondaires utilisables.

1° Les parties supérieures des cornues s'incrustent de dépôts de *charbon de cornue* (198), formés d'une agglomération de particules de carbone résultant de la décomposition des

carbures d'hydrogène, au rouge vif, en carbone et en carbures
d'hydrogène moins riches en carbone.

2° Le *goudron*, qu'on emploie en nature ou qu'on utilise
pour l'extraction de la benzine (238), de la naphtaline, du
toluène, etc.

3° Les *eaux ammoniacales*, qui servent à la préparation
industrielle de l'ammoniaque (134) et des sels ammoniacaux.

4° Des mélanges épurateurs hors de service on extrait le
soufre par distillation (72); on peut aussi les utiliser pour la
préparation de l'acide sulfureux.

X. Combustion. Flamme.

SOMMAIRE

Combustion. — Combustion lente ; combustion vive.
Une flamme n'est autre chose qu'un gaz ou une vapeur en combustion,
Température de combustion. — Température théorique de combustion ; cal-
cul de la température de combustion de l'hydrogène dans l'oxygène.
Température vraie de combustion ; elle est toujours inférieure à la tempéra-
ture théorique de combustion, à cause du rayonnement, de la présence des corps
inertes mêlés aux produits de la combustion, de la dissociation.
Brûleur de Bunsen.
Eclat des corps en combustion. — Eclat des corps solides en combustion.
Eclat des flammes : il est dû le plus souvent à la présence de corps ou de
particules solides portés à l'incandescence ; le pouvoir éclairant d'une flamme
augmente aussi avec la pression.
Constitution des flammes. — La flamme d'une bougie, d'une lampe à
huile, etc., présente trois régions inégalement chaudes.
L'emploi du chalumeau permet d'élever beaucoup la température d'une
flamme. — Constitution d'une flamme sur laquelle on dirige le courant d'air du
chalumeau ; région oxydante, région réductrice, région la plus chaude.
Refroidissement des flammes par les toiles métalliques. — Les gaz enflammés s'éteignent en traversant une toile métallique.
Lampe de sûreté de Davy et de Combes.

244. Combustion. — On donne le nom de *combustion* à la
combinaison d'un corps avec l'*oxygène*, aussi bien lorsque
cette combinaison s'effectue sans élévation notable de température (*combustion lente*), comme dans le cas de l'oxydation
du fer à l'air humide, que si elle est accompagnée d'un
dégagement de chaleur suffisant pour porter ou maintenir les
corps à l'incandescence (*combustion vive*), comme cela a lieu
lorsqu'on enflamme du phosphore dans l'oxygène ou dans

l'air (35). — Dans tout ce qui suit ce mot *combustion* sera pris dans son sens restreint et primitif pour désigner les *combustions vives*, c'est-à-dire les oxydations s'effectuant avec incandescence.

La combustion, qui ne commence pour chaque corps qu'à partir d'une certaine température dépendant de sa nature, se continue ou non d'elle-même, une fois commencée. La combustion du phosphore, qu'on provoque en chauffant légèrement un point de la masse, continue d'elle-même parce que la chaleur dégagée par l'oxydation des portions qui brûlent suffit pour porter les parties voisines à la température de combustion. Au contraire, le carbone cristallisé (diamant ou graphite) ne brûle que si on le porte et le maintient à la température du rouge vif; la combustion s'arrête dès qu'on cesse de chauffer, parce qu'elle ne dégage pas assez de chaleur pour maintenir les portions voisines de celles qui brûlent à la température du rouge vif.

Les combustions s'effectuent avec ou sans *flamme*.

Une *flamme* n'est autre chose qu'un gaz ou une vapeur en combustion. Les corps fixes, comme le charbon, brûlent donc sans flamme ; les corps volatils, comme le soufre, et les corps décomposables par la chaleur en produits volatils, comme la stéarine, peuvent seuls brûler avec flamme.

245. Température de combustion. — On entend par *température théorique de combustion* d'un corps la température qu'acquerraient les composés engendrés par la combustion, si toute la chaleur qu'elle dégage était employée à les échauffer.

Calculons, à titre d'exemple, la température théorique de combustion de l'hydrogène dans l'oxygène. La combustion de 1 gramme d'hydrogène dégage 34,500 calories (60), si on suppose que les 9 grammes d'eau formée sont ramenés à 0°. Or la chaleur spécifique de l'eau liquide égale 1, celle de la vapeur d'eau égale 0,475, et la chaleur latente de vaporisation de l'eau égale 540. Pour porter les 9 gr. d'eau de 0° à 100° il faut donc 100×9 calories ; il en faut 540×9 pour les vaporiser ; pour les porter ensuite à la température x de combustion, il en faut $0,475 \times 9 \times (x-100)$; de là l'équation

$$(100 \times 9) + (540 \times 9) + [0,475 \times 9(x-100)] = 34,500 ;$$

d'où on tire $x = 6,800°$ environ.

La *température vraie de combustion* est toujours inférieure à la *température théorique de combustion*, à cause des influences suivantes :

1° Une portion de la chaleur produite se perd par rayonnement ;

2° Une autre partie est employée à échauffer les corps

inertes (comme l'azote de l'air), mêlés aux produits de la combustion, ainsi que l'excès d'oxygène ou de combustible ;

3° Il y a souvent dissociation et par suite combustion incomplète ; la température vraie de combustion de l'hydrogène dans l'oxygène, par exemple, est inférieure à 6,800° non seulement parce que les influences précédentes interviennent toujours, mais encore parce qu'à la température de l'expérience la vapeur d'eau produite se dissocie, de sorte qu'en réalité une portion de l'hydrogène échappe à la combustion.

La *température vraie de combustion* dépend naturellement aussi de la température initiale du combustible et de l'oxygène ; on l'élèvera donc en brûlant le combustible dans de l'air préalablement chauffé.

Cette température vraie dépend enfin de la pression de l'oxygène et de celle du combustible, s'il est gazeux ; elle s'élève quand on augmente cette pression.

On devra tenir compte de ces influences lorsqu'il s'agira d'obtenir le maximum de température avec un combustible donné.

Ce qui précède permet d'expliquer la différence des températures qu'on peut obtenir par la combustion du gaz d'éclairage dans le *brûleur Bunsen* (fig. 131). Cet appareil se compose d'un tube *t* qui amène le gaz à l'intérieur d'un tube plus large T, à l'extrémité supérieure duquel on l'enflamme. Ce tube T est percé, au niveau de l'orifice de *t*, de deux ouvertures opposées O, qu'une virole peut fermer plus ou moins complètement. — Lorsque les ouvertures O sont fermées et qu'on enflamme le gaz à l'orifice du tube T, l'air n'arrive pas en quantité suffisante au centre de la flamme, et une portion du carbone échappe à la combustion ; si on tourne la virole de manière à déboucher les ouvertures O, le courant de gaz

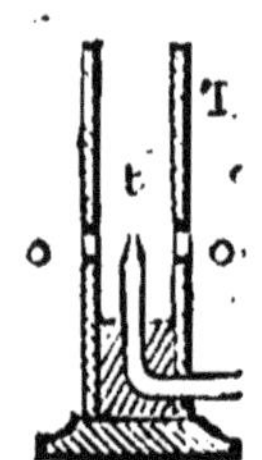

Fig. 131

détermine un appel d'air, de sorte que le combustible gazeux qui s'échappe par l'extrémité du tube T est mêlé à assez d'oxygène pour qu'il y ait combustion complète. — Dans le premier cas, la température est moins élevée que dans le dernier, d'abord parce qu'il y a moins de combustible brûlé dans le même temps, et ensuite parce que le carbone qui échappe à la combustion refroidit la flamme en absorbant, pour s'échauffer, une portion de la chaleur dégagée.

216. Éclat des corps en combustion. — L'éclat qu'acquiert un *corps solide* en brûlant est d'autant plus vif que la température de combustion est plus élevée. L'incandescence (rouge sombre) commence vers 500° ; vers 1200° le corps est au rouge blanc.

L'éclat d'un *gaz* qui brûle, ou d'une *flamme*, est généralement très faible et augmente peu quand la température
s'élève.

Les flammes *éclairantes* doivent le plus souvent leur éclat
à la présence de corps ou de particules solides assez chauds
pour être incandescents. — C'est ainsi que la flamme du chalumeau oxhydrique, qui est pâle dans les conditions ordinaires
parce qu'elle ne renferme que des matières gazeuses, devient
éblouissante si on y introduit un morceau de chaux. — La
flamme du phosphore doit son vif éclat à la présence de
l'acide phosphorique solide. — La flamme d'un bec de gaz,
celle d'une bougie, d'une lampe à huile, etc., sont éclairantes
parce qu'elles renferment des particules incandescentes de
carbone non brûlé, faute d'une quantité suffisante d'air. Si on
facilite l'accès de l'air dans ces flammes, le carbone brûle
complètement, et elles perdent leur éclat ; c'est ce qu'on
montre en débouchant les ouvertures latérales du bec Bunsen :
le gaz brûle avec une flamme à peine visible. On donne au
contraire à la flamme des lampes à gaz, à huile, etc., le plus
grand éclat possible en réglant le tirage (à l'aide du verre qui
entoure la flamme) de façon que le courant d'air ne soit pas
assez rapide pour brûler tout le carbone du combustible, mais
qu'il le soit assez pour que la chaleur dégagée par la combustion puisse porter le carbone non brûlé à une très haute température et au plus haut degré d'incandescence.

Le pouvoir éclairant d'une flamme augmente aussi avec la
pression. — C'est ainsi que la flamme de l'hydrogène, qui est
très pâle dans les conditions ordinaires, devient très lumineuse
lorsqu'on fait brûler ce gaz dans de l'oxygène sous la pression
de 10 atmosphères.

247. Constitution des flammes. — Si on examine la flamme
d'une bougie, d'une chandelle, d'une lampe à huile, ou celle
d'un jet de gaz qui s'échappe par une pe-
tite ouverture circulaire, on y distingue
trois couches concentriques (fig. 132) :

1° Une région centrale obscure et peu
chaude, composée de gaz (gaz d'éclairage,
ou gaz provenant de la décomposition par
la chaleur de la stéarine, du suif, de l'huile)
qui ne brûlent pas parce que l'air n'arrive
pas jusque-là.

2° Une couche moyenne très éclairante,
où l'oxygène n'arrive pas en quantité
suffisante pour brûler tout l'hydrogène et
le carbone des gaz combustibles ; ce qui
fait qu'une grande partie du carbone
échappe à la combustion (232). Les parti-

Fig. 132

cules de carbone non brûlé sont portées à l'incandescence, par la chaleur que dégage la combustion de l'hydrogène, et donnent de l'éclat à cette partie de la flamme. La combustion étant incomplète dans cette couche, la température n'y est pas très élevée.

3° Une couche extérieure très pâle, bleuâtre en bas ; c'est là que brûle complètement le carbone qui a échappé à la combustion dans la couche moyenne. La température de cette région est plus élevée que partout ailleurs ; mais ,son pouvoir éclairant est très faible, puisqu'il n'y reste plus de particules solides. On ne connaît pas bien la cause de la coloration bleuâtre de la partie inférieure de cette zône interne.

On peut mettre en évidence l'inégalité des températures des diverses régions de la flamme en y introduisant un fil de platine, qui ne rougit que dans les portions situées dans la zône extérieure. La température de la zône centrale est si peu élevée que si on écrase la flamme à l'aide d'une toile métallique percée d'une petite ouverture correspondant à cette région, on peut y introduire une allumette soufrée sans qu'elle s'enflamme.

On peut manifester la présence des gaz combustibles dans la zône intérieure en y introduisant l'extrémité effilée d'un tube communiquant avec un petit flacon aspirateur contenant de l'eau qu'on fait écouler lentement : le flacon s'emplit peu à peu de gaz qu'on peut ensuite enflammer.

On montre de même que la zône moyenne et éclairante renferme du carbone libre en y introduisant un tube recourbé par l'extrémité duquel on voit sortir un gaz fumeux tenant en suspension de la poussière de charbon.

248. L'emploi du *chalumeau* permet d'élever beaucoup la température d'une flamme.

Le chalumeau consiste en un tube recourbé pourvu d'une embouchure par laquelle on insuffle avec la bouche de l'air qui sort par un bec effilé en platine, après s'être débarrassé de la plus grande partie de sa vapeur d'eau dans le réservoir cylindrique R (fig. 133), où elle se condense. Si on dirige le courant d'air d'un chalumeau sur la flamme d'une bougie ou d'un bec de gaz, elle s'étend horizontalement et présente encore trois couches concentriques (fig. 134) :

1° L'intérieure, pâle, est très chaude, surtout à sa pointe, où l'air est en quantité suffisante pour qu'il y ait combustion complète, mais non en excès ; les deux autres couches la préservent d'ailleurs du refroidissement ;

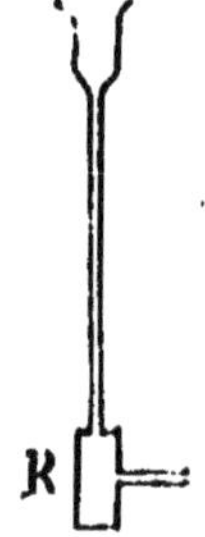

Fig. 133.

2° La couche moyenne est brillante et moins chaude ; la combustion y est incomplète, et elle contient des particules incandescentes de carbone ;

3° La couche extérieure est à peine visible : la combustion y est complète.

Pour *oxyder* un corps, on le place dans la couche extérieure, où il y a excès d'air. — Les matières à *réduire* doivent être introduites dans la couche moyenne, qui renferme du carbone libre. — C'est vers la pointe de la couche intérieure qu'il faut placer les corps qu'on veut porter à haute température.

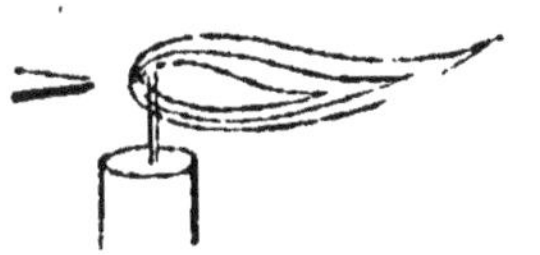

Fig. 131

249. Refroidissement des flammes par les toiles métalliques. — Les gaz d'une flamme cessent de brûler quand on les refroidit suffisamment. — Si on écrase une flamme avec une *toile métallique* à mailles serrées, les gaz s'éteignent en traversant la toile ; ils se rallument si l'on présente une allumette enflammée au-dessus de la toile. Celle-ci agit en refroidissant les gaz de la flamme, grâce à la conductibilité des fils qui la constituent, dans lesquels la chaleur se dissémine ; comme ces fils offrent d'ailleurs une grande surface, ils se refroidissent rapidement à l'air ; de sorte que la température de la toile et des gaz en contact avec elle peut rester inférieure à celle qu'exige l'inflammation de ces gaz.

Davy a utilisé (1815) cette propriété des toiles métalliques dans la construction de la *lampe de sûreté*, avec laquelle les ouvriers peuvent s'éclairer dans les mines de houille sans avoir à redouter l'inflammation des mélanges explosifs (*grisou*, v. n° 227) qui s'y forment trop souvent.

La *lampe de sûreté* est une lampe ordinaire dont la flamme est entourée d'une toile métallique. Si l'on introduit cette lampe dans une mine qui renferme un mélange explosif, celui-ci pénètre dans l'intérieur de la toile où il se produit une petite détonation qui éteint la lampe ; mais l'inflammation ne peut se propager hors de l'enveloppe de toile, et il n'y a pas d'explosion dans la mine. — Un fil de platine en spirale, porté au rouge par la flamme, reste incandescent après que celle-ci s'est éteinte (par suite de la combustion lente du mélange détonant) et guide le mineur dans sa retraite.

La lampe de sûreté primitive éclairait peu ; M. Combes l'a modifiée avantageusement en entourant la flamme d'un manchon de verre à la partie supérieure duquel est adaptée la cheminée de toile métallique ; vers le bas se trouvent des ouvertures garnies aussi de toile métallique, qui donnent accès à l'air nécessaire à la combustion. La lampe de Combes donne beaucoup plus de lumière que celle de Davy et ne s'éteint pas, comme cette dernière, lorsqu'elle est frappée par un fort courant d'air.

XI. Azoture de carbone ou Cyanogène

$$C^2Az = Cy = 26 = 2\ vol.$$

SOMMAIRE

Historique.

Préparation. — Le cyanogène C^2Az est un composé indirect qui se forme lorsque ses éléments, carbone et hydrogène, sont en présence de la potasse ou de la soude à température élevée. Le cyanogène produit est à l'état de cyanure.

On obtient du cyanogène libre en chauffant du cyanure de mercure :

$$Hg(C^2Az) = Hg + C^2Az.$$

Il se forme en même temps du paracyanogène.

Propriétés. — Propriétés physiques.

Propriétés chimiques. — C'est un composé endothermique et indirect, complètement décomposable par la chaleur et les étincelles électriques. — Il est combustible. — Il joue le rôle d'un corps simple et se rapproche du chlore par l'ensemble de ses propriétés : avec l'hydrogène, il forme l'acide cyanhydrique, analogue à l'acide chlorhydrique; avec les métaux, il forme des cyanures isomorphes des chlorures correspondants; il peut être déplacé et remplacé par le chlore.

Composition.

250. Historique. — *L'azoture de carbone*, C^2Az, a été découvert (1814) par Gay-Lussac qui l'a nommé *cyanogène* (κυανός, bleu ; γεννάω, j'engendre) parce qu'il entre dans la composition du bleu de Prusse; il montra que ce corps composé joue dans les réactions le rôle d'un corps simple, et qu'il est analogue au chlore.

251. Préparation. — Le *cyanogène* ne se forme pas par la combinaison directe de ses éléments.

Il s'en produit quand l'azote et le carbone sont en présence d'un alcali à température élevée ; c'est ainsi qu'on obtient du cyanure de potassium $K(C^2Az)$ lorsqu'on fait passer un courant d'azote ou d'air sur un mélange de charbon et de potasse au rouge.

On obtient le cyanogène libre en chauffant du cyanure de

mercure dans une petite cornue (fig. 135). Ce corps se décompose en mercure qui se volatilise et se condense dans le col

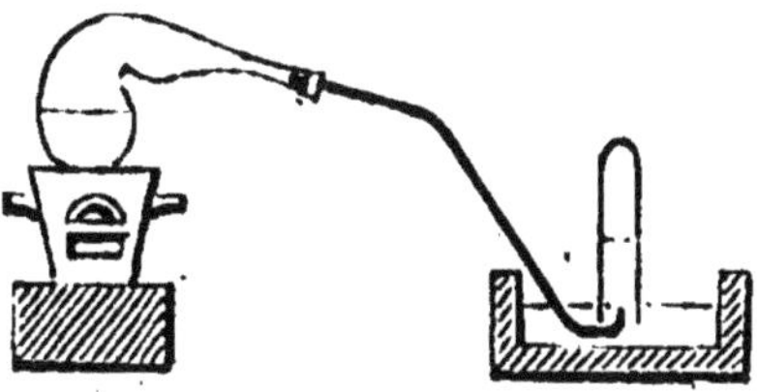

Fig. 135

de la cornue, et en cyanogène qui se dégage et qu'on recueille sur la cuve à mercure :

$$Hg(C^2Az)=Hg+C^2Az.$$

Une portion du cyanogène formé se convertit en *paracyanogène*, corps solide, brun, ayant la même composition que le cyanogène, dont il est une *modification isomérique* (20). Le paracyanogène est au cyanogène ce que le phosphore rouge est au phosphore ordinaire, et les circonstances de sa formation aux dépens du cyanogène sont les mêmes que celles de la transformation du phosphore ordinaire en phosphore rouge.

252. **Propriétés.** — *Propriétés physiques.* — Le cyanogène est un gaz incolore, d'une odeur vive. — Densité 1,8. — Il est facilement liquéfiable (à — 20° sous la pression ordinaire). — Il est soluble dans l'eau, qui en dissout 4 fois son volume à la température ordinaire.

253. *Propriétés chimiques.* — Le cyanogène est un composé endothermique ; il ne se forme que par combinaison indirecte.

Aussi est-il complètement décomposable par la chaleur et par les étincelles électriques en carbone et azote (15).

Il brûle à l'air avec une flamme pourpre en produisant de l'acide carbonique et de l'azote libre :

$$C^2Az+4O=2CO^2+Az.$$

La même réaction se produit avec explosion quand on approche un corps allumé d'un mélange de 1 vol. de cyanogène et de 1 vol. d'oxygène.

Dans la plupart de ses réactions, le cyanogène joue le rôle d'un corps simple ; il se rapproche du chlore par l'ensemble de ses propriétés.

Ainsi, il se combine avec l'*hydrogène* à volumes égaux, en produisant un composé, l'acide cyanhydrique $H(C^3Az)$, analogue à l'acide chlorhydrique

$$C^3Az + H = H(C^3Az);$$

cette combinaison s'effectue directement à 500°, mais lentement.

Il se combine directement avec un certain nombre de *métaux*, comme le potassium, le sodium, le zinc, le cadmium, etc. ; la combinaison est favorisée par une douce chaleur ; la réaction du cyanogène sur le potassium et le sodium se produit avec incandescence ; l'expérience se fait dans la cloche courbe (fig. 136). On obtient ainsi des composés nommés *cyanures* dont les propriétés rappellent celles des chlorures , avec lesquels ils sont isomorphes.

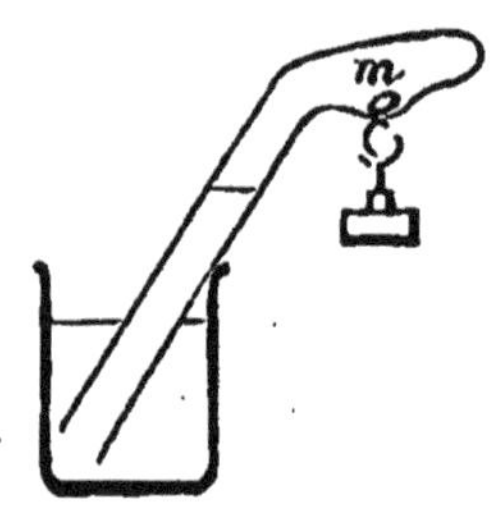

Fig. 136

Le cyanogène peut être déplacé et remplacé par le *chlore* ; ainsi si l'on fait agir l'acide chlorhydrique HCl sur le cyanure de mercure $Hg(C^3Az)$, on obtient du chlorure de mercure HgCl et de l'acide cyanhydrique $H(C^3Az)$, conformément à l'équation :

$$Hg(C^3Az) + HCl = HgCl + H(C^3Az),$$

qui montre que le chlore se substitue au cyanogène.

Les fonctions du cyanogène sont donc celles d'un corps simple : c'est un *radical*. — On le représente par le symbole Cy. La formule de l'acide cyanhydrique est alors HCy, celle du cyanure de potassium KCy, etc.

254. Composition. — On détermine la composition du cyanogène par une expérience eudiométrique en faisant passer une étincelle électrique dans un mélange de cyanogène et d'oxygène en excès ; on obtient de l'acide carbonique et de l'azote, avec résidu d'oxygène. — On trouve que 2 volumes de cyanogène sont formés de 2 volumes de vapeur de carbone et de 2 volumes d'azote (le cyanogène n'obéit donc pas à la loi de Gay-Lussac).

Il résulte de là que la formule la plus simple du cyanogène est C^3Az ; c'est celle qui a été adoptée, parce qu'elle représente la quantité de cyanogène qui se combine avec un équivalent d'hydrogène pour former de l'acide cyanhydrique, analogue à l'acide chlorhydrique.

Elle correspond à 2 vol.

XII. Acide cyanhydrique

$$H(C^2Az) = HCy = 27 = 4 \text{ vol.}$$

SOMMAIRE

Historique. Etat naturel.
Préparation. — On obtient l'acide cyanhydrique en traitant le cyanure de mercure par l'acide chlorhydrique :
$$HgCy + HCl = HgCl + HCy.$$
Propriétés. — Propriétés physiques.
Propriétés chimiques. — Il n'est stable que s'il est pur. — Il est combustible. — Action des métaux alcalins. — Action des bases.
Propriétés physiologiques.
Composition.

255. — Historique. Etat naturel. — Ce corps, qui se nomme encore *acide prussique* parce qu'il a d'abord été extrait du *bleu de Prusse*, a été découvert par Scheele en 1782. Son analogie avec l'acide chlorhydrique a été établie par Gay-Lussac (1815).

Il existe dans les *eaux distillées* préparées avec les amandes amères de l'amandier, avec celles du pêcher, du cerisier, de l'abricotier, du prunellier, etc., et avec les feuilles de laurier-cerise et du pêcher. L'odeur particulière du kirsch est due à la très petite quantité d'acide cyanhydrique que renferme cette liqueur.

256. Préparation. — On obtient l'acide cyanhydrique HCy en traitant le *cyanure de mercure* HgCy par l'*acide chlorhydrique* HCl, dans un petit ballon de verre qu'on chauffe (fig. 137) ; il se forme du chlorure de mercure HgCl qui reste dans le ballon et des vapeurs d'acide cyanhydrique HCy qui se dégagent et qu'on condense dans un récipient refroidi :

$$HgCy + HCl = HgCl + HCy.$$

Pour retenir l'acide chlorhydrique entraîné, on fait passer les vapeurs qui se dégagent dans un tube horizontal T dont la première moitié est remplie de morceaux de marbre (carbonate de chaux CaO,CO^3)

$$CaO,CO^2 + HCl = CaCl + HO + CO^2 ;$$

l'acide chlorhydrique convertit le marbre en chlorure de calcium, et il se produit en même temps de l'acide carbonique qui se dégage et de la vapeur d'eau qui est absorbée par les

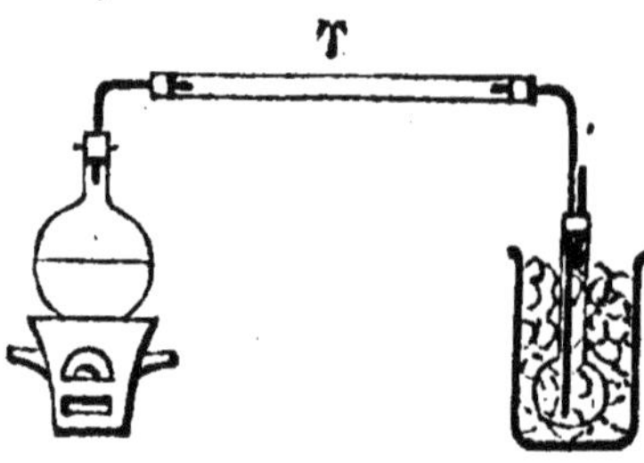

Fig. 137

fragments de chlorure de calcium contenus dans la seconde moitié du tube.

La quantité d'acide cyanhydrique qu'on obtient ainsi est inférieure à celle qu'on déduit de l'équation de la réaction, parce qu'une partie de l'acide cyanhydrique formé s'unit au chlorure de mercure. — On augmente beaucoup le rendement en ajoutant au mélange employé du chlorure d'ammonium (AzH⁴)Cl qui forme avec le chlorure de mercure HgCl un chlorure double qui n'a pas d'action sur l'acide cyanhydrique.

257. Propriétés. — *Propriétés physiques.* — L'acide cyanhydrique anhydre est un liquide incolore, d'une odeur caractéristique d'amandes amères. — Densité 0,7.

Il se solidifie à — 15° et bout à 26°. Son évaporation à l'air produit un refroidissement suffisant pour amener la solidification d'une partie de la masse.

Il est très soluble dans l'eau.

258. *Propriétés chimiques.* — L'acide cyanhydrique n'est stable que lorsqu'il est pur. L'acide impur se décompose rapidement, surtout à la lumière, en donnant de l'ammoniaque et une masse brune.

Au contact d'un corps enflammé, il brûle à l'air avec une flamme pourpre, en produisant de l'azote, de la vapeur d'eau et de l'acide carbonique :

$$H(C^2Az) + 5O = Az + HO + 2CO^2.$$

Il est décomposé à chaud par les métaux alcalins avec formation d'un cyanure et dégagement d'hydrogène :

$$K + HCy = KCy + H.$$

Les bases alcalines, à froid, donnent avec l'acide cyanhydrique des cyanures et de l'eau :

$$KO + HCy = KCy + HO.$$

259. *Propriétés physiologiques.* — L'acide cyanhydrique est un poison très violent, qui agit principalement sur les centres nerveux en provoquant des convulsions tétaniques. Il suffit de déposer quelques gouttes de cet acide sur l'œil ou sur la langue d'un lapin ou d'un chien pour les tuer presque instantanément. Mais ses propriétés toxiques ont été exagérées; et on peut respirer, sans éprouver d'autre malaise qu'un mal de tête peu persistant, de l'air contenant une assez grande proportion de vapeur d'acide cyanhydrique.

260. *Composition.* — L'analyse (338) de l'acide cyanhydrique montre que cet acide est formé de volumes égaux de cyanogène et d'hydrogène, unis sans condensation.

L'équivalent en volume de l'hydrogène et du cyanogène étant 2 vol., la formule la plus simple de l'acide cyanhydrique est HCy ou H(C²Az). C'est celle qui a été adoptée, parce qu'elle représente la quantité de cet acide qu'il faut faire agir sur un équivalent de potassium, par exemple, pour obtenir un équivalent de cyanure de potassium.

Cette formule HCy correspond à 4 vol.

XIII. Acide silicique

$$SiO^2 = 30.$$

SOMMAIRE

Etat naturel. — La silice libre est très répandue dans la nature. Elle se présente sous trois états :

1° Silice anhydre cristallisée : elle constitue le quartz hyalin (cristal de roche, améthyste, etc.), et la tridymite.

2° Silice anhydre amorphe, ou quartz amorphe : agate (onyx, calcédoine, etc.), silex, jaspe.

3° Silice hydratée : opale ; bois silicifiés ; les eaux courantes et celles des geisers renferment de la silice hydratée en dissolution.

La silice existe à l'état de combinaison dans un grand nombre de minéraux et de roches.

Préparation. — On prépare artificiellement la silice hydratée en versant de l'acide chlorhydrique dans une dissolution de silicate de soude ; on obtient un précipité de silice hydratée.

Propriétés. — Propriétés physiques.

La silice hydratée est légèrement soluble dans l'eau et dans les acides étendus. La silice anhydre est insoluble dans ces liquides.

La dissolution de potasse dissout la silice hydratée à froid, la silice anhydre et amorphe à l'ébullition, et n'attaque que très faiblement la silice cristallisée.

Action des métaux.

La silice n'est attaquée que par un seul acide, l'acide fluorhydrique.

Applications.

261. Etat naturel. — L'*acide silicique* ou *silice* est le composé oxygéné du *silicium*, métalloïde qui se rapproche du carbone par l'ensemble de ses propriétés.

La *silice libre* est très abondamment répandue dans la nature, et se présente sous trois états : 1° silice anhydre cristallisée ; 2° silice anhydre amorphe ; 3° silice hydratée (amorphe).

La *silice anhydre cristallisée* constitue le *quarts hyalin* et la *tridymite* ; les cristaux de ces deux substances appartiennent au 6° système.

Le *quarts hyalin* est transparent ; ses cristaux, souvent volumineux, ont la forme de prismes hexagonaux terminés par des pyramides hexagonales ; les faces de ces cristaux présentent des stries transversales. Le quartz hyalin incolore se nomme *cristal de roche* ; le quartz hyalin coloré en violet se nomme *améthyste* ; en rouge, *hyacinthe de ompostelle* ; en vert, *prase* ; en brun de fumée, *quarts enfumé* ; le *diamant d'Alençon* est du quartz cristallisé noir.

La *tridymite* est de la silice cristallisée en petites lames hexagonales transparentes, généralement groupées par trois. Sa densité est moindre que celle du quartz hyalin.

La *silice anhydre amorphe*, ou *quarts amorphe*, constitue divers minéraux :

1° L'*agate*, ou quartz amorphe translucide ; on la trouve en masses concrétionnées. Les principales variétés d'agate sont : l'*onyx*, qui présente des nuances diverses disposées par zones parallèles ou concentriques ; la *calcédoine*, de couleur gris-bleuâtre ; la *cornaline*, rouge ; la *sardoine*, jaune-brun ; la *chrysoprase*, vert-pomme ; la *saphirine*, bleue.

2° Le *silex*, qui n'est translucide que sur les bords minces ; il a une couleur terne (grise, blonde, noire) ; on le trouve en rognons dans la craie. — La *pierre meulière* est un silex caverneux ou criblé de petites cavités qui le font employer pour la construction des meules de moulin.

3° Le *jaspe*, qui est un quartz complètement opaque, fortement chargé de matières étrangères. La *pierre de touche* est un jaspe noir.

Le *sable* et les *grès* sont formés de silice anhydre à l'état grenu. — Le *sable* est composé de fragments de quartz arrondis par le frottement. — Les *grès* sont formés de grains de quartz réunis par un ciment calcaire (grès calcaire) ou siliceux (grès siliceux).

La silice *hydratée* constitue l'*opale*, dont une variété, l'*hydrophane*, qui est opaque, présente cette curieuse particularité de devenir transparente quand on la plonge dans l'eau.

Les *bois silicifiés*, qui forment des gisements en Hongrie, en Bohême, en Australie, en Auvergne, sont de véritables pétrifications produites par la silice hydratée, qui possède la propriété de se substituer à la matière organique du bois en lui laissant sa structure.

Les eaux courantes renferment des quantités variables de silice hydratée dissoute sous l'influence de l'acide carbonique. L'eau des *geisers* en contient une plus forte proportion.

On trouve de la silice dans les tissus de quelques végétaux : dans les tiges des graminées, des prêles, etc., auxquelles elles donnent de la rigidité.

La silice existe à l'état de combinaison dans un très grand nombre de minéraux et de roches.

262. Préparation. — La silice s'obtient artificiellement par l'action de l'*acide chlorhydrique* sur une dissolution de *silicate de soude*, au sein de laquelle il se forme un précipité gélatineux de silice hydratée $3SiO^2,2HO$. qu'on peut transformer en silice anhydre par la calcination au rouge.

La silice qu'on obtient ainsi est amorphe. — On peut d'ailleurs préparer artificiellement la silice cristallisée.

263. Propriétés. — La densité du quartz hyalin est 2,6 ; elle s'abaisse à 2,2 par la fusion au chalumeau oxhydrique. La tridymite a pour densité 2,2.

La silice anhydre et amorphe est aussi fusible au chalumeau oxhydrique ; elle se convertit ainsi en un verre incolore de densité 2,2.

La silice anhydre, cristallisée ou amorphe, raye le verre.

La silice hydratée est légèrement soluble dans l'eau pure ou acidulée. La silice anhydre (cristallisée ou amorphe) est insoluble dans ces liquides.

Les trois variétés de silice (silice anhydre cristallisée, silice anhydre amorphe, silice hydratée) se distinguent en outre par leur inégale solubilité dans les dissolutions de potasse ou de soude, qui dissolvent la silice hydratée à froid, la silice anhydre amorphe à l'ébullition, et qui n'attaquent que très lentement la silice cristallisée à l'ébullition.

Le potassium, le sodium, l'aluminium, le magnésium décomposent la silice au rouge en produisant un silicate et du *silicium* libre.

La silice n'est attaquée par aucun acide, excepté par l'acide fluorhydrique HFl qui la dissout facilement en donnant de l'eau et un gaz, le fluorure de silicium $SiFl^2$ (184) :

$$SiO^2 + 2HFl = 2HO + SiFl^2.$$

204. Applications. — On utilise diverses variétés de silice naturelle. Ainsi on emploie :

Le cristal de roche pour certains appareils d'optique, l'améthyste, l'opale, etc., en bijouterie ;

La pierre meulière pour les meules de moulin ;

Le grès pour le pavage des rues, et dans les constructions ;

Le sable pour la fabrication du verre, des poteries ; il entre dans la composition des mortiers.

CHAPITRE VII

Classification des métalloïdes

SOMMAIRE

Classification de Dumas. — Elle est basée sur la composition et les propriétés des composés des métalloïdes et de l'hydrogène.
Première famille. — Fluor, chlore, brome, iode.
Deuxième famil'e. — Oxygène, soufre, sélénium, tellure.
Troisième famille. — Azote, phosphore, arsenic.
Quatrième famille. — Carbone, bore, silicium.

265. Classification naturelle de Dumas. — Dumas a groupé les métalloïdes en quatre familles d'après la composition et les propriétés des composés qu'ils forment avec l'*hydrogène*. — Ce dernier corps ne figure d'ailleurs dans aucun des quatre groupes de métalloïdes : nous avons montré en effet que c'est un véritable métal gazeux (61).

La classification de Dumas est une *classification naturelle*. En effet, les corps rangés dans un même groupe se ressemblent entre eux et diffèrent des corps des autres familles, non seulement par le caractère qui a servi de base à la classification, c'est-à-dire par la manière dont ils se comportent vis-à-vis de l'hydrogène, mais encore par l'ensemble de leurs propriétés et de leurs réactions ; les métalloïdes d'une même famille se ressemblent entre eux plus qu'ils ne ressemblent à ceux des autres familles.

266. Première famille : Fluor, Chlore, Brome, Iode. — Le chlore, le brome et l'iode, pris à l'état de gaz ou de vapeurs, s'unissent à l'hydrogène à volumes égaux, sans condensation, pour former des hydracides très énergiques, gazeux à la température ordinaire, très solubles dans l'eau, fumant à l'air : HCl, HBr, HI ; l'équivalent en volume de ces hydracides est 4 vol.

La chaleur de formation de ces composés, et par suite l'affinité des métalloïdes correspondant pour l'hydrogène va en décroissant du chlore au dernier

$$H + Cl = HCl + 22,000 \text{ cal. ;}$$
$$H + Br = HBr + 13,500 \text{ cal. ;}$$
$$H + I = HI - 800 \text{ cal.}$$

Les corps de cette famille se ressemblent encore par les caractères suivants :

Ils ont une odeur analogue, très irritante ;

Ils forment avec l'oxygène des composés peu stables ;

Le chlorure, le bromure et l'iodure d'un même métal sont généralement isomorphes.

L'ordre suivant lequel on a rangé ces corps d'après leur affinité pour l'hydrogène est aussi celui suivant lequel varient : l'affinité pour les métaux, qui décroît comme celle de l'hydrogène du chlore à l'iode ; l'affinité pour l'oxygène, qui croît au contraire du chlore à l'iode ; la densité à l'état solide ou liquide, la densité de vapeur, l'équivalent en poids, qui croissent du chlore à l'iode.

Le *fluor*, quoique mal connu, a dû, pour les raisons suivantes, être classé dans cette famille.

1° Il forme avec l'hydrogène un hydracide très énergique, l'acide fluorhydrique HFl, qui fume à l'air, et qui correspond aux acides chlorhydrique HCl, bromhydrique HBr, et iodhydrique HI ;

2° Les fluorures métalliques sont isomorphes dés chlorures, bromures et iodures correspondants.

Les affinités du fluor sont d'ailleurs généralement plus énergiques que celles du chlore (182) ; et il chasse ce dernier de ses combinaisons avec les métaux. — Les quatre corps de cette famille doivent donc être rangés dans l'ordre suivant : fluor, chlore, brome, iode.

267. Deuxième famille : Oxygène, Soufre, Sélénium, Tellure. — Un volume de ces corps, pris à l'état de gaz ou de vapeurs, s'unit à 2 vol. d'hydrogène pour former 2 vol. de vapeur des composés HO, HS, HSe, HTe. — Ces composés, sauf celui de l'oxygène qui s'écarte un peu des trois autres corps de la famille, sont des hydracides faibles ; ils sont combustibles, solubles dans l'eau, vénéneux, doués d'une odeur fétide ; leur équivalent en vol. égale 2 vol.

La chaleur de formation de ces composés, et par suite l'affinité du métalloïde correspondant pour l'hydrogène, va en diminuant du premier au dernier :

$$H+O = HO + 29500 \text{ cal. ;}$$
$$H+S = HS + 3600 \text{ cal. ;}$$
$$H+Se = HSe - 2700 \text{ cal. ;}$$
$$H+Te = HTe - x (\text{inconnu}).$$

Les corps de cette famille, l'oxygène étant toujours à part, présentent encore les analogies suivantes :

Ils sont combustibles et forment en brûlant des acides de même composition, acides sulfureux SO^2, sélénieux SeO^2, tellureux TeO^2, que les oxydants transforment en acides sulfurique SO^3, sélénique SeO^3, tellurique TeO^3.

Les sulfure, séléniure et tellurure d'un même métal sont généralement isomorphes. Il en est de même des sulfate, séléniate et tellurate d'un même métal.

L'ordre suivant lequel on a rangé ces corps (oxygène compris) d'après leur affinité pour l'hydrogène est aussi celui suivant lequel varient : la densité à l'état solide, la densité de vapeur, la température de fusion, le point d'ébullition, l'équivalent en poids, qui croissent du premier au dernier.

268. Troisième famille : Azote, Phosphore, Arsenic. — Ils forment avec l'hydrogène des composés, ammoniaque AzH^3, phosphure d'hydrogène gazeux PhH^3, arséniure d'hydrogène gazeux AsH^3, dont l'équivalent en volume est 4 vol. et dans chacun desquels il entre 6 volumes d'hydrogène pour 2 volumes d'azote ou pour 1 volume de phosphore ou d'arsenic. L'azote se sépare donc par là du phosphore et de l'arsenic.

Les corps de cette famille, azote à part, présentent encore les analogies suivantes :

Le phosphore et l'arsenic se combinent directement avec l'oxygène en donnant comme dernier degré d'oxydation des composés, acides phosphorique PhO^5 et arsénique AsO^5, formant avec les bases des sels isomorphes.

La densité à l'état solide, la densité à l'état de gaz ou de vapeur, le point de fusion, le point d'ébullition et l'équivalent en poids vont en croissant dans l'ordre suivant : azote, phosphore, arsenic.

269. Quatrième famille : Carbone, Bore, Silicium. — Ces corps se ressemblent plutôt par leurs caractères physiques que par la composition et les propriétés de leurs composés.

Le carbone, le bore et le silicium sont difficilement fusibles ; ils n'ont pour dissolvants que les métaux en fusion. Ils peuvent exister sous deux états, amorphes et cristallisés ; quand ils sont cristallisés, ils sont très durs et inattaquables par la plupart des réactifs ; à l'état amorphe, ils sont beaucoup plus altérables.

Ils forment avec l'azote des composés stables : l'azoture de carbone (cyanogène) n'est décomposable qu'à température très élevée ; les azotures de bore et de silicium sont indécomposables.

La densité de ces corps cristallisés décroît, tandis que l'équivalent croît, du premier au dernier corps de ce groupe.

Les corps de la 4ᵉ famille ne présentent donc que des analogies chimiques assez faibles. Néanmoins ils se ressemblent entre eux plus qu'ils ne ressemblent aux corps des autres familles.

CHAPITRE VIII

MÉTAUX

I. Propriétés et classification des métaux

SOMMAIRE

Métaux. — Ce sont des corps qui forment des bases en se combinant avec l'oxygène.

Propriétés physiques. — État physique, opacité, couleur, densité. — Beaucoup cristallisent dans le système cubique. — Ténacité. — Malléabilité ; laminoir. — Ductilité ; filière. — Écrouissage ; trempe ; recuit.

Propriétés chimiques. — Action de l'oxygène : 1° oxygène sec ; 2° oxygène humide ; 3° oxygène humide en présence de l'acide carbonique. — Moyens de préserver les métaux de l'oxydation.

Action du soufre.

Action du chlore.

Classification des métaux. — La classification de Thénard est artificielle. Elle est basée sur la facilité plus ou moins grande avec laquelle les métaux s'oxydent.

Les métaux y sont groupés en huit classes.

270. **Définition.** — Un *métal* est un corps qui, en se combinant avec l'oxygène, forme au moins une *base*, c'est-à-dire un composé pouvant s'unir à un acide pour produire un sel.

Les métaux se distinguent encore des métalloïdes par des caractères de moindre valeur : les métaux polis ont un éclat particulier, *éclat métallique*, qu'ils perdent d'ailleurs si on les réduit en poudre (l'iode, qui est un métalloïde, possède aussi cet éclat particulier) ; ils sont bons conducteurs de la chaleur et de l'électricité.

271. **Propriétés physiques des métaux.** — Les métaux sont

tous solides à la température ordinaire, sauf le mercure qui est liquide.

Ils sont opaques ; cependant les feuilles d'or très minces obtenues par le battage sont transparentes et se laissent traverser par la lumière verte.

La plupart sont blancs ou gris ; l'or est jaune, le cuivre est rouge.

Tous sont plus lourds que l'eau, sauf le potassium, le sodium et le lithium.

Un grand nombre de métaux peuvent cristalliser, la plupart dans le système cubique. C'est le cas du bismuth, par exemple, qui, fondu dans un creuset et abandonné pendant quelque temps au refroidissement, donne de beaux cristaux cubiques quand on fait écouler la partie non encore solidifiée par une ouverture pratiquée dans la croûte superficielle.

La *tenacité*, ou la résistance à la rupture, varie comme l'indiquent les chiffres suivants, qui représentent le nombre de kilogrammes nécessaires pour provoquer la rupture d'un fil de 2 millimètres de diamètre :

Fer, 250 ; cuivre, 137 ; platine, 125 ; argent, 85 ; or, 68 ; zinc, 50 ; étain, 16 ; plomb 5,5.

Beaucoup de métaux sont *malléables*, c'est-à-dire susceptibles de s'étendre en feuilles minces sous le marteau ou au *laminoir*. On peut les classer dans l'ordre suivant, en commençant par les plus malléables :

Or, argent, aluminium, cuivre, étain, plomb, zinc, platine, fer, nickel.

Le *laminoir* est formé de deux cylindres horizontaux d'acier, pouvant tourner en sens inverses (fig. 138) ; le métal à laminer, coulé en plaque, est aminci à l'un de ses bords, par lequel on l'engage entre les deux cylindres qui l'entraînent dans leur marche en l'amincissant. A chaque passage on diminue la distance des deux cylindres. On obtient ainsi des feuilles de plus en plus minces.

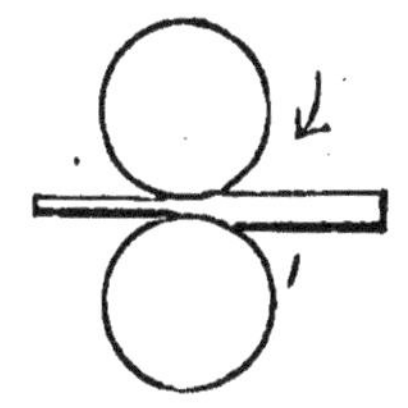

Fig. 138

Les feuilles d'or très minces employées dans la *dorure par application* s'obtiennent par le battage au marteau, qui peut les amener, sans les déchirer, à n'avoir qu'une épaisseur de 1/15000 de millimètre.

Les métaux *ductiles* sont ceux qu'on peut étirer en fils fins. — On peut classer les principaux métaux dans l'ordre suivant, en commençant par le plus ductile :

Or, argent, platine, aluminium, fer, nickel, cuivre, zinc, étain, plomb.

L'opération s'exécute à la *filière*, plaque d'acier trempé percée d'une série de trous de plus en plus petits ; on engage dans une de ces ouvertures l'extrémité amincie d'une barre du métal à étirer en fil, et on la saisit de l'autre côté avec une pince fixée à un cylindre animé d'un mouvement de rotation, sur lequel s'enroule le fil, allongé et rendu plus fin, qui sort de la filière. On l'engage ensuite dans un trou plus petit, et ainsi de suite.

Sous le choc du marteau, ou par le passage au laminoir ou à la filière, la plupart des métaux ductiles s'*écrouissent*, c'est-à-dire deviennent *plus tenaces*, *plus durs*, et aussi *plus cassants*.

La *trempe*, c'est-à-dire le refroidissement brusque d'un corps fortement chauffé, produit d'ailleurs le même effet, mais sur un petit nombre de corps seulement (comme l'acier, le bronze, le verre, etc.).

Les effets de l'écrouissage et de la trempe sont détruits par le *recuit*, qui consiste à chauffer le corps écroui ou trempé, puis à le laisser refroidir lentement. — On recuit de temps en temps le fer qu'on passe à la filière pour lui rendre sa ductilité.

272. Propriétés chimiques. — *Action de l'oxygène.* — 1° Dans l'*oxygène sec* (ou dans l'air sec) tous les métaux, excepté l'or, l'argent, le platine et quelques autres, s'oxydent à température plus ou moins élevée.

Le potassium seul s'oxyde à la température ordinaire ; l'oxydation des autres exige un échauffement préalable.

2° L'*oxygène humide* (ou l'air humide dépouillé de son acide carbonique) n'attaque à la température ordinaire, outre le potassium, que le sodium, le baryum, le strontium, le calcium. Ces métaux sont ceux qui décomposent l'eau à froid ; ce n'est pas l'oxygène libre qui les oxyde, mais bien l'oxygène de la vapeur d'eau qu'ils décomposent.

3° L'*oxygène humide* en présence de l'*acide carbonique* (et par suite l'air ordinaire) attaque tous les métaux (excepté l'or, l'argent, le platine, l'aluminium, et quelques autres). La vapeur d'eau est décomposée en hydrogène qui se dégage, et en oxygène qui transforme le métal en une base avec laquelle l'acide carbonique se combine pour former un carbonate, ou un hydrocarbonate si la base s'unit à la vapeur d'eau en même temps qu'à l'acide carbonique. — Avec le zinc, le cuivre, le plomb, il se forme une couche d'hydrocarbonate qui préserve bientôt le reste du métal de l'oxydation. — Avec le fer, il se produit du carbonate de protoxyde de fer qui se transforme rapidement, par l'action de l'oxygène humide, en hydrate de sesquioxyde de fer (rouille), matière poreuse qui permet à l'action de se continuer indéfiniment.

Pour empêcher cette altération des métaux à l'air, on les recouvre d'une couche de peinture, de vernis, d'émail; ou bien encore d'une couche d'un métal inaltérable (or, argent), ou moins altérable (étain, zinc, cuivre).

Le *fer galvanisé*, ou recouvert de zinc, et le fer recouvert de cuivre résistent bien à l'altération par l'air humide, la couche superficielle d'hydrocarbonate de zinc ou d'hydrocarbonate de cuivre qui se forme d'abord jouant le rôle d'un vernis protecteur imperméable.

Le *fer étamé* (*fer blanc*), ou fer recouvert d'étain, se conserve bien tant que la couche d'étain est continue; mais il se transforme plus rapidement en rouille que le fer ordinaire dès que le fer se trouve mis à nu en quelque point, ce qu'on peut expliquer ainsi : le fer et l'étain constituent un couple électrique dont le fer est l'élément attaquable; c'est par suite sur ce métal que se porte l'oxygène résultant de la décomposition de l'eau par le couple fer-étain; l'oxydation doit donc être plus énergique qu'en l'absence de l'étain.

Action du soufre.— Action nulle à la température ordinaire.

A température élevée, tous les métaux, excepté l'or, le platine, l'aluminium, le zinc, sont attaqués par le soufre, souvent avec incandescence (75).

L'eau favorise la réaction du soufre sur certains métaux, comme le fer, le cuivre : un mélange humide de fer et de soufre très divisés se transforme en sulfure de fer en dégageant assez de chaleur pour vaporiser violemment l'eau du mélange (volcan de Lémeri).

Action du chlore. — Le *chlore* attaque tous les métaux à température plus ou moins élevée; avec un grand nombre d'entre eux, l'action se produit à la température ordinaire.

Les chlorures étant facilement volatilisables, l'action du chlore sur les métaux à température élevée se continue jusqu'à transformation complète, puisque le métal est toujours à nu, et par suite toujours en contact avec le chlore.

273. Classification des métaux, de Thénard. — C'est une classification artificielle, qui n'est basée que sur un seul caractère, l'*oxydation plus ou moins facile* des métaux. Les corps rangés dans le même groupe peuvent ne se ressembler que par la manière dont ils se comportent vis-à-vis de l'oxygène, et différer par l'ensemble des autres propriétés.

La facilité d'oxydation d'un métal est caractérisée : 1° par la température à laquelle il s'oxyde dans l'oxygène libre ou

dans l'air ; 2° par la température à laquelle il décompose l'eau ;
3° par la température nécessaire pour décomposer son oxyde.

Première section. — Elle comprend les métaux qui décomposent l'eau à froid, qui s'oxydent dans l'air sec à température
élevée, et dont les oxydes sont irréductibles par la chaleur :
   Potassium, sodium, lithium, césium, rubidium ; baryum,
strontium, calcium.
   Les cinq premiers sont dits métaux *alcalins* ; les trois autres
sont les *métaux alcalino-terreux.*

Deuxième section. — Métaux qui décomposent l'eau vers 100°,
qui s'oxydent dans l'air sec à température élevée, et dont les
oxydes sont irréductibles par la chaleur :
   Magnésium, manganèse ; cérium, lanthane, didyme, yttrium,
erbium, terbium, zirconium, thorium.

Troisième section. — Métaux qui décomposent l'eau au
rouge sombre, ou à froid en présence des acides ; ils s'oxydent
dans l'air sec à température élevée ; leurs oxydes sont irréductibles par la chaleur :
   Fer, zinc, nickel, cobalt, chrome, cadmium, vanadium, in-
dium, uranium, thallium.

Quatrième section. — Métaux qui décomposent l'eau au
rouge vif ; en présence des bases énergiques, ils la décomposent à 100° en se transformant en acides ; ils s'oxydent dans
l'air sec à température élevée ; leurs oxydes sont irréductibles
par la chaleur :
   Etain, antimoine, tungstène, molybdène, tantale, titane,
osmium, niobium, ilménium.

Cinquième section. — Métaux qui ne décomposent l'eau qu'au
rouge blanc ; ils s'oxydent dans l'air à température élevée ;
leurs oxydes sont irréductibles par la chaleur :
   Cuivre, plomb, bismuth.

Sixième section. — Métaux qui ne décomposent l'eau à aucune température ; ils s'oxydent très faiblement à l'air aux
températures élevées ; leurs oxydes sont irréductibles par la
chaleur :
   Aluminium, glucinium.

Septième section. — Métaux qui ne décomposent l'eau à aucune température ; ils s'oxydent à l'air à température peu
élevée ; leurs oxydes sont réductibles par la chaleur :
   Mercure, palladium, rhodium, ruthénium.

Huitième section. — Métaux qui ne décomposent l'eau à au-

cune température ; ils ne s'oxydent pas à l'air ; leurs oxydes sont réductibles par la chaleur :
Argent, or, platine, iridium.

II. Alliages

SOMMAIRE

Constitution des alliages. — Les alliages sont formés d'une ou de plusieurs combinaisons de métaux, avec excès d'un des métaux composants.
Liquation.
Préparation des alliages.
Propriétés des alliages. — Densité. — Dureté, ténacité, ductilité, malléabilité. — Point de fusion.
Action des réactifs.
Applications. — L'utilité des alliages résulte de ce que ces composés possèdent souvent un ensemble de propriétés qu'on ne trouverait réunies dans aucun métal pris isolément.
Principaux alliages : alliages monétaires, bijoux d'or et d'argent ; laiton ; bronze ; caractères d'imprimerie ; maillechort ; bronze d'aluminium.

274. Constitution des alliages. — Les métaux peuvent contracter des combinaisons entre eux. *Les alliages sont formés d'une ou de plusieurs de ces combinaisons, avec excès d'un des métaux composants.*

La constitution des alliages n'a pu être déterminée directement que dans des cas particuliers (à cause de la difficulté qu'il y a, en général, de séparer le composé de l'excès d'un des composants), dans les suivants, par exemple :
1º Si on allie l'or à un excès de mercure, et qu'on comprime le tout dans une peau de chamois, le mercure en excès s'échappe, et il reste un composé cristallin qui répond à la formule $HgAu^2$.
2º Le potassium, jeté dans le mercure légèrement chauffé, s'y allie avec dégagement de chaleur ; si on élimine l'excès de mercure, il reste des cristaux d'un composé défini $Hg^{2}K$.
On doit admettre que ce qu'on constate dans les alliages dont le mercure fait partie (amalgames) se produit aussi dans les autres.

Certains alliages renferment *plusieurs* combinaisons définies mêlées à l'excès d'un des métaux constituants.
C'est ce qui résulte de l'observation d'un thermomètre

plongé dans un de ces alliages mis en fusion et abandonné à un refroidissement lent : on constate qu'après s'être abaissée d'une manière continue, la température reste stationnaire pendant quelque temps pour s'abaisser de nouveau, redevenir stationnaire, et ainsi de suite. Chaque point d'arrêt correspond, comme on a pu le constater directement, à la solidification d'un composé défini particulier ; l'alliage solidifié est donc un mélange de ces divers composés inégalement fusibles.

Pour obtenir des alliages homogènes, il est nécessaire d'empêcher cette séparation des différents composés définis qui peuvent se former. On y parvient en soumettant l'alliage encore en fusion à un *refroidissement brusque* et à un *brassage mécanique.*

L'existence de diverses combinaisons définies dans certains alliages d'apparence homogène se manifeste encore lorsqu'on les soumet à une action inverse, c'est-à-dire lorsqu'on élève progressivement la température de ces alliages solides : les combinaisons définies les plus fusibles fondent les premières et se séparent des autres combinaisons encore solides qui restent sous la forme d'une masse spongieuse ; on peut ainsi séparer les divers composés définis qui existent dans l'alliage, grâce à l'inégalité de leurs points de fusion.

C'est en cela que consiste la *liquation* de l'alliage ; ce mot désigne aussi le phénomène inverse, c'est-à-dire la solidification successive des composés définis d'un alliage fondu qui éprouve un refroidissement lent.

275. Préparation et propriétés des alliages. — On prépare un alliage en fondant les métaux composants dans le même creuset ; après quoi on soumet la masse fondue à un refroidissement rapide, pendant lequel on l'agite avec une tige de fer ou de terre afin d'empêcher la liquation.

Les propriétés des alliages dépendent non seulement de la nature, mais encore de la proportion des métaux composants.

La densité d'un alliage est tantôt plus grande, tantôt plus petite que celle qu'on déduirait des densités et des rapports des poids des composants ; c'est-à-dire qu'il y a ou contraction ou dilatation.

En général, un alliage est plus dur, mais moins tenace, moins ductile et moins malléable que les métaux composants.

Le point de fusion d'un alliage est inférieur à celui du moins fusible et quelquefois même du plus fusible des métaux composants. Ainsi l'alliage de Wood qui fond vers 70° est formé des métaux suivants : 8 parties de bismuth (264°), 4 parties de plomb (335°), 2 parties d'étain (228°), 1 partie de cadmium (320°) ; l'alliage de Darcet, qui fond aussi dans l'eau bouillante (94°5), est formé de 8 parties de bismuth, 5 parties de plomb, 3 parties d'étain.

Les réactifs exercent en général sur les alliages les mêmes actions que sur les composants pris isolément. Ainsi, si l'on chauffe fortement à l'air un alliage d'argent et de plomb, l'oxygène n'agit que sur le plomb qui s'oxyde complètement, et l'argent reste intact.

276. Applications. — L'utilité des alliages résulte de ce que ces composés possèdent souvent un ensemble de propriétés qu'on ne trouverait réunies dans aucun métal pris isolément. C'est ce qu'on peut constater dans les alliages suivants.

  Composition des principaux alliages :

    Alliages monétaires : or (900) et cuivre (100); argent (900) et cuivre (100); argent (835) et cuivre (165). L'or et l'argent purs, qui sont très mous, s'useraient trop vite; l'addition d'un peu de cuivre donne un corps beaucoup plus dur. — Bijoux d'or : or (750) et cuivre (250). Bijouterie d'argent : argent (800) et cuivre (200).

    Laiton : cuivre (67) et zinc (33). Cet alliage est plus fusible que le cuivre pur et se travaille mieux à la lime.

    Bronze des canons : cuivre (90) et étain (10); bronze des cloches : cuivre (78) et étain (22). Le bronze est plus dur, plus sonore, plus résistant que le cuivre.

    Caractères d'imprimerie : plomb (80) et antimoine (20). Aucun métal ne possède à la fois la fusibilité et la ténacité nécessaires.

    Maillechort : cuivre (50), zinc (25) et nikel (25).

    Bronze d'aluminium : aluminium (10) et cuivre (90). Cet alliage, qui a l'éclat de l'or, possède la ténacité du fer.

III. Extraction des métaux.

SOMMAIRE

Métallurgie. — Minerais ; gangue.

Traitement mécanique, destiné à séparer le minerai proprement dit de la gangue.

Traitement chimique des minerais qui renferment le métal à l'état d'oxyde, de sulfure, de chlorure, de carbonate.

Métallurgie du fer. — Principaux minerais.

Méthode catalane. — Elle ne fournit qu'une partie du fer contenu dans le minerai ; l'autre portion passe dans les scories.

Méthode des hauts fourneaux. — Elle donne un rendement supérieur à la précédente ; mais le fer obtenu est à l'état de fonte (carbure de fer). — La transformation de la fonte en fer (affinage de la fonte) s'effectue par la méthode comtoise, ou par la méthode anglaise.

Propriétés du fer.

Propriétés de la fonte ; fonte blanche, fonte grise.

Acier : acier naturel (acier de forge, acier puddlé, acier Bessemer) ; acier de cémentation (acier corroyé, acier fondu). — Propriétés de l'acier.

Métallurgie du zinc. — Minerais.

Traitement chimique du sulfure et du carbonate.

Propriétés du zinc.

Métallurgie de l'étain. — Minerai.

Traitement chimique du bioxyde.

Propriétés de l'étain.

Métallurgie du plomb. — Minerais.

Traitement chimique du carbonate. — Traitement chimique du sulfure (galène) : 1° par réaction ; 2° par réduction.

Propriétés du plomb.

Métallurgie du cuivre. — Minerais.

Traitement chimique du sous-oxyde et des carbonates. — Traitement chimique de la pyrite cuivreuse ; cuivre noir, cuivre rosette, cuivre malléable.

Propriétés du cuivre.

Métallurgie de l'argent. — Minerais.

Traitement chimique du sulfure d'argent. — Traitement chimique du plomb argentifère. — Traitement chimique du cuivre argentifère.

Propriétés de l'argent.

277. Métallurgie. — C'est l'art d'extraire industriellement les métaux de leurs *minerais*, c'est-à-dire des substances minérales qui renferment des métaux et qu'on peut utiliser pratiquement pour leur préparation.

Les minerais sont de deux sortes. — Dans les uns, les métaux se trouvent à l'*état natif*, c'est-à-dire libres de tonte combinaison, et simplement *mélangés* avec des matières étrangères ; l'or et le platine ne se rencontrent qu'à l'état natif. — Dans les autres, les métaux existent à l'état de combinaison, sous forme d'*oxydes*, de *sulfures*, de *chlorures*, de *carbonates*, de *silicates*, etc. L'argent, le mercure, le cuivre, le bismuth se trouvent quelquefois à l'état natif, mais le plus souvent en combinaison.

Outre la partie utile, formée du métal à l'état natif ou à l'état de combinaison, les minerais renferment une *gangue* constituée par des matières étrangères mélangées plus ou moins intimement avec la partie utile.

De là la nécessité de soumettre le minerai brut à une *opération purement mécanique*, destinée à séparer le minerai proprement dit de la gangue. Les métaux qui existent à l'état natif dans leurs minerais sont isolés par cette seule opération. Pour les autres, ce traitement mécanique n'est qu'une opération préparatoire destinée à faciliter le *traitement chimique*, qui permet d'extraire les métaux des combinaisons dans lesquelles ils sont engagés.

Traitement mécanique. — Pour séparer la gangue du minerai proprement dit, on se base sur la différence des densités de ces deux parties.

On commence par broyer le minerai brut dans une auge où il est soumis à l'action de pilons mécaniques (*boccard*) qui le pulvérisent. Le minerai pulvérisé est entraîné le long d'un plan incliné placé à la suite de l'auge par un courant d'eau qu'on y amène : les matières les plus lourdes (minerai proprement dit) se déposent au bas du plan incliné ; les plus légères (gangue) sont entraînées par le courant.

Traitement chimique. — Il varie avec la nature des minerais. Dans un grand nombre de cas on soumet ceux-ci aux traitements suivants.

Pour extraire un minéral de son *oxyde*, on réduit le minerai par le charbon à température élevée.

Les *sulfures* sont soumis à un grillage à l'air qui transforme le métal en oxyde, et le soufre en acide sulfureux qui se dégage ; on réduit ensuite l'oxyde par le charbon.

Si le minerai est un *chlorure*, on le traite par le sodium, le fer, le cuivre, qui s'emparent du chlore et mettent le métal en liberté.

Les *carbonates* sont d'abord décomposés par calcination en acide carbonique qui se dégage et en un oxyde qu'on réduit par le charbon.

278. Métallurgie du fer. — Les principaux minerais de fer sont :

L'*oxyde magnétique* (ou oxyde salin) Fe^3O^4, très abondant en Suède, en Norwège, au Canada ;

Le sesquioxyde de fer anhydre Fe^2O^3 et le sesquioxyde de fer hydraté Fe^2O^3,HO ; le premier constitue l'*ocre rouge* et l'*hématite rouge* s'il est amorphe, et le *fer oligiste* s'il est cristallisé ; les minerais composés de sesquioxyde de fer hydraté, qui sont très abondants en Champagne, en Franche-Comté, en Bourgogne, se nomment *hématite brune*, *limonite*, *fer oolitique* ;

Le carbonate de fer FeO,CO^2, ou *fer spathique*, dont les principaux gisements se trouvent dans les Pyrénées, à Saint-Étienne, et surtout en Angleterre ;

Le bisulfure de fer FeS^2, ou *pyrite*, est un minéral très répandu ; mais on ne l'emploie pas comme minerai de fer parce qu'on ne pourrait éliminer complètement le soufre, et que des traces de ce corps rendent le fer cassant.

On obtient le fer en réduisant par le charbon les oxydes qui constituent ses minerais ; le carbonate de fer se traite de même, car il se transforme en oxyde par la chaleur.

L'extraction du fer des minerais qui le renferment à l'état

d'oxyde est compliquée par la présence d'une certaine quantité de gangue que le traitement mécanique n'a pu éliminer, et avec laquelle les oxydes sont intimement mélangés. Cette gangue, qui est composée de silice, ou d'argile (silicate d'alumine impur), et plus rarement de carbonate de chaux, est presque infusible. — Pour extraire le fer de son minerai, il faut donc non seulement réduire l'oxyde par le charbon, mais encore transformer la gangue infusible en une scorie fusible qui puisse se séparer de l'oxyde à réduire et du fer mis en liberté. On emploie pour cela deux méthodes différentes : la *méthode catalane* et la *méthode des hauts fourneaux*; cette dernière est d'ailleurs une méthode indirecte ; elle fournit de la *fonte*, qu'il faudra soumettre à une deuxième opération pour la transformer en fer.

270. *Méthode catalane.* — Elle n'est usitée que dans les contrées où le bois est abondant (Pyrénées, Corse) et ne s'applique qu'aux minerais riches.

Le minerai est simplement soumis à l'action du charbon. Au fond d'un fourneau (fig. 139) on dispose une couche épaisse

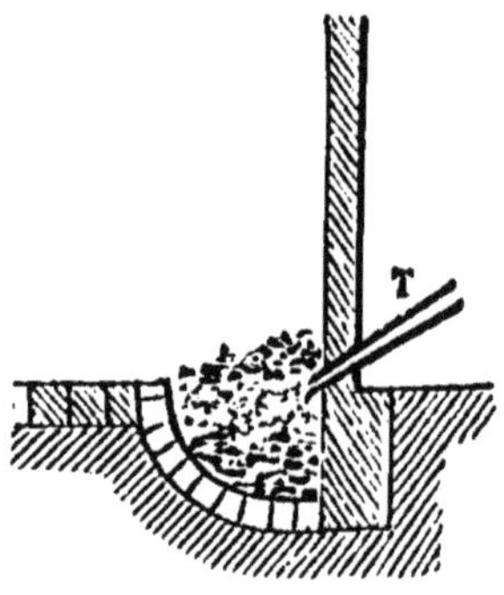

Fig. 139

de charbon dont la combustion est activée par le courant d'air qu'amène une tuyère T; par dessus on place le minerai, qu'on recouvre de charbon. — La combustion du charbon dans le bas de la couche inférieure engendre de l'acide carbonique qui se transforme en oxyde de carbone en traversant le reste de cette couche de charbon enflammé (205). Cet oxyde de carbone réduit une partie de l'oxyde de fer du minerai, tandis que l'autre partie de l'oxyde forme avec la gangue, soit un silicate de fer, très fusible, si la gangue est siliceuse, soit un silicate double d'alumine et de fer très fusible aussi, si la gangue est argileuse ; ces silicates fondus forment les *scories* où le *laitier.* Les parcelles de fer réduit s'accumulent au fond du fourneau où elles s'agglutinent en une masse spongieuse emprisonnant un peu de scorie. On retire cette masse du fourneau et on l'écrase à coups de marteau pour en exprimer la scorie ; on obtient ainsi du fer compact qu'on façonne en barres.

Ce procédé ne fournit qu'une partie du fer du minerai ; l'autre partie passe dans les scories.

280. *Méthodes des hauts fourneaux.* — Dans cette méthode, on donne la fusibilité à la gangue en la transformant en silicate double d'alumine et de chaux : pour cela, si elle est argileuse (cas le plus fréquent), on y ajoute du carbonate de chaux (*castine*) qui fournit au silicate d'alumine la chaux nécessaire à sa transformation en silicate d'alumine et de chaux ; si elle est calcaire, on additionne le minerai d'argile (*erbue*) qui détermine la formation du même silicate double. On évite ainsi la perte qui résulte du passage d'une partie de l'oxyde de fer dans les scories, par suite de la formation du silicate d'alumine et de fer.

Mais le silicate double d'alumine et de chaux qui se forme dans ces conditions est beaucoup moins fusible que le silicate d'alumine et de fer qui se produit dans la méthode catalane. Il faut donc chauffer à une température très élevée pour le mettre en fusion : or, à cette température, le fer se combine avec le carbone et se transforme en *fonte* (carbure de fer), matière très fusible qui s'accumule à l'état liquide au fond du fourneau avec les scories ; celles-ci, plus légères, surnagent.

Ces opérations s'effectuent dans un *haut fourneau*, qu'on remplit de couches alternatives de charbon (charbon de bois, coke) et de minerai mêlé avec le fondant.

Un haut fourneau se compose de deux troncs de cône réunis par leurs grandes bases (fig. 140). L'ouverture supérieure A se nomme le *gueulard* ; le grand tronc de cône, AB est la *cuve* ; le tronc de cône inférieur BC forme les *étalages* ; la portion B du fourneau, qui correspond au raccordement des deux cônes, est le *ventre*. Au-dessous des étalages se trouve l'*ouvrage* CD ; la portion inférieure DE est le *creuset*. Entre le creuset et l'ouvrage débouchent les tuyères T, qui amènent l'air nécessaire à la combustion. La paroi antérieure H (*dame*) du creuset est située un peu en avant de la paroi correspondante de l'ouvrage ; c'est dans la partie inférieure de la dame qu'est pratiqué le *trou de coulée o*, fermé en temps ordinaire par un tampon d'argile.

La fonte en fusion et le laitier s'accumulent dans le creuset ; le laitier, qui surnage, déborde et coule au dehors par dessus la dame. Quand le creuset est plein de fonte, on débouche le trou de coulée : le métal fondu et incandescent s'échappe du

fourneau, et coule dans des canaux creusés dans le sable, sur
le sol de l'usine ; il s'y solidifie sous la forme de lingots qu'on
nomme *gueuses*.

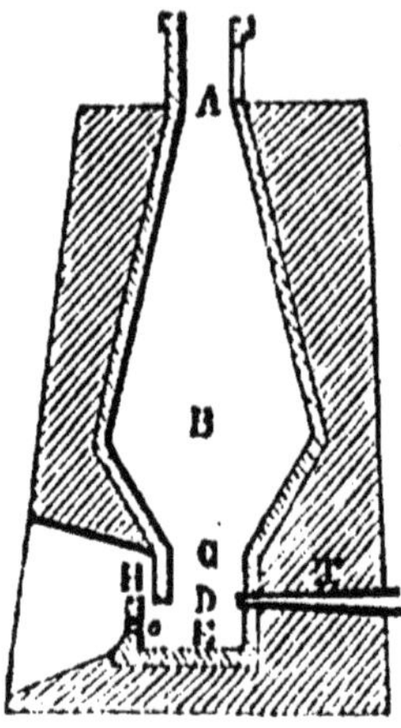

Fig. 140

Dans les hauts fourneaux, comme dans les fourneaux cata-
lans, l'oxyde de fer du minerai est réduit par l'oxyde de carbone résultant de la dissociation qu'éprouve en traversant les
couches de charbon incandescent l'acide carbonique produit
par la combustion du charbon dans la région des tuyères.

La méthode des hauts fourneaux fournit de la *fonte*, avons-
nous dit. La *fonte* est un composé de fer et de carbone, contenant de 2 à 5 0/0 de ce dernier; elle renferme aussi un peu
de silicium, et des traces de phosphore, de soufre, d'arsenic,
de manganèse.

On utilise la fonte en nature pour le moulage ; ou bien on
l'*affine*, c'est-à-dire qu'on la transforme en fer en lui enlevant
son carbone et son silicium.

Affinage de la fonte. — La transformation de la *fonte* en
fer s'effectue de deux manières.

1° Dans le *procédé comtois*, on fond la fonte sur une couche
épaisse de charbon de bois allumé, dont la combustion est
activée par le vent de plusieurs tuyères. La matière fondue
traverse goutte à goutte le vent oxydant des tuyères : le carbone de la fonte brûle en donnant de l'oxyde de carbone ou
de l'acide carbonique, tandis que le silicium se transforme en
acide silicique, puis en un silicate de fer très fusible qui se

sépare sous forme de scories. — On recommence plusieurs fois l'opération en ramenant sur le tas de charbon la masse incomplètement affinée et de plus en plus pâteuse qui se rassemble au fond du creuset. — L'affinage terminé, on sort cette masse du creuset et on l'écrase à coups de marteau pour en faire sortir les scories fluides qu'elle renferme et la rendre compacte.

2° Dans la *méthode anglaise*, une première opération pendant laquelle la fonte en fusion est soumise à l'action de l'air amené par des tuyères, élimine presque tout le silicium (qui passe dans les scories comme dans le procédé comtois) et une partie du carbone. La masse (*fine métal*) incomplètement affinée qu'on obtient ainsi est soumise à une deuxième opération (*puddlage*) dans un autre fourneau, où l'on fond ce *fine métal* sous une couche de *battitures de fer* (oxyde de fer qui se forme par l'action de l'oxygène de l'air sur le fer rouge et s'en détache en écailles quand on le martèle) : le reste du carbone est transformé en oxyde de carbone par l'oxygène des battitures. — La masse de fer obtenue est comme précédemment écrasée sous le marteau, qui en exprime les scories et la rend compacte.

281. *Propriétés du fer et de la fonte.* — Le *fer* est ductile, malléable et très tenace. — Sa densité varie de 7,4 à 7,9 selon le travail qu'il a subi. — Le fer fond vers 1500° ; il se ramollit avant de fondre, et peut alors se façonner sous le marteau et se souder à lui-même.

A l'air humide, il se transforme rapidement en hydrate de sesquioxyde de fer (rouille) (272).

La *fonte* est un carbure de fer renfermant de 2 à 5 0/0 de carbone, ainsi qu'une petite quantité de silicium, et des traces de phosphore, de soufre, d'arsenic, de manganèse.

Il existe deux variétés de fonte : la *fonte blanche* qui se produit quand la fonte en fusion se refroidit brusquement, et la *fonte grise* qu'on obtient en abandonnant la fonte en fusion à un refroidissement lent. Dans la fonte blanche, tout le carbone est en combinaison ; dans la fonte grise, au contraire, une partie du carbone, devenue libre pendant le refroidissement lent, existe à l'état de paillettes de graphite, disséminées dans la masse.

La fonte est plus fusible, mais moins tenace et plus fragile que le fer. — La fonte en fusion augmente de volume en se solidifiant, ce qui la rend très précieuse pour le moulage.

Les propriétés de la fonte diffèrent d'ailleurs d'une variété à l'autre. La *fonte grise* fond vers 1200° et devient très fluide ; densité moyenne 7 ; elle se laisse limer, forer et couper au ciseau ; on l'emploie pour le moulage. La *fonte blanche* fond vers 1100° en donnant une masse pâteuse ; densité moyenne 7,6 ;

elle est dure et cassante ; on la transforme généralement en fer par l'affinage.

282. *Fabrication et propriétés de l'acier.* — L'acier est du fer moins carburé que la fonte ; il contient de 7/1000 à 15/1000 de carbone.

On obtient l'acier, soit par la décarburation incomplète de la fonte, soit par la carburation du fer.

1° La décarburation partielle de la fonte fournit l'*acier naturel* (ou acier de forge) ; on l'obtient en fondant la fonte dans un fourneau à réverbère, sous le vent d'une tuyère. — L'affinage de la fonte par la méthode anglaise donne aussi de l'acier naturel (acier puddlé) si on règle la deuxième partie de l'opération de manière à empêcher l'élimination complète du carbone.

L'acier Bessemer est un acier naturel de dernière qualité qu'on obtient en insufflant de l'air à la partie inférieure d'un cubilot de grandes dimensions rempli de fonte en fusion. Lorsque la décarburation est trop complète, ce qui arrive le plus souvent, on ajoute à la masse une certaine quantité de fonte ordinaire qui fournit le carbone manquant. — L'acier Bessemer ne coûte guère plus cher que le fer ; il est préférable à ce dernier pour un grand nombre d'usages.

2° La carburation du fer donne de l'*acier de cémentation.*

L'opération s'effectue dans des caisses closes, en briques, qui renferment des couches alternatives de barres de fer et de charbon en poudre (mêlé avec un peu de cendres et de chlorure de sodium), et qu'on chauffe au rouge pendant plusieurs jours.

L'acier de cémentation manque d'homogénéité ; on lui en donne soit par le *corroyage,* qui consiste à marteler au rouge les barreaux d'acier de cémentation réunis en faisceaux, de manière à transformer chaque faisceau en une barre unique (*acier corroyé*), soit par la *fusion* dans des creusets brasqués, c'est-à-dire recouverts intérieurement d'une couche de charbon en poudre (*acier fondu*).

L'acier est ductile et malléable comme le fer ; il est plus tenace et plus fusible que ce dernier. Densité 7,7.

Lorsqu'on soumet l'acier à l'action de la *trempe,* c'est-à-dire lorsqu'on refroidit brusquement l'acier fortement chauffé, il perd sa ductilité et sa malléabilité, et devient dur, cassant et élastique, d'autant plus que le refroidissement a été plus rapide et plus considérable. Si l'on *recuit* l'acier trempé en l'échauffant plus ou moins fortement et le laissant refroidir lentement, il perd sa dureté et son élasticité et redevient malléable. — Le fer pur (*fer doux*) n'est pas modifié par la trempe ni le recuit.

283. Métallurgie du zinc. — Les principaux minerais du zinc sont la *blende* ou sulfure de zinc ZnS, et la *calamine* ou carbonate de zinc ZnO,CO^2. Ils sont très répandus en Silésie, en Angleterre et en Belgique.

Pour extraire le zinc de ces deux minerais, on commence par les transformer en oxyde : il suffit, pour cela, de calciner la *calamine* qui perd ainsi son acide carbonique, et de griller la *blende* à l'air, ce qui transforme le soufre en acide sulfureux qui se dégage, et le zinc en oxyde.

L'oxyde de zinc est ensuite réduit par le *charbon* dans des vases de formes diverses :

$$ZnO + C = Zn + CO \; ;$$

l'oxyde de carbone se dégage, et le zinc, qui distille, vient se condenser dans des récipients.

Le zinc est un métal cassant, ductile et malléable seulement entre 100° et 150°. — Densité moyenne 7. — Il fond à 410° et bout vers 1000°.

A l'air humide, il se transforme superficiellement en hydro-carbonate de zinc.

284. Métallurgie de l'étain. — Le seul minerai exploité est la *cassitérite* ou bioxyde d'étain SnO^2. Ses principaux gisements se trouvent en Espagne, en Angleterre, en Saxe, en Bohême, aux Indes ; il en existe aussi dans le Morbihan.

On obtient l'étain en réduisant la cassitérite par le *charbon* dans des fourneaux de petites dimensions. On reçoit l'étain fondu dans des creusets extérieurs où on l'agite avec des tiges de bois vert dont la carbonisation fournit du charbon qui achève la réduction, et des gaz qui amènent à la surface les matières étrangères en suspension dans la masse fondue. C'est un métal très malléable, peu tenace. — Densité 7,3. — Il fond à 228°; il n'est pas volatil. — L'étain frotté répand une odeur caractéristique.

Sa texture est cristalline, et il fait entendre un bruit particulier (cri de l'étain) lorsqu'on le plie.

L'étain ne s'altère pas sensiblement à l'air à la température ordinaire.

285. Métallurgie du plomb. — Les principaux minerais de plomb sont le carbonate de plomb, et surtout le sulfure de plomb (*galène*) ; ils sont presque toujours argentifères. La France ne possède que des gisements peu importants de galène dans le Puy-de-Dôme et dans le Finistère ; on la trouve plus abondamment en Angleterre, en Espagne, en Allemagne.

Le plomb s'extrait du carbonate par un traitement facile qui consiste à chauffer le minerai avec du *charbon*. La chaleur transforme le carbonate en oxyde de plomb ; le charbon réduit l'oxyde.

Le traitement de la galène est plus compliqué et s'effectue de deux manières.

1° Dans la *méthode par réaction*, on grille le minerai à l'air : une portion du sulfure se transforme en sulfate de plomb PbO,SO^3 ; une autre portion se convertit en oxyde de plomb PbO avec dégagement d'acide sulfureux ; une troisième partie reste inaltérée. On chauffe alors à l'abri de l'air (on ferme les ouvertures par lesquelles l'air nécessaire au grillage pénétrait dans le fourneau) : le sulfure de plomb non décomposé réagit sur l'oxyde et sur le sulfate :

$$2PbO+PbS=3Pb+SO^2;$$
$$PbO,SO^3+PbS=2Pb+2SO^2;$$

le plomb devient libre, et il se dégage de l'acide sulfureux.

2° Dans la *méthode par réduction*, on chauffe le sulfure de plomb avec du fer qui lui enlève son soufre :

$$PbS+Fe=Pb+FeS.$$

Le plomb obtenu par ces procédés contient presque toujours une certaine quantité d'*argent* ; on sépare ces deux métaux par une méthode (287) qui donne de l'argent libre et transforme le plomb en oxyde de plomb qu'on ramène à l'état de plomb métallique en le réduisant par le charbon.

Le plomb est le moins tenace des métaux usuels. C'est aussi le moins dur : il se raye à l'ongle et laisse une trace grise sur le papier. — Densité 11,36. — Point de fusion 335°.

Il se ternit rapidement à l'air par suite de la formation d'une couche mince de sous-oxyde Pb^2O. — Au contact de l'eau aérée, il se transforme superficiellement en hydrocarbonate de plomb.

286. Métallurgie du cuivre. — Les minerais de cuivre assez abondants pour pouvoir être exploités sont :

Le *cuivre natif* (mines du lac Supérieur, Chili, Pérou) ;

Le *sous-oxyde* de cuivre Cu^2O (Amérique, monts Ourals) ;

Les *carbonates de cuivre* (Sibérie, Amérique, Indoustan) ;

Le *sulfure de cuivre* Cu^2S ou *chalkosine* ;

Le *sulfure double de cuivre et de fer* CuFeS², ou *pyrite cuivreuse*; c'est le minerai de cuivre le plus abondant (Mexique, Chili, Chine, Japon, Angleterre, Allemagne, Chessy, près de Lyon).

1° Traitement du sous-oxyde et des carbonates : on les réduit par le charbon.

2° Traitement de la pyrite cuivreuse, mélangée ou non avec la chalkosine. — On soumet d'abord le minerai au grillage, dans un fourneau à réverbère, pour éliminer une portion du soufre qui disparaît à l'état d'acide sulfureux, et transformer partiellement le cuivre et le fer en oxydes. On fond ensuite la masse en présence d'une matière siliceuse et du charbon : l'oxyde de fer et la silice donnent du silicate de fer très fusible qu'on entraîne à l'état de scorie, tandis que le cuivre provenant de la réduction de l'oxyde de cuivre par le charbon s'unit aux sulfures qui ont résisté au grillage pour former un sulfure (ou *matte*) moins sulfuré et moins ferrugineux que le minerai primitif. — On recommence plusieurs fois de suite cette double opération (grillage, et fusion en présence de la silice et du charbon); chaque fois on élimine du soufre et du fer; de sorte qu'on finit par obtenir une masse de *cuivre brut* ou *cuivre noir*, contenant environ 95 0/0 de cuivre, qu'on transforme en cuivre ordinaire par le *raffinage*.

Le *raffinage* du cuivre noir s'exécute dans un fourneau à réverbère où le cuivre brut, mis en fusion en présence d'une petite quantité d'argile, est soumis à l'action d'un courant d'air lancé par une tuyère; le soufre et le fer qui restent sont éliminés, le premier à l'état d'acide sulfureux, le second sous forme de silicate de fer (scorie). — La masse restante constitue le *cuivre rosette* : ce cuivre renferme une petite quantité de sous-oxyde de cuivre, ce qui le rend cassant. On obtient le cuivre ordinaire malléable en fondant le cuivre rosette sous une couche de charbon (qui réduit l'oxyde) et agitant la masse liquide avec une branche de bois vert.

Lorsque les minerais de cuivre renferment de l'argent, celui-ci se retrouve dans le *cuivre noir*, qu'on soumet à un traitement spécial (287) pour séparer les deux métaux.

Le cuivre est un métal de couleur rouge. — C'est le métal le plus tenace après le fer; il est ductile et malléable. — Par le frottement, il dégage une odeur désagréable. — Densité 8,8. — Point de fusion 1100°. A température élevée, il émet des vapeurs qui brûlent à l'air avec une belle flamme verte.

Dans l'air humide, il se recouvre d'une couche verdâtre d'hydrocarbonate de cuivre (vert-de-gris).

287. Métallurgie de l'argent. — Les minerais d'argent les plus importants sont : l'*argent natif* (environs du lac Supérieur), le *sulfuré d'argent*, le *sulfure double d'argent et d'arsenic*, le *sulfure double d'argent et d'antimoine*, le *chlorure*, le *bromure*, l'*iodure d'argent* (Mexique, Chili, Pérou, Saxe). — L'argent existe en petite quantité dans beaucoup de galènes (284) et de pyrites cuivreuses (285) : l'argent qu'elles renferment se retrouve dans le plomb et le cuivre qu'on en extrait.

Nous indiquerons les procédés employés pour extraire l'argent : 1° du sulfure d'argent (la même méthode s'applique aux sulfures doubles d'argent et d'arsenic ou d'antimoine) ; 2° du plomb argentifère ; 3° du cuivre argentifère.

1o Traitement du sulfure d'argent (méthode saxonne). — On transforme d'abord le sulfure d'argent en chlorure d'argent au moyen du chlorure de sodium par un grillage à l'air :

$$AgS+NaCl+4O=NaO,SO^3+AgCl.$$

Un lavage à l'eau élimine le sulfate de soude.

On traite le chlorure d'argent qui reste par le fer (lames de tôle) et le mercure, dans des tonnes en bois animées d'un mouvement de rotation autour de leur axe horizontal. Sous l'influence de l'agitation, le fer réagit sur le chlorure d'argent ; il se forme du protochlorure de fer et de l'argent libre qui s'allie au mercure. On sépare l'amalgame d'argent ainsi obtenu et on le distille : il se décompose en argent pur qui reste et en vapeurs de mercure qu'on condense dans des récipients pleins d'eau.

2° Traitement du plomb argentifère (285). — Ce traitement comprend deux opérations.

Dans la première (affinage par cristallisation), on concentre presque tout l'argent dans une masse beaucoup plus petite que la masse primitive. Pour cela, on fond le plomb argentifère qu'on laisse ensuite refroidir lentement : il se sépare du plomb presque pur qui cristallise et tombe au fond des vases, d'où on l'extrait avec des écumoirs ; et il reste un alliage fondu plus riche en argent. — Les cristaux de plomb, qui contiennent encore un peu d'argent, sont soumis plusieurs fois de suite à cette opération qui finit par donner du *plomb pur.* — D'autre part, les alliages d'argent et de plomb, traités de la même façon, perdent de plus en plus de plomb et donnent finalement un alliage où tout l'argent s'est concentré.

Dans la seconde opération (*coupellation*), on extrait l'argent de cet alliage riche en le fondant et le soumettant à l'action d'un fort courant d'air qui transforme le plomb en litharge (PbO), sans attaquer l'argent ; la litharge fond et s'écoule par une ouverture qu'on pratique dans la paroi au niveau du métal fondu, et qu'on creuse à mesure que le niveau s'abaisse. — Au moment où disparaissent les dernières portions de litharge fondue, la surface brillante de l'argent incandescent apparaît brusquement (phénomène de l'*éclair*). — La litharge ainsi obtenue donne du plomb métallique lorsqu'on la réduit par le charbon.

3° **Traitement du cuivre argentifère (286).** — Le cuivre brut argentifère est fondu avec du plomb, puis coulé en disques. On chauffe ensuite ces disques à une température un peu inférieure au point de fusion totale ; l'alliage se divise par liquation en un alliage plus fusible de plomb et d'argent, qui s'écoule en entraînant tout l'argent, et en un alliage moins fusible de cuivre et de plomb qui reste.

Le plomb argentifère qu'on obtient ainsi est soumis à la coupellation.

Quant à l'alliage de cuivre et de plomb, on en extrait le cuivre en le raffinant sous le vent d'une tuyère (285).

L'argent est le plus blanc de tous les métaux. — Après l'or, c'est le plus ductile et le plus malléable. — Densité, 10,5. — Point de fusion 1000°.

L'argent n'est pas altérable à l'air.

CHAPITRE IX

COMPOSÉS BINAIRES DES MÉTAUX

I. Oxydes métalliques

S O M M A I R E

Etat naturel.

Préparation. — 1° On chauffe le métal à l'air.

2° On traite le métal par l'acide azotique.

3° On décompose le carbonate ou l'azotate par la chaleur.

4° On peut préparer un oxyde insoluble en traitant par la potasse une dissolution d'un sel de cet oxyde.

5° On peut obtenir un oxyde soluble en traitant une dissolution d'un de ses sels par une base pouvant former avec l'acide du sel un sel insoluble.

Propriétés. — Propriétés physiques.

Propriétés chimiques. — Action de la chaleur, — de l'oxygène, — de l'hydrogène, — du carbone, — du soufre, — du chlore, — du chlore et du charbon agissant simultanément, — des métaux, — de l'eau.

Classification. — Oxydes basiques, oxydes acides, oxydes indifférents, oxydes salins, oxydes singuliers.

Potasse KO,HO. — On l'obtient en traitant le carbonate de potasse par la chaux :

$$KO,CO^2 + CaO,HO = CaO,CO^2 + KO,HO ;$$

potasse à la chaux, potasse à l'alcool.

Propriétés.

Soude NaO,HO. — On la prépare en traitant le carbonate de soude par la chaux.

Propriétés.

Chaux CaO. — On l'obtient en calcinant le carbonate de chaux :

$$CaO,CO^2 = CaO + CO^2.$$

Dans les laboratoires, on emploie le marbre blanc (carbonate de chaux pur). Dans l'industrie, on se sert de la craie ou du calcaire commun (carbonate de chaux impur) ; fours intermittents ; fours continus.

Propriétés. — Chaux vive, chaux éteinte ; lait de chaux, eau de chaux.

Chaux hydraulique ; ciments.

288. **Etat naturel.** — Il existe un grand nombre d'oxydes métalliques naturels. Citons : les oxydes de fer Fe^2O^3, Fe^3O^4 ;

les oxydes de manganèse Mn^2O^3, Mn^3O^4, MnO^2; l'alumine Al^2O^3; le bioxyde d'étain SnO^2; le sous-oxyde de cuivre Cu^2O. — Ces oxydes sont d'ailleurs anhydres ou hydratés, amorphes ou cristallisés.

Ils constituent pour les métaux d'excellents minerais.

280. Préparation. — 1° On chauffe les métaux au contact de l'air; tous sont oxydables dans ces conditions, excepté l'or, l'argent, le platine et l'iridium. En pratique, on ne prépare ainsi que l'oxyde de cuivre CuO, l'oxyde de zinc ZnO, les oxydes de plomb PbO et Pb^3O^4.

2 On traite le métal par l'acide azotique, corps oxydant. C'est ainsi qu'on obtient l'oxyde d'étain Sn^5O^{10} (acide métastannique) et l'oxyde d'antimoine SbO^5 (acide antimonique). — Avec les autres métaux, la réaction est moins simple : l'oxyde produit s'unit à l'excès d'acide azotique pour former un azotate qu'on peut d'ailleurs ramener par la chaleur à l'état d'oxyde (3°).

3° On décompose un carbonate ou un azotate par la chaleur. Ainsi, on obtient la chaux CaO avec le carbonate de chaux, l'oxyde de cuivre CuO avec l'azotate de cuivre.

4° On peut préparer les oxydes insolubles en versant de la potasse dans une dissolution d'un sel où ils figurent comme bases ; la potasse déplace l'oxyde insoluble qui se précipite et qu'on sépare par filtration. Ainsi, avec le sulfate de cuivre et la potasse, on a un précipité d'oxyde de cuivre hydraté :

$$CuO,SO^3 + KO,HO = KO,SO^3 + CuO,HO \text{ (insoluble)}.$$

On peut remplacer la potasse par la soude.

5° Un procédé analogue, applicable à la préparation des oxydes solubles, comme la potasse et la soude, consiste à traiter une dissolution d'un sel de l'oxyde à préparer par une base pouvant former avec l'acide du sel un sel insoluble. — C'est ainsi qu'on obtient la potasse en traitant le carbonate de potasse par la chaux, qui forme avec l'acide carbonique du carbonate de chaux insoluble. La potasse, devenue libre, reste en dissolution ; on la sépare du précipité de carbonate de chaux par filtration ou par décantation (202);

$$KO,CO^2 + CaO,HO = KO,HO \text{ (soluble)} + CaO,CO^2 \text{ (insoluble)}.$$

Nous avons indiqué (27) un procédé qui permet d'obtenir des oxydes cristallisés.

290. Propriétés. — Les oxydes métalliques sont des corps solides.

Ils sont insolubles dans l'eau, excepté les oxydes alcalins
(potasse, soude), les oxydes alcalino-terreux (chaux, baryte,
strontiane, magnésie), et certains oxydes très oxygénés jouant
le rôle d'acides (acides chromique CrO^3, manganique MnO^3,
permanganique Mn^2O^7).

Les oxydes sont fusibles à température plus ou moins élevée ;
seules, la chaux et la magnésie résistent à la chaleur du chalumeau oxhydrique.

Action de la chaleur. — La plupart des protoxydes sont indécomposables par la chaleur. Il faut excepter les oxydes des
deux dernières sections (mercure, argent, or, platine, etc.),
que la chaleur décompose en oxygène et en métal.

Les oxydes plus oxygénés que les protoxydes sont souvent
ramenés par la chaleur à un degré d'oxydation moindre. —
Ainsi le bioxyde de manganèse se convertit en oxyde salin et
dégage de l'oxygène quand on le calcine.

$$3MnO^2 = Mn^3O^4 + 2O ;$$

on utilise cette réaction pour préparer l'oxygène (fig. 141). —

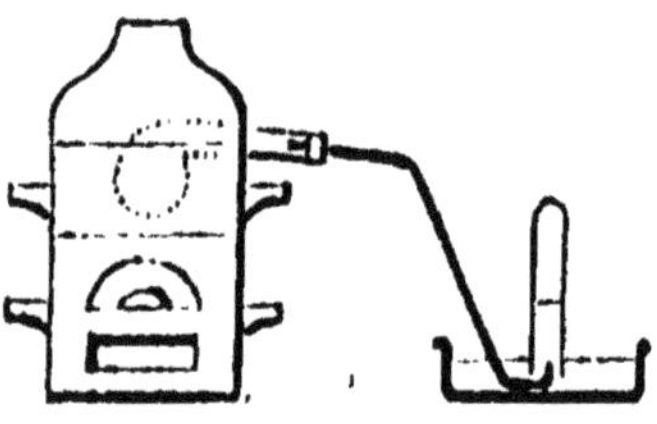

Fig. 141

Le bioxyde de baryum perd la moitié de son oxygène au rouge
vif :

$$BaO^2 = BaO + O ;$$

nous avons décrit un procédé d'extraction de l'oxygène de
l'air qui est basé sur cette réaction (33).

Action de l'oxygène. — Un certain nombre se suroxydent par
l'action directe de l'oxygène. — Ainsi l'oxygène convertit la
baryte en bioxyde de baryum au rouge sombre (33) :

$$BaO + O = BaO^2.$$

A la même température du rouge sombre, l'oxyde d'étain brûle
à l'air et se transforme pareillement en bioxyde :

$$SnO + O = SnO^2.$$

Action de l'hydrogène. — Au rouge, l'*hydrogène* ramène à

l'état métallique tous les oxydes des 3°, 4°, 5°, 7° et 8° sections. On effectue ces réductions au moyen de l'appareil

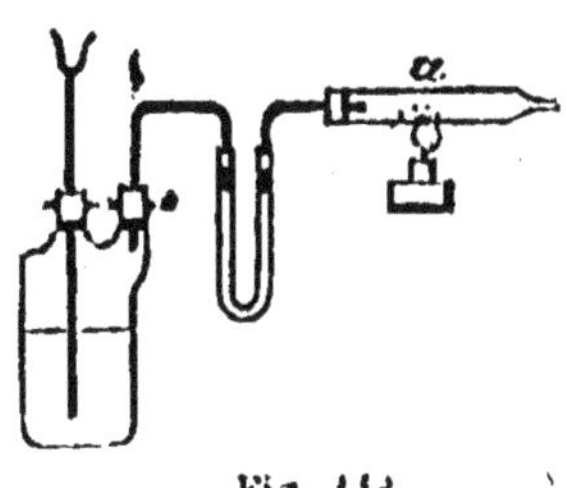

Fig. 142

représenté par la fig. 142. La réduction de l'oxyde de cuivre s'effectue avec incandescence (60) ; équation de la réaction :

$$CuO+H=Cu+HO.$$

Avec le sesquioxyde de fer on a de même :

$$Fe^2O^3+3H=2Fe+3HO;$$

le fer pulvérulent qu'on obtient dans cette réaction se nomme *fer pyrophorique* : jeté en l'air, à la température ordinaire, il s'oxyde avec incandescence.

Action du carbone. — Les oxydes réductibles par l'hydrogène le sont aussi par le *charbon*, qui réduit même la potasse et la soude. Le carbone se transforme en acide carbonique si la réduction s'effectue à basse température, ou en oxyde de carbone si elle exige une température très élevée (187) :

$$2CuO+C=2Cu+CO^2;$$
$$ZnO+C=Zn+CO.$$

Action du soufre. — Le soufre décompose à chaud tous les oxydes, excepté l'alumine et ses analogues. Avec la potasse, la soude, la chaux, la baryte, la magnésie et l'oxyde de plomb, dont les sulfates sont indécomposables par la chaleur, il se forme un mélange de sulfate et de sulfure :

$$4CaO+4S=CaO,SO^3+3CaS.$$

Avec les autres, il se forme un sulfure et de l'acide sulfureux :

$$2CuO+3S=2CuS+SO^2.$$

Action du chlore. — Le *chlore sec* décompose au rouge tous les oxydes, excepté l'aluminium et ses analogues ; il se forme un chlorure, et l'oxygène se dégage. C'est ce qui se produit quand on fait passer un courant de chlore dans un tube de porcelaine chauffé au rouge et contenant l'oxyde.

Le *chlore humide* agit autrement :

1° En présence de l'eau, le chlore transforme l'oxyde de mercure HgO en chlorure HgCl ; mais l'oxygène déplacé, au lieu de rester libre comme dans le cas précédent, s'unit au chlore en produisant de l'acide hypochloreux ClO :

$$HgO + 2Cl = HgCl + ClO.$$

2° La même réaction se produit si l'on fait passer un courant de chlore dans une dissolution étendue de potasse ou de soude ; seulement l'acide hypochloreux ClO se combine avec une partie de la potasse ou de la soude :

$$2KO + 2Cl = KO,ClO + KCl.$$

3° Si la dissolution de potasse ou de soude est concentrée, elle s'échauffe beaucoup pendant la réaction et l'hypochlorite formé se décompose :

$$3(KO,ClO) = KO,ClO^3 + 2KCl.$$

De sorte qu'on obtient un mélange de chlorate et de chlorure :

$$6KO + 6Cl = KO,ClO^3 + 5KCl.$$

Action combinée du chlore et du charbon. — Le *chlore* et le *charbon* qui, pris séparément, sont sans action sur l'alumine Al²O³, attaquent cet oxyde lorsqu'on les fait agir simultanément à température élevée. Dans ces conditions, l'alumine perd son oxygène et se transforme en chlorure :

$$Al^2O^3 + 3Cl + 3C = Al^2Cl^3 + 3CO.$$

C'est ce qui se produit lorsqu'on fait passer un courant de chlore dans un tube de porcelaine contenant un mélange d'alumine et de charbon porté au rouge.

Action des métaux. — Un *métal* déplace de leurs oxydes les métaux moins oxydables que lui. Le potassium et le sodium décomposent tous les oxydes, excepté l'alumine et ses analogues.

Action de l'eau. — L'eau forme avec les oxydes des combinaisons nommées *hydrates*, dans lesquelles elle joue le rôle d'acide. Les hydrates de potasse KO,HO, et de soude NaO,HO, sont indécomposables par la chaleur.

291. Classification. — Les oxydes ont été anciennement rangés en quatre groupes.

1° *Alcalis* : potasse, soude et analogues (oxydes de lithium, de thallium, de césium, de rubidium) très solubles dans l'eau.

2° *Terres alcalines* : chaux, baryte, strontiane, moins solubles.

3° *Terres* : magnésie, alumine et analogues (oxyde de glucinium, etc.), insolubles.

4° *Oxydes métalliques* : tous les autres; insolubles aussi.

Ces expressions sont souvent employées, mais la classification n'a aucune valeur scientifique.

Relativement à leurs fonctions, les oxydes peuvent être groupés en cinq classes :

1° *Oxydes basiques.* — Ils se combinent avec les acides pour former des sels : potasse, soude et la plupart des protoxydes et sous-oxydes.

2° *Oxydes acides.* — Ils s'unissent aux bases pour former des sels : acide manganique MnO^3, acide permanganique Mn^2O^7, acide chromique CrO^3, acide stannique SnO^2, acide métastannique Sn^5O^{10}.

3° *Oxydes indifférents.* — Ils peuvent s'unir aux acides énergiques (comme l'acide sulfurique) pour former des sels dans lesquels ils jouent le rôle de bases, et aux bases énergiques (comme la potasse) pour former des sels dans lesquels ils fonctionnent comme acides. Exemples : l'alumine Al^2O^3, qui forme du sulfate d'alumine $Al^2O^3,3SO^3$ et de l'aluminate de potasse KO,Al^2O^3; les sesquioxydes de fer Fe^2O^3, de chrôme Cr^2O^3, de manganèse Mn^2O^3; l'oxyde de zinc ZnO. L'eau est aussi un oxyde indifférent, qui est basique dans HO,SO^3 et acide dans KO,HO.

4° *Oxydes salins.* — On peut les considérer comme des sels formés de deux oxydes du même métal, l'un jouant le rôle de base, l'autre celui d'acide. — Exemples : l'oxyde magnétique Fe^3O^4 et tous ceux de même formule, Mn^3O^4,Pb^3O^4. — L'oxyde salin de fer Fe^3O^4 est une véritable combinaison de protoxyde de fer FeO et de sesquioxyde de fer Fe^2O^3 :

$$Fe^3O^4 = FeO,Fe^2O^3 ;$$

car si on le traite par l'acide sulfurique, on obtient du sulfate de protoxyde FeO,SO^3 et du sulfate de sesquioxyde $Fe^2O^3,3SO^3$. — Il en est de même de l'oxyde salin de manganèse :

$$Mn^3O^4 = MnO,Mn^2O^3.$$

— L'oxyde salin de plomb Pb^3O^4 peut être considéré comme une combinaison de protoxyde de plomb PbO et de bioxyde de plomb PbO^2 (acide plombique) :

$$Pb^3O^4 = 2PbO,PbO^2 ;$$

car si on le soumet à l'action de l'acide azotique, le protoxyde PbO se dissout en se transformant en azotate, et il reste un résidu de bioxyde PbO^2.

5° *Oxydes singuliers.* — Ils ne fonctionnent ni comme acides ni comme bases, et n'appartiennent à aucune des catégories précédentes. En présence d'un acide fort, ils perdent de l'oxygène et deviennent basiques :

$$BaO^2 + HO,SO^3 = BaO,SO^3 + O + HO.$$

292. Potasse. — C'est l'hydrate de protoxyde de potassium KO,HO.

On prépare la potasse en versant du lait de *chaux* dans une dissolution bouillante de *carbonate de potasse :*

$$KO,CO^2 + CaO,HO = CaO,CO^2 + KO,HO ;$$

il se forme du carbonate de chaux insoluble qui se dépose, et de la potasse qui reste en dissolution et qu'on sépare par décantation.

Cette dissolution, évaporée rapidement dans des bassines en cuivre, laisse un résidu solide de potasse impure, ou *potasse à la chaux*.

La potasse à la chaux contient toutes les impuretés du carbonate de potasse employé, et en plus, un peu de carbonate de potasse formé pendant l'évaporation par l'action de l'acide carbonique de l'air sur la potasse.

La *potasse pure* s'obtient en traitant la potasse à la chaux par l'alcool qui ne dissout que KO,HO et laisse les impuretés ; l'évaporation de la dissolution donne comme résidu de la potasse pure, ou *potasse à l'alcool*.

La potasse est un corps solide, blanc, fusible au-dessous du rouge, très soluble dans l'eau.

Elle est indécomposable par la chaleur, et ne perd son équivalent d'eau à aucune température.

C'est une base énergique.

Elle est très caustique ; mise en contact avec la peau, elle la ramollit et la dissout.

La potasse est souvent employée dans les laboratoires. On s'en sert en médecine pour cautériser les chairs (*pierre à cautères*).

293. Soude. — C'est l'hydrate de protoxyde de sodium, NaO,HO.

On l'obtient par l'action de la *chaux* sur le *carbonate de soude ;* cette préparation s'effectue comme celle de la potasse.

Elle a les mêmes propriétés et on l'emploie à peu près aux mêmes usages que la potasse.

294. Chaux. — C'est le protoxyde de calcium CaO.

On obtient la chaux en calcinant le carbonate de chaux

CaO,CO^2 : par l'action de la chaleur, ce sel se décompose et l'acide carbonique se dégage :

$$CaO,CO^2 = CaO + CO^2.$$

La chaux employée dans les laboratoires se prépare avec le marbre blanc (carbonate de chaux à peu près pur) qu'on chauffe au rouge dans un creuset.

Dans l'industrie, on obtient la chaux en calcinant la craie ou le calcaire commun (carbonate de chaux impur) dans les *fours à chaux*. Ces fours sont de deux sortes :

1° Les uns sont *intermittents* : à chaque cuisson on éteint le feu et on vide entièrement le four ;

2° Les autres sont *continus* : par l'ouverture supérieure du four on introduit des couches alternatives de pierre à chaux et de combustible ; on met le feu au bas ; la combustion s'étend de couche en couche. Lorsque les parties inférieures sont transformées en chaux, on les extrait du four ; la masse s'affaisse, on recharge par le haut, et ainsi de suite. — Dans certains fours continus, on ne mêle pas le combustible avec la pierre à chaux : celle-ci est chauffée par des foyers placés sur le côté du four.

La chaux anhydre, ou *chaux vive*, est un solide blanc, amorphe, infusible au chalumeau oxhydrique (aussi l'emploie-t-on pour obtenir la lumière Drummond).

Elle est très avide d'eau. Si on l'humecte avec ce liquide, elle s'y combine en dégageant beaucoup de chaleur (la température peut s'élever jusqu'à 300°) et en se transformant en une poussière d'*hydrate de chaux* CaO,HO, qu'on nomme *chaux éteinte*.

Le *lait de chaux* est une bouillie formée de chaux délayée dans l'eau. — La dissolution de chaux se nomme *eau de chaux*.

La chaux impure obtenue avec des calcaires argileux possède la propriété de durcir dans l'eau. Ces chaux impures constituent les *chaux hydrauliques*, qui durcissent dans l'eau en quelques jours (on les obtient avec des calcaires contenant de 10 à 30 0/0 d'argile), ou les ciments, qui se solidifient presque instantanément (on les obtient avec des calcaires contenant de 30 à 70 0/0 d'argile).

La chaux s'emploie dans la fabrication du sucre, pour le tannage des peaux, pour préparer la potasse, la soude, le chlorure de chaux, etc. Elle entre dans la composition des mortiers.

II. Sulfures

SOMMAIRE

Etat naturel.

Préparation. — 1° Action du soufre sur un métal.

2° Action du soufre sur un oxyde.

3° Action du sulfure de carbone sur un oxyde.

4° Réduction d'un sulfate par le charbon.

5° On prépare les sulfures alcalins par l'action de l'acide sulfhydrique sur les bases alcalines en dissolution.

6° Action de l'acide sulfhydrique ou d'un sulfure soluble sur un sel en dissolution.

Propriétés. — Propriétés physiques.

Propriétés chimiques. — Action de la chaleur, — de l'oxygène, — de l'hydrogène, — du charbon, — du chlore, — des métaux, — des acides, — de l'acide sulfhydrique.

Classification. — Sulfures basiques, sulfures acides, sulfures salins, sulfures singuliers.

205. Etat naturel. — Les sulfures naturels sont très nombreux et très abondants. Les plus importants sont : le sulfure de plomb PbS (*galène*), le sulfure de zinc ZnS (*blende*), le sulfure de fer FeS² (*pyrite*), le sulfure de cuivre Cu²S (*chalcosine*), le sulfure double de cuivre et de fer FeCuS² (*pyrite cuivreuse*), le sulfure d'argent AgS (*argyrose*), le sulfure de mercure HgS (*cinabre*), le sulfure d'antimoine SbS³ (*stibine*).

206. Préparation. — 1° On chauffe le métal en présence du soufre (sulfure de fer employé dans la préparation de l'acide sulfhydrique).

2° On chauffe un oxyde avec du soufre ; on obtient le sulfure correspondant, et il se dégage de l'acide sulfureux (200) :

$$2CuO + 3S = 2CuS + SO^2.$$

3° On fait passer un courant de vapeur de sulfure de carbone CS² sur un oxyde chauffé au rouge :

$$2PbO + CS^2 = 2PbS + CO^2.$$

Ce procédé permet d'obtenir des sulfures difficiles à préparer autrement, comme les sulfures de magnésium, de titane.

4° On réduit un sulfate par le charbon, au rouge. C'est ainsi qu'on obtient le sulfure de baryum :

$$BaO,SO^3+4C=BaS+4CO.$$

5° On prépare les sulfures alcalins par l'action de l'acide sulfhydrique sur une dissolution de la base correspondante, potasse, soude, ammoniaque. — Pour cela, on fait deux parts égales de la dissolution alcaline ; dans l'une on fait passer un courant d'acide sulfhydrique jusqu'à refus ; il se forme un sulfhydrate de sulfure :

$$KO,HO+2HS=KS,HS+2HO;$$

on ajoute ensuite l'autre portion de la dissolution, qui ramène le sulfhydrate de sulfure à l'état de sulfure simple :

$$KS,HS+KO,HO=2KS+2HO.$$

6° Les sulfures insolubles peuvent s'obtenir par l'action de l'acide sulfhydrique ou d'un sulfure soluble sur une dissolution d'un sel du métal dont on veut le sulfure :

$$CuO,SO^3+HS=HO,SO^3+CuS;$$
$$FeO,SO^3+KS=KO,SO^3+FeS.$$

297. Propriétés. — Les sulfures présentent d'étroites analogies avec les oxydes.

Ce sont des corps solides, souvent cristallisés. Comme les oxydes, ils sont généralement insolubles dans l'eau ; les seuls sulfures solubles sont ceux des métaux dont les oxydes sont solubles (sulfures des métaux alcalins et alcalino-terreux).

Action de la chaleur. — Les sulfures d'or, d'argent, de platine, de mercure, sont décomposables par la *chaleur* en leurs éléments, comme les oxydes des mêmes métaux.

La pyrite FeS^2 est ramenée par la chaleur à l'état de sulfure intermédiaire Fe^3S^4, comme le bioxyde de manganèse MnO^3 est ramené à l'état d'oxyde intermédiaire Mn^3O^4 dans les mêmes conditions.

$$3FeS^2=Fe^3S^4+2S.$$

Action de l'oxygène. — Tous les sulfures s'altèrent dans l'*oxygène* ou dans l'air à haute température.

Ils se transforment en sulfates quand ceux-ci sont indécomposables à la température de l'expérience (sulfates alcalins et alcalino-terreux) :

$$KS+4O=KO,SO^3.$$

Si le sulfate correspondant au sulfure n'est pas stable à la température du grillage (sulfates de fer, de zinc, de cuivre), on obtient un oxyde et de l'acide sulfureux :

$$ZnS + 3O = ZnO + SO^2.$$

Si l'oxyde lui-même est réductible par la chaleur, on a le métal et de l'acide sulfureux ; c'est le cas du sulfure de mercure :

$$HgS + 2O = Hg + SO^2.$$

La pyrite FeS^2 se transforme lentement en sulfate de fer par l'action de l'*air humide*, à la température ordinaire.

Action de l'hydrogène et du charbon. — L'*hydrogène* et le *charbon*, qui réduisent les oxydes, réduisent aussi un certain nombre de sulfures.

L'*hydrogène* réduit les sulfures de mercure et d'antimoine en se transformant en acide sulfhydrique :

$$HgS + H = Hg + HS;$$
$$SbS^3 + 3H = Sb + 3HS.$$

Le *charbon* convertit le bisulfure de fer en protosulfure et se transforme lui-même en sulfure de carbone :

$$2FeS^2 + C = 2FeS + CS^2.$$

Action du chlore. — Le *chlore sec*, qui agit à chaud sur presque tous les oxydes, attaque tous les sulfures dans les mêmes conditions ; il se forme un chlorure métallique et du chlorure de soufre :

$$AgS + 2Cl = AgCl + SCl.$$

Action des métaux. — Un métal déplace de leurs sulfures les métaux qui ont moins d'affinité que lui pour le soufre. Ainsi on a (285) :

$$PbS + Fe = FeS + Pb ;$$
$$(Fe + S = FeS + 11,900 \text{ cal.}, \quad Pb + S = PbS + 8,900 \text{ cal.})$$

Action des acides. — Les acides attaquent un grand nombre

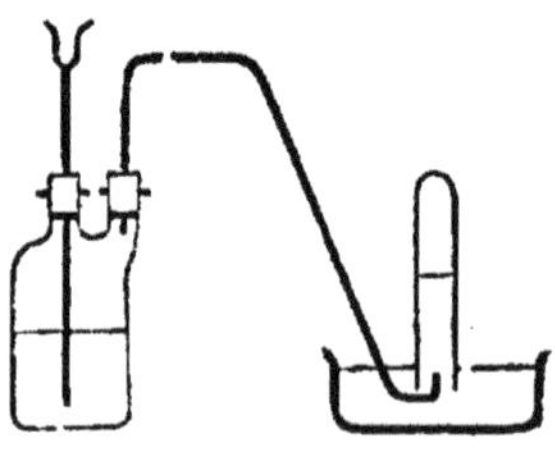

Fig. 143

de sulfures ; il se forme un sel et de l'acide sulfhydrique. C'est ainsi qu'on prépare le plus souvent l'acide sulfhydrique (98) par l'action de l'acide sulfurique étendu sur le sulfure de fer (fig. 143) :

$$FeS + HO,SO^3 = FeO,SO^3 + HS.$$

Action de l'acide sulfhydrique. — L'action de l'*acide sulfhydrique* sur les sulfures est comparable à celle de l'eau sur les oxydes : il forme avec les sulfures de potassium et de sodium des composés, KS,HS et NaS,HS, analogues aux hydrates KO,HO et NaO,HO.

298. Classification des sulfures. — Les sulfures qu'on a étudiés ont pu, par analogie, être groupés en quatre classes correspondant à quatre des cinq classes d'oxydes.

1° *Sulfures basiques.* — Les sulfures des métaux de la 1re section, KS,NaS,CaS, etc., qui correspondent aux oxydes basiques KO,NaO,CaO, etc., sont considérés comme des sulfures basiques ; on admet qu'ils jouent le rôle de bases dans leurs combinaisons avec d'autres sulfures qu'on considère par suite comme acides.

2° *Sulfures acides.* — Ce sont ceux qui peuvent s'unir aux sulfures basiques pour former des *sulfures doubles*, ou *sulfosels.* Les sulfures d'or Au^2S^3, de platine PtS^2, d'étain SnS^2, d'antimoine SbS^3 et SbS^5, sont des sulfures acides. Ces sulfures, qui sont insolubles dans l'eau, se dissolvent dans les sulfures basiques avec lesquels ils forment des sulfo-sels :

$$KS + Au^2S^3 = KS,Au^2S^3.$$

3° *Sulfures salins.* — Ils correspondent aux oxydes salins : $Fe^3S^4 = FeS,Fe^2S^3$.

4° *Sulfures singuliers.* — Le bisulfure de fer FeS^2 est considéré comme un sulfure singulier.

III. Chlorures

SOMMAIRE

Etat naturel.
Préparation. — 1° Action du chlore sur un métal.
2° Action de l'eau régale sur un métal.
3° Action du chlore sur un mélange d'oxyde et de charbon.
4° Action de l'acide chlorhydrique sur un métal.
5° Action de l'acide chlorhydrique sur un oxyde, un sulfure, un carbonate.
6° On obtient les chlorures insolubles en précipitant un sel soluble du métal correspondant par l'acide chlorhydrique ou un chlorure soluble.
Propriétés. — Propriétés physiques.
Propriétés chimiques. — Action de la chaleur, de l'hydrogène, des métaux, de l'eau, de l'acide sulfurique.
Classification. — Chlorures basiques, chlorures acides, chlorures salins, chlorures indifférents, chlorures singuliers.
Chlorure de sodium NaCl. — Extraction du sel gemme. — Exploitation des sources salées : bâtiments de graduation. — Extraction du chlorure de sodium des eaux de mer ; marais salants.
Propriétés du chlorure de sodium.

299. Etat naturel. — On rencontre dans la nature les chlorures de sodium NaCl, de potassium KCl, de calcium CaCl, de magnésium MgCl, d'argent AgCl, de mercure Hg^2Cl.

300. Préparation. — On prépare les chlorures par les procédés suivants.

1° En faisant passer un courant de chlore sur le métal

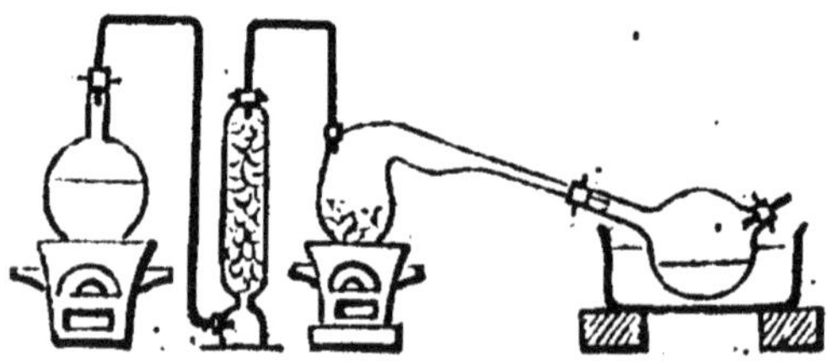

Fig. 141

chauffé ; ce procédé s'emploie surtout pour les chlorures volatils de fer (Fe^2Cl^3), d'étain ($SnCl^2$), d'antimoine ($SbCl^5$), etc.,

qu'on recueille par distillation dans un récipient refroidi
(fig. 144).

2° En traitant le métal par l'eau régale (172) : c'est ainsi
qu'on prépare les chlorures d'or (Au^2Cl^3), de platine ($PtCl^2$)
et des métaux du platine (métaux qui accompagnent le
platine dans la nature : palladium, ruthénium, rhodium,
iridium).

3° En faisant passer un courant de chlore sur un mélange
de charbon et d'oxyde du métal à chlorurer (290) : procédé
employé pour les chlorures d'aluminium Al^2Cl^3, de chrôme
Cr^2Cl^3:

$$Al^2O^3 + 3Cl + 3C = Al^2Cl^3 + 3CO.$$

4° En dissolvant le métal dans l'acide chlorhydrique; l'évaporation de la dissolution donne le chlorure :

$$Zn + HCl = ZnCl + H.$$

5° En traitant de même par l'acide chlorhydrique l'oxyde,
le sulfure ou le carbonate du métal à chlorurer :

$$SbS^3 + 3HCl = SbCl^3 + 3HS;$$
$$CaO,CO^2 + HCl = CaCl + HO + CO^2.$$

6° Les chlorures insolubles (chlorure d'argent AgCl, chlorure de plomb PbCl, sous-chlorure de mercure Hg^2Cl) s'obtiennent en précipitant les sels solubles des métaux correspondants par l'acide chlorhydrique ou un chlorure soluble :

$$AgO,AzO^5 + HCl = HO,AzO^5 + AgCl \text{ (insoluble)};$$
$$Hg^2O,SO^3 + NaCl = NaO,SO^3 + Hg^2Cl \text{ (insoluble)}.$$

301. Propriétés. — La plupart des chlorures sont solides,
quelques-uns cependant sont liquides : chlorure d'étain $SnCl^2$;
perchlorure d'antimoine $SbCl^5$, etc.

Tous sont solubles dans l'eau, excepté le chlorure d'argent
AgCl, le sous-chlorure de mercure Hg^2Cl et le sous-chlorure
de cuivre Cu^2Cl; le chlorure de plomb PbCl est peu soluble.

Ils fondent et se volatilisent à température généralement
peu élevée.

Action de la chaleur. — La chaleur décompose en leurs
éléments les chlorures d'or, de platine et des métaux du platine. Les autres chlorures étant fortement exothermiques (162)
sont très difficilement décomposables par la chaleur.

Action de l'hydrogène. — L'hydrogène réduit à chaux tous
les chlorures, excepté ceux des métaux de la première section, et

les chlorures de magnésium, d'aluminium et des métaux ana·
logues :

$$AgCl+H=Ag+HCl.$$

Action des métaux. — Les métaux de la première section décomposent les chlorures des métaux des autres sections. Le
magnésium et l'*aluminium* s'obtiennent par l'action du sodium
sur leurs chlorures :

$$MgCl+Na=Mg+NaCl ;$$
$$Al^2Cl^3+3Na=2Al+3NaCl.$$

En général un métal déplace de leurs chlorures les métaux
qui le suivent dans la série de Thénard (cependant les chlorures d'aluminium et de glucinium résistent aux métaux
autres que ceux de la 1re section).

Action de l'eau. — L'eau décompose *à froid* quelques chlorures : chlorure d'antimoine SbCl³, chlorure de bismuth BiCl³,
chlorure de titane TiCl². Il se forme de l'acide chlorhydrique
et un oxyde ou un oxychlorure :

$$TiCl^3+2HO=TiO^2+2HCl ;$$
$$SbCl^3+2HO=SbO^2Cl+2HCl ;$$
$$BiCl^3+2HO=BiO^2Cl+2HCl.$$

L'eau décompose *à chaud* les chlorures de magnésium MgCl,
et d'aluminium Al²Cl³ ; si on évapore leur dissolution, il se
dégage de l'acide chlorhydrique et il se dépose un oxyde :

$$MgCl+HO=HCl+MgO ;$$
$$Al^2Cl^3+3HO=3HCl+Al^2O^3.$$

Il faut tenir compte de ce fait dans la préparation de l'eau
distillée (70).

Action de l'acide sulfurique. — L'acide sulfurique agit sur
un grand nombre de chlorures, qu'il transforme en sulfates
avec dégagement d'acide chlorhydrique

$$NaCl+HO,SO^3=HCl+NaO,SO^3$$

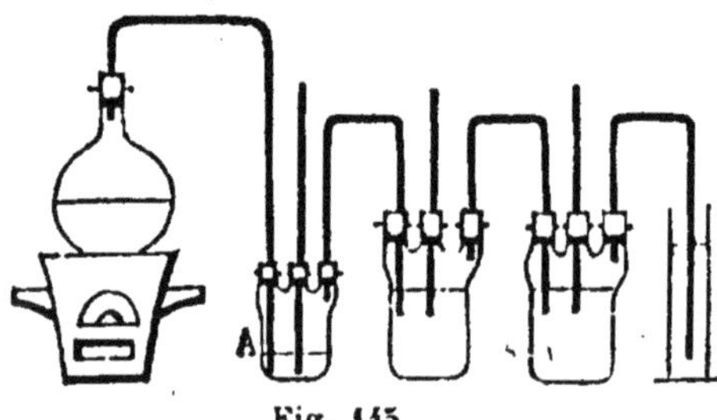

Fig. 145

c'est sur cette réaction qu'est basée la préparation de l'acide
chlorhydrique (167) (fig. 145).

302. Classification. — Les chlorures se combinent entre eux pour former des *chlorures doubles* qu'on peut considérer comme des *chloro-sels* dans lesquels le chlorure le moins chloruré jouerait le rôle de base, et le plus chloruré, le rôle d'acide. Exemple : chlorure double de platine et de potassium KCl,PtCl².

Cette manière de voir conduit à grouper les chlorures en cinq classes.

1° *Chlorures basiques.* — Les chlorures des métaux alcalins, KCl,NaCl, etc., sont considérés comme basiques parce qu'ils s'unissent à d'autres chlorures plus chlorurés qu'on considère comme des chlorures acides.

2° *Chlorures acides.* — Ce sont ceux qui peuvent se combiner avec les chlorures basiques : chlorures d'or Au²Cl³, de platine PtCl², d'étain SnCl², de bismuth BiCl³, etc.

3° *Chlorures salins.* — Ce sont les *chloro-sels*, c'est-à-dire les composés formés d'un chlorure basique et d'un chlorure acide, comme le chlorure double de potassium et de platine KCl,PtCl².

4° *Chlorures indifférents.* — Ce sont ceux qui peuvent se combiner avec les chlorures basiques et avec les chlorures acides ; chlorure de magnésium MgCl.

5° *Chlorures singuliers.* — Ne se combinent ni avec les chlorures basiques, ni avec les chlorures acides ; sous l'influence du chlore, ils se transforment en chlorures acides : chlorure de bismuth BiCl³.

303. Chlorure de sodium, NaCl — Le *chlorure de sodium* (*sel de cuisine, sel marin, sel gemme*) est très abondamment répandu dans la nature. On le rencontre à l'état solide (*sel gemme*) en bancs considérables dans divers pays : à Wielizka (Pologne), à Stassfurt (Prusse), à Cardona (Espagne), à Dieuze (Alsace-Lorraine), dans la Meurthe, le Jura, etc. Il existe en dissolution dans les eaux des sources qui traversent les bancs de sel gemme (*sources salées*), et surtout dans les eaux de la mer.

1° Le *sel gemme* s'extrait des mines à la pioche, par des galeries (Wielizka), ou à ciel ouvert (Cardona).

Quand le sel gemme est mêlé à des matières terreuses, on l'extrait par *dissolution*. Pour cela, on pratique des trous de sonde qui pénètrent dans le banc salifère, on y fait arriver de l'eau, et on y installe un tuyau métallique terminé à sa partie supérieure par un corps de pompe. ! eau du trou de sonde se charge de sel, devient plus lourde et descend à la partie inférieure, où débouche le tuyau. Celui-ci ne renferme donc que de l'eau presque saturée de sel qui s'y élève, à raison de sa densité, un peu moins haut que dans l'espace annulaire ; elle est ensuite soulevée par la pompe et envoyée dans des réservoirs où elle se clarifie. De là, on l'amène dans des chaudières où on l'évapore par la chaleur.

2° *Sources salées*. — On ne les exploite que si elles renferment au moins 5 0/0 de sel.

On commence par les concentrer économiquement en les faisant évaporer à l'air libre dans des *bâtiments de graduation*, sortes de murs constitués par des piles rectangulaires de fagots (longueur, 400 à 500 mètres ; hauteur, 12 à 15 m. ; épaisseur, 2 à 3 m.), et disposés perpendiculairement à la direction du vent dominant, du haut desquels on fait constamment tomber l'eau salée ; celle-ci se divise en gouttelettes et acquiert ainsi une grande surface d'évaporation ; elle se concentre de plus en plus.

Lorsqu'elle marque 20° Baumé, on l'extrait des bassins situés au-dessous des tas de fagots, et on achève l'évaporation au feu. — Pendant la première partie de cette opération, il se dépose un composé insoluble, nommé *schlot*, qui est un sulfate double de soude et de chaux : on l'enlève avec des râteaux. L'évaporation continuant, le chlorure de sodium se dépose à son tour, et on l'enlève de même. On cesse l'évaporation lorsque le chlorure de magnésium que renferme l'eau mère commence à se déposer.

Eaux de mer. — C'est là la source la plus abondante de chlorure de sodium (*sel marin*). Ces eaux renferment environ 2,5 0/0 de sel, qu'on extrait par évaporation.

Pour cela, on les amène dans d'immenses bassins peu profonds et rendus imperméables par de l'argile, nommés *marais salants*. Ces bassins communiquent entre eux et sont disposés en pente douce ; l'eau salée, qui y circule lentement, éprouve une évaporation rapide sous l'influence des vents chauds de l'été. Après avoir abandonné du carbonate, de chaux et du sulfate de chaux dans les premiers bassins cette eau arrive enfin en couche peu épaisse dans des bassins plus-petits appelés *tables salantes*, où elle laisse déposer du chlorure de sodium, qu'on enlève à mesure. Quand elle arrive dans les tables salantes, elle marque 25° Baumé ; on la fait écouler lorsqu'elle marque 32° : si on continuait l'évaporation, elle déposerait du sulfate de magnésie.

Le chlorure de sodium qu'on obtient ainsi est mêlé à du chlorure de magnésium, substance déliquescente qu'on élimine facilement : pour cela, on dispose en plein air des tas de sel qu'on recouvre d'une couche d'argile ; sous l'influence de l'humidité, le chlorure de magnésium se liquéfie et se sépare du chlorure de sodium.

Des eaux mères des marais salants, on extrait des sels de potasse et de soude ainsi que du brome.

Propriétés. — Corps solide, blanc, qui cristallise en cubes. Les cristaux de chlorure de sodium *décrépitent* quand on les jette sur des charbons rouges, à cause de la vaporisation de l'eau interposée mécaniquement entre les lamelles de sel, qui sont brisées et projetées par la force expansive de la vapeur.

Le chlorure de sodium est soluble dans l'eau ; à 14° une partie de sel se dissout dans 2 p. 78 d'eau ; sa solubilité varie peu avec la température.

Il fond au rouge et se volatilise au rouge blanc.

On l'emploie dans l'économie domestique, et aussi dans l'industrie, pour la fabrication du sulfate de soude et de l'acide chlorhydrique, pour le vernissage des poteries, etc.

CHAPITRE X

SELS

I. Composition et propriétés des sels

SOMMAIRE

Sels neutres, sels acides, sels basiques. — Origine de l'expression sel neutre. Définition du sel neutre de chaque genre. — Formules générales des sels neutres : sulfates MO,SO^3 ; sulfites MO,SO^2 ; carbonates MO,CO^2 ; azotates MO,AzO^5 ; azotites MO,AzO^3 ; silicates MO,SiO^2 ; phosphates ordinaires $3MO,PhO^5$; etc. — Par définition, il y a dans tous les sels neutres du même genre un rapport constant entre la quantité d'oxygène de l'acide et la quantité d'oxygène de la base (loi de Berzélius, ou loi de la composition des sels). — Le tournesol peut prendre des colorations différentes sous l'action de deux sels de même composition ; explication. Il ne peut donc servir à caractériser les sels neutres. Sels acides, sels basiques.

Définition générale des sels. — Les chlorures, bromures, iodures, sulfures, etc., des métaux sont analogues aux sels ordinaires : ils se comportent de même dans les doubles décompositions, dans les électrolyses, etc.

On peut les désigner sous le nom de sels en adoptant la définition suivante : on nomme sels les corps composés d'une partie métallique et d'une partie non métallique, simple ou complexe, pouvant s'échanger par double décomposition.

Eau dans les sels. — 1° Eau d'interposition.

2° Eau de cristallisation ou d'hydratation. Sels efflorescents ; sels déliquescents.

3° Eau de substitution.

Propriétés générales des sels. — État physique. Couleur.

Action de l'eau. — Sels insolubles. Sels solubles ; courbes de solubilité. — L'eau décompose certains sels.

Action de la chaleur. — Fusion aqueuse ; fusion vraie ou ignée. La chaleur décompose certains sels.

Action des courants électriques.

Action des métaux.

---

304. Sels neutres, sels acides, sels basiques. — Un acide peut former avec la même base plusieurs sels différents qu'on distingue les uns des autres par les mots : *sel neutre, sel acide,* *sel basique.* Avant de les définir, nous ferons connaître l'origine de l'expression *sel neutre.*

L'acide sulfurique rougit le tournesol bleu et désorganise les tissus vivants ; la *potasse* bleuit le tournesol rouge, et elle est aussi très caustique. Si l'on met en présence ces deux corps, en proportion convenable, on obtient un composé, le sulfate de potasse, qui est sans action sur le tournesol rouge ou bleu, ainsi que sur les tissus vivants ; l'acide et la base se sont donc *neutralisés,* et le sel obtenu ainsi a été appelé *sel neutre.* Sa composition est représentée par la formule KO,SO^3, c'est-à-dire qu'il y a trois fois plus d'oxygène dans l'acide que dans la base. — Pour l'obtenir, il n'est d'ailleurs pas nécessaire de mettre en présence les quantités exactes de potasse et d'acide sulfurique qui correspondent à la formule KO,SO^3; on peut faire agir l'acide sulfurique sur la potasse en excès et évaporer la liqueur : le sulfate de potasse formé cristallise, tandis que l'excès de potasse reste en dissolution dans l'eau mère.

305. Lorsqu'on met de l'acide sulfurique en présence d'un excès d'une base quelconque, il se produit un sulfate dans lequel la quantité d'oxygène de l'acide est toujours triple de la quantité d'oxygène de la base ; la composition du sel formé peut être représentée par la formule générale MO,SO^3 (M métal quelconque).

Les sulfates qu'on peut ainsi obtenir ressemblent donc au sulfate neutre de potasse KO,SO^3 par leur composition et par leur mode de formation. Pour rappeler cette analogie, on est convenu de les nommer aussi *sulfates neutres,* quelle que soit d'ailleurs l'action qu'ils exercent sur la teinture de tournesol et sur la peau.

Exemple : si l'on fait agir l'acide sulfurique sur un excès d'oxyde de cuivre CuO, la portion de ce dernier qui se dissout forme avec l'acide sulfurique un sel qui cristallise lorsqu'on évapore la dissolution, et qui répond à la formule CuO,SO^3: c'est du *sulfate neutre* de cuivre; il rougit d'ailleurs le tournesol bleu.

On voit par là que deux sels de même composition, comme le sulfate de potasse KO,SO^3 et le sulfate de cuivre CuO,SO^3, peuvent agir différemment sur le tournesol. Ce réactif ne peut donc servir à faire connaître la composition des sels, ni, par suite, à caractériser les sels neutres.

On définira de même les *carbonates neutres,* les *azotates neutres,* les *azotites neutres,* les *phosphates neutres.* etc., en disant que ce sont des sels qui ont la même composition qu'un certain sel du même genre (1) qu'on aura choisi plus ou moins

(1) Les sels qu'un même acide forme avec les diverses bases sont dits *sels du même genre* ; ainsi les *sulfates* forment un genre, les *azotates* un autre, etc.

arbitrairement comme type du *sel normal* ou *sel neutre* de ce genre.

C'est ainsi qu'on appelle :

Azotates neutres, les azotates dont l'acide renferme cinq fois plus d'oxygène que la base (MO,AzO^5), ou qui ont la même composition que l'azotate de potasse KO,AzO^5, qu'on a choisi comme type des azotates neutres parce qu'il est *neutre* dans le sens primitif du mot, c'est-à-dire sans action sur le tournesol ni sur la peau;

Carbonates neutres, les carbonates dont l'acide renferme deux fois plus d'oxygène que la base; les carbonates naturels de chaux, de magnésie, etc., correspondant à la formule générale MO,CO^2, on l'a adoptée conventionnellement comme formule des carbonates neutres ;

Et ainsi des autres.

En résumé, les sels neutres des divers genres sont ceux dont la composition est représentée par les formules générales suivantes :

Sulfates MO,SO^3 ;
Sulfites MO,SO^2 ;
Carbonates MO,CO^2 ;
Azotates MO,AzO^5 ;
Azotites MO,AzO^3 ;
Silicates MO,SiO^2 ;
Phosphates ordinaires $3MO,PhO^5$; etc.

Ces formules se rapportent aux sels dont la base est un protoxyde ; ce sont les plus nombreux. Certains sels ont pour base un sesquioxyde : ces sels sont dits *neutres* lorsque le rapport de la quantité d'oxygène de l'acide à la quantité d'oxygène de la base est le même que dans le sel neutre de protoxyde du même genre. Par exemple, la formule générale des sulfates neutres de sesquioxyde est $M^2O^3,3SO^3$.

Ainsi, par définition, *il y a dans tous les sels neutres du même genre un rapport constant entre la quantité d'oxygène de l'acide et la quantité d'oxygène de la base* (loi de Berzélius, ou loi de composition des sels). Ce rapport est de 3 à 1 pour les sulfates, 2 à 1 pour les sulfites, 2 à 1 pour les carbonates, 5 à 1 pour les azotates, etc.

C'est après avoir reconnu la constance de ce rapport dans les principaux sels d'un certain nombre de genres que Berzélius a proposé d'appeler *sels neutres*, dans chaque genre, les sels dans lesquels ce rapport est le même que dans le sel du même genre choisi comme type.

Expliquons maintenant pourquoi deux sels neutres, comme le sulfate de potasse KO,SO^3 et le sulfate de cuivre CuO,SO^3, peuvent exercer sur la liqueur de tournesol des actions différentes.

Cette liqueur doit sa couleur à un sel bleu, le *litmate de chaux*, composé de chaux et d'un acide organique, l'acide litmique, qui est rouge lorsqu'il est libre. L'addition d'un acide à cette liqueur met en liberté tout ou partie de l'acide litmique, d'où résulte la coloration rouge plus ou moins nette de la liqueur, que la potasse, par exemple, peut ramener au bleu parce qu'elle transforme l'acide litmique rouge en litmate de potasse bleu. — Le sulfate de potasse est sans action sur le litmate de chaux ; il ne peut donc modifier la couleur du tournesol bleu. Le sulfate de cuivre rougit le tournesol bleu parce que ce sel fait la double décomposition avec le litmate de chaux, et qu'il en résulte du sulfate de chaux et du *litmate de cuivre* qui est *rouge*.

L'action exercée sur le tournesol par un sel ne dépend donc pas de la composition de ce dernier et ne peut servir à la faire connaître.

306. On appelle *sels acides* ceux qui, pour la même quantité de base, renferment plus d'acide que le sel neutre correspondant : le bisulfate de potasse $KO,HO,2SO^4$, le bicarbonate de soude $NaO,HO,2CO^2$, le bichromate de potasse $KO,2CrO^3$, sont des sels acides.

Dans beaucoup de sels acides, la quantité de base qu'il y a en moins que dans le sel neutre est remplacée par une quantité équivalente d'eau. C'est le cas du bisulfate de potasse $KO,HO,2SO^3$ et du bicarbonate de soude $NaO,HO,2CO^2$, qu'on peut considérer par suite comme des sels doubles, c'est-à-dire comme des sels formés de deux sels simples dont l'un a pour base l'eau.

On appelle *sels basiques* ceux qui, pour la même quantité d'acide, renferment plus de base que le sel neutre correspondant. Exemples : l'azotate bibasique de plomb $2PbO,HO,AzO^5$, l'hydrocarbonate de cuivre $2CuO,HO,CO^2$, etc.

Dans la plupart des sels basiques (dans les précédents, par exemple) chaque équivalent d'acide qui manque est remplacé par un équivalent d'eau ; de sorte qu'on peut considérer cette eau comme jouant le rôle d'acide, et ces sels basiques comme formés de deux sels dont l'un est un *hydrate* (sel dont l'acide est l'eau).

307. **Définition générale des sels.** — Jusqu'ici nous n'avons considéré comme *sels* que les composés qui satisfont à la définition de Lavoisier : *les sels résultent de la combinaison d'un acide et d'une base.*

Or les *chlorures, bromures, iodures, sulfures,* etc., des métaux (composés binaires métalliques non oxygénés), que la définition précédente exclut de la catégorie des *sels*, présentent cependant les plus étroites analogies avec les sels ordinaires, et il y a intérêt à adopter une définition plus générale comprenant, à côté des sulfates, carbonates, azotates, etc., les chlorures, bromures, iodures, etc., puisque tous ces composés ont les mêmes propriétés fondamentales.

L'analogie des sels ordinaires et des composés binaires métalliques non oxygénés se manifeste en particulier dans les circonstances suivantes.

1° Dans les *doubles décompositions* ; c'est ce qui résulte des réactions que représentent les équations suivantes :

$$KS+CuCl=CuS+KCl \, ;$$
$$KS+CuO,SO^3=CuS+KO,SO^3 \, ;$$
$$KO,SO^3+BaCl=BaO,SO^3+KCl \, ;$$
$$KO,SO^3+BaO,AzO^5=BaO,SO^3+KO,AzO^5 \, ;$$

dans les deux premières, CuCl et CuO,SO³ se comportent de la même manière et échangent avec KS le cuivre Cu contre le potassium K ; il en est de même, dans les deux dernières, de BaCl et de BaO,AzO⁵ qui échangent avec KO,SO³ le baryum Ba contre le potassium K. De sorte que les doubles décompositions entre deux composés binaires métalliques, ou entre un composé binaire métallique et un sel ordinaire, ou entre deux sels ordinaires, s'effectuent de la même manière : *'es deux corps en présence échangent leurs métaux.*

2° Dans les *électrolyses :* les sels ordinaires et les composés binaires métalliques, soumis à l'action d'un courant électrique, se scindent les uns comme les autres, de même que dans les doubles décompositions, en *métal* qui est entraîné dans le sens du courant et se dépose sur l'électrode négative, et en *partie non métallique* (simple dans les corps binaires métalliques, composée de l'acide et de l'oxygène de la base dans les sels ordinaires) qui est entraînée en sens contraire et se dépose sur l'électrode positive.

Il est donc rationnel de remplacer la définition de Lavoisier par la définition suivante, qui comprend les sels ordinaires et tous les composés, chlorures, bromures, iodures, etc., qui se comportent comme eux dans les doubles décompositions et dans l'électrolyse :

On nomme sels les corps composés d'une partie métallique et d'une partie non métallique (radical), simple ou complexe, pouvant s'échanger par double décomposition.

Si l'on veut mettre en évidence, dans les sels ordinaires, les parties échangeables par double décomposition, on peut remplacer les formules habituelles.

$$KO,SO^3; \qquad NaO,CO^2; \qquad CuO,AzO^5, \text{ etc.,}$$

par les formules équivalentes

$$K(SO^4); \qquad Na(CO^3); \qquad Cu(AzO^6).$$

308. Eau dans les sels. — Certains sels renferment de l'eau, qui peut s'y trouver sous trois états différents : eau d'interposition, eau de cristallisation, eau de constitution.

1° *Eau d'interposition.* — C'est l'eau interposée entre les lamelles des cristaux de certains sels, ou emprisonnée dans les petites cavités qui existent entre les cristaux d'une même masse de ces sels ; elle y est retenue mécaniquement. — Il existe de l'eau d'interposition dans le chlorure de sodium, l'azotate de plomb, etc. Ces sels *décrepitent* lorsqu'on les chauffe (303).

On peut éliminer l'eau d'interposition en comprimant entre deux feuilles de papier buvard le sel préalablement pulvérisé.

2° *Eau de cristallisation (ou d'hydratation).* — C'est l'eau qui se combine avec certains sels quand ils cristallisent. Les sels qui contiennent de l'eau de cristallisation sont dits *hydratés* : à la température ordinaire, le sulfate de soude, le sulfate de magnésie, etc., sont des sels hydratés.

Dans les sels hydratés, il y a un rapport simple entre le nombre d'équivalents d'eau et le nombre d'équivalents de sel anhydre ; ce rapport est toujours le même pour un même sel placé dans les mêmes conditions ; il est d'autant moindre que la température est plus élevée. Ainsi, le sulfate de manganèse qui cristallise au-dessous de 6 degrés a pour formule MnO,SO^3+7HO, tandis que la formule de celui qui cristallise entre 7° et 20° est MnO,SO^3+5HO; le sulfate de magnésie qui cristallise vers 0° et celui qui cristallise à la température ordinaire correspondent, le premier à la formule MgO,SO^3+12HO, le second à la formule MgO,SO^3+7HO.

Les sels hydratés perdent leur eau de cristallisation vers 120°; si on les redissout ensuite dans l'eau, ils cristallisent dans leur première forme en s'hydratant.

Certains sels hydratés perdent de leur eau de cristallisation à la température ordinaire et se transforment en poussière : ce sont les sels *efflorescents* : carbonate de soude NaO,CO^2+10HO, sulfate de soude NaO,SO^3+10HO, etc.

L'efflorescence est un phénomène de dissociation : un sel hydraté est *efflorescent* à une température t quand sa tension de vapeur (tension de la vapeur d'eau qu'il émet par voie de dissociation) à cette température t est supérieure à la force élastique de la vapeur d'eau contenue dans l'atmosphère où se trouve ce sel. Dans une atmosphère suffisamment humide, le sel ne s'effleurit pas ; le sel effleuri absorbe même de la vapeur d'eau si la force élastique de la vapeur contenue dans l'atmosphère est supérieure à la tension de la vapeur qu'il peut émettre par dissociation à cette température.

Les sels *déliquescents* sont ceux qui absorbent l'humidité de l'atmosphère et se liquéfient peu à peu en se dissolvant dans l'eau qu'ils prennent ainsi : c'est le cas du chlorure de calcium desséché $CaCl$, du carbonate de potasse KO,CO^2.

Le phénomène de la déliquescence est régi aussi par les lois de la dissociation : un sel anhydre est *déliquescent* à une température t lorsqu'il peut former un sel hydraté dont la tension de vapeur (tension de la vapeur d'eau qu'il émet par dissociation) à cette température est inférieure à la force élastique de la vapeur d'eau atmosphérique.

On comprend qu'un sel hydraté puisse être *efflorescent* ou *déliquescent* suivant le degré d'humidité de l'atmosphère : le chlorure de calcium cristallisé $CaCl+6HO$ est efflorescent dans l'air sec et déliquescent dans l'air un peu humide.

3° *Eau de constitution*. — C'est celle qui fait partie de la constitution du sel, dans lequel elle joue le rôle de base. Nous avons vu (152) que si on élimine par la chaleur l'équivalent d'eau que renferme le phosphate de soude $2NaO,HO,PhO^5$, on obtient un nouveau sel $2NaO,PhO^5$ qui, dissous dans l'eau, ne produit plus les mêmes précipités que le premier lorsqu'on le traite par les mêmes réactifs ; la constitution du sel a été changée : l'eau éliminée est de l'*eau de constitution*.

309. — Propriétés générales des sels. — Les sels sont solides à la température ordinaire.

Les sels formés d'un acide incolore sont généralement incolores. Quelquefois, cependant, ils sont colorés, et leur couleur est caractéristique de la base : les sels de cuivre sont bleus ou verts, les sels d'or sont jaunes, les sels de protoxyde de fer sont verts, ceux de sesquioxyde de fer sont jaune rougeâtre, les sels de manganèse sont roses, etc. — Les sels d'un acide coloré sont toujours colorés, quelle que soit la base ; les chromates sont jaunes.

310. *Action de l'eau*. — Un certain nombre de sels sont insolubles dans l'eau ; ce sont : les carbonates (excepté ceux des métaux alcalins), les silicates (excepté ceux des métaux alcalins), les phosphates tribasiques (excepté ceux des métaux alcalins), les sulfures (excepté ceux des métaux de la première section), etc.

Sont solubles dans l'eau : les azotates neutres ; les sulfates (excepté le sulfate de baryte BaO,SO^3 et le sulfate de plomb PbO,SO^3) ; les chlorures (excepté le chlorure d'argent $AgCl$, le sous-chlorure de cuivre Cu^2Cl et le sous-chlorure de mercure Hg^2Cl ; le chlorure de plomb $PbCl$ est peu soluble) ;

les sels de potasse, de soude et d'ammoniaque (excepté le chlorure double de platine et de potassium $KCl,PtCl^2$, le chlorure double de platine et d'ammonium $(AzH^4)Cl,PtCl^2$, et le méta-antimoniate de soude).

La solubilité des sels augmente en général avec la température, c'est-à-dire que le poids d'un sel nécessaire pour saturer un poids donné d'eau est d'autant plus grand que la température est plus élevée. — Il y a cependant des exceptions : la solubilité du chlorure de sodium est sensiblement la même à toute température, le sulfate de chaux est moins soluble à chaud qu'à froid, le sulfate de soude présente un maximum de solubilité à 33°.

Pour déterminer la solubilité d'un sel à toutes les températures comprises entre deux températures t et $t^{(n)}$, il suffit de chercher par l'expérience le poids $p, p', p'', \ldots p^{(n)}$ de ce sel que peut dissoudre un poids donné d'eau, 1 kgr. par exemple, à

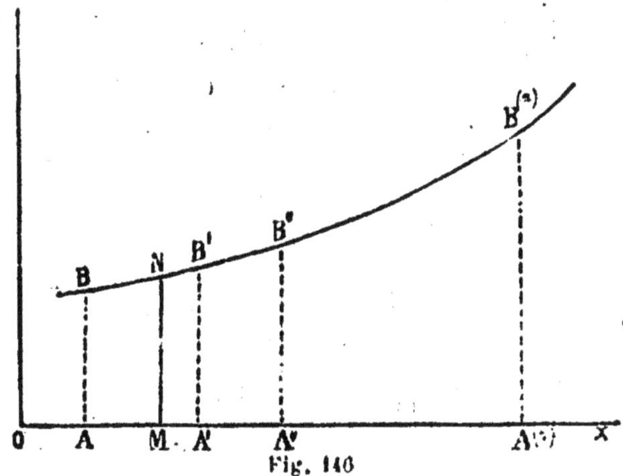

Fig. 146

diverses températures $t, t', t'', \ldots t^{(n)}$, et de construire ensuite la *courbe de solubilité* : les divisions égales de la droite Ox (fig. 146) représentant les températures, on élève aux points, $A, A', A'', \ldots A^{(n)}$ correspondant aux températures $t, t', t'', \ldots t^{(n)}$, des perpendiculaires $AB, A'B', A''B'', \ldots A^{(n)}B^{(n)}$, proportionnelles aux poids $p, p', p'', \ldots p^{(n)}$, en prenant une longueur arbitraire pour représenter le gramme ; puis on fait passer une courbe continue par les points $B, B', B'', \ldots B^{(n)}$ ainsi déterminés. — Pour avoir le poids de sel que peut dissoudre le kilogramme d'eau à une température quelconque, 25° par exemple, il suffira de chercher combien de fois la perpendiculaire MN élevée au point M, correspondant à la température 25°, contient la longueur qui représente le gramme.

L'eau décompose certains sels, comme l'azotate neutre de bismuth $BiO^3,3AzO^5$: lorsqu'on le dissout dans l'eau, il se décompose en azotate basique insoluble BiO^3,AzO^5 et en acide azotique libre. Il en est de même du sulfate neutre de mercure HgO,SO^3, qui, mis en contact avec l'eau, se décompose en sulfate basique insoluble, $3HgO,SO^3$, et en acide sulfurique libre.

311. *Action de la chaleur.* — Lorsqu'on chauffe progressivement un sel hydraté, il perd peu à peu son eau de cristallisation et devient anhydre vers 120°, le plus souvent. — Quand le sel chauffé renferme beaucoup d'eau de cristallisation, il se dissout dans cette eau et paraît fondre : c'est la *fusion aqueuse* ; si l'on continue à chauffer, l'eau s'évapore et le sel reprend l'état solide en devenant anhydre ; le carbonate de soude NaO,CO^2+10HO éprouve la fusion aqueuse vers 35°.

Les sels anhydres non décomposables par la chaleur éprouvent la *fusion vraie* ou *fusion ignée* à température élevée.

La chaleur décompose un certain nombre de sels : tous les azotates, tous les chlorates, presque tous les carbonates.

312. *Action des courants électriques* — Les sels dissous ou à l'état pâteux sont décomposés par les courants en *partie métallique* et en *partie non métallique* (307).

313. *Action des métaux.* — Les métaux peuvent se substituer les uns aux autres dans les sels.

Suivant la loi générale, un métal peut déplacer et remplacer le métal d'un sel lorsque cette substitution dégage de la chaleur. C'est ainsi que le fer et le zinc déplacent le cuivre, le plomb, l'étain, etc., qui déplacent eux-mêmes le mercure, l'or, l'argent, le platine. Lorsqu'on plonge une lame de zinc dans une dissolution de sulfate de cuivre, par exemple, le cuivre devient libre et se dépose sur la lame de zinc, tandis qu'une quantité équivalente de zinc se dissout et se transforme en sulfate de zinc. Si dans une dissolution faible d'acétate de plomb on introduit une lame de zinc à laquelle on a attaché des fils de cuivre, le zinc déplace le plomb qui se dépose en lamelles cristallines et brillantes sur le zinc et les fils (arbre de Saturne).

II. Action des acides, des bases et des sels sur les sels. — Lois de Berthollet.

SOMMAIRE

Loi générale. — Lorsqu'on met en présence d'un sel, soit un acide, soit une base, soit un autre sel, il ne peut se produire une réaction (sans l'intervention d'une énergie étrangère) que si cette réaction donne lieu à un dégagement de chaleur.

Lois de Berthollet. — Ces lois, qui sont quelquefois en défaut, peuvent être résumées dans l'énoncé suivant :

Lorsqu'on met un acide, une base ou un sel en présence d'un sel, une décomposition complète se produit si elle peut donner naissance à un composé plus insoluble ou plus volatil, dans les conditions de l'expérience, que les deux corps réagissants.

Exemples : 1° Action d'un acide sur un sel ; 2° action d'une base sur un sel ; 3° action d'un sel sur un sel.

Loi de Malagutti, applicable au cas où il ne peut se former ni un composé volatil, ni un composé insoluble : on obtient alors un mélange de quatre corps, les deux primitifs, qui ne se décomposent que partiellement, et deux nouveaux résultant de cette double décomposition partielle. — La loi de Malagutti est quelquefois en défaut.

314. Loi générale. — Les réactions qu'exercent les acides, les bases ou les sels sur les sels sont régies, comme toutes celles de la chimie, par la loi générale du travail maximum ; c'est-à-dire que *lorsqu'on met en présence d'un sel, soit un acide, soit une base, soit un autre sel, il ne peut se produire une réaction (sans l'intervention d'une énergie étrangère) que si cette réaction donne lieu à un dégagement de chaleur.*

Ainsi, si l'on verse de l'acide chlorhydrique dans une dissolution d'azotate d'argent, la réaction qu'exprime l'équation suivante s'accomplit parce qu'elle dégage de la chaleur :

$$AgO,AzO^5 + HCl = HO,AzO^5 + AgCl;$$

en effet, la chaleur dégagée par la formation de HO,AzO^5 dissous et de $AgCl$ (solide insoluble) surpasse la chaleur de formation de AgO,AzO^5 dissous et de HCl dissous.

Au contraire, l'acide azotique n'a pas d'action sur le chlorure d'argent, parce que la réaction

$$AgCl + HO,AzO^5 = HCl + AgO,AzO^5,$$

qui est inverse de la précédente, absorberait de la chaleur si elle s'effectuait.

315. Lois de Berthollet. — Les lois suivantes, énoncées par Berthollet antérieurement aux recherches qui ont conduit à la loi générale du travail maximum, permettent, dans la plupart des cas, de prévoir facilement s'il peut ou non se produire une réaction lorsqu'on met un acide, une base ou un sel en présence d'un sel. Elles sont le plus souvent d'accord avec la loi du travail maximum, c'est-à-dire que les réactions qu'elles conduisent à considérer comme possibles se trouvent justement être des réactions s'accomplissant avec dégagement de chaleur.

Les lois de Berthollet peuvent être résumées dans l'énoncé unique qui suit :

Lorsqu'on met un acide, une base ou un sel en présence d'un sel, une décomposition complète se produit si elle peut donner naissance à un composé plus insoluble ou plus volatil, dans les conditions de l'expérience, que les deux corps réagissants.

C'est ce qui a lieu dans les exemples suivants.

1° Action d'un *acide* sur un sel, formation d'un acide volatil :

$$KO,CO^2+HO,SO^3=KO,SO^3+HO+CO^2(\text{gazeux}).$$

Action d'un acide sur un sel, formation d'un acide insoluble :

$$KO,SiO^2+HO,SO^3=KO,SO^3+HO,SiO^2(\text{insoluble}).$$

Action d'un acide sur un sel, formation d'un sel insoluble :

$$AgO,AzO^5+HCl=HO,AzO^5+AgCl \ (\text{insoluble}).$$

2° Action d'une *base* sur un sel, formation d'une base volatile :

$$(AzH^4)O,SO^3+KO,HO=KO,SO^3+HO+(AzH^4)O\,(\text{volatile}).$$

Action d'une base sur un sel, formation d'une base insoluble :

$$CuO,SO^3+KO,HO=KO,SO^3+HO+CuO\,(\text{insoluble}).$$

Action d'une base sur un sel, formation d'un sel insoluble :

$$KO,SO^3+BaO,HO=KO,HO+BaO,SO^3(\text{insoluble}).$$

3° Action d'un *sel* sur un sel, formation d'un sel volatil dans les conditions de l'expérience :

$$(AzH^4)O,SO^3+NaCl=NaO,SO^3+(AzH^4)Cl\,(\text{volatil à chaud}).$$

Action d'un sel sur un sel, formation d'un sel insoluble :

$$CaO,AzO^5+KO,CO^2=KO,AzO^5+CaO,CO^2(\text{insoluble}).$$

Action d'un sel sur un sel, formation de deux sels insolubles.

$$AgO,SO^3 + BaCl = BaO,SO^3 \text{ (insoluble)} + AgCl \text{ (insoluble)}.$$

Les lois de Berthollet sont quelquefois en défaut. — Ainsi, d'après ces lois (2°), la potasse ajoutée à une dissolution de cyanure de mercure devrait y déterminer un précipité d'oxyde de mercure (insoluble) avec formation de cyanure de potassium, conformément à l'équation.

$$KO + HgCy = HgO + KCy.$$

Or la potasse n'agit pas sur le cyanure de mercure ; c'est au contraire la réaction inverse qui peut se produire : l'oxyde de mercure agit sur le cyanure de potassium en produisant de la potasse et du cyanure de mercure suivant l'équation

$$HgO + KCy = KO + HgCy.$$

Loi de Malaguti. — Les lois de Berthollet ne s'appliquent pas au cas où il ne peut se former ni un composé volatil, ni un composé insoluble.

D'après Malaguti, on obtient dans ce cas un mélange de quatre corps : les deux primitifs, qui ne se décomposent que partiellement, et deux nouveaux résultant de cette double décomposition partielle. — Ainsi, si l'on mêle une dissolution d'acétate de potasse et une dissolution de sulfate de fer, la double décomposition

$$KO,C^4H^3O^3 + FeO,SO^4 = FeO,C^4H^3O^3 + KO,SO^3$$

s'accomplit partiellement, et l'on obtient un mélange des quatre corps :

acétate de potasse,	sulfate de fer,
sulfate de potasse,	acétate de fer.

De même, si l'on ajoute de l'acide azotique à une dissolution de sulfate de potasse, la double décomposition

$$KO,SO^3 + HO,AzO^5 = HO,SO^3 + KO,AzO^5$$

s'accomplit partiellement, et l'on obtient un mélange des quatre corps :

sulfate de potasse,	acide azotique,
azotate de potasse,	acide sulfurique.

La loi de Malaguti n'est pas absolue; ce *partage des bases ou des acides* des sels dissous mis en présence ne s'effectue pas nécessairement. Ainsi, d'après M. Berthelot, si l'on ajoute une dissolution d'ammoniaque (AzH³)O à une dissolution de sulfate de soude NaO,SO³, la double décomposition

$$NaO,SO^3 + (AzH^4)O,HO = (AzH^4)O,SO^3 + NaO,HO$$

n'a pas lieu; il n'y a pas de partage.

Les effets qui se produisent dans tous les cas peuvent être

prévus et calculés numériquement à l'aide des données thermochimiques ; la loi du travail maximum est la seule qui soit toujours applicable.

III. Carbonates

SOMMAIRE

Composition. Etat naturel. — La formule générale des carbonates neutres est MO,CO^2.

Principaux carbonates naturels.

Préparation. — On obtient généralement les carbonates neutres par double décomposition entre un carbonate alcalin et un sel du métal dont on veut préparer le carbonate.

Les bicarbonates s'obtiennent par l'action de l'acide carbonique sur les carbonates neutres.

Propriétés. — Propriétés physiques.

Propriétés chimiques. — Action de la chaleur. Action du charbon. Action des acides.

Carbonate de potasse, KO,CO^2. — Le carbonate de potasse du commerce s'extrait des cendres des végétaux terrestres. Salin ; potasse d'Amérique, de Russie, des Vosges, etc. ; carbonate de potasse ordinaire.

On obtient le carbonate de potasse pur en calcinant le bitartrate de potasse. **Propriétés.** — Applications.

Carbonate de soude, NaO,CO^2. — On l'obtient par deux procédés.

1° La soude naturelle s'extrait des cendres de certaines plantes marines.

2° La soude artificielle se prépare à l'aide du chlorure de sodium, qu'on transforme d'abord en sulfate de soude par l'action de l'acide sulfurique :
$$NaCl + HO,SO^3 = HCl + NaO,SO^3.$$
On calcine le sulfate de soude ainsi obtenu avec un mélange de charbon et de carbonate de chaux.
$$NaO,SO^3 + CaO,CO^2 + 2C = NaO,CO^2 + CaS + 2CO^2.$$
On sépare le carbonate de soude (soluble) NaO,CO^2 du sulfure de calcium (insoluble) CaS par un lessivage méthodique.

Propriétés. — Applications.

Carbonate de chaux, CaO,CO^2. — Etat naturel.

Le carbonate de chaux est insoluble dans l'eau pure ; il est soluble dans l'eau chargée d'acide carbonique.

Toutes les eaux courantes renferment du carbonate de chaux. — Tufs, concrétions, stalactites, stalagmites.

Applications.

---

316. Composition. Etat naturel. — On a pris conventionnellement pour carbonates neutres (305) ceux qui répondent à la formule générale MO,CO^2, parce que ce sont les plus nombreux et que cette formule est celle de la plupart des carbonates naturels.

Les principaux carbonates naturels sont : le carbonate de chaux CaO,CO^2 qui est très abondant (318) ; le bicarbonate de

soude NaO,HO,2CO² qui existe dans les eaux minérales de
Vichy, etc. ; le sesquicarbonate de soude 2NaO,HO,3CO² qui
se dépose sur les bords de plusieurs lacs de l'Inde ; les carbonates de baryte BaO,SO³, de magnésie MgO,CO², de fer FeO,CO²,
de zinc ZnO,CO², les hydrocarbonates de cuivre 2CuO,HO,CO²
(malachite) et 3CuO,HO,2CO² (azurite).

317. Préparation. — Les carbonates neutres étant généralement insolubles, on les prépare par double décomposition
entre une dissolution d'un carbonate alcalin et une dissolution d'un sel du métal dont on veut obtenir le carbonate :

$$AgO,AzO^5+KO,CO^2=KO,AzO^5+AgO,CO^2 (insoluble).$$

Les bicarbonates s'obtiennent par l'action de l'acide carbonique sur les carbonates neutres.

318. Propriétés. — *Propriétés physiques.* — Les carbonates
sont des corps solides. — Sauf les carbonates alcalins, tous
sont insolubles dans l'eau.

Propriétés chimiques. — La *chaleur* décompose tous les carbonates, excepté les carbonates alcalins ; l'acide carbonique
se dégage et il reste un résidu d'oxyde, ou de métal, si l'oxyde
est réductible par la chaleur.

Le *charbon* les réduit tous.

Ceux dont la base est réductible par le charbon (290) sont
ramenés à l'état métallique ; il se dégage de l'acide carbonique si la réduction s'effectue à température peu élevée, et
de l'oxyde de carbone dans le cas contraire :

$$2(AgO,CO^2)+C=2Ag+3CO^2 ;$$
$$NaO,CO^2+2C=Na+3CO.$$

Les carbonates dont la base est irréductible par le charbon (290) laissent un résidu d'oxyde :

$$CaO,CO^2+C=CaO+2CO.$$

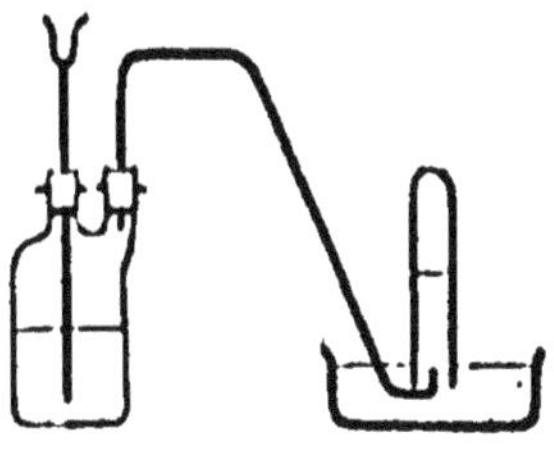

Fig. 147

Les *acides* décomposent les carbonates avec effervescence :

$$CaO,CO^3 + HO,SO^3 = CaO,SO^3 + HO + CO^2.$$

La préparation de l'acide carbonique est basée sur cette réaction (213) (fig. 147).

319. Carbonate de potasse KO,CO^2. — Le carbonate de potasse, qu'on désigne dans le commerce sous le nom de *potasse*, s'extrait des cendres des végétaux terrestres par le procédé suivant.

Les tissus des végétaux terrestres renferment des sels de potasse dans lesquels cette base est associée à des acides organiques. Par l'incinération, ces acides se transforment en acide carbonique, et les sels de potasse en carbonate de potasse qu'on sépare des matières insolubles des cendres par un lavage à l'eau. — La dissolution, soumise à l'évaporation, abandonne du *salin*, carbonate de potasse très impur, qu'on calcine à l'air pour le débarrasser des matières organiques qu'il renferme. C'est ainsi qu'on obtient la *potasse brute* (potasse d'Amérique, de Russie, de Vosges, etc., potasse perlasse).

La *potasse ordinaire* du commerce se prépare en traitant la potasse brute par son poids d'eau froide, qui ne dissout guère que le carbonate de potasse et laisse les impuretés ; l'évaporation de la dissolution décantée fournit du carbonate de potasse moins impur (potasse ordinaire, ou potasse raffinée).

On obtient le carbonate de potasse *pur* en calcinant dans un creuset de fer le bitartrate de potasse pur (crème de tartre purifiée) $KO,HO,C^8H^4O^{10}$; il reste un mélange de carbonate de potasse et de charbon, d'où on extrait le premier corps par un lavage à l'eau.

Le carbonate de potasse est soluble dans l'eau. Il est déliquescent.

On l'emploie dans la préparation du potassium, de la potasse, des savons mous, des verres de Bohême, des cristaux, etc.

320. Carbonate de soude. NaO,CO^2. — Le carbonate de soude est désigné dans le commerce sous le nom de *soude*. On l'obtient par deux procédés : l'un fournit la *soude naturelle*, l'autre la *soude artificielle*.

La *soude naturelle* s'extrait des cendres de certains végétaux qui croissent au bord de la mer. Ces végétaux renferment de l'oxalate de soude et d'autres sels de soude à acides organiques que l'incinération transforme en carbonate de soude. L'extraction de ce sel des cendres obtenues s'effectue comme celle du carbonate de potasse par lessivage et évaporation : on obtient ainsi les soudes de *Narbonne*, d'*Alicante*, etc.

La *soude artificielle*, qui est presque exclusivement employée, se prépare par un procédé imaginé par le médecin français Leblanc, à l'époque (1791) où les relations furent interrompues entre la France et l'Espagne. — La matière première est le chlorure de sodium NaCl, qu'on transforme en carbonate de soude par les deux opérations suivantes :

1° On convertit d'abord le chlorure de sodium en sulfate de soude par l'action de l'acide sulfurique, à chaud (167) :

$$NaCl+HO,SO^3=NaO,SO^3+HCl.$$

2° Le sulfate de soude obtenu est calciné avec un mélange de charbon et de craie (carbonate de chaux) dans un fourneau à réverbère : il se forme du carbonate de soude, du sulfure de calcium et de l'acide carbonique :

$$NaO,SO^3+CaO,CO^2+2C=NaO,CO^2+CaS+2CO^2;$$

la masse brune obtenue (NaO,CO^2+CaS) se nomme *soude brute*.

On en extrait le carbonate de soude par un lessivage méthodique : le sulfure de calcium CaS, qui est insoluble parce qu'il a été obtenu par voie ignée, reste comme résidu (*charrée*). La dissolution évaporée au feu fournit une masse blanche, le *sel de soude*, composée de carbonate de soude associé à une petite quantité de sulfate de soude et de chlorure de sodium. — En dissolvant le sel de soude dans l'eau chaude et faisant ensuite cristalliser, on obtient les *cristaux de soude*, formés de carbonate de soude presque pur (NaO,CO^2+10HO). — Ce produit, soumis à des cristallisations successives, fournit du carbonate de soude pur.

Le carbonate de soude, NaO,CO^2+10HO, est très soluble dans l'eau. — Il est efflorescent dans l'air ordinaire.

Si l'on fait passer un courant d'acide carbonique sur des cristaux de carbonate de soude, il se forme du bicarbonate de soude $NaO,HO,2CO^2$, avec élimination d'eau :

$$(NaO,CO^2+10HO)+CO^2=NaO,HO,2CO^2+9HO.$$

On emploie : la soude brute dans la fabrication du savon, du verre à bouteilles, etc.; la soude raffinée dans la fabrication de la verrerie fine, des savons de toilette, dans le blanchiment.

321. Carbonate de chaux. CaO,CO^2. — Le carbonate de chaux est très abondamment répandu dans la nature; il constitue à lui seul une grande partie de l'écorce terrestre.

On le trouve sous différentes formes : la *craie*, le *calcaire commun*, le *marbre*, la *pierre lithographique*, sont constitués par du carbonate de chaux amorphe; le *spath d'Islande* est du carbonate de chaux cristallisé en rhomboèdres (système du prisme hexagonal); l'*aragonite* est du carbonate de chaux cristallisé dans le système du prisme droit à base rectangle.

Le carbonate de chaux, qui est insoluble dans l'eau pure, est soluble dans l'eau chargée d'acide carbonique (on admet, soit que le sel dissous est à l'état de bicarbonate, corps soluble dans l'eau pure, soit qu'il y a dissolution pure et simple du carbonate de chaux dans l'eau contenant de l'acide carbonique).

Aussi toutes les eaux courantes contiennent-elles des quantités variables de carbonate de chaux. — Ce sel existe en plus grande quantité dans certaines eaux de source, grâce à la forte proportion d'acide carbonique qu'elles renferment sous pression. Lorsque ces eaux arrivent à la surface du sol, une partie de l'acide carbonique se dégage, et le carbonate de chaux se dépose en formant un *tuf* (dépôt léger, de consistance terreuse). Si on les fait tomber sur des objets, ceux-ci se recouvrent d'une couche pierreuse (fontaines pétrifiantes de Sainte-Allyre à Clermont, de Saint-Nectaire, etc.). Les *concrétions* qui tapissent les parois de certaines grottes sont des dépôts de calcaire abandonnés par les eaux qui suintent sur ces parois ; dans les grottes où les eaux calcaires arrivent goutte à goutte à travers la voûte, il se forme des *stalactites* qui pendent du plafond, et au-dessous, sur le sol, des *stalagmites* qui finissent par rejoindre les *stalactites* pour former des colonnes irrégulières.

On emploie : le calcaire commun dans les constructions et comme pierre à chaux ; la craie pour fabriquer le blanc d'Espagne, qui sert à polir les métaux, etc.; le marbre dans l'ornementation.

IV. Sulfates

SOMMAIRE

Composition. Etat naturel. — La formule générale des sulfates neutres est MO,SO^3.

Principaux sulfates naturels.

Préparation. — 1° Par l'action de l'acide sulfurique sur le métal.

2° Par l'action de l'acide sulfurique sur l'oxyde, le chlorure, le carbonate du métal.

3° Par le grillage d'un sulfure à l'air.

4° Par double décomposition.

322. Composition. Etat naturel. — On a pris pour sulfates neutres ceux qui répondent à la formule générale MO,SO^3 (305).

Les principaux sulfates naturels sont : le *gypse*, ou sulfate de chaux hydraté, CaO,SO^3+2HO ; l'*anhydrite*, ou sulfate de chaux anhydre, CaO,SO^3 ; le sulfate de baryte BaO,SO^3 ; le sulfate de strontiane SrO,SO^3 ; le sulfate d'alumine $Al^2O^3,3SO^3$; le sulfate de magnésie MgO,SO^3, qui se trouve en dissolution dans les eaux de la mer et dans celles des sources de Sedlitz, etc. ; le sulfate de soude NaO,SO^3, qui forme des veines dans le terrain gypseux et qui existe aussi en dissolution dans les eaux de la mer et dans certaines eaux minérales ; etc.

323. Préparation. — On prépare les sulfates par les procédés suivants.

1° Par l'action de l'acide sulfurique sur le métal. C'est ainsi qu'on obtient les sulfates de cuivre, d'argent, de mercure, et ceux de zinc et de fer. Avec le cuivre, l'argent, le mercure, on emploie l'acide sulfurique concentré ; c'est cet acide qui fournit l'oxygène au métal ; la réaction se produit à chaud (81) :

$$Cu+2(HO,SO^3)=CuO,SO^3+SO^2+2HO;$$

avec le zinc et le fer, on emploie l'acide sulfurique étendu ; c'est l'eau qui fournit l'oxygène au métal ; l'opération se fait à froid (58) :

$$Zn+HO,SO^3=ZnO,SO^3+H.$$

2° Par l'action de l'acide sulfurique sur l'oxyde, le chlorure, le carbonate du métal dont on veut préparer le sulfate. Le sulfate de soude s'obtient par la réaction (167) :

$$NaCl+HO,SO^3=NaO,SO^3+HCl.$$

3° Par le grillage d'un sulfure à l'air. En grillant les pyrites, FeS^2, on obtient du sulfate de fer.

4° Par double décomposition. Ce procédé s'emploie pour préparer les sulfates insolubles :

$$BaO,AzO^5+KO,SO^3=KO,AzO^5+BaO,SO^3 \text{ (insoluble)}.$$

324. Propriétés. — *Propriétés physiques.* — Les sulfates sont des corps solides.

Ils sont généralement solubles dans l'eau. Sont insolubles : les sulfates de baryte BaO,SO^3 et de plomb PbO,SO^3 (ainsi que la plupart des sulfates basiques, comme le sulfate basique de mercure $3HgO,SO^3$). Les sulfates de chaux CaO,SO^3, de strontiane SrO,SO^3, d'argent AgO,SO^3 et de sous-oxyde de mercure Hg^2O,SO^3, sont peu solubles dans l'eau.

Propriétés chimiques. — La *chaleur* décompose tous les sulfates, sauf les sulfates des métaux de la première section et les sulfates de magnésie et de plomb. Il reste un résidu d'oxyde, et il se dégage de l'acide sulfurique anhydre si la décomposition s'accomplit à température peu élevée :

$$CuO,SO^3 = CuO + SO^3 ;$$

ou de l'acide sulfureux et de l'oxygène, si elle s'effectue à haute température :

$$ZnO,SO^3 = ZnO + SO^2 + O.$$

Si la base est réductible par la chaleur, c'est le métal qui reste comme résidu :

$$HgO,SO^3 = Hg + SO^2 + 2O.$$

Si elle est suroxydable, il reste un résidu de sesquioxyde :

$$2(FeO,SO^3) = Fe^2O^3 + SO^3 + SO^2.$$

Le *charbon* décompose tous les sulfates à température élevée.

Ceux des métaux de la première section sont transformés en sulfures :

$$BaO,SO^3 + 4C = BaS + 4CO;$$

ceux de magnésie et d'alumine donnent un résidu d'oxyde (à rapprocher de ce fait que la transformation du magnésium et de l'aluminium en sulfures est difficile à réaliser) :

$$MgO,SO^3 + C = MgO + SO^2 + CO^2.$$

325. Aluns. — L'*alun ordinaire* ou *alun de potasse* est un sulfate double d'alumine et de potasse

$$KO,SO^3;Al^2O^3,3SO^3 + 24HO.$$

Plus généralement, on donne le nom d'*aluns* à une série de corps dont l'alun ordinaire est le type, et qui n'en diffèrent que parce que l'équivalent d'alumine Al^2O^3 est remplacé par un équivalent de sesquioxyde de fer Fe^2O^3, de sesquioxyde de manganèse Mn^2O^3, de sesquioxyde de chrome Cr^2O^3; ou l'équivalent de potasse KO par un équivalent de soude NaO, d'ammoniaque $(AzH^4)O$, d'oxyde de rubidium RbO, d'oxyde de césium CsO, d'oxyde de thallium TlO. Exemples :

L'alun à base de soude . . . . $NaO,SO^3;Al^2O^3,3SO^3+24HO;$
L'alun à base d'ammoniaque (alun ammo-
niacal) . . . . $(AzH^4)O,SO^3;Al^2O^3,3SO^3+24HO$
L'alun à base de rubidium. . . . . . . $RbO,SO^3;Al^2O^3,3SO^3+24HO;$
L'alun de chrome à base de potasse . . . $KO,SO^3;Cr^2O^3,3SO^3+24HO;$
L'alun de chrome à base d'ammoniaque. . $(AzH^4)O,SO^3;Cr^2O^3,3SO^3+24HO;$
L'alun de fer à base de potasse . . . . $KO,SO^3;Fe^2O^3,·SO^3+24HO;$
L'alun de fer à base d'ammoniaque . . . $(AzH^4)O,SO^3;Fe^2O^3,3SO^3+24HO.$

Les aluns sont isomorphes (28) ; ils cristallisent dans le système cubique.

V. Azotates

SOMMAIRE

Composition. Etat naturel. — La formule générale des azotates neutres est MO,AzO^5.

Azotates naturels.

Préparation. — On prépare les azotates en faisant agir l'acide azotique sur un métal, son oxyde, son sulfure, son carbonate.

Propriétés — Propriétés physiques.

Propriétés chimiques. — Action de la chaleur. Action du charbon. Action du soufre. Action simultanée du charbon et du soufre. Action de l'acide sulfurique.

Azotates de potasse, KO,AzO^5. — Etat naturel.

Extraction des vieux plâtras. — Extraction des couches salpêtrées de l'Inde. — La plus grande partie du salpêtre employé s'obtient par l'action du chlorure de potassium sur l'azotate de soude du Pérou ou du Chili.

Propriétés. — Applications.

Poudre à tirer. —. C'est un mélange de salpêtre, de soufre et de charbon. La poudre s'enflamme vers 300°. Réaction.

$$KO,AzO^5+S+3C=KS+Az+3CO^2.$$

La meilleure poudre, pour une arme donnée, est celle qui brûle complètement pendant le temps que le projectile met à parcourir l'âme de la pièce.

De tous les explosifs, c'est à peu près le seul employé dans les armes à feu.

---

326. Composition. Etat naturel. — On a pris pour *azotates neutres* ceux qui correspondent à la formule générale MO,AzO^5 (305).

Les seuls azotates naturels sont ceux de potasse (salpêtre), de soude, de chaux, de magnésie et d'ammoniaque ; nous avons fait connaître leur mode de formation (125). — Les efflorescences blanches qui apparaissent à la surface des murs calcaires des caves, des écuries, etc., sont constituées en grande partie par de l'azotate de chaux associé à un peu d'azotate de potasse, d'azotate de soude et d'azotato de magnésie ; pendant longtemps, ce mélange a servi à la préparation du salpêtre et de tous les azotates. L'azotate de potasse apparaît en couches à la surface du sol, après la saison des pluies, aux Indes, en Égypte, etc. On trouve des bancs puissants d'azotate de soude sur les côtes du Chili et du Pérou.

327. Préparation. — On prépare les azotates en faisant agir l'acide azotique sur le métal ou sur son oxyde, son sulfure, son carbonate.

328. Propriétés. — *Propriétés physiques.* — Les azotates sont des corps solides.

Tous les azotates neutres sont solubles dans l'eau. Les azotates basiques sont généralement insolubles : azotate basique de bismuth BiO^3,AzO^5, azotate tribasique de mercure $3HgO,AzO^5$, etc.

Propriétés chimiques. — Tous les azotates sont décomposables par la *chaleur*.

Les azotates alcalins se transforment au rouge en azotites :

$$KO,AzO^5 = KO,AzO^3 + 2O ;$$

à température plus élevée, l'azotite formé se décompose en azote, oxygène et résidu d'oxyde anhydre :

$$KO,AzO^3 = KO + Az + 3O.$$

La plupart des autres azotates, comme l'azotate de baryte, l'azotate de plomb, etc., se décomposent au rouge en acide hypoazotique, oxygène et résidu d'oxyde basique :

$$PbO,AzO^5 = PbO + AzO^4 + O.$$

L'azotate d'argent donne un résidu d'argent métallique :

$$AgO,AzO^5 = Ag + AzO^4 + 2O.$$

Tous les azotates dégagent donc de l'oxygène quand on les chauffe : ce sont des oxydants énergiques.

Les azotates *fusent* au contact du *charbon* rouge : le charbon brûle vivement dans l'oxygène provenant de la décomposition de l'azotate ; il se produit une grande quantité d'acide carbonique qui s'échappe en produisant un bruit de fusée.

Un mélange de charbon et d'un azotate alcalin donne, sous l'influence de la chaleur, le carbonate correspondant avec de l'acide carbonique et de l'azote :

$$2(KO,AzO^5) + 5C = 2(KO,CO^2) + 3CO^2 + Az.$$

Les autres azotates ne se transforment pas en carbonates,

dans ces conditions, parce que, sauf ceux des métaux alcalins, tous les carbonates sont décomposables par la chaleur; on obtient l'oxyde, s'il est irréductible par le charbon (chaux, baryte, strontiane, magnésie, alumine), ou le métal, si l'oxyde est réductible par le charbon, ce qui est le cas le plus fréquent.

Lorsqu'on chauffe un mélange de *soufre* et d'un azotate, le soufre se convertit souvent en acide sulfurique qui se combine avec la base, et en acide sulfureux qui se dégage avec l'azote de l'acide azotique :

$$NaO,AzO^5 + 2S = NaO,SO^3 + SO^2 + Az.$$

Un mélange de *charbon*, de *soufre* et d'*azotate de potasse* constitue la *poudre* (327).

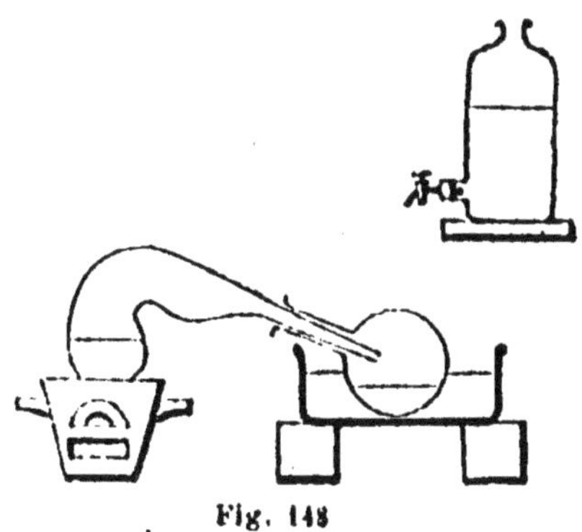

Fig. 148

L'*acide sulfurique* décompose les azotates à température peu élevée, en déplaçant l'acide azotique. Avec l'azotate de potasse, la réaction est la suivante :

$$KO,AzO^5 + 2(HO,SO^3) = KO,HO,2SO^3 + HO,AzO^5.$$

On utilise cette réaction pour préparer l'acide azotique (127) (fig. 148).

329. Azotate de potasse. KO,AzO^5. — Ce sel, qu'on nomme encore *salpêtre* ou *nitre*, existe en petite quantité, associé aux azotates de soude, de magnésie et surtout de chaux, dans le sol des caves et dans les plâtras provenant de la démolition des parties humides des bâtiments ; c'est le mélange de ces quatre azotates qui constitue les efflorescences blanches des murs humides des caves, écuries, etc. — Dans les pays chauds, aux Indes, à Ceylan, en Égypte, etc., le salpêtre imprègne les couches superficielles du sol à la surface duquel il vient s'effleurir pendant la saison sèche.

Pendant longtemps on a extrait le salpêtre des vieux plâtras et des efflorescences blanches des murs humides. Cette industrie du salpêtrier a disparu à peu près complètement depuis la découverte des couches salpêtrées de l'Inde et surtout des gisements plus importants d'azotate de soude du Chili et du Pérou.

Pour extraire le salpêtre des couches salpêtrées de l'Inde, il suffit de lessiver ces terres et d'évaporer la dissolution.

Mais la plus grande partie du salpêtre employé s'obtient par double décomposition avec l'*azotate de soude* NaO,AzO^5 du Pérou ou du Chili, qu'on traite par le chlorure de potassium KCl. Pour cela, on mêle des dissolutions saturées d'azotate de soude et de chlorure de potassium ; la liqueur contient alors quatre sels (315) :

$$NaO,AzO^5 \qquad KCL \qquad KO,AzO^5 \qquad NaCl.$$

On chauffe pour concentrer la liqueur : le chlorure de sodium NaCl, qui n'est pas plus soluble à chaud qu'à froid, se dépose pendant l'évaporation ; on l'enlève à mesure. Lorsqu'il cesse de se déposer, on laisse refroidir la liqueur : l'azotate de potasse KO,AzO^5, qui est peu soluble à la température ordinaire et qui l'est moins que les trois autres sels, se dépose pendant le refroidissement.

On le raffine par des cristallisations successives. Enfin on soumet les cristaux obtenus à une dernière purification en les plaçant dans des égouttoirs et versant dessus une dissolution saturée de salpêtre qui dissout et entraîne les impuretés sans dissoudre l'azotate de potasse.

Comme tous les azotates, le salpêtre, à chaud, est un agent comburant.

On l'emploie principalement dans la fabrication de la poudre.

330. Poudre à tirer. — C'est un mélange de *salpêtre*, matière comburante, et de deux matières combustibles, le *soufre* et le *charbon*.

Sa composition moyenne correspond à peu près à :

$$KO,AzO^5 + S + 3C ;$$
$$KO,AzO^5 = 101 ; \quad S = 16 ; \quad 3C = 18 ;$$

c'est-à-dire qu'elle renferme environ 75 0/0 de salpêtre, 12 0/0 de soufre, et 13 0/0 de charbon.

Pour la préparer, on emploie :

Du salpêtre pur, exempt de chlorures qui le rendraient déliquescent ;

Du soufre en canon pulvérisé et non du soufre en fleur qui renferme toujours un peu d'acide sulfureux et d'acide sulfurique ;

Du charbon très inflammable obtenu par la distillation du bois.

La poudre s'enflamme vers 300°.

La réaction principale qui s'accomplit pendant la combustion de la poudre peut être représentée par l'équation

$$KO,AzO^5 + S + 3C = KS + Az + 3CO^2;$$

il se forme donc de l'acide carbonique et de l'azote, corps gazeux, et du sulfure de potassium KS, corps solide. Le volume des gaz dégagés est environ 1500 fois plus grand que le volume primitif ; de là la *force explosive* de la poudre. Le résidu solide de sulfure de potassium constitue le *crassement*.

En réalité, la réaction est plus complexe : on a reconnu qu'il se forme encore de l'oxyde de carbone CO, du sulfure de carbone CS^2, de l'acide sulfhydrique HS, du sulfate de potasse KO,SO^3, du carbonate de potasse KO,CO^2, de la vapeur d'eau HO, etc.

On n'emploie que la poudre en grains plus ou moins gros, et non la poudre en poussière, qui s'enflamme trop lentement.

La vitesse d'inflammation d'une poudre dépend de la grosseur des grains. *La meilleure poudre, pour une arme donnée, est celle qui brûle complètement pendant le temps que le projectile met à parcourir l'âme de la pièce ;* si l'inflammation est plus rapide, la poudre est brisante ; si l'inflammation dure plus longtemps, une partie seulement de la force explosive est utilisée.

L'emploi à peu près exclusif de la poudre dans les armes à feu est justifié par les raisons suivantes :

Elle ne s'enflamme que difficilement par le choc, ce qui rend son transport facile et sa fabrication peu dangereuse ;

Elle est peu hygrométrique et se conserve aisément sans s'altérer ;

On peut facilement, en variant la grosseur des grains, obtenir pour chaque arme une poudre satisfaisant à la condition ci-dessus énoncée, c'est-à-dire une poudre puissante et non brisante ;

Son prix de revient est peu élevé.

VI. Détermination du genre et de l'espèce d'un sel.

SOMMAIRE

Genre et espèce d'un sel. — Le genre d'un sel est caractérisé par le radical non métallique ; l'espèce, par le métal.
Caractères des principaux genres de sels. — Sulfures, — chlorures, — bromures, — iodures, — fluorures, — cyanures, — sulfates, — sulfites, — carbonates, — azotates, — phosphates, — chlorates, — silicates.
Recherche méthodique du genre d'un sel : tableau.
Caractères des principales espèces de sels. — Sels de potassium, — de sodium, — d'ammonium, — de baryum, — de calcium, — d'aluminium, — de fer, — de zinc, — d'étain, — de plomb, — de cuivre, — de mercure, — d'argent, — d'or, — de platine.
Recherche méthodique du métal d'un sel : tableau.

331. Genre et espéce d'un sel. — L'ensemble des sels qui renferment le même radical non métallique (307) forme un *genre;* ainsi les chlorures des différents métaux appartiennent au même genre ; les sulfates, les carbonates, etc., forment autant d'autres genres.

L'*espèce* du sel est caractérisée par la nature du métal.

332. Caractères des principaux genres de sels. — Plusieurs des réactions qui servent à déterminer le *genre* d'un sel exigent pour se produire que le sel à étudier soit en dissolution. — Si ce sel est insoluble, on le transforme préalablement en *sel de soude du même genre* (tous les sels de soude sont solubles) par l'ébullition avec du carbonate de soude ; c'est ainsi que si l'on traite de cette façon le sulfate de baryte, par exemple, il se forme un peu de *sulfate de soude* (sel soluble) et de carbonate de baryte (insoluble).

Sulfures. — Les dissolutions de sulfures donnent un précipité noir de sulfure de plomb par l'addition d'une dissolution d'azotate ou d'acétate de plomb.

Traitées par un acide, elles dégagent de l'acide sulfhydrique qu'on reconnaît à son odeur et au précipité noir de sulfure de plomb qu'il produit dans les dissolutions des mêmes sels de plomb.

Un certain nombre de sulfures insolubles, le sulfure de fer, par exemple, dégagent pareillement de l'acide sulfhydrique par l'action de l'acide sulfurique ou de l'acide chlorhydrique étendus.

Chlorures. — Les chlorures dissous donnent avec l'azotate d'argent un précipité de chlorure d'argent : ce précipité est blanc, cailleboté, soluble dans l'ammoniaque, le cyanure de potassium et l'hyposulfite de soude, insoluble dans l'acide azotique ; il devient violet à la lumière.

Par l'addition d'acide sulfurique, les chlorures dégagent de l'acide chlorhydrique reconnaissable aux fumées blanches de chlorure d'ammonium qu'il engendre à l'approche d'une baguette de verre trempée dans l'ammoniaque.

Bromures. — Les bromures dissous donnent avec l'azotate d'argent un précipité blanc jaunâtre de bromure d'argent, moins altérable à la lumière que le chlorure d'argent, peu soluble dans l'ammoniaque, soluble dans le cyanure de potassium et l'hyposulfite de soude.

L'eau de chlore chasse le brome des bromures et communique ainsi à la liqueur une couleur rouge jaunâtre due au brome libre. La réaction est plus sensible si l'on ajoute au liquide un peu de chloroforme qui dissout tout le brome libre en prenant une coloration plus accentuée (177).

Iodures. — Les iodures dissous donnent avec l'azotate d'argent un précipité jaune très pâle d'iodure d'argent, moins altérable à la lumière que le chlorure d'argent, peu soluble dans l'ammoniaque, mais soluble dans le cyanure de potassium et l'hyposulfite de soude.

L'eau de chlore chasse l'iode des iodures ; une goutte de chloroforme qu'on ajoute à la liqueur se colore en rouge violet par l'iode libre qu'elle dissout (177).

Le réactif le plus sensible est l'empois d'amidon (177).

Fluorures. — Les fluorures pulvérisés, traités par l'acide sulfurique concentré dans un vase de platine ou de plomb, dégagent de l'acide fluorhydrique qui attaque le verre (184).

Cyanures. — Les cyanures dissous donnent avec l'azotate d'argent un précipité blanc de cyanure d'argent peu altérable à la lumière, soluble dans l'ammoniaque, le cyanure de potassium et l'hyposulfite de soude. Calciné dans un tube à essai, ce précipité dégage du cyanogène qui brûle avec une flamme pourpre.

Traités par l'acide sulfurique concentré, les cyanures dégagent de l'acide cyanhydrique reconnaissable à son odeur d'amandes amères.

Sulfates. — Les sulfates dissous donnent avec l'eau de baryte ou les dissolutions des sels de baryte un précipité blanc de sulfate de baryte, insoluble dans les acides.

Si l'on chauffe un sulfate insoluble avec de la soude sur du charbon, à la flamme réductrice du chalumeau, il se forme du sulfure de sodium qui dégage de l'acide sulfhydrique quand on le traite par l'acide sulfurique.

Sulfites. — Traités par l'acide sulfurique, les sulfites dégagent de l'acide sulfureux facile à reconnaître (84).

Carbonates. — Ils font effervescence avec les acides en dégageant de l'acide carbonique qui trouble l'eau de chaux.

Azotates. — Chauffés avec de l'acide sulfurique et de la tournure de cuivre, les azotates dégagent du bioxyde d'azote qui se transforme à l'air en vapeurs rutilantes d'acide hypoazotique.

Le réactif le plus sensible des azotates est le sulfate de fer employé comme il a été dit au n° 130.

Les azotates fusent sur les charbons rouges (328).

Phosphates. — Les phosphates ordinaires en dissolution donnent avec l'azotate d'argent un précipité jaune de phosphate tribasique d'argent, soluble dans l'ammoniaque et l'acide azotique.

La dissolution de molybdate d'ammoniaque dans l'acide azotique, ajoutée à la dissolution d'un phosphate, y produit un précipité jaune soluble dans l'ammoniaque et dans un excès de phosphate, insoluble dans l'acide azotique.

Chlorates. — Les chlorates se colorent en jaune par l'acide sulfurique concentré, et dégagent un gaz jaune (acide hypochlorique) qui a l'odeur du chlore et qui se décompose avec explosion par la chaleur.

Ils fusent sur des charbons rouges.

Silicates. — L'acide chlorhydrique ajouté à la dissolution d'un silicate y produit un précipité transparent de silice en gelée.

La recherche systématique du genre d'un sel inconnu s'effectue par la méthode indiquée dans le tableau suivant.

Recherche méthodique du genre d'un sel usuel.

La méthode est basée sur la manière dont les sels des divers genres se comportent vis-à-vis de quelques réactifs qui permettent de les séparer en plusieurs groupes.

Lorsqu'on sait à quel groupe appartient le sel qu'il s'agit de déterminer, on soumet la matière à l'action des réactifs caractéristiques (332) des divers genres de sels de ce groupe, ce qui fait connaître le genre cherché.

Nous supposerons que le sel à déterminer est en dissolution dans l'eau.

PREMIER GROUPE. — On verse de l'*azotate de baryte* dans une partie de la dissolution. S'il se forme un précipité, c'est que la liqueur renferme un des sels suivants (il faut opérer sur une liqueur neutre ; avec une liqueur acide, les sulfates seuls seraient précipités) :

> Sulfates ;
> Sulfites ;
> Carbonates ;
> Phosphates ;
> Silicates ;
> Florures.

On recueille ce précipité et on le traite par l'acide azotique.

(*a*) Il s'y dissout avec effervescence : le sel est un des suivants, qu'on recherchera directement dans la dissolution primitive :

> Carbonate ;
> Sulfite.

(*b*) Il s'y dissout sans effervescence :

> Phosphate ;
> Fluorure.

(*c*) Il ne s'y dissout pas :

> Sulfate ;
> Silicate.

DEUXIÈME GROUPE. — Si l'azotate de baryte ne produit pas de précipité, on traite une autre partie de la liqueur primitive par une dissolution d'*azotate d'argent*, qui la précipite lorsqu'elle renferme un des sels suivants :

> Sulfure, précipité noir ;
> Chlorure, précipité blanc ;
> Cyanure,   id.

Bromure, précipité jaune ;
Ioduro,   id.

On recherche ces sels dans la liqueur primitive en la soumettant à l'action de leurs réactifs.

TROISIÈME GROUPE. — Si la liqueur ne précipite ni par
l'azotate de baryte, ni par l'azotate d'argent, elle renferme un
de ces deux sels :

Azotate ;
Chlorate ;

qu'on y recherche à l'aide des réactions caractéristiques de
ces sels.

REMARQUE. — La méthode précédente ne s'applique qu'aux
sels en dissolution dans l'eau. — Dans le cas où le sel est
insoluble dans l'eau, on le traite par un acide étendu : s'il s'y
dissout avec effervescence en dégageant un gaz qui blanchit
l'eau de chaux, c'est un *carbonate*. — Si le sel insoluble dans
l'eau n'est pas un carbonate, on le calcine avec du carbonate
de soude : l'acide du sel forme avec la soude du carbonate de
soude un sel soluble qu'on dissout dans l'eau et qu'on soumet
aux réactions indiquées dans le tableau précédent.

---

333. Caractéres des principales espéces de sels. — *Sels de
potassium.* — Le chlorure de platine $PtCl^2$ ajouté à une dissolution d'un sel de potassium y produit un précipité
jaune $(KCl,PtCl^2)$. Ce précipité n'apparaît que lentement dans
les dissolutions étendues.

Sels de sodium. — Les sels de sodium colorent les flammes
en jaune.

En dissolution suffisamment concentrée, ils donnent avec
le méta-antimoniate acide de potasse, ou biméta-antimoniate
de potasse (KO,HO,SbO^5), un précipité blanc, cristallin, de
méta-antimoniate de soude.

Sels d'ammonium. — Les dissolutions des sels ammoniacaux, chauffées avec la potasse, dégagent du gaz ammoniac
facile à reconnaître (138).

Le chlorure de platine $PtCl^2$ y produit un précipité
jaune $(AzH^4Cl,PtCl^2)$ qui laisse un *résidu de platine* lorsqu'on le
calcine, ce qui le distingue du précipité analogue $(KCl,PtCl^2)$
que produit le chlorure de platine dans les sels de potasse :
par la calcination, le dernier précipité laisse un résidu de
de platine et de chlorure de potassium.

Sels de baryum. — Traités par l'acide sulfurique, les sels de baryte dissous donnent un précipité blanc (BaO,SO^3) insoluble dans les acides.

Sels de calcium. — Ils donnent avec le carbonate de potasse un précipité blanc (CaO,CO^3) soluble dans les acides.

L'oxalate d'ammoniaque y produit un précipité blanc (CaO,C^2O^3) soluble dans les acides chlorhydrique et azotique.

Ils sont précipités en blanc (CaO,SO^3) par l'acide sulfurique, mais seulement lorsqu'ils sont en dissolution *concentrée*.

Sels d'aluminium. — La potasse ou la soude produisent dans les dissolutions des sels d'alumine un précipité gélatineux d'hydrate d'alumine ($Al^2O^3,3HO$) soluble dans un excès de réactif.

L'ammoniaque produit le même précipité, mais il n'est que difficilement dissous par un excès d'ammoniaque.

Sels de fer. — Les sels de protoxyde de fer donnent avec la potasse, la soude ou l'ammoniaque, un précipité blanc verdâtre (FeO,HO) qui brunit rapidement en se transformant en rouille par oxydation.

Ils précipitent en noir (FeS) par le sulfure d'ammonium; en bleu (ferricyanure de fer Fe^3,Cy^6Fe^2) par le ferricyanure de potassium (K^3,Cy^6Fe^2).

Les sels de sesquioxyde de fer donnent avec la potasse, la soude ou l'ammoniaque, un précipité brun-rouge de rouille (hydrate de sesquioxyde de fer $2Fe^2O^3,3HO$), insoluble dans un excès de réactif.

Ils précipitent en noir (FeS) par le sulfure d'ammonium; en bleu [bleu de Prusse $Fe^4,3(Cy^3Fe)$] par le ferrocyanure de potassium (K^2,Cy^3Fe).

Sels de zinc. — La potasse, la soude et l'ammoniaque produisent dans les dissolutions des sels de zinc un précipité blanc (ZnO,HO) soluble dans un excès de réactif.

Avec le sulfure d'ammonium, il se produit un précipité blanc (ZnS).

Sels d'étain. — Le zinc déplace l'étain de ses dissolutions sous la forme d'une masse métallique spongieuse.

La potasse et la soude donnent dans les dissolutions des sels d'étain un précipité blanc (de protoxyde ou de bioxyde, suivant la nature du sel), soluble dans un excès de réactif.

L'acide sulfhydrique produit dans les sels de protoxyde un précipité brun-marron (SnS). — Avec les sels de bioxyde, il donne un précipité jaune clair (SnS^2).

Sels de plomb. — Avec la potasse ou la soude, précipité blanc (PbO.HO) soluble à chaud dans un excès de réactif.
Avec l'acide sulfhydrique, précipité noir (PbS).
Avec l'acide sulfurique, précipité blanc (PbO,SO³).
Avec l'iodure de potassium, précipité jaune (PbI).

Sels de cuivre. — Les sels de cuivre sont bleus ou verts.
Une lame de fer introduite dans une dissolution d'un sel de cuivre se recouvre d'une couche rouge de cuivre.
Avec la potasse ou la soude, précipité bleu clair (CuO,HO).
Avec l'ammoniaque, même précipi;é qui se dissout dans un excès de réactif en donnant une liqueur d'un beau bleu.
Avec l'acide sulfhydrique et le sulfure d'ammonium, précipité noir (CuS).

Sels de mercure. — Une lame de cuivre, plongée dans une dissolution d'un sel de mercure, se recouvre d'une couche blanche (mercure) que le frottement rend brillante, et que la chaleur fait disparaître.
L'iodure de potassium donne avec les sels de sous-oxyde un précipité jaune verdâtre (Hg²I) soluble dans un excès de réactif; avec les sels de protoxyde, précipité rouge (HgI) soluble dans un excès de réactif.

Sels d'argent. — Avec l'acide chlorhydrique ou les chlorures solubles, précipité blanc (AgCl), cailleboté, noircissant à la lumière, soluble dans l'ammoniaque, le cyanure de potassium, l'hyposulfite de soude.
Avec l'iodure de potassium, précipité jaune (AgI), soluble aussi dans le cyanure de potassium et l'hyposulfite de soude, peu soluble dans l'ammoniaque.

Sels d'or. — Les sels d'or sont jaunes.
L'acide oxalique (à chaud) et le sulfate de fer (à froid) les réduisent à l'état d'or métallique qui apparaît sous la forme d'un précipité violet.

Sels de platine. — Les sels de platine sont rouge jaune.
Le chlorure de potassium ou le chlorure d'ammonium y produisent des précipités jaunes (KCl,PtCl²,—AzH⁴Cl,PtCl³).
Les sels de platine précipitent en noir par l'acide sulfhydrique.

La détermination systématique du métal d'un sel inconnu s'effectue par la méthode indiquée dans le tableau suivant.

Recherche méthodique du métal d'un sel usuel

La méthode est basée sur la manière dont les diverses espèces de sels se comportent vis-à-vis de quelques réactifs qui permettent de séparer les métaux en plusieurs groupes.

Lorsqu'on sait à quel groupe appartient le métal qu'il s'agit de déterminer, il ne reste plus qu'à découvrir et à distinguer les uns des autres les métaux de ce groupe. On y parvient en soumettant la matière à analyser à l'action des réactifs caractéristiques de ces métaux (333).

Nous supposons que le sel est en dissolution dans l'eau.

1° On verse de l'*acide chlorhydrique* dans une partie de la dissolution primitive. S'il se produit un précipité, il est constitué par du chlorure de plomb, du chlorure d'argent ou du sous-chlorure de mercure (Hg^2Cl) ; la liqueur contenait donc un sel d'un des métaux suivants :

> Plomb,
> Argent,
> Mercure (sels de sous-oxyde).

On recherche directement ces métaux, à l'aide de leurs réactifs spéciaux, dans une autre portion de la dissolution primitive.

2° Si l'acide chlorhydrique ne donne pas de précipité, on fait passer dans la liqueur acidulée par cet acide un courant d'acide sulfhydrique qui y détermine un précipité lorsqu'elle renferme un sel d'un des métaux suivants, dont les sulfures sont insolubles dans l'eau et dans les acides étendus :

a. Or (précipité noir),
Platine (précipité noir),
Antimoine (précipité orangé),
Étain, sels de protoxyde (précipité brun-marron),
Étain, sels de bioxyde (précipité jaune) ;
b. Mercure (précipité noir),
Cuivre (précipité noir),
Bismuth (précipité noir),
Cadmium (précipité jaune).

On recueille le précipité produit par l'acide sulfhydrique, et on le traite à chaud par le *sulfure d'ammonium.*

a. Il s'y dissout ; la liqueur contient un sel d'un des métaux suivants, dont les sulfures (sulfures acides) sont solubles dans le sulfure d'ammonium :

> Or, précipité noir,
> Platine,   id.

Antimoine, précipité orangé,
Etain, sels de protoxyde, précipité brun-marron,
Etain, sels de bioxyde, précipité jaune.

La couleur du précipité fait connaître celui ou ceux de ces métaux qu'il y a lieu de rechercher directement dans la liqueur primitive.

b. Il ne s'y dissout pas; la liqueur renferme un sel d'un des métaux suivants dont les sulfures sont insolubles dans le sulfure d'ammonium :

Mercure, sels de protoxyde (précipité noir),
.Cuivre (précipité noir),
Bismuth (précipité noir),
Cadmium (précipité jaune).

3° Si l'acide sulfhydrique ne précipite pas la liqueur acidulée, on la neutralise par l'ammoniaque et on y ajoute du *sulfure d'ammonium*, qui donne un précipité avec les sels des métaux suivants dont les sulfures, insolubles dans l'eau, sont solubles dans les acides étendus :

Fer (précipité noir),
Zinc (précipité blanc),
Nickel (précipité noir),
Cobalt (précipité noir),
Manganèse (précipité couleur de chair),
Aluminium (précipité blanc sale).

4° Si le sulfure d'ammonium ne donne pas de précipité, c'est que la liqueur renferme un sel des métaux dont les sulfures sont solubles dans l'eau (sulfures des métaux alcalins, des métaux alcalino-terreux ou du magnésium).

a. Potassium,
Sodium,
Ammonium ;
b. Baryum,
Strontium,
Calcium,
Magnésium.

On ajoute à une autre portion de la liqueur primitive du carbonate de potasse.

a. Il ne se produit pas de précipité; la liqueur renferme un sel d'un des métaux alcalins, dont les carbonates sont solubles dans l'eau :

Potassium,
Sodium,
Ammonium.

b. Il se produit un précipité ; la liqueur contient un sel d'un des métaux suivants, dont les carbonates sont insolubles dans l'eau :

Baryum,
Strontium,
Calcium,
Magnésium.

REMARQUE. — Nous avons supposé le sel en dissolution dans l'eau. — S'il est insoluble dans ce liquide, on le dissout dans un acide, et on opère de même. — Les sels insolubles dans l'eau et dans les acides sont peu nombreux ; on détermine le métal de ces sels par des méthodes spéciales.

CHAPITRE XI

I. Généralités sur les substances organiques

SOMMAIRE

Substances organiques. — On désigne ainsi tous les composés du carbone, quelle que soit leur origine.

Composition. — Les matières organiques naturelles contiennent toutes du carbone et de l'hydrogène, associés ou non à l'oxygène, ou à l'oxygène et à l'azote.

Substances organisées. Substances organiques. — Les substances organisées ne se forment que sous l'influence de la vie ; elles sont incristallisables ; on ne peut les fondre ni les volatiliser sans les décomposer.

Les matières organiques proprement dites sont généralement cristallisables ; on peut les fondre et les volatiliser sans les décomposer ; beaucoup ont été obtenues artificiellement.

Analyse des substances organiques. — 1° Analyse immédiate : elle a pour objet de séparer les unes des autres les substances organiques définies d'un même produit organique naturel.

2° L'analyse élémentaire consiste dans la détermination de la nature et de la proportion des corps simples qui entrent dans la composition d'une substance organique définie. — Analyse élémentaire d'une substance non azotée. Analyse élémentaire d'une substance azotée.

Formation artificielle des matières organiques. — On a pu reproduire artificiellement un grand nombre de substances d'origine végétale ou animale.

On sait même préparer de toutes pièces, par la combinaison de leurs éléments, un grand nombre de substances organiques identiques aux produits formés sous l'influence de la vie.

334. Substances organiques. — Le nom de *substance organique* a été d'abord donné exclusivement aux matières qu'on rencontre dans les organes des végétaux et des animaux (comme les sucres, les graines, etc.), et à celles qui en dérivent (comme l'alcool, l'éthylène, etc.).

Les progrès de la chimie ayant permis d'obtenir de toutes pièces, au moyen de leurs éléments, des composés identiques à ces substances organiques (l'alcool, par exemple ; v. n° 234), on a dû remplacer la définition précédente par une définition plus générale comprenant, à côté des matières d'origine animale ou végétale, les substances identiques qu'on peut obtenir artificiellement sans passer par les composés formés sous l'influence de la vie.

Les matières animales et végétales et celles qui en dérivent contenant toutes du carbone, on désigne sous le nom de substances organiques *tous les composés du carbone, quelle qu'en soit l'origine.*

335. Composition. — Les matières organiques naturelles contiennent toutes du carbone et de l'hydrogène, associés ou non à l'oxygène, ou à l'oxygène et à l'azote. On peut y trouver aussi du soufre, du phosphore, du fer, etc., mais en très petite quantité et exceptionnellement.

Les composés exclusivement formés de *carbone* et *d'hydrogène* (carbures d'hydrogène) sont très nombreux ; exemple : le formène C^2H^4.

Comme exemples de corps composés de *carbone, hydrogène* et *oxygène*, citons : l'amidon $C^{12}H^{10}O^{10}$, le glucose $C^{12}H^{12}O^{12}$.

Les substances organiques naturelles contenant de *l'azote* sont le plus souvent des produits d'origine animale (comme la fibrine, l'albumine, etc.), mais quelquefois aussi des produits végétaux (comme le gluten).

Les éléments des substances organiques sont donc peu nombreux. Mais les composés qu'ils forment, et qui diffèrent soit par la proportion des éléments, soit par leur arrangement, sont pour ainsi dire innombrables.

336. Substances organisées. Substances organiques proprement dites. — Parmi les *substances organiques* naturelles, les unes sont les matériaux des tissus et des organes végétaux et animaux, et possèdent une structure particulière (cellules, fibres) qu'elles acquièrent sous l'influence de la vie, de sorte qu'on ne peut les obtenir artificiellement. Elles sont incristallisables, et on ne peut ni les fondre ni les volatiliser sans les décomposer. Ce sont les *substances organisées*. Exemple : la cellulose.

Les autres, comme le sucre, l'acide oxalique, etc., n'ont aucune structure particulière ; elles peuvent généralement cristalliser, et aussi fondre et se volatiliser sans décomposition ; un grand nombre d'entre elles ont été obtenues artificiellement. Ce sont les *substances organiques proprement dites.*

337. Analyse des substances organiques. — *Analyse immédiate* — Un grand nombre de produits organiques naturels, comme les graines, la farine, etc., sont des mélanges en proportion variable de diverses substances organiques définies. — *L'analyse immédiate* a pour objet de séparer les unes des autres les substances organiques définies d'un même produit organique naturel.

La méthode à employer varie avec la nature des substances à isoler.

Prenons comme premier exemple l'analyse immédiate de la *farine*, matière composée principalement d'*amidon* et de *gluten*. Pour isoler ces deux substances, on transforme la farine en une pâte qu'on pétrit entre les doigts sous un mince filet d'eau; les grains d'*amidon* sont entraînés par l'eau, tandis que le *gluten*, matière plastique de couleur grisâtre, reste dans les mains. Par le repos, l'amidon se dépose au fond de l'eau de lavage, et on peut l'en séparer par décantation.

Deuxième exemple : analyse immédiate de l'*huile d'olive*, qui est un mélange d'*oléine* et de *margarine*. Pour séparer ces deux substances, il suffit de refroidir l'huile d'olive à 0°; à cette température, elle se transforme en une masse pâteuse d'où on sépare l'oléine restée liquide par une filtration à travers une toile, dans laquelle reste la margarine solidifiée en lamelles nacrées.

338. *Analyse élémentaire.* — *L'analyse élémentaire* consiste dans la détermination de la nature et de la proportion des corps simples qui entrent dans la composition d'une substance organique définie.

Les déterminations qualitative et quantitative s'effectuent dans la même opération.

La méthode à employer étant différente suivant que la matière à analyser contient ou non de l'*azote*, on commence par soumettre cette matière à un essai préliminaire en la chauffant avec de la potasse : si elle est azotée, elle dégage du gaz ammoniac facile à reconnaître.

Pour faire l'analyse d'une matière *non azotée*, c'est-à-dire d'une matière composée de carbone et d'hydrogène, associés ou non à l'oxygène, on la chauffe au rouge dans un tube de verre après l'avoir intimement mélangée avec de l'*oxyde de cuivre* CuO), dont l'oxygène transforme le carbone de la matière organique en acide carbonique, et l'hydrogène en vapeur d'eau; ces deux composés se fixent dans des tubes en U contenant les uns de la potasse, les autres de la ponce sulfurique (fig. 140). — Lorsque la combustion est terminée, on fait passer dans le tube un courant d'oxygène qui entraîne et amène dans les tubes en U l'acide carbonique et la vapeur d'eau qui restent encore.

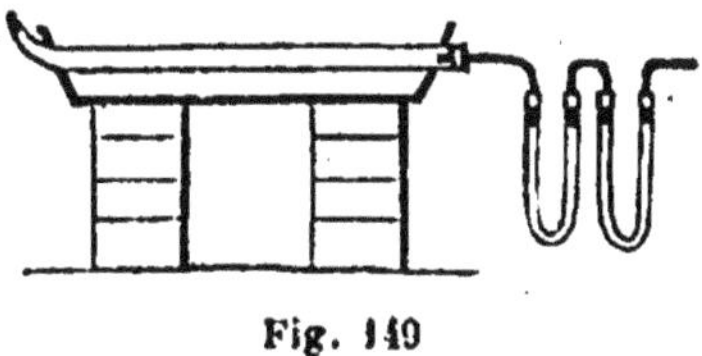

Fig. 149

L'augmentation de poids des tubes à potasse fait connaître le poids de l'acide carbonique produit, et par suite le poids du *carbone* contenu dans la matière soumise à l'expérience; le poids de la vapeur d'eau, et par suite celui de l'*hydrogène*, se déduisent de même de l'augmentation de poids des tubes à ponce sulfurique. Le poids de l'oxygène s'obtient par différence.

Si la matière est *azotée*, l'analyse élémentaire comprend deux opérations.

Dans la première, qui s'effectue à peu près comme avec les matières non azotées, on détermine le poids du *carbone* et de l'*hydrogène* contenus dans un poids p de la substance à analyser.

Dans la seconde, on évalue le poids de l'*azote* contenu dans le même poids p de substance. Pour cela, on recommence l'opération précédente sur une nouvelle quantité de matière, en remplaçant les tubes en U par un tube abducteur qui débouche sur la cuve à mercure (fig. 150). Après avoir préalablement balayé tout l'air du tube à combustion par un courant

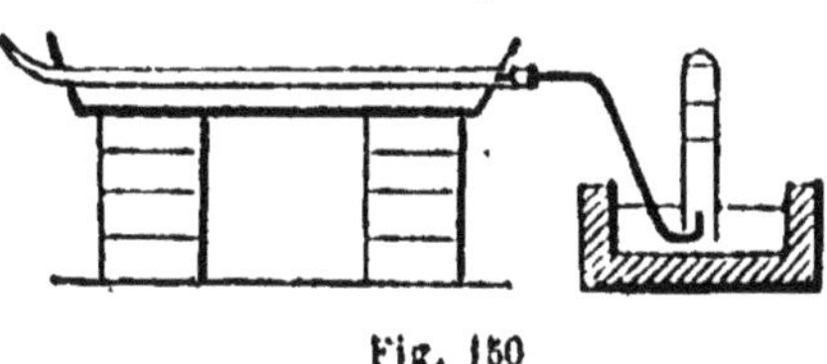

Fig. 150

d'acide carbonique, on chauffe le mélange de substance à analyser et d'oxyde de cuivre. On recueille les gaz qui se dégagent dans une éprouvette renversée sur la cuve à mercure et contenant une dissolution de potasse, qui absorbe l'acide carbonique et condense la vapeur d'eau résultant de la combustion du carbone et de l'hydrogène de la matière.

L'azote, qui est resté libre, arrive seul en haut de l'éprouvette. L'opération terminée, on fait passer dans le tube à combustion un nouveau courant d'acide carbonique pour chasser l'azote qui s'y trouve encore et l'amener dans l'éprouvette. Du volume de l'azote ainsi recueilli on déduit son poids. — Le poids de l'*oxygène* s'obtient par différence.

339. Formation artificielle des matières organiques. — On peut reproduire artificiellement un grand nombre de substances d'origine végétale ou animale :

L'oxydation de l'amidon par l'acide azotique donne de l'acide oxalique (HO,C^2O^3) identique à celui qu'on extrait des feuilles de l'oseille;

Le glucose ($C^{12}H^{12}O^{12}$) qu'on obtient par l'action de l'acide sulfurique sur l'amidon, le bois, etc., ne diffère pas de celui que renferment les fruits sucrés;

Au lieu d'extraire l'urée ($Az^2H^4C^2O^2$) de l'urine, on peut la préparer par l'action du sulfate d'ammoniaque sur le cyanate de potasse KO,CyO; etc.

Il y a plus : grâce aux travaux de M. Berthelot, on sait former de toutes pièces, par la combinaison de leurs éléments, un grand nombre de substances organiques (234), comme l'éthylène C^4H^4, l'alcool $C^4H^6O^2$, l'acide acétique $C^4H^4O^4$, l'acide oxalique $C^4H^2O^8$, l'acide cyanhydrique HC^2Az, la benzine $C^{12}H^6$, etc.

II. Etude de quelques substances organiques

SOMMAIRE

Cellulose $C^{12}H^{10}O^{10}$. — Etat naturel.

Propriétés. — Dissolvant de la cellulose. Action de l'acide sulfurique. Action de l'acide azotique. Fulmi-coton.

Matière amylacée, $C^{12}H^{10}O^{10}$. — Etat naturel ; amidon, fécule.

Propriétés. — Action de l'eau, — de la chaleur, — de l'acide sulfurique étendu, — de l'acide azotique étendu, — de la diastase végétale et de la diastase salivaire.

Applications.

Sucres. — 1° Glucose $C^{12}H^{12}O^{12}$. — Etat naturel. Préparation. Propriétés ; action des ferments alcooliques.

2° Sucre ordinaire $C^{12}H^{11}O^{11}$. — Etat naturel. Propriétés ; action des acides étendus ; action des ferments alcooliques.

Alcool $C^4H^6O^2$. — C'est le produit de la fermentation alcoolique du glucose :

$$C^{12}H^{12}O^{12}=2(C^4H^6O^2)+4CO^2,$$

Propriétés de l'alcool. — Action de l'oxygène, sous l'influence d'un corps enflammé, du noir de platine, du mycoderma aceti.

Vin, bière, eaux-de-vie.

Panification.

Acide acétique. $C^4H^4O^4 = HO,C^4H^3O^3$. — Etat naturel.

Production de l'acide acétique par l'oxydation de l'alcool :

$$C^4H^6O^2 + 4O = C^4H^4O^4 + 2HO.$$

C'est un des produits de la distillation du bois.

Propriétés.

Matières albuminoïdes ou protéiques. — Etat naturel. Composition. Propriétés. Albumine proprement dite; — fibrine; — gluten; — caséine; — légumine; — osséine.

340. — Nous ferons connaître sommairement la composition, l'origine et les principales propriétés d'un certain nombre de matières organiques, et particulièrement de celles qui jouent un rôle dans les phénomènes de physiologie animale ou végétale.

341. Cellulose $C^{12}H^{10}O^{10}$. — C'est la matière qui constitue les parois des cellules et des fibres dans les jeunes végétaux.

La cellulose est blanche et insoluble dans tous les réactifs, sauf dans la liqueur de Schweitzer (dissolution d'oxyde de cuivre dans l'ammoniaque ; v. n° 136).

L'acide sulfurique concentré la transforme lentement, à froid, en dextrine ($C^{12}H^{10}O^{10}$), puis en glucose ($C^{12}H^{10}O^{10}$).

L'acide azotique convertit à chaud la cellulose en acide oxalique $C^4H^2O^8$.

Le *fulmi-coton* ou *coton-poudre*, $C^{24}H^{15}(AzO^4)^5O^{20}$, se produit par l'action de l'acide azotique concentré et froid sur le coton (cellulose). On peut le considérer comme résultant de la substitution de $5AzO^4$ à $5H$ dans $2C^{12}H^{10}O^{10}$:

$$2C^{12}H^{10}O^{10} + 5AzO^5 = C^{24}H^{15}(AzO^4)^5O^{20} + 5HO.$$

Ce corps, qui a l'aspect de coton ordinaire, s'enflamme vers 120° et brûle complètement sans l'intervention de l'air en se transformant en gaz ; de là sa force explosive.

$$C^{24}H^{15}(AzO^4)^5O^{20} = CO^2 + 23CO + 5Az + 15HO.$$

Il est soluble dans un mélange d'alcool et d'éther : cette dissolution constitue le *collodion*.

342. Matière amylacée $C^{12}H^{10}O^{10}$. — La matière amylacée se trouve à l'intérieur des cellules, dans divers organes d'un grand nombre de végétaux. On l'extrait principalement des graines des céréales (*amidon*), et des tubercules de pomme de terre, racines de manioc, de jalap, etc. (*fécule*).

La matière amylacée est une substance organisée qui

affecte la forme de grains arrondis composés de couches concentriques.

Elle est insoluble dans l'eau froide. L'eau chaude la transforme en une masse gélatineuse d'*empois*.

Sous l'influence de la chaleur, elle se convertit en dextrine $C^{12}H^{10}O^{10}$ vers 200°.

L'acide sulfurique étendu la transforme à l'ébullition en dextrine et finalement en glucose.

L'acide azotique étendu la change à chaud en acide oxalique $C^3H^2O^8$.

La diastase végétale et la diastase salivaire (matières quaternaires azotées) la convertissent rapidement en dextrine, puis en glucose.

Les fécules (tapioca, salep, arrow-root, etc.) s'emploient dans l'alimentation ; l'amidon sert à empeser le linge.

343. Sucres. — Les principaux sucres sont le *glucose* $C^{12}H^{12}O^{12}$ et le sucre ordinaire (sucre de canne, sucre de betterave) $C^{12}H^{11}O^{11}$.

1° *Glucose ou sucre incristallisable*, $C^{12}H^{12}O^{12}$. — Le glucose existe dans la plupart des fruits murs et dans l'urine des malades atteints du diabète.

On peut préparer ce corps par l'action de l'acide sulfurique étendu sur la fécule, à chaud.

Le glucose est soluble dans l'eau. — A poids égal, il sucre beaucoup moins que le sucre ordinaire.

Sous l'influence des ferments alcooliques, comme la *levûre de bière*, il se dédouble en alcool et acide carbonique :

$$C^{12}H^{12}O^{12}=2(C^4H^6O^2)+4CO^2.$$

On se sert du glucose dans la confiserie ; mais on l'emploie surtout dans la fabrication de l'*alcool de pomme de terre*.

2° *Sucre ordinaire*, ou sucre de canne ou de betterave, $C^{12}H^{11}O^{11}$. — Il existe dans la canne à sucre et dans la racine de betterave.

Le sucre ordinaire cristallise facilement (sucre candi).

Chauffé vers 200°, il se transforme en *caramel* $C^{12}H^9O^9$.

Les acides étendus, et surtout l'acide sulfurique, le convertissent à l'ébullition en *glucose*.

Sous l'influence des ferments alcooliques (levûre de bière, etc.), il fixe les éléments de l'eau, se transforme en glucose, puis se dédouble en alcool et acide carbonique.

344. Alcool $C^4H^6O^2$. — C'est le produit de la *fermentation alcoolique* du glucose.

Sous l'influence des *ferments alcooliques* (végétaux microscopiques composés de globules disposés en chapelet) dont le principal est la *levûre de bière* (fig. 151), le glucose se dédouble en alcool et acide carbonique :

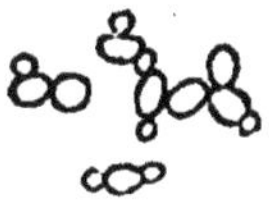

$$C^{12}H^{12}O^{12}=2(C^4H^6O^2)+4CO^2;$$

il se produit en même temps de petites quantités de diverses autres substances.

Fig. 151

Le sucre ordinaire, sous l'influence des mêmes ferments, se transforme d'abord en glucose, et se dédouble ensuite en alcool et en acide carbonique.

Il suffit de distiller la liqueur qui a fermenté pour en extraire l'alcool.

L'alcool pur, ou *absolu*, est un liquide incolore, de densité 0,8. qui bout à 78°. — Il absorbe rapidement la vapeur d'eau atmosphérique.

L'alcool brûle à l'air avec une flamme pâle en produisant de l'acide carbonique et de la vapeur d'eau :

$$C^4H^6O^2+12O=4CO^2+6HO.$$

A froid, et sous l'influence du *noir de platine*, l'oxygène de l'air convertit l'alcool en *aldéhyde* $C^4H^4O^2$:

$$C^4H^6O^2+2O=C^4H^4O^2+2HO;$$

si l'action se prolonge, il se forme de l'*acide acétique* $C^4H^4O^4$:

$$C^4H^6O^2+4O=C^4H^4O^4+2HO.$$

Sous l'influence d'un ferment particulier, le *mycoderma aceti*, qui joue le rôle du noir de platine, l'alcool se transforme de même en acide acétique.

Le *vin* est le produit de la fermentation du jus du raisin, dont le glucose se convertit en alcool et acide carbonique sous l'influence d'un ferment alcoolique.

La *bière* est aussi une boisson alcoolique; on l'obtient en transformant en glucose puis en alcool l'amidon contenu dans l'orge, et aromatisant avec du houblon.

Les produits de la distillation des liqueurs alcooliques se nomment *eaux-de-vie* quand ils renferment moins de 50 0/0 d'alcool.

On obtient l'eau-de-vie par la distillation du vin et des fruits fermentés, et surtout par la distillation, après fermentation, du jus de betterave, des graines des céréales, des pulpes de pommes de terre, etc.

La fermentation alcoolique se produit aussi dans la fabrication du *pain*.

Le pain se prépare avec la farine des céréales, qu'on transforme en pâte après addition de *levûre de bière*. Outre l'amidon et le gluten (337), la farine renferme une petite quantité de glucose qui éprouve la fermentation sous l'influence de la *levûre* et fournit ainsi un peu d'alcool et d'acide carbonique ; celui-ci reste emprisonné dans la masse de la pâte, qu'il boursoufle. Lorsqu'on soumet ensuite la pâte à la cuisson, elle se gonfle encore davantage à cause de la dilatation que la chaleur fait éprouver à l'acide carbonique. On obtient ainsi un pain poreux et léger.

Sous l'influence d'une fermentation trop prolongée, l'alcool du pain se convertit en acide acétique, qui dissout la matière élastique de la pâte, le gluten : la pâte s'affaisse en laissant échapper son acide carbonique. — Le pain obtenu dans ces conditions est compact et acide (pain trop levé).

345. Acide acétique $C^4H^4O^4=HO,C^4H^3O^3$. — Il existe à l'état d'acétate de potasse, d'acétate de soude, d'acétate de chaux, dans la sève de la plupart des végétaux.

L'acide acétique se produit par l'oxydation de l'alcool :

$$C^4H^6O^2+4O=C^4H^4O^4+2HO ;$$

cette oxydation peut être produite par l'oxygène de l'air sous l'influence, soit de la mousse de platine, soit du ferment *mycoderma aceti* (344).

L'*acétification* du vin, qui le change en *vinaigre*, consiste dans la transformation de l'alcool du vin en acide acétique sous l'influence du *mycoderma aceti*.

L'acide acétique est un des produits de la distillation du bois (199).

L'acide acétique concentré est solide au-dessous de 17° ; il bout à 120°. — Il possède une odeur pénétrante et une saveur très acide.

346. Matières albuminoïdes ou protéiques. — On donne ce nom à des matières azotées qui se rapprochent par leur composition et leurs propriétés de l'*albumine* (matière coagulable du blanc d'œuf et du sérum du sang). Elles constituent la masse principale des tissus animaux ; on les trouve aussi dans les jeunes tissus végétaux.

Elles renferment du carbone (52 à 54 0/0), de l'hydrogène (6 à 7 0/0), de l'oxygène (22 à 23 0/0), de l'azote (15 à 16 0/0), et, en outre, de petites quantités de soufre et de phosphore.

Les principales sont : l'*albumine*, la *fibrine*, la *caséine*, l'*osséine*, la *légumine*, le *gluten*.

Ce sont des matières amorphes. Quelques-unes, comme l'albumine, sont solubles dans l'eau ; elles deviennent insolubles par l'action de la chaleur ou des acides, qui les coagulent.

Les matières albuminoïdes insolubles et les matières albuminoïdes coagulées se dissolvent dans la potasse caustique.

Elles se décomposent par l'action de la chaleur (au-dessus de 150°) en dégageant une odeur de corne brûlée.

Dans l'air, à la température ordinaire, et sous l'influence de ferments particuliers (infusoires), elles éprouvent la *fermentation putride*.

Soumises à l'action des *ferments solubles* de l'économie animale (*pepsine* du suc gastrique, *pancréatine* du suc pancréatique), elles se transforment en *albuminose* ou *peptone*, matière soluble dans l'eau.

L'*albumine* proprement dite existe dans le blanc d'œuf (qui est presque exclusivement formé d'albumine en dissolution), dans le sérum du sang, et dans la plupart des liquides de l'économie animale. On la trouve aussi dans les graines des céréales.

Elle est soluble dans l'eau, et se coagule vers 75° ou par l'action des acides.

La *fibrine* existe dans la chair musculaire ; le sérum du sang renferme de la fibrine en dissolution.

Elle est insoluble dans l'eau pure.

Le *gluten* de la farine (337) est analogue à la fibrine ; on le nomme quelquefois *fibrine végétale*.

La *caséine* se trouve dans le lait des mammifères.

Elle se coagule par l'addition d'un acide, mais non sous l'influence de la chaleur.

La *légumine* existe dans les graines des légumineuses.

Elle est analogue à la caséine.

L'*osséine* constitue la matière organique des os (142), le tissu du derme et des cartilages.

Elle se transforme en gélatine par l'ébullition dans l'eau.

TABLEAU

DES ÉQUIVALENTS EN VOLUMES ET EN POIDS DES PRINCIPAUX

CORPS GAZEUX OU VOLATILS

Oxygène....	O =	8 gr. =	1 vol.
Hydrogène.......	H =	1 =	2 vol.
Eau.	HO =	9 =	2 vol.
Soufre...	S =	16 =	1 vol.
Acide sulfureux	SO^2 =	32 =	2 vol.
Acide sulfurique............ ..	SO^3 =	40 =	2 vol.
Acide sulfhydrique...........	HS =	17 =	2 vol.
Sélénium...................	Se =	39,75 =	1 vol.
Acide sélénhydrique..........	HSe =	40,75 =	2 vol.
Tellure.... ....:...	Te =	64 =	1 vol.
Acide tellurhydrique..........	HTe =	65 =	2 vol.
Azote......................	Az =	14 =	2 vol.
Protoxyde d'azote............	AzO =	22 =	2 vol.
Bioxyde d'azote	AzO^2 =	30 =	4 vol.
Acide hypoazotique	AzO^4 =	46 =	4 vol.
Acide perazotique	AzO^6 =	62 =	4 vol.
Ammoniaque.................	AzH^3 =	17 =	4 vol.
Phosphore.................	Ph =	31 =	1 vol.
Phosphure d'hydrogène gazeux.	PhH^3 =	34 =	4 vol.
Arsenic.....................	As =	75 =	1 vol.
Arséniure d'hydrogène gazeux.	AsH^3 =	78 =	4 vol.
Chlore.....................	Cl =	35,5 =	2 vol.
Acide hypochloreux..........	ClO =	43,5 =	2 vol.
Acide chloreux	ClO^3 =	59,5 =	2 vol.
Acide hypochlorique..........	ClO^4 =	67,5 =	4 vol.
Acide chlorhydrique..........	HCl =	36,5 =	4 vol.
Brome......	Br =	80 =	2 vol.
Acide bromhydrique	HBr =	81 =	4 vol.
Iode................,......	I =	127 =	2 vol.
Acide iodhydrique	HI =	128 =	4 vol.
Carbone	C =	6 =	1 vol.
Oxyde de carbone...........	CO =	14 =	2 vol.
Acide carbonique............	CO^2 =	22 =	2 vol.
Bisulfure de carbone..........	CS^2 =	38 =	2 vol.
Formène...................	C^2H^4 =	16 =	4 vol.
Ethylène..................	C^4H^4 =	28 =	4 vol.
Acétylène.................	C^4H^2 =	26 =	4 vol.
Benzine	$C^{12}H^6$ =	78 =	4 vol.
Cyanogène......	Cy =	26 =	2 vol.
Acide cyanhydrique	HCy =	27 =	4 vol.

DONNÉES THERMOCHIMIQUES

Nota. — A moins d'indications contraires, les corps sont pris sous l'état qu'ils présentent à la température de 15°.

Les nombres qui suivent (extraits pour la plupart des tableaux publiés par M. Berthelot dans la *Mécanique chimique* et dans l'*Annuaire du bureau des longitudes*) se rapportent à la *petite calorie* : c'est la quantité de chaleur nécessaire pour élever d'un degré la température d'un *gramme* d'eau.

I. Chaleur de formation de l'eau et des principaux oxydes.

Eau gazeuse...............	$H+O=HO$(gazeuse)$+29500$ calories.
— liquide............ .	$H+O=HO$(liquide)$+34500$ c.
— solide..............	$H+O=HO$(solide)$+35200$ c.
Potasse................	$K+O+HO=KO,HO$(sol.)$+69800$ c.
—	$K+O+HO=KO,HO$ diss.)$+82300$ c.
Soude	$Na+O+HO=NaO,HO$(sol.)$+67800$ c.
—	$Na+O+HO=NaO,HO$(diss)$+77600$ c.
Chaux	$Ca+O=CaO+66000$ c.
—	$Ca+O+HO=CaO,HO$(sol.)$+73500$ c.
—	$Ca+O+HO=CaO,HO$(diss.)$+75050$ c.
Bioxyde de baryum.....	$BaO+O=BaO^2+6050$ c.
Protoxyde de manganèse	$M+O=MnO$(hydr.)$+47400$ c.
Bioxyde de manganèse..	$Mn+O^2=MnO^2$(hydr.)$+58100$ c.
Protoxyde de fer.........	$Fe+O=FeO$(hydr.)$+34500$ c.
Sesquioxyde de fer.. .	$Fe^2+O^3=Fe^2O^3$(hydr.)$+(31900\times3)$ c.
Oxyde magnétique	$Fe^3+O^4=Fe^3O^4+(33600\times4)$ c.
Oxyde de nickel........	$Ni+O=NiO$(hydr.)$+30700$ c.
Oxyde de zinc.........	$Zn+O=ZnO+43200$ c.
— —	$Zn+O+HO=ZnO,HO+41800$ c.
Sous-oxyde de cuivre..	$Cu^2+O=Cu^2O+21000$ c.
Oxyde de cuivre........	$Cu+O=CuO+10200$ c.
— —	$Cu+O+HO=CuO,HO+19000$ c.
Sous-oxyde de mercure	$Hg^2+O=Hg^2O+21100$ c.
Oxyde jaune de mercure	$Hg+O=HgO+15500$ c.
Oxyde d'argent........	$Ag+O=AgO+3500$ c.
Oxyde de platine.......	$Pt+O=PtO+7500$ c.
Oxyde d'or	$Au^2+O^3=Au^2O^3$(hydr.)-6500 c.

II. Chaleur de formation des composés du soufre.

Acide sulfureux........	$S+O^2=SO^2$(gaz.)$+34600$ calories
— —	$S+O^2=SO^2$(diss.)$+38400$ c.
Acide sulfurique......	$S+O^3=SO^3$(gaz.)$+45900$ c.
— —	$S+O^3=SO^3$(sol.)$+51800$ c.
— —	$S+O^3+HO=SO^3,HO$(liq.)$+62000$ c.
— —	$S+O^3+HO=SO^3,HO$(diss.)$+70500$ c.
— —	$SO^2+O+HO=SO^3,HO$(liq.)$+27200$ c.
Acide sulfhydrique....	$S+H=HS$(gaz.)$+2300$ c.
— —	$S+H=HS$(diss.)$+4600$ c.
Sulfure de potassium..	$S+K=KS$(sol.)$+51100$ c.
— —	$S+K=KS$(diss.)$+56200$ c.
Sulfure de sodium....	$S+Na=NaS$(sol.)$+44200$ c.
— —	$S+Na=NaS$(diss.)$+51600$ c.
Sulfure d'ammonium.	$S+Az+H^4=AzH^4S$(diss.)$+28400$ c.
Sulfure de fer	$S+Fe=FeS+11900$ c.
Sulfure de zinc.......	$S+Zn=ZnS+21500$ c.
Sulfure de plomb.....	$S+Pb=Pb +8900$ c.
Sulfure d'argent......	$S+Ag=AgS+1500$ c.

Ces nombres se rapportent au soufre solide (octaédrique);
pour passer au soufre gazeux, il suffirait d'y ajouter 1300 cal.

III. Chaleur de formation des composés de l'azote et du phosphore.

Protoxyde d'azote. ...	$Az+O=AzO-10300$ calories
Bioxyde d'azote.......	$Az+O^2=AzO^2-21600$ c.
Acide azoteux	$Az+O^3=AzO^3$(gaz.)-11100 c.
Acide hypoazotique...	$Az+O^4=AzO^4$(gaz.)-2600 c.
— —	$Az+O^4=AzO^4$(liq.)$+1700$ c.
Acide azotique........	$Az+O^5=AzO^5$(gaz.)-600 c.
— —	$Az+O^5=AzO^5$(liq.)$+1800$ c.
— —	$Az+O^5=AzO^5$(sol)$+5000$ c.
— —	$Az+O^3+HO=AzO^5,HO$(gaz.)-100 c.
— —	$Az+O^3+HO=AzO^5,HO$(liq.)$+7100$ c.
— —	$Az+O^5+HO=AzO^5,HO$(diss.)$+14300$ c.
Ammoniaque..........	$Az+H^3=AzH^3$(gaz.)$+12200$ c.
—	$Az+H^3=AzH^3$(diss.)$+21000$ c.
Acide hypophosphoreux	$Ph+O+3HO=PhO,3HO$(sol.)37400 c.
Acide phosphoreux...	$Ph+O^3+3HO=PhO^3,3HO$(sol.)$+125100$ c.
Acide phosphorique...	$Ph+O^5=PhO^5$(sol.)$+181000$ c.
— —	$Ph+O^5+3HO=PhO^5 3HO$(diss.)$+202700$ c.
— —	$Ph+O^5+3HO=PhO^5,3HO$(sol.)$+200000$ c.
Phosphure d'hydrogène	$Ph+H^3=PhH^3+11600$ c.

IV. Chaleur de formation des composés du chlore, du brome et de l'iode.

Acide hypochloreux........	$Cl+O=ClO$(gaz.) -7600 calories
— —	$Cl+O=ClO$(diss.) -2900 c.
Acide chlorique	$Cl+O^5=ClO^5$(diss.) -1200 c.
Trichlorure de phosphore...	$Cl^3+Ph=PhCl^3$(liq.) $+75800$ c.
Pentachlorure de phosphore.	$Cl^5+Ph=PhCl^5$(sol.) $+107800$ c.
Acide chlorhydrique	$Cl+H=HCl$(gaz.) $+22000$ c.
— —	$Cl+H=HCl$(diss.) $+39300$ c.
Chlorure de potassium......	$Cl+K=KCl+105000$ c.
Chlorure de sodium	$Cl+Na=NaCl+93300$ c.
Chlorure d'ammonium	$Cl+Az+H^4=AzH^4Cl+76700$ c.
Chlorure de fer...........	$Cl+Fe=FeCl+44000$ c.
Sesquichlorure de fer......	$Cl^3+Fe^2=Fe^2Cl^3+96000$ c.
Chlorure de zinc	$Cl+Zn=ZnCl+48600$ c.
Chlorure de plomb	$Cl+Pb=PbCl+42600$ c.
Sous-chlorure de cuivre ...	$Cl+Cu^2=Cu^2Cl+35600$ c.
Chlorure de cuivre	$Cl+Cu=CuCl+23800$ c.
Sous-chlorure de mercure..	$Cl+Hg^2=Hg^2Cl+40900$ c.
Chlorure de mercure	$Cl+Hg=HgCl+31400$ c.
Chlorure d'argent	$Cl+Ag=AgCl+29200$ c.
Sesquichlorure d'or	$Cl^3+Au^2=Au^2Cl^3+22800$ c.
Acide hypobromeux	Br(liq.) $+O=BrO$(diss.) -6200 c.
Acide bromique	Br(liq.) $+O^5=BrO^5$(diss.) -24800 c.
Acide bromhydrique	Br(gaz.) $+H=HBr$ gaz.) $+13500$ c.
— —	Br(gaz.) $+H=HBr$(diss.) $+33500$ c.
Bromure de potassium.....	Br(gaz.) $+K=KBr+100400$ c.
Bromure de sodium.......	Br(gaz.) $+Na=NaBr+90700$ c.
Bromure de zinc	Br(gaz.) $+Zn=ZnBr+43100$ c.
Bromure de plomb	Br(gaz.) $+Pb=PbBr+38500$ c.
Bromure de cuivre........	Br(gaz.) $+Cu=CuBr+21400$ c.
Bromure d'argent	Br(gaz.) $+Ag=AgBr+27700$ c.
Acide iodique............	I(sol.) $+O^5=IO^5$(sol.) $+22800$ c.
— —	I(sol.) $+O^5=IO^5$(diss.) $+24900$ c.
Acide iodhydrique	I(gaz.) $+H=HI$(gaz.) -800 c.
Acide iodhydrique........	I(gaz.) $+H=HI$(diss.) $+18600$ c.
Iodure de potassium.......	I(gaz.) $+K=KI+85400$ c.
Iodure de sodium.........	I(gaz.) $+Na=NaI+74200$ c.
Iodure de zinc............	I(gaz.) $+Zn=ZnI+30000$ c.
Iodure d'argent...	I(gaz.) $+Ag=AgI+15900$ c.

V. — Chaleur de formation des composés du carbone.

Oxyde de carbone.. $C(amorphe) + O = CO + 14400$ c.
Oxyde de carbone.. $C(diamant) + O = CO + 12900$ c.
Acide carbonique... $C(amorphe) + O^2 = CO^2 + 48500$ c.
Acide carbonique... $C(diamant) + O^2 = CO^2 + 47000$ c.
Sulfure de carbone.. $C(diam.) + S^2(sol.) = CS^2(gaz.) - 10550$ c.
Sulfure de carbone. $C(diamant) + S^2(sol.) = CS^2(liq.) - 7200$ c.
Formène............ $C^2(diamant) + H^4 = C^2H^4 + 18500$ c.
Éthylène........... $C^4(diamant) + H^4 = C^4H^4 - 15400$ c.
Acétylène.......... $C^4(diamant) + H^2 = C^4H^2 - 61000$ c.
Benzine.. .... $C^{12}(diamant) + H^6 = C^{12}H^6(gaz.) - 12000$ c.
Cyanogène......... $C^2(diamant) + Az = C^2Az(gaz.) - 37300$ c.
Acide cyanhydrique. $C^2(diam.) + Az + H = HC^2Az(gaz.) - 29500$c.
Acide cyanhydrique. $C^2Az(gaz.) + H = HC^2Az(gaz.) + 7800$ c.

VI. — Chaleur de transformation allotropique.

$$3O(oxygène) = O^3(ozone) - 14800 \text{ c.}$$
$$S(prismatique) = S(octaédrique) + 40 \text{ c.}$$
$$S(mou) = S(octaédrique) + 200 \text{ c.}$$
$$Ph(ordinaire) = Ph(rouge\ cristallisé) + 19200 \text{ c.}$$
$$C(amorphe) = C(diamant) + 1500 \text{ c.}$$

PROPRIÉTÉS PHYSIQUES DES MÉTAUX

I. Dureté.

Rayent le verre : chrôme, manganèse.

Rayés par le verre : nickel, cobalt, fer, antimoine, zinc.

Rayés par la calcite (carbonate de chaux) : platine, cuivre, or, argent, étain, aluminium.

Rayés par l'ongle : plomb.

Mous comme la cire à la température ordinaire : potassium, sodium.

Liquide à la température ordinaire : mercure.

(Dictionnaire de chimie, Wurtz.)

II. Densité.

Osmium	22,50	Cuivre	8,79
Iridium	22,40	Fer	7,79
Platine	21,50	Étain	7,24
Or	19,30	Zinc fondu	6,86
Mercure	13,59	Aluminium	2,56
Plomb	11,35	Sodium	0,97
Argent	10,40	Potassium	0,86

III. Conductibilité calorifique. — IV. Conductibilité électrique.

	III. Conductibilité calorifique		IV. Conductibilité électrique
Argent	100	Argent	100
Cuivre	73,6	Cuivre	73,3
Or	53,2	Or	58,5
Laiton	23,6	Zinc	24,0
Zinc	19,0	Étain	22,6
Étain	14,5	Laiton	21,5
Fer	11,9	Fer	13,0
Plomb	8,5	Plomb	10,7
Platine	8,4	Platine	10,3
Bismuth	1,8	Bismuth	1,9

(D'après Wiedemann et Franz.)   (D'après Lenz.)

V. Température de fusion.

Mercure..—40°
Potassium .... 58°
Sodium.. 90°
Étain. .... 228°
Bismuth.. ..., 264°
Plomb,... 335°
Zinc... 410°
Argent..,......1000°
Cuivre,...1150°
Fonte de fer............................... de 1100 à 1200°
Or...1250°
Fer ....1500°
Platine..2000°

VI. Température d'ébullition.

Mercure .... 350°
Potassium et sodium....... .... vers 700°
Cadmium.. 860°
Zinc .... 930°
Magnésium ....1000°

TEMPÉRATURES

CORRESPONDANT AUX DIVERS DEGRÉS D'INCANDESCENCE

(d'après Pouillet)

Rouge naissant................................ .... 525°
Rouge sombre.................... .... 700°
Cerise naissant.. .... 800°
Cerise.. 900°
Cerise clair....... ....1000°
Orangé foncé ....1100°
Orangé clair .... .1200°
Blanc....... ... .1300°
Blanc soudant....... ....1400°
Blanc éblouissant.......................................1500°

TABLE DES MATIÈRES

CHAPITRE PREMIER

GÉNÉRALITÉS

CHAPITRE II

AIR, EAU ET LEURS ÉLÉMENTS

CHAPITRE III

SOUFRE ET SES COMPOSÉS

CHAPITRE IV

COMPOSÉS DE L'AZOTE. PHOSPHORE ET SES COMPOSÉS

CHAPITRE V

CHLORE, BROME, IODE, FLUOR ET LEURS COMPOSÉS

CHAPITRE VI

CARBONE ET SES COMPOSÉS. SILICE

CHAPITRE VII

CLASSIFICATION DES MÉTALLOÏDES

CHAPITRE VIII

MÉTAUX

CHAPITRE IX

COMPOSÉS BINAIRES DES MÉTAUX

CHAPITRE X

SELS

CHAPITRE XI

SUBSTANCES ORGANIQUES

TABLEAUX

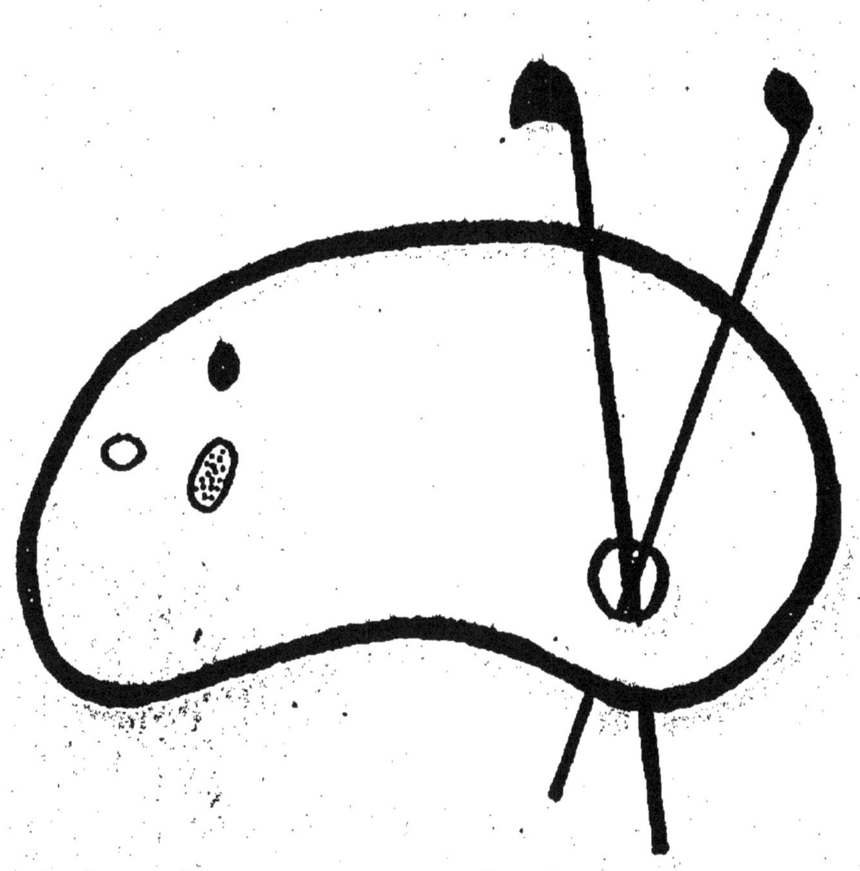

ORIGINAL EN COULEUR
Nº Z 43-120-8